Forestry Ecological Engineering

林业生态工程学

（南方本）

王克勤　涂　璟　主编

内容提要

林业生态工程学是水土保持与荒漠化防治专业的核心骨干课程。本教材对林业生态工程建设的基本理论和技术体系做了系统的阐述。内容主要包括：林业生态工程的基本概念、林业生态工程基本理论、森林培育基本理论、林业生态工程体系及营造技术、南方典型区域林业生态工程及技术措施、林业生态工程项目管理及林业生态工程效益评价等。本教材的最大特点：一是针对南方地区的地形地貌及气候特点对林业生态工程体系进行了优化，植物种类选择突出南方分布特点，使林业生态工程建设做到因地制宜；二是针对南方地区特有的水土流失类型区，介绍了典型区域林业生态工程的建设特点和技术措施，使林业生态工程建设做到因害设防。

本教材适用于秦岭—淮河以南的南方地区水土保持与荒漠化防治专业课程学习，也可供相关从业人员学习参考。

编写人员名单

主编：王克勤　涂　璟

编委：（以姓氏笔画为序）

王克勤　西南林业大学　教授

王治国　水利部水利水电规划设计总院　教授

刘　霞　南京林业大学　教授

李　凤　南昌工程学院　教授

宋娅丽　西南林业大学　讲师

张光灿　山东农业大学　教授

赵洋毅　西南林业大学　副教授

涂　璟　西南林业大学　副教授

黎建强　西南林业大学　副教授

前　言

我国南方地区分布着典型而特殊的水土流失类型，治理难度大，具有十分严重的潜在危险性。在水力侵蚀类型区的南方山地丘陵、四川盆地及周围山地丘陵和云贵高原3个二级类型区中，西南高山峡谷区严重的崩塌、滑坡等重力侵蚀及泥石流，西南石灰岩石质山地大规模的“石漠化”，中南至东南花岗岩石质山地的“崩岗”，西南高山峡谷区的“干热河谷”等，都属于南方地区典型水土流失类型。其中，西南岩溶地区的“石漠化”是全球岩溶发育最强烈的典型生态脆弱区，岩石坚硬、土层浅薄，土层一经流失，砂石、岩石裸露，难以恢复。石灰岩是一种可溶性的岩石，成土过程极其缓慢，要溶蚀3m厚的石灰岩才能形成10cm的土壤，要形成20cm厚的耕作土壤需要2万~7.5万年。石灰岩区土壤侵蚀的允许流失量仅仅有50t/（km^2·a），如果土壤侵蚀强度大于此值，则形成土地石漠化。西南岩溶山区以贵州为中心，包括贵州大部及广西、云南、四川、重庆、湖北、湖南等省（自治区、直辖市）的部分地区，据第二次全国石漠化监测结果（2012年），西南岩溶山区的“石漠化”面积达45.2万km^2，以贵州、云南和广西的“石漠化”分布集中且面积最大，其中贵州省石漠化土地面积最大，为302.4万hm^2，占石漠化土地总面积的25.2%；云南、广西、湖南、湖北、重庆、四川和广东石漠化土地面积分别为284万hm^2、192.6万hm^2、143.1万hm^2、109.1万hm^2、89.5万hm^2、73.2万hm^2和6.4万hm^2。西南高山峡谷区严重的山崩、滑坡和泥石流，直接造成人民生命财产的巨大损失。其中，云南省有巧家—东川、南坪—永平等11条滑坡、泥石流发育带，泥石流沟分布密度最大的东川北段铁路，平均每1.5km就有一条泥石流沟，自1958年以来，因遭泥石流破坏维修铁路所耗的工程费为原设计预算的4倍。如此严重的水土流失在全世界绝无仅有。同时，洪涝灾害也越来越频繁，1998年南方地区发生了自1954年以来最为严重的洪涝灾害，时期早、来势迅猛、涉及面广、汛期长，造成了新中国成立以来最大的洪涝灾害损失。此后，南方地区洪涝灾害发生的频率越来越高，危害越来越大。造成这些生态退化和灾害的根本原因是森林面积的急剧减退和森林质量的降低，从而减弱甚至丧失对地表的保护、水源涵养和调节洪峰等生态功能，使水土流失加剧，洪峰期出现早，洪峰流量大。林业生态工程的建设就是要因地制宜地保护、恢复和重建森林生态系统，通过保护地表，达到防止水土流失、涵养水源、削减洪水等目的。

几十年来，一代又一代水土保持教育和研究工作者默默开拓、奋力进取，在教学、科研和社会实践中不断丰富着水土保持措施体系，出版了有关水土保持林业措施的经典教材。20世纪70年代初，北京林业大学关君蔚先生在其发表的《甘肃黄土丘陵地区水土保持林林中调查》一文中，首次提出“水土保持林体系”的概念。王礼先、王斌瑞在20世纪90年代编著出版了我国第一部《林业生态工程学》，其中构建了山丘区水土保持林体系。随后，有多位学者从不同的侧重点相继出版了各具特色的《林业生态工程》。同时，也有一些学者认为水土保持与荒漠化防治专业开设《水土保持林学》更符合专业特点。但从我国生态建设的现状布局分析，水土保持林业措施与其他林业工程应该协调统一，共同形成系统的森林防护体系，结合林业生态工程布局实施水土保持林业措施更具有系统性和全局观。因此，本教材把山丘区水土保持林体系统一纳入林业生态工程范畴，充分反映了山丘区水土保持林体系与林业生态工程的协调统一。

在林业生态工程体系构建方面，王治国、王百田等相继根据林业生态工程在不同地理区域所承担的生态功能，将其分为江河上中游水源涵养林业生态工程体系、山丘区林业生态工程体系、风沙区草原区防风固沙林业生态工程体系、生态经济型林业生态工程和环境改良型林业生态工程等几大类型。本教材根据南方地区水土流失特点，在此基础上，将南方地区林业生态工程体系简化为江河上中游水源涵养林业生态工程、山丘区林业生态工程和南方典型区域林业生态工程三大类，其中突出了南方地区特有的沿海、石漠化、干热河谷和崩岗地区的林业生态工程构建技术，这也是本教材的最大特点。

本书主编单位为西南林业大学。各章的编写分工为：第一章和第二章王克勤（西南林业大学）和王治国（水利部水利水电规划设计总院），第三章涂璟（西南林业大学）、第四章和第五章黎建强（西南林业大学），第六章王克勤，第七章和第八章赵洋毅（西南林业大学）和刘霞（南京林业大学），第九章宋娅丽（西南林业大学）和李凤（南昌工程学院），第十章王治国，第十一章王克勤和张光灿（山东农业大学）。全书最后由王克勤和涂璟修改定稿。

本书参考和引用了众多专家、学者的珍贵资料和研究成果，除注明出处的部分外，限于体例未能一一说明，在此谨向有关作者致以诚挚的谢意！

由于编者水平有限，书中难免有不妥或疏漏之处，敬请广大读者和专家给予批评指正。

编　者

2017年6月

目　录

第二篇 森林培育基本理论

第一篇 绪　论

本篇有助于对林业生态工程形成总体认识。从林业生态工程的概念、基本内容、类型，到林业生态工程的基本理论在这里进行了简要概述，虽然内容不够深入全面，但初始接触林业生态工程，理解这些内容对下面内容的学习将起到重要的指导作用。

第1章·概　述

森林是以木本植物为主体的生物群体及其环境的综合整体。森林生态系统是地球上最大最发达的生态系统之一，在整个生物圈的物质和能量交换过程以及保持和调节自然界的生态平衡中，占有极其重要的位置，具有涵养水源、保持水土、防风固沙、改善区域环境和农业生产条件等多种功能。但是，由于种种复杂的原因，森林毁坏，覆盖率减少，使我国的生态环境日趋恶化，自然灾害频繁、水土流失加剧、荒漠化面积扩大、水资源紧缺、生物多样性减少等生态环境问题突出。同时，森林与全球变暖、城市温室效应及工矿区环境保护等的关系问题，在我国也越来越引起关注。因此，水土保持林业措施是防治水土流失、改善生态环境的根本性措施。考虑到水土保持林业措施与其他林业工程的协调统一，共同形成系统的森林防护体系，结合林业生态工程实施水土保持林业措施更具有系统性和全局观，也充分反映了山丘区水土保持林体系与林业生态工程的协调统一。

1.1　林业生态工程的概念

林业生态工程是生态工程的一个分支，要理解它，首先必须理解生态工程的概念。

1.1.1　生态工程的基本概念

20世纪60年代美国著名生态学家H. T. Odum首先提出了生态工程的概念，定义为“为了控制系统，人类应用主要来自自然的能源作为辅助能对环境的控制”、“对自然的管理就是生态工程，更好的措辞是与自然结成伙伴关系”，80年代初期欧洲生态学家Uhlmann、Straskraba与Gnamck提出了“生态工艺技术”，将它作为生态工程的同义语，并定义为“在环境管理方面，根据对生态学的深入了解，花最小代价，对环境的损坏又是最小的一些技术”，美国的Mitsch与丹麦的Jorgenson联合将生态工程定义为“为了人类社会及其自然环境二者的利益而对人类社会及其自然环境进行的设计”。1993年又修改为“为了人类社会及其自然环境的利益，而对人类社会及其自然环境加以综合的而且能持续的生态系统设计。它包括开发、设计、建立和维持新的生态系统，以期达到诸如污水处理(水质改善)、地面矿渣及废弃物的回收、海岸带保护等。同时还包括生态恢复、生态更新、生物控制等目的。”随着生态工程研究的深入发展，近年来美国、中国、瑞典先后出版了有关生态工程的专著，1993年在荷兰出版了国际性的生态工程杂志《Ecological Engineering》。目前，生态工程已经成为一个国际上极其活跃的新研究领域之一。

生态工程在我国的正式提出开始于20世纪70年代末期。面对我国生态环境和社会经济发展过程中存在的严重局势和潜在的威胁，1986年我国著名生态学家马世骏教授及时提出了以“整体、协调、循环、再生”为核心的生态工程基本概念，又进一步将生态工程定义为：“生态工程是应用生态系统中物种共生与物质循环再生原理，结合系统工程最优化方法，设计的分层多级利用物质的工艺系统。生态工程的目标就是在促进自然界良性循环的前提下，充分发挥物质的生产潜力，防止环境污染，达到经济效益和生态效益同步发展。”1997年7月25日王如松教授在《中国科学报》海外版发表的《生态工程与可持续发展》一文中指出：“生态工程是一门着眼于生态系统持续发展能力的整合工程技术。它根据生态控制论原理去系统设计、规划和调控人工生态系统的结构要素、工艺流程、信息反馈关系及控制机构，在系统范围内获取高的经济和生态效益。不同于传统末端治理的环境工程技术和单一部门内污染物最小化的清洁生产技术。生态工程强调资源的综合利用、技术的系统组合、科学的边缘交叉和产业的横向结合，是中国传统文化与西方现代技术有机结合的产物。”可见生态工程中的生态是指生态系统，不是指生态环境（实际上生态系统包含了生态环境）。生态工程简单地可概括为生态系统的人工设计、施工和运行管理。它着眼于生态系统的整体功能与效率，而不是单一因子和单一功能的解决；强调的是资源与环境的有效开发以及外部条件的充分利用，而不是对外部高强度投入的依赖。这是因为生态工程包含着有生命的有机体，它具有自我繁殖、自我更新、自主选择有利于自己发育的环境的能力，这也是区别于一般工程如土木工程、水利工程等的实质所在。

早在3000多年前，中华民族就已形成了一套鲜为人知的“观乎天文以察时变，观乎人文以成天下”的人类生态理论体系，包括道理（即自然规律，如天文、地理、水文、气象等）、事理（即对人类活动的合理规划管理，如中医、农事、军事、家事等）和情理（即社会行为的准则，如伦理、道德、法律等），中国社会正是靠着对这些天、地、人三者关系的整体认识，靠着物质循环再生、社会协调共生和修身养性自我调节的生态观，维持着其几千年稳定的社会结构，形成了独特的生态工程技术。20世纪90年代以来，在以马世骏院士为首的中国生态学家的倡导下，我国城乡生态工程建设蓬勃发展，农业、林业、渔业、牧业及工业生态工程模式如雨后春笋涌现，取得了显著的社会、经济和环境效益，得到了各级政府的广泛支持和群众的积极参与，获得了国际学术界的好评。生态工程作为一门学科正在形成，并被人们普遍接受。

综合生态学家的阐述，云正明等（1998）对生态工程进行了比较概括的定义：应用生态学、经济学的有关理论和系统论的方法，以生态环境保护与社会经济协同发展为目的（可持续发展），对人工生态系统、人类社会生态环境和资源进行保护、改造、治理、调控、建设的综合工艺技术体系或综合工艺过程。

生态工程包括农业生态工程、林业生态工程、草业生态工程、工矿生态工程、恢复生态工程、城镇生态工程等。生态工程的实施首先要具备理论基础，其次是技术的应用。从理论上讲，生态工程主要包括三个方面的技术：一是在不同结构的生态系统中，能量与物质的多级利用与转化。包括：①自然资源如光、热、水、肥、土、气等的多层次利用技术，林业生态工程中所谓的乔、灌、草结合就属于这一类。②生物产品的多极利用技术，是指人类通过设计和建造优质、稳定的生态系统，使非经济生物产品（如枯枝落叶、草类、动物排泄物，通过各种途径返回自然界）通过人工选择的营养级生物种群，转化为经济生物产品（如木材、粮食、肉类，可为人类直接利用）的技术。如“桑基鱼塘”就是这种技术的体现。二是资源再生技术，就是通常所谓的“变害为利”技术，即把人类生活与生产活动中产生的有害废物，如污水、废气、垃圾、养殖场的排泄物等污染环境的物质，通过生态工程技术，转化为人类可利用的资源。三是自然生态系统中生物种群之间共生、互生与抗生关系的利用技术，即利用这些关系达到维持优化人工生态系统的目的。

1.1.2 林业生态工程的基本概念

关于林业生态工程的概念，目前有多种解释。王礼先教授等（1998）根据我国的林业生产实践和生态工程的概念提出的初步概念是：“林业生态工程是生态工程的一个分支，是根据生态学、林学及生态控制论原理，设计、建造与调控以木本植物为主的人工复合生态系统的工程技术，其目的在于保护、改善与持续利用自然资源与环境。”并指出，它与传统森林培育和经营技术有四个明显的区别：① 传统上森林培育和经营是以林地为对象，在宜林地上造林，在有林地上经营。而林业生态工程的目的是在某一区域（或流域）内，设计、建造与调控人工的或天然的森林生态系统，特别是人工复合生态系统，如农林复合生态系统、林牧复合生态系统。② 传统森林培育与经营，在设计、建造与调控森林生态系统过程中，主要关心木本植物与环境的关系、木本植物的种间和种内关系以及林分的结构功能、物质流与能量流。而林业生态工程主要关心整个区域人工复合生态系统中物种共生关系与物质循环再生过程，以及整个人工复合生态系统的结构、功能、物质流与能量流。③ 传统森林培育和经营的主要目的在于提高林地的生产率，实现森林资源的可持续利用和经营，而林业生态工程的目的在于提高整个人工复合生态系统的经济效益与生态效益，实现生态系统的可持续经营。④ 传统森林培育和经营在设计、建造与调控森林生态系统过程中只考虑在林地上采用综合技术措施，而林业生态工程需要考虑在复合生态系统中的各类土地上采用综合措施，也就是通常所说的“山水田林路综合治理”。

综合上述分析，可以概括更加符合生态工程概念的林业生态工程概念：根据生态学、生态经济学、系统科学与生态工程原理，针对自然资源环境特征和社会经济发展现状，以木本植物为主体，并将相应的植物、动物、微生物等生物种群人工匹配结合而形成的稳定而高效的人工复合生态系统的过程。也包括对现有不良的天然或人工森林生态系统和复合生态系统的改造及调控措施的规划设计。

1.2 林业生态工程的基本内容

林业生态工程目标是通过人工设计，在一个区域或流域内建造以木本植物群落为主体的优质、高效、稳定的多种生态系统的复合体，形成区域复合生态系统，以达到自然资源的可持续利用及环境的保护和改良。其内容主要包括四个方面：

(1) 区域总体规划

区域复合生态工程总体规划就是在平面上对一个区域的自然环境、经济、社会和技术因素进行综合分析，在现有生态系统的基础上，合理规划布局区域内的天然林和天然次生林、人工林、农林复合、农牧复合、城乡及工矿绿化等多个不同结构的生态系统，使它们在平面上形成合理的镶嵌配置，构筑以森林为主体的或森林参与的区域复合生态系统的框架。相当于我们说的林业生态工程体系（在防护林学中称为防护林体系和带、网、片结合的问题）。

(2) 时空结构设计

对于每一个生态系统来说，系统设计最重要的内容是时空结构设计。在空间上就是立体结构设计，是通过组成生态系统的物种与环境、物种与物种、物种内部关系的分析，在立体上构筑群落内物种间共生互利、充分利用环境资源的稳定高效的生态系统，通俗地说就是乔灌草结合、林农牧结合；在时间上，就是利用生态系统内物种生长发育的时间差别，合理安排生态系统的物种构成，使之在时间上充分利用环境资源。

(3) 食物链结构设计

利用食物链原理，设计低耗高效生态系统，使森林生态系统的产品得到再转化和再利用，是林业生态工程的高技术设计，也是系统内部植物、动物、微生物及环境间科学的系统优化组合。如桑基鱼塘、病虫害生物控制等。

(4) 特殊生态工程设计

所谓特殊生态工程，是指建立在特殊环境条件基础上的林业生态工程，主要包括工矿区林业生态工程、城市（镇）林业生态工程、严重退化的劣地生态工程（如盐渍地、流动沙地、崩岗地、裸岩裸土地、陡峭边坡等）。由于环境的特殊性，必须采取特殊的工艺设计和施工技术才能完成。

1.3 林业生态工程的类型与体系

林业生态工程类型至今尚无统一的划分方法。要进行林业生态工程类型的划分，必须首先了解生态系统的分类及我国关于森林和林种的划分，然后才能正确划分林业生态工程的类型。

1.3.1 林种与林种划分

根据森林起源可将森林分为天然林和人工林。所谓天然林（natural forest）是指天然下种或萌芽而长成的森林，而人工林（artificial forest）是用人工种植的方法营造的森林。森林（包括天然林和人工林）按其不同的效益可划分为不同的种类，简称林种。对于人工林来说，不同林种反映不同的森林培育目的；对于天然林来说，不同林种反映不同的经营管理性质。

根据1998年4月29日修正颁布的《中华人民共和国森林法》，林种有五大类，即：①防护林。以防护为主要目的森林、林木和灌木丛，包括水源涵养林，水土保持林，防风固沙林，农田、牧场防护林，护岸林，护路林。②用材林。以生产木材为主要目的的森林和林木，包括以生产竹材为主要目的的竹林。③经济林。以生产果品，食用油料、饮料、调料，工业原料和药材等为主要目的的林木。④薪炭林。以生产燃料为主要目的的林木。⑤特种用途林。以国防、环境保护、科学实验等为主要目的的森林和林木，包括国防林、实验林、母树林、环境保护林、风景林，名胜古迹和革命纪念地的林木、自然保护区的森林。

林种划分只是相对的，实际上每一个树种都起着多种作用。如防护林也能生产木材，而用材林也有防护作用，这两个林种同时也可以供人们游憩。但毕竟大多数情况，每片森林都有一个主要作用，在培育人工林和经营天然林时必须区别对待。

1.3.2 林业生态工程体系

林业生态工程是在不同的地理区域人工设计、改造、构建的以木本植物为主体的森林生态系统和复合生态系统，由于地理区域的差异性，不同区域的林业生态工程在生态安全中扮演不同的角色，所承担的生态功能具有较大差异。其划分应符合生态系统类型划分及林种划分基本原则，并满足生态建设的实际要求。20世纪70年代初，北京林业大学关君蔚先生在其发表的《甘肃黄土丘陵地区水土保持林林中调查》一文中，首次提出水土保持林体系的概念。王礼先、王斌瑞在20世纪90年代构建了山丘区水土保持林体系。之后，王治国（1999）、王百田（2010）等相继根据在不同地理区域所承担的生态功能，将林业生态工程分为江河上中游水源涵养林业生态工程体系、山丘区林业生态工程体系、风沙区草原区防风固沙林业生态工程体系、生态经济型林业生态工程和环境改良型林业生态工程等几大类型，每一类型又分为不同的亚类。

我国幅员辽阔，不同的区域气候、地貌、植被、经济、社会等条件有很大的差别，无法用一个统一的定式来描述全国的林业生态工程体系。尤其是南方地区分布着特殊的水土流失类型，尽管其分布范围较小，但水土流失形式特殊，形成的危害严重，造成的损失巨大。根据南方地区地貌类型、气候、植被类型、存在的主要生态环境问题及区域经济发展水平，分为江河上中游水源涵养林业生态工程体系、山丘区林业生态工程体系和南方典型区域林业生态工程体系3大类型，14亚类（表1-1），虽未能尽然，但体现了南方地区的林业生态工程建设特点。

表1-1 南方地区林业生态工程体系分类表

类 型	亚 类	地理区域
江河上中游水源涵养林业生态工程	天然林保护工程 天然次生林改造 水源涵养林营造 自然保护区	江河上中游汇水区
山丘区林业生态工程	分水岭防护林 坡面水土保持林 梯田地埂防护林 沟道防护林 水库、河岸（滩）水土保持林 经济林	江河中下游农业区
南方典型区域林业生态工程	海岸防护林 石漠化地区林业生态工程 干热河谷区林业生态工程 崩岗区林业生态工程	沿海沙地 喀斯特地区 西南干热河谷 花岗岩分布区

1.4 国内外林业生态工程

1.4.1 国外林业生态工程

国外大型林业生态工程的实践始于1934年的美国“罗斯福工程”。19世纪后期，不少国家由于过度放牧和开垦等原因，经常风沙弥漫，各种自然灾害频繁发生。20世纪以来，很多国家都开始关注生态建设，先后实施了一批规模和投入巨大的林业生态工程，其中影响较大的有美国的“罗斯福工程”、前苏联的“斯大林改造大自然计划”、北非五国的“绿色坝工程”、加拿大的“绿色计划”、日本的“治山计划”、法国的“林业生态工程”、菲律宾的“全国植树造林计划”、印度的“社会林业计划”、韩国的“治山绿化计划”、尼泊尔的“喜马拉雅山南麓高原生态恢复工程”等。这些大型工程都为各国的生态环境建设起到了至关重要的作用。

美国“罗斯福工程” 美国建国初期，人口主要集中在东部的13个州，其后不断向西进入大陆腹地。到19世纪中叶，中西部大草原6个州人口显著增长。由于过度放牧和开垦，19世纪后期就经常风沙弥漫，各种自然灾害日益频繁。特别是1934年5月发生的一场特大黑风暴，沙尘绵延2800km，席卷全国2/3的大陆，大面积农田和牧场毁于一旦，使大草原地区损失肥沃表土3亿t多，6000万hm^2耕地收到危害，小麦减产102亿kg。当时的美国总统罗斯福发布命令，宣布实施“大草原各州林业工程”，因此，这项工程又被称为“罗斯福工程”。

前苏联“斯大林改造大自然计划” 前苏联国土总面积2227万km^2，1990年森林总面积79200万hm^2，森林覆盖率36%，其中防护林面积17800万hm^2，占森林总面积的22.5%，占国土总面积的8%。然而20世纪初，由于森林植被较少和特殊高纬度地理条件，农业生产经常遭到恶劣的气候条件等因素的影响，产量低而不稳，为了保证农业稳产高产，大规模营造农田防护林提上了议事日程。1948年，苏共中央公布了“苏联欧洲部分草原和森林草原地区营造农田防护林，实行草田轮作，修建池塘和水库，以确保农业稳产高产计划”，这就是通常所称的“斯大林改造大自然计划”。

北非五国“绿色坝工程” 撒哈拉沙漠的飞沙移动现象十分严重，威胁着周边国家的生产、生活和人民生命安全。特别是北非“五国”的摩洛哥南部、阿尔及利亚和突尼斯的主要干旱草原区、利比亚和埃及的地中海沿岸及尼罗河流域等尤为严重。为了防止沙漠北移，控制水土流失，发展农牧业和满足人们对木材的需要，北非“五国”政府决定，在撒哈拉沙漠背部边缘联合建设一条跨国林业生态工程。

加拿大“绿色计划” 加拿大森林面积4.2亿hm^2，森林覆盖率41.8%，林产品贸易量占全球份额的20%。由于加拿大的经济是以森林工业为中心逐步发展起来的，因而历史上加拿大的森林资源也经历了大规模的采伐阶段。随着公众对生态环境的日益关注，加拿大不断完善林业发展战略，特别是最近20多年来，大约每5年召开一次全国性林业大会，及时对林业发展战略进行调整，林业发展由木材永续利用阶段向森林生态系统的可持续经营阶段推进。1992年加拿大国家林业大会制定了"国家林业战略——可持续的森林：加拿大的承诺"，标志着加拿大最大的林业生态工程开始全面实施。

日本"治山计划" 第二次世界大战后，日本针对本国多次发生的大水灾，提出治水必须治山、治山必须造林，特别是营造各种防护林。于1954—1994年连续制定和实施了4期防护林建设计划，防护林的比例由1953年占国土面积的10%提高到32%，其中水源涵养林占69.4%，并在3300hm^{2}的沙岸宜林地上营造150~250m宽的海岸防护林。1987年2月日本开展第七个治山五年计划，到1991年，总投资达19700亿日元，造林款政府补贴50%（国家40%，地方10%）。

法国"林业生态工程" 1965年起，法国开始大规模兴建海岸防风固沙、荒地造林和山地恢复等五大林业生态工程。虽历经政权更迭，但大型林业生态工程仍由政府预算维持，并由国家森林局执行。第二次世界大战后20年森林覆盖率提高了6.3%。造林由国家给予补贴（营造阔叶林补助85%，针叶林补助15%），免征林业产品税，只征5%的特产税（低于农业8%），国有林经营费用40%~60%由政府拨款。

菲律宾"全国植树造林计划" 菲律宾于1986年在全国开始实施"全国植树造林计划"，其重要目标是增加森林覆盖率，稳定生态环境，提供就业机会，改善乡村地区的贫困状况，恢复退化的热带林和红树林。

印度"社会林业计划" 印度针对本国社会经济实际情况，组织实施具有鲜明特点的社会林业计划，在国际上享有盛誉。自1973年正式执行社会林业计划以来，取得了巨大成绩，被联合国粮农组织誉为发展中国家发展林业的典范。

韩国的"治山绿化计划" 为了防止水土流失、改善生态环境，韩国已先后组织实施了3期治山绿化计划。20世纪80年代末已消灭荒山荒地，完成国土绿化任务，水土流失基本得到控制，森林水源涵养功能大增，生态环境有较大改观。

尼泊尔"喜马拉雅山南麓高原生态恢复工程" 尼泊尔政府与国际组织联合，1980年初开始实施喜马拉雅山南麓高原生态恢复工程，该工程借鉴了印度的乡村林业模式和中国在退化高原地区植树造林、增加植被覆盖的成功经验，耗资2.5亿美元。工程实施5年后，为该国573万人提供了全年需要的燃料用材，并为13.2万头牲畜提供充足的饲料，同时使粮食产量增加了约1/3。

1.4.2 我国古代林业生态工程

早在春秋战国时期（公元前770年—公元前220年），一些有识之士面对黄河流域广大地区山林植被遭到严重破坏，自然灾害日益频繁的现状，发出了保护与合理利用山林的呼吁，提出了一些主张。孟轲曾说："数罟不入洿池，鱼鳖不可胜食也；斧斤以时入林，材木不可胜用也。"（《孟子·梁惠王上》）。荀况则更进一步强调："草木荣华滋硕之时，则斧斤不入山林，不夭其生，不绝其长也。"（《荀子·王制》）。据大约成书于战国时期的《逸周书·大聚解》记载，重视保护生物资源，大约始于夏商时代（公元前2100年—公元前1600年），作为夏禹治国的禁令之一："禹之禁：春三月，山林不登斧斤，以成草木之长；夏三月，川泽不入网罟，以成鱼鳖之长。”明确指出合理利用生物资源的目的在于促进生物资源的繁殖。

大约在春秋战国时期（公元前770—公元前220年）就形成了以家庭为单元的小型综合农业。《孟子·梁惠王上》就曾写道：“五亩之宅，树之以桑，五十者可以衣帛矣。鸡豚狗彘之畜，无失其时，七十者可以食肉矣。百亩之田，勿夺其时，数口之家，可以无饥矣。”《管子·立政篇》提出：“一年之计莫如树谷，十年之计莫如树木。”“山泽不救于火，草木不殖成，国之贫也。”反之，“山泽救于火，草木不殖成，国之贫也。”反之，“山泽救于火，草木殖成，国之富也。”明末的《沈氏农书》中详细介绍了农林牧综合经营的经验，提出了“养猪羊乃农家第一者”，有粮多养禽畜，养畜积肥才能“粪多力勤”夺丰收的思想。书中还写道：“令羊专吃枯叶、枯草，猪专吃糟麦，则烧酒又获赢息。有赢无亏，……何不为也！”这种依赖综合经营构成的种植、饲养、加工间的物质循环，把农、林、牧以及加工副业联结成一个物质循环利用的整体，促进了农业生态系统的动态平衡。

早在1300年前《齐民要术》里就提出了“地势有良薄，山泽有异宜，顺天时，量地力，则用力少而成功夺，任情返道劳而无积”的理论。《马一龙农书》指出“合天时、地脉、物性之宜，而无所差异”才能取得“事半功倍”的效果。《王祯农书》也说：“顺天之时，国地之宜。”《群芳谱》里，又进一步论及树种的生物学特性。书中写道：“凡（林）果蔬花卉，地产不同，秉性亦异。在北者耐寒，在南者喜暖。高山者宜燥，下地者宜湿……北者移之南，则盛；南者移之北，则变。如橘生淮南，移之北则为枳。龙眼荔枝之类盛于南方，榛、松、枣、栗之属蕃于北土……此物之固然，非人力可强致也。诚能顺其天，以致其性，斯得种植之法。”《群芳谱》里关于青杨造林地改良的记载：“栽青杨于春月。将欲栽树的土地挑深一尺五寸，宽一尺，长短任意，以先水饮透。”这是典型的造林地的土壤改良措施。其中还说：“蚕豆……两浙桑树下，遍环种之。此豆与豌豆，树叶茂时彼已结荚而成实矣。”这种组合运用了植物群落的时空配合规律。战国时期《庄子·山木篇》中曾说：“蝉方得意美，而忘其身，螳螂执臂而搏之，见得而忘其形，异鹊从而利之”，这是食物链原理的生动描述。

这说明了我国古代不仅认识了生态学的一些原理，而且能利用于农林业生产实践中，体现出林业生态工程在我国有悠久的发展历史。

1.4.3 我国现代林业生态工程的战略布局

林业生态工程总体规划与布局，既要考虑和分析林业生产的自然条件，包括气候、土壤、植被、地形、地质地貌等因素，又要考虑林业生态工程管理运行的整体效益。因此，以自然生态环境条件为基础，以自然灾害防治为出发点，以工程管理运行整体效益为目标，是开展林业生态工程规划与布局的基本原则。

首先，因地制宜是林业生态工程建设的先决条件。森林植被的生长发育要求特定的水热组合，同样，特定的水热组合可以满足特定的植被群落。水热组合受多种因素的影响，从大气环流、大地构造，到微地貌的改变，都能影响到特定区域的水热组合特征以及与之相适应的土壤特点、植被特征。因此，林业生态工程规划与布局要充分考虑到自然生态环境条件的分异特征，因地制宜，从气候条件、土壤条件、植被条件、地质地貌特点进行综合分析加以确定。

其次，因害设防实现减灾防灾是林业生态工程规划与布局的出发点。针对我国主要自然灾害特点与分布，充分发挥森林植被改善和影响区域气候、水资源分布功能，起到涵养水源、净化水质、保持水土和抵御各种自然灾害的作用。

再次，获取最佳生态效益、经济效益和社会效益是林业生态工程规划与布局的最终目标。林业生态工程建设一方面要获取最佳的生态效益，另一方面，对中国这样一个农业人口多、土地生产压力大、经济相对不太发达的国家而言，林业生态工程建设的经济效益高低，将直接关系到工程建设的质量、进度及持续发展。因此，开展林业生态工程总体规划与布局，必须分析林业生产现状，包括森林资源、林业用地、森林经营手段等多种方面，分析社会经济发展水平，使林业生态工程规划与布局与当前林业生产、社会经济发展水平相适应，以确保规划的实施，实现林业生态工程建设生态效益、经济效益和社会效益相统一。

最后，林业生态工程规划与布局要充分注意到地域完整性，以便于工程管理。

我国林业生态工程就是依据我国生态环境特点和持续发展战略的要求，结合我国经济和社会发展状况；根据各种不同类型的生态环境区划及国土整治的要求，结合林业生产建设特点；根据工程建设因害设防、因地制宜、合理布局、突出重点、分期实施、稳步发展的原则，结合林业生态建设现状进行规划与布局。由于各区域的情况不同，生态环境问题的外在表现及治理建设内容也不同。从布局上可以分为流域林业生态工程、区域林业生态工程以及跨区域林业生态工程。

20世纪70年代末至90年代初，我国林业生态工程建设出现了新的形势，步入了“体系建设”的新阶段，改变了过去单一生产木材的传统思维，采取生态、经济并重的战略方针，在加快林业产业体系建设的同时，狠抓林业生态体系建设，先后确立了以遏制水土流失、改善生态环境、扩大森林资源为主要目标的六大林业生态工程，即三北防护林体系建设工程、长江中上游防护林体系建设工程、沿海防护林体系建设工程、平原绿化工程、太行山绿化工程、防沙治沙工程。在六大林业生态工程取得初步成效的基础上，为了进一步解决生态环境出现的新问题，扩大林业生态工程的成果效益，从20世纪90年代初又相继启动实施了黄河中上游防护林工程、淮河太湖流域综合治理防护林体系建设工程、辽河流域综合治理防护林体系建设工程及珠江流域综合治理防护林体系建设工程等林业生态工程。至1998年，我国建设了十大林业生态工程，总面积705.6万km^2，占国土总面积的73.5%，覆盖了我国的主要水土流失区，风沙侵蚀区和台风、盐碱危害区等生态环境最为脆弱的地区，构成了我国林业生态工程建设的基本框架。

20世纪末至21世纪初，随着干旱、洪涝、沙尘暴等自然灾害的频繁加剧，国家从社会经济发展对林业生态工程的客观需求和国情出发，遵循自然规律和经济规律，围绕新世纪林业建设的总体目标和任务，对以往实施和拟规划建设的林业生态工程进行了系统整合，提出了实施天然林资源保护、退耕还林还草、三北和长江中下游等重点防护林、环京津地区防沙治沙、重点地区速生丰产林及野生动植物保护和自然保护区等六大林业重点工程建设的发展战略。

(1) 天然林资源保护工程

天然林资源保护工程主要解决天然林的休养生息和恢复发展问题。这项工程1998年开展试点，2000年在全国17个省、自治区和直辖市全面启动。截至2003年底，累计投入各类资金380.75亿元，取得阶段性成果。

我国国有林区多分布于大江大河的源头或上中游地区，经过几十年的采伐，为国家提供了10亿 m^3 以上的木材。但成、过熟林已由20世纪50年代初期的1200万 hm^2，减少到目前的560万 hm^2，涵养水源、保持水土的功能大大减弱，给生态环境、工农业生产和人民生活造成巨大的损失。1999的1月6日，国务院公布实施《全国生态环境建设规划》，停止天然林采伐，保护天然林工程在我国正式启动，这不仅是我国履行国际环境保护义务和加强国土整治的具体行动，同时也是建设江河上中游水源涵养林业生态体系的一个契机。

天然林保护工程是一项复杂、庞大的系统工程，涉及面广、技术复杂、管理难度大。由于工程建设刚刚开始，国家有关的较为完善的方针政策尚未出台，其定义、内涵、外延、内容及任务尚不明确。根据国家林业局有关资料，工程建设总的思路是：保护、培育和恢复天然林，以最大限度地发挥其以生态效益为中心、以森林的多功能为基础、以市场为导向，调整林区经济产业结构，培育新的经济增长点，促进林区资源环境与社会经济协调发展。工程以长江上游（三峡库区为界）、黄河中上游（以小浪底库区为界）为重点，在工程管理上实行管理、承包与经营一体化；业务上以科学技术为支撑。本着先易后难的建设原则，根据国家和林区的经济条件，分期分批逐步实施。

我国有25个天然林区。天然原始林主要分布在大小兴安岭与长白山一带，其次在四川、云南、新疆、青海、甘肃、湖北、海南、西藏和台湾也有一定面积的原始林。按照建设的总思路和原则，将25个林区划分为三个大的保护类型：

① 大江、大河源头山地、丘陵的原始林和天然次生林。

② 内陆、沿海、江河中下游的山地、丘陵区的天然次生林。

③ 自然保护区、森林公园和风景名胜区的原始林和天然次生林。

我国的自然保护区、森林公园和风景名胜区，大部分分布在河流上游，其原始林和天然次生林的保护，是水源涵养林业生态工程建设与天然林保护工程的重要组成部分。

(2) 退耕还林还草工程

退耕还林还草（即“一退双还”）是西部大开发的一项重大举措。1999年秋季，时任国务院总理朱镕基考察陕北水土流失与生态环境治理情况时，指出：“防治水土流失，是当前生态环境建设的急迫任务。治理水土流失，要采取退耕还林（草）、封山绿化、以粮代赈、个体承包的措施。”2000年9月发布了《国务院关于进一步做好退耕还林还草试点的若干意见》。一改历史上形成的提倡垦殖、注重耕战、以粮为纲、奖励垦伐的做法，转变为退出耕种还林还草，对退耕者以粮代赈、实行补贴和鼓励政策，实现了历史性的大转折，是在经受荒漠化、沙尘暴、水土流失、洪涝灾害、生态严重恶化之后理性的思考，是顺天意、合民心、利在当代功在千秋的一项重大举措。其目的就是从国家生态安全出发，从根本上改变西部地区相对落后的面貌，建设山川秀美、经济持续发展、人民更加富裕的新西部。

按水土流失和风蚀沙化危害程度、水热条件和地形地貌特征以及植被恢复的方式和类型，退耕还林工程建设区域划分为10个类型区，即西南高山峡谷区、川渝鄂山地丘陵区、长江中下游低山丘陵区、云贵高原区、琼桂丘陵山地区、长江黄河源头高寒草甸区、新疆干旱荒漠区、黄土丘陵沟壑区、华北干旱半干旱区、东北山地及沙地区。

退耕还林工程建设范围包括北京、天津、河北、山西、内蒙古、辽宁（包括大连市）、吉林、黑龙江（包括黑龙江农垦）、安徽、江西、河南、湖北、广西、海南、重庆、四川、贵州、云南、西藏、陕西、甘肃、青海、宁夏、新疆等25个省、自治区、直辖市及新疆生产建设兵团，共1887个县，其中重点建设县856个。工程区土地总面积7.10亿hm^2，占国土总面积的73.91%。其中，农业用地0.97亿hm^2，林业用地2.21亿hm^2，牧业用地1.80亿hm^2，分别占土地总面积的13.6%、31.21%和5.53%。区内总人口7.12亿，其中，农业人口5.53亿人，占总人口的77.64%。据国土资源部土地详查数据，工程省25°以上的陡坡586.87万hm^2，其中梯田92.2万hm^2，已退耕54.67万hm^2，现有坡地440万hm^2，都急需进行治理；15°~25°的耕地0.12亿hm^2，其中梯田0.03亿hm^2，已退耕1.33万hm^2，现有坡地1.4亿hm^2，生态地位重要急需治理的近800万hm^2；6°~15°耕地0.18亿hm^2，其中梯田0.06亿hm^2，已退耕6.67万hm^2，现有坡地0.12亿hm^2。

（3）京津风沙源治理工程

这是从北京所处位置特殊性及改善这一地区生态的紧迫性出发实施的重点生态工程，主要解决首都周围地区内沙危害问题。京津风沙源治理工程是构筑京津生态屏障的骨干工程，也是中国履行《联合国防治荒漠化公约》、改善世界生态状况的重要举措。工程于2000年6月开始实施，计划工程实施后，工程区林草覆盖率由目前的6.7%提高到21.4%。

（4）三北及长江中下游地区等重点防护林工程

三北及长江中下游地区等重点防护林工程主要解决三北和其他地区各不相同的生态问题。具体包括三北防护林工程，长江、沿海、珠江防护林工程和太行山、平原绿化工程。涉及全国31个省、自治区和直辖市的1900多个县，基本覆盖了我国主要的水土流失、风沙和盐碱等生态环境脆弱地区。工程自1989年开始。

三北防护林工程建设范围东起黑龙江的宾县，西至新疆的乌孜别里山口，北抵国界线，东西长4480km，南北宽560~1460km，被誉为中国的“绿色长城”，包括13个省、自治区和直辖市的590个县，建设总面积406.9万km^2，占总国土面积的42.4%。主要功能在于：重点防治黄土高原和华北山地的水土流失；营造农田防护林，实现农田林网化，保护三北地区耕地；建设了一批名、特、优、新果品基地。

长江中上游流域森林资源丰富，是整个长江流域水土保护的重要屏障。长江流域防护林生态系统是一个复杂的系统，有些地区面临环境恶化和经济社会贫困的双重压力。由于长期不合理的耕作和人为破坏，特别是对森林的过度砍伐，使长江流域中上游地区森林植被面积锐减，水土保持能力削弱，导致生态环境的急剧恶化。长江流域防护林生态系统建设工程的实施，旨在恢复遭受破坏的森林系统，遏制水土流失。长江防护林工程实施以来，森林覆盖率提高到 29.5%，净增 9.6%。治理水土流失面积 6.5 万 km^2，治理区土壤侵蚀量降低到 5.4 亿 t，减少了 42.0%。

沿海防护林工程新营造或更新海岸基干林带 5672km，沿海地区的水土流失面积降至 288.41 万 hm^2，减少 108.56 万 hm^2。珠江防护林工程建设，使工程区有林地面积增加 223 万 hm^2，增加了 6.4%；森林覆盖率提高了 1.58%，达 46.15%。

（5）野生动植物保护及自然保护区建设工程

野生动植物保护及自然保护区建设工程主要解决物种保护、自然保护和湿地保护等问题。工程实施范围包括具有典型性、代表性的自然生态系统、珍稀濒危野生动植物的天然分布区、生态脆弱地区和湿地地区等。工程实施以来，将野生动植物和湿地保护进一步纳入全面协调可持续发展战略，使珍贵自然遗产得到有效保护，取得了显著的成效。

该工程建立包括森林类型、湿地类型、野生动植物类型、荒漠类型等多种类型的保护区 600 多个。截至 2016 年底，全国共建设自然保护区 2740 个，总面积 147 万 km^2（其中国家级自然保护区 428 个，面积 96.52 万 km^2）、风景名胜区 962 个（其中国家级风景名胜区 225 处）、森林公园 3237 个、地质公园 485 个、湿地公园 979 个、水利风景区 2500 个、沙漠公园 55 个、海洋公园 33 个。这些自然保护区有效保护着我国 40%的自然湿地、300 多种重点野生动物和 130 多种重点野生植物主要分布地，初步形成布局较为合理、类型较为齐全、功能较为完备的保护区网络。珍稀物种拯救取得显著成效。随着工程的实施，使多年形成的珍稀物种拯救体系建设有了进一步的加强和发展。目前，全国共建立野生动物拯救繁育基地 250 多处，野生植物种质资源保育或基因保存中心 400 多处，已对珍稀濒危的 200 多种野生动物、上千种野生植物建立了人工种群，使相当一批极度濒危的物种在人工状况下免于灭绝，有的物种已开始回归自然。野生动植物资源人工培育形成规模。全国有经济类野生动物繁殖单位 2.45 万家，野生植物培植单位 1.7 万家，野生动物园、动物园 243 个，植物园、树木园 115 个，年产值 560 多亿元，不仅极大满足了社会需要，也促进了野外资源保护。

随着工程的实施，野生动植物、湿地和自然保护区管护体系建设得到很大加强，已初步形成较为健全的法律法规体系、行政管理体系、执法监管体系和科技支撑体系。

（6）重点地区速生丰产用材林基地建设工程

重点地区速生丰产用材林基地建设工程主要解决木材供应问题，同时也减轻木材需求对天然林资源的压力，为其他五项生态建设提供重要保证。工程布局于我国 400mm 等雨量线以东，地势比较平缓，立地条件较好，自然条件优越，不会对生态环境产生不利影响的 18 个省、自治区、直辖市，以及其他条件具备适宜发展速丰林的地区。

速丰林工程发挥劳动力密集、产业关联度高，示范和拉动作用显著的优势，创造数以百万计的工作岗位，大量吸纳企业富余人员和农村剩余劳动力就业。速丰林工程的实施，有力地推动了林业产业与造纸等木材利用行业的协调发展，为缓解我国木材供需矛盾、实现由采伐天然林为主向采伐人工林为主的转变、统筹城乡发展、促进农民增收、提升林业产业化水平、落实全面协调可持续的科学发展观奠定了坚实基础。

1.5 与其他学科的关系

根据《自然保护与环境生态类本科专业教学质量国家标准》的课程设置意见，林业生态工程是水土保持与荒漠化防治专业的核心专业课。本课程的目的在于了解林业生态工程的定义、体系和理论基础，森林培育基本理论，林业生态工程体系配置，林业生态工程管理及效益评价等内容和知识，具有较强的综合性，与其他基础学科和应用学科有着密切的联系。

与气象学、水文学的关系：各种气象因素和不同的气候类型对水土流失都有直接或间接的影响，并形成不同的水土流失特征。在林业生态工程建设中，要根据气象、气候因素对水土流失的作用以及径流、泥沙移动规律，营造不同类型的林种，以抵御干旱、暴雨、风浪等的危害，并使其变害为利。

与地貌学的关系：地形地貌是主要营林立地因子之一，对降雨、光照和热量等产生再分配作用，直接影响树木的成活与生长。应根据不同区域的地形地貌特征，营造不同类型的林种。

与土壤学的关系：土壤是水力侵蚀和风力侵蚀作用破坏的主要对象，也是林木生长的基质。不同的土壤具有不同的贮水能力和土壤肥力。因此，通过营造不同类型林种可以有针对性地改良土壤性状，提高土壤肥力，防治水土流失。

与农业科学的关系：保持水土是水土流失地区发展农业生产的基础，通过林业生态工程建设从根本上控制水土流失，为农业创造高产稳产条件。

与水利科学的关系：营造库岸、河岸（滩）林业生态工程是河流水害防治的根本措施，也是净化河流水质，减少河流、水库、湖泊淤积的根本措施。因此，营造水土保持林是保护良好河流生态系统的重要工程。

与环境科学的关系：森林能净化大气，控制土壤和水污染，保护和美化环境，因此，林业生态工程应吸收环境科学的理论和方法，丰富林业生态工程的内容。

本章小结

本章主要介绍了生态工程和林业生态工程的概念，简要归纳了林业生态工程的基本内容和主要类型，总结了林业生态工程体系，并对国外影响力较大的林业生态工程和我国林业生态工程的战略布局进行介绍，旨在从全局上把握林业生态工程学的基本知识。本章重点要理解林业生态工程的概念，然后从我国林业生态工程战略布局的变化体会林业生态工程在生态建设中的重要作用。

思考题

1. 什么是生态工程？
2. 什么是林业生态工程？
3. 林业生态工程体系的构成特点？
4. 林业生态工程与传统的造林绿化有什么区别与联系？
5. 我国有哪六大林业重点工程？

本章参考文献

雷加富. 2001. 新时期林业建设的战略性调整——论六大林业重点工程建设[J]. 林业经济，(2)：15-18.

李凯荣，张光灿. 2012. 水土保持林学[M]. 北京：科学出版社.

李世东. 2001. 世界重点林业生态工程建设进展及其启示 [J]. 林业经济，(12)：46-50.

王礼先，王斌瑞，朱金兆，等. 1998. 林业生态工程学[M]. 北京：中国林业出版社.

杨京平. 2005. 生态工程学导论[M]. 北京：化学工业出版社.

云正明，刘金铜，王占升，等. 1998. 生态工程[M]. 北京：气象出版社.

第2章·林业生态工程基本理论

王礼先教授在1998出版的《林业生态工程学》中，把现代生态学与景观生态学理论、生态经济学理论、系统科学与系统工程理论、可持续发展理论、环境科学理论、水土保持学理论、防护林学理论作为林业生态工程的基础理论，这无疑是正确的。但这些理论本身也是很多学科交叉形成的，很多都是林业和水土保持专业的专业基础课或专业课。本书不必要全面介绍这些理论，但考虑到林业生态工程是人工构建森林生态系统，与其他生态工程一样，生态学基本原理是必须要重申的基本理论。南方林业生态工程建设的主战场是山区丘陵区，必须与农业生态系统紧密结合，形成完整的农业有机体，需要系统的可持续发展理论作指导。而作为生态学分支的景观生态学和恢复生态学，是人工构建健康森林生态系统和重视保护现有生态系统理念的重要理论保障，在这里单独介绍，混入生态学基本原理一起介绍将弱视其重要指导作用。至于林业生态工程构建技术体系在第二篇中单独介绍。

2.1 生态学基本原理

我国著名生态学家马世骏先生提出的生态工程概念将生态学原理与经济建设和生产实践结合起来，实现生物有机体在有人工辅助能量、物质参与下和现代工程技术的系统结合配套技术。由此可见，在设计建设生态工程及应用生态工程的一些技术必须遵循生态学的一些基本原理。

(1) 生态位原理

生态位是生态学研究中广泛使用的名称，又称生态龛或小生境，通常是指生物种群所占据的基本生活单位。对于生物个体与其种群来说，生态位是指其生存所必需的或可被其利用的各种生态因子或关系的集合。每一种生物在多维的生态空间中都有其理想的生态位，而每一种环境因素都给生物提供了现实的生态位。这种理想生态位与现实生态位之差一方面迫使生物去寻求、占领和竞争良好的生态位；另一方面也迫使生物不断地适应环境，调节自己的理想生态位，并通过自然选择，实现生物与环境的世代平衡。在现实的生态系统中，由于其是人工或半人工的生态系统，人为的干扰控制使其物种呈单一性，从而产生了较多的空白生态位。因此，在生态工程设计及技术应用中，如能合理运用生态位原理，把适宜而有经济价值的物种引入系统中，填充空白的生态位而阻止一些有害的杂草、病虫、有害鸟兽的侵袭，就可以形成一个具有多样化的物种及种群稳定的生态系统。充分利用高层次空间生态位，使有限的光、气、热、水、肥资源得到合理利用，最大限度地减少资源的浪费。增加生物量与产量，如稻田养鱼就是把鱼引入稻田中，鱼可以吃掉水稻生长发育过程中所发生的一些害虫，为稻田施肥，而水稻则为鱼类生长提供一定的饵料，从而取得互惠互利的效果。又如，低质量林分的改造，就是要引入优良树种利用林分中空白生态位，并且通过改良土壤和小气候环境不断扩大林分的生态位，有利于林分的正向演替。

（2）限制因子原理

生物的生长发育离不开环境，并适应环境的变化，但生态环境中的生态因子如果超过生物的适应范围，对生物就有一定的限制作用，只有当生物与其居住环境条件高度相适应时，生物才能最大限度地利用环境方面的优越条件，并表现出最大的增产潜力。

① 最小因子定律。即植物的生长取决于数量最不足的那一种物质。这一定律说明，某一数量最不足的营养元素，由于不能满足生物生长的需要，同时也将限制其他处于良好状态的因子发挥效应，生态系统因为人为的作用也会促使限制因子的转化，但无论怎么转化，最小因子仍然是起作用的。

② 耐性定律。在最小因子定律的基础上，人们发现不仅因为某些因子在量上不足时生物的生长发育会受到限制，但某些因子过多也会影响生物的正常生长发育和繁殖。1913年谢尔福德把生态因子的最大量和最小量对生物的限制作用概念合并为耐性定律，即各种生物的生长发育过程中对各种生态因子都存在着一个生物学上限和下限，它们之间的幅度就是该种生物对某一生态因子的耐性范围。因此，在生态工程建设与生态工程技术应用时，必须考虑生态因子的限制作用原理。

（3）食物链原理

在自然生态系统中，由生产者、消费者、分解者所构成的食物链，从生态学原理看，它是一条能量转化链、物质传递链，也是一条价值增值链。绿色植物被食草动物所食，草食动物被肉食动物吃掉，植物和动物残体又可为小动物和低等动物分解，以这种吃与被吃而形成了食物链关系，但是食物链并非单一的简单的一种关系，如水稻—蝗虫—鸟类这样，而是形成了一种复杂的食物链网。我们知道太阳光能是地球上一切能量的来源，日光能被固定形成化学潜能，并沿着食物链的各个营养级传递，由于能量在转化过程中不可避免地消耗与损失，没有任何能量能够100%地有效转化为下一营养级的生物潜能。林德曼著名的十分之一定律说明，能量从一个营养级向下一个营养级转化的比率只有1/10，因此，在自然界的食物链很少有长达4个营养级之上。但在人工生态系统与生态工程中，这条食物链往往进一步缩减了，缩减了的食物链不利于能量的有效转化和物质的有效利用，同时还降低生态系统的稳定性，加重环境污染。因此，根据生态系统的食物链原理，在生态系统与生态工程的设计建设中，可以将各营养级因食物选择而废弃的生物物质和作为粪便排泄的生物物质，通过加环与相应的生物载体进行转化，延长食物链的长度，并提高生物能的利用率。如在经济林中养殖土鸡和鸡粪喂猪、猪粪制造沼气、沼渣肥田、稻田养鱼、鱼吃害虫，保障水稻丰产，从而形成了一种以人为中心的网络状食物链的种养方式，其资源利用效率与经济效益要比单一种养方式大得多。

(4) 整体效应原理

系统是由相互作用和相互联系的若干组成部分结合而成的具有特定功能的整体，其基本的特性就是集合性，表现在系统各组分间相互联系、依赖、作用、制约的不可分割的整体，整体的作用和效应要比各部门之和来得大。由于生态工程是个涉及生物、环境、资源以及社会经济要素构成社会—经济—自然的复合系统，因此，生态工程的建设要达到能流的转化率高，物流循环规模大，信息流畅，价值流增加显著——即整体效应最好，这就需要合理调配组装协调系统的各个组分，使整个系统的总体生产力提高，整体效应的取得要取决于系统的结构，结构决定功能。生态工程强调在不同层次上，根据自然资源、社会经济条件按比例有机组装和调节，以整体协调优化求高产、高效、持续发展。

(5) 生物与环境相互适应、协同进化原理

生物的生存、繁衍不断从环境中摄取能量、物质和信息，生物的生长发育依赖于环境，并受环境的强烈影响。外界环境中影响生物生命活动的各种能量、物质和信息因素称为生态因子，生态因子既有对生物和生命活动所需的利导因子，也有限制生物生存和生命活动的限制因子。利导因子促进生物的生长发育，而限制因子则制约生物生长与生产的发展，因而在当地的生态工程建设中必须充分分析当地利导因子及限制因子的数量和质量，以选择适宜的物种和模式。

生态系统作为生物与环境的统一体，既要求生物要适应其生存环境，又同时伴有生物对生存环境的改造作用，这就是所谓的协同进化原理。协同进化原理认为生物与环境应看作相互依存的整体，生物不只是被动地受环境作用和限制，而是在生物生命活动过程中，通过排泄物、死体等释放能量、物质于环境，使环境得到物质补偿，保证生物的延续。封山育林，植树种草，退耕还林，合理间、套、轮作都是为了改善生态环境，同时在对可更新资源（再生资源）利用中做到保护其可更新能力，确保资源再生和循环利用，达到永续利用，充分保护环境，提高资源利用率。

(6) 效益协调统一原理

生态工程系统是一个社会—经济—自然复合生态系统，是自然再生产和经济再生产交织的复合生产过程，具有多种功能与效益，既有自然的生态效益，又有社会的经济效益，只有生态与经济效益相互协调，才能发挥系统的整体综合效益。

生态工程的设计、建设与应用都是以最终追求综合效益为目标的。在其建设与调控中，将经济与生态工程建设有机交织地进行，如农业开发与生态环境建设结合，资源利用与增殖结合，乡镇农业开发与环保防污建设结合等等，就是将所追求的生态效益、经济效益和社会效益融为一体。

2.2　系统可持续发展理论

林业生态工程建设的重点区域是生态脆弱、水土流失严重的山区丘陵区，其目标是人工构建森林生态系统，但必须与农业生态系统有机结合，形成整体性的复合农林生态系统，体现出其生态效益、社会效益和经济效益。说明林业生态工程建设面对的环境条件具有很大的制约性，必须对限制因子实现创新，克服工程建设中的限制因子，有利于工程不断实现综合效益。这就要求林业生态工程必须遵循系统可持续发展规律。

（1）系统发展的概念

系统的生存和发展是与特定的条件相对应的。系统发展条件集合包括了与系统的生存和发展有关的一切内部因素和外部因素，即系统的组成单元、系统的结构、系统的输入、系统的环境等等。系统发展是系统发展条件改善的结果。系统发展定义为系统发展指标 y 的增大，即 $dy>0$；系统发展条件改善定义为发展条件的量化指标 x 的增大，即 $dx>0$。生态工程能否成功建设，就是要准确把握生态系统发展的条件集合，通过条件的改善，促进生态系统的发育。

（2）系统发展的表现形态

① Logistic 曲线的结构。一般来说，系统发展表现为 Logistic 增长过程。可以用生物生长的例子说明这一曲线的意义：y 是生物的生长量，x 是限制因子。在初期，生长速度 dy/dx 与其限制因子 x 的输入量成正比。这个因子的供应达到一定水平之后就不再起限制作用。上升的曲线很快就转向水平方向，于是又有一个新的因子起限制作用。当新的限制因子 x 的投入增加时，曲线才开始再次爬高。

利用 Logistic 曲线二阶导数和三阶导数为零的三个点 O、A、B，可将 Logistic 曲线划分为四个阶段，分别称之为突破阶段、扩张阶段、成熟阶段和稳定阶段。这四个阶段构成一个完整的 Logistic 增长过程（图 2-1）。

② 组合 Logistic 曲线。由 Logistic 曲线的性质可知，当 $y \to K$ 时，$dy/dx \to 0$，即 $dy \to 0$。系统持续发展要求 $dy>0$，更确切地说是大于某个不为零的正数。因此，为了满足持续发展的要求，系统必然进入下一轮 Logistic 增长过程，依次相循，就生成了组合 Logistic 曲线（图 2-2）。在林业生态工程建设中同样如此，任何一个影响森林生态系统发展的限制因子其作用是有限度的，当该因子的作用发挥至极限时，它的改善将不再起作用，甚至会起到相反的作用，反而不利于森林生态系统的稳定和发展。要使森林生态系统得到持续发展，其他条件可能成为限制因子，必须同时改善这些因子，才能达到持续发展的目的。例如水

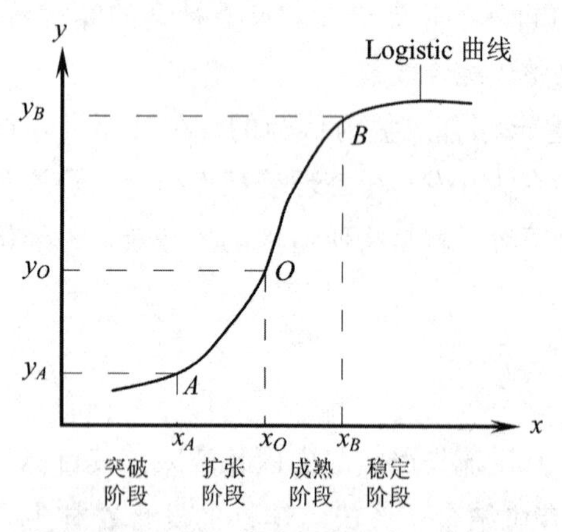

图 2-1 Logistic 曲线及其四个成长阶段

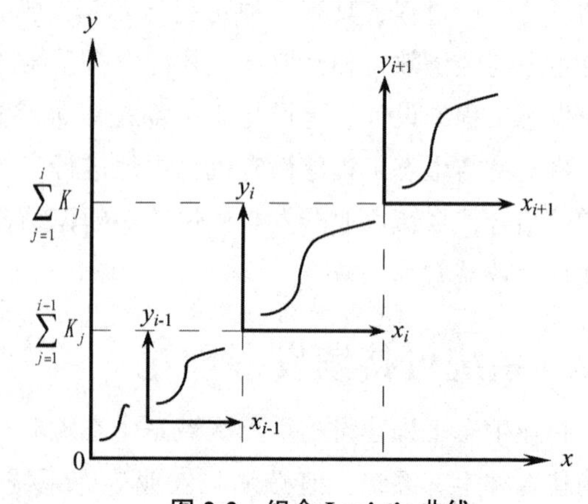

图 2-2 组合 Logistic 曲线

是一个非常敏感的环境因子，缺水时，它就是限制因子，但长时间水分过剩，则不利于树木生长，甚至出现涝灾而死亡。

③ 系统演化模式。系统演化的模式大致有四种：持续发展、停滞、循环、灭亡。$Y-T$ 平面上，四种模式的几何示意图如图 2-3 所示。当一个单元过程进入到第四阶段后，系统就达到了演化模式的分叉点 H。系统在 H 点的行为决定了它的命运是停滞、循环、灭亡还是持续发展。

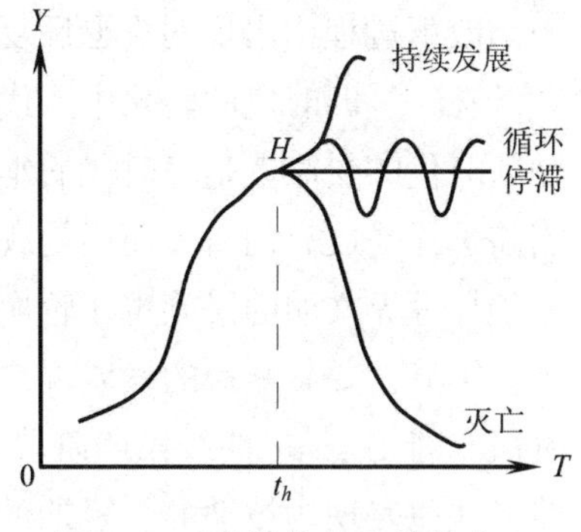

图 2-3　系统演化的四种模式

系统能否实现持续发展，决定于限制因子的转换与创新。

首先，要有创新意识，识别限制因子。发现或确认限制因子是实现持续发展的关键，突破它对系统发展的限制，系统可进入下一个 Logistic 增长过程，系统就实现了持续发展。

第二，要有创新思维，积极改善系统发展条件（限制因子）。系统发展条件存在于系统当时的选择空间、创新过程的周期、创新成本、创新成本与收益在系统内部的分配，以及系统的决策结构等全过程。创新过程就是对系统发展条件的改善，创新能否成功取决于对系统发展条件的改善程度。

第三，要有系统思想，保持系统发展的连续性。对于一个高度复杂的系统来说，在其发展过程中表现最强烈的属性之一就是发展的连续性。除非有强大的外来势力，否则这种连续就不会中断。连续性并不意味着没有变化、没有发展，而是说在发展中系统总有许多稳定的成分和属性得到保持。就演化而言，可以分为两大类：泛化与特化。泛化是系统在演化的过程中不断扩大自己的发展条件集合，增加各发展条件之间的相互替代性，减少对某一发展条件依赖性的过程。特化是系统演化过程中不断缩小自己的发展条件集合，增加对某些发展条件的依赖性，以至离开这些发展条件或这些发展条件的恶化会导致系统的灭亡的过程。

在演化中采取泛化策略的系统，其演化的选择空间在演化过程中是扩张的；在演化中采取特化策略的系统，其演化选择空间在演化过程中是收敛的。对于特化系统而言，昔日的成功意味着今天的困境，祖先的光荣成为后代的枷锁，没落就寓于繁荣之中，因为没有一成不变的环境。

第四，要有忧患意识，核算创新成本。包括时间成本、资源成本、机会成本等。创新是一个过程，确认与克服限制因子也需要时间，如果转换所需的最短时间大于系统能够等待的最长时间，那么新的 Logistic 增长就不会发生。等待系统的命运是灭亡。

创新是要付出代价的。一方面，创新要占用系统可支配的有限的资源，另一方面要付出机会成本，即占用的资源用于原有方式时的收益。如果创新代价是一个处于分叉点 H 的系统所无力支付的，那么等待它的就可能是在停滞、循环和灭亡三者之中任选其一了。

这里所指的系统是其生存与发展主要由人类支配的系统，因此，创新成本与收益在系统内的人之间如何分配是至关重要的，它直接影响到是否创新这一重大决策问题的答案。这一点被马克思的历史唯物主义，特别是其中的阶级斗争学说所阐述。实际上，观照今日中国改革过程中出现的进退反复和各阶段、各集团的人们的态度，这一切就一目了然了。

在新、旧时代的转化中，代表旧事物的既得利益集团是来自人类的最大的阻力。它们是新时代的受难者是旧时代的殉葬品。创新就意味着放弃，对于既得利益者而言，最优的当前选择是放弃创新，而不是放弃既得利益。所以在时代转换中，上层阶级也在转换。正如领导世界文明的民族也在轮换一样。

第五，要有敏锐的发展观，使创新具有前瞻性。系统演化的前途不仅取决于进入稳定阶段（指 Logistic 曲线第四阶段）所采取的处理方式，还取决于进入稳定阶段前的选择。前者往往表现为被动的、短期的、超常规的，甚至革命性的危机处理，选择时空相对狭小；而后者是一种主动的、择优的、具有远见的解决思路，风险性小。由于发展过程不断受到不同时间尺度的限制因子的制约，因此，建立一种具有预警、消除、转换、恢复和替代功能的创新机制尤为重要。

从系统可持续发展理论可以看到，要使林业生态工程建设实现可持续发展，首先要正确判别影响因子集合，并确定限制因子，才能确定人工构建森林生态系统的模式、群落结构和种群结构；其次要深入研究限制因子出现的条件，正确应用森林培育的技术体系，实现限制因子的克服和转换等创新过程；第三要准确把握创新的时机，在限制因子影响森林生态系统发育之前使其得到改善。

2.3 生态经济学理论

林业生态工程建设不仅要取得生态效应，还要实现经济效益和社会效益，因此，在具有自然属性的同时还具有社会和经济属性，生态经济学理论对于林业生态工程建设具有重要的指导作用。

生态经济学以生态学原理为基础，经济学理论为主导，以人类经济活动为中心，围绕着人类经济活动与自然生态之间相互发展关系这个主题，研究生态系统和经济系统相互作用所形成的生态经济问题，阐明它们产生的生态经济原因及解决的理论原则，从而揭示生态经济运动发展的客观规律。

2.3.1 流域生态经济系统的组成

流域生态经济系统是由流域生态系统和流域经济系统相互交织而成的复合系统。它具有独立的特征和结构，有其自身运动的规律性，与系统外部存在着千丝万缕的联系，是一个能够经过调控，优化利用流域内各种资源，形成生态经济合力，产生生态经济功能和效益的开放系统。

在流域生态系统和经济系统中，包含着人口、环境、资源、物资、资金、科技等基本要素，各要素在空间和时间上，以社会需求为动力，通过投入产出链渠道，运用科学技术手段有机组合在一起，构成了流域生态经济系统。

（1）组成要素

① 人口。流域范围内的人口，是指具有一定数量和质量的人口总称。人口是流域生态经济系统的核心要素，人不但可以能动地调节控制人口本身，而且可以能动地与环境、资源、物资、资金、科技等要素相连接，构成丰富多彩的生态经济关系。人不仅是消费者，而且是生产者，能创造出比自己的消费多得多的财富。人口要素在流域生态经济系统中，起着促进或延缓生态发展的作用。

② 环境。在流域范围内，环绕着人群的空间中可以直接、间接影响到人类生活和发展的一切自然因素和社会因素的总体，称之为流域环境。人类必须合理地调节自己的经济活动，使其与环境容量相适应，并力争提高环境质量，促进流域生态经济的协调发展。

③ 资源。资源指生产资料或生活资料的天然来源。由于流域所处的地理位置不同，资源的种类和数量也有很大区别，资源的差异性，形成了不同类型的流域生态经济系统。资源利用的有限性，对生态经济系统的形成、演替和发展起着重要的制约作用。如森林采伐量不能超过其生长量，草场不能超载放牧，耕地不能耗竭地力，水域不能过度捕捞，环境污染不得超标等。由于不合理利用资源，单方面追求经济的增长所带来的一系列生态问题，越来越引起人类的关注。人们为了防止和挽救生态失调及其所造成的损失，积极开展以流域为单元的水土保持的综合治理，在保护、改善或重建良好的生态系统中做出了巨大努力。

④ 物资。物资是生产和生活上所需要的物质资料。物资是生态经济中已经社会化了的物质要素，是自然资源经过劳动加工转化而来的社会物质财富。自然资源是物资转化的源泉，物资是社会经济运动的物质力量。物资是生态经济系统形成和发展的重要条件，在把自然资源转化为物质资源过程中，只有以丰富的物质资源为基础，采用先进的生产工具，才能把更多的自然资源转化为经济物资。

⑤ 资金。资金是用货币形式表现的再生产过程中物质资源的价值。再生产过程中的资金循环要依次经过流通过程、生产过程和流通过程三个阶段。

⑥ 科技。构成流域生态经济要素的科技，是指与该系统有内在联系的人化和物化形态的科技。包括具有一定身体素质、科学知识、生产经验、劳动技能的人和科技物化了的劳动资源。

（2）组成要素的结合

① 结合的动力。人类的要求大体经历了三个阶段，即单纯生存需求阶段、物质享受阶段和包括优美环境在内的全面需求阶段。不同的需求直接制约着各要素的不同结合方式。流域综合治理同时要树立起“环境优美、经济繁荣”两个奋斗目标。而这两个目标的实现过程实质上是流域生态系统要素和流域经济系统要素相互联系、相互作用的过程。因此，人类需求是生态经济系统要素结合的内在动力。

② 结合的渠道。流域生态经济系统内部各要素的相互结合，不但要有需求作动力，而且还必须通过生态经济系统投入产出渠道，才能完成各要素之间的相互结合。流域生态系统的投入产出食物链和流域经济系统的投入产出链在生产过程中是相互交织形成流域生

态经济系统的投入产出生产链。流域生态经济系统结构内部的各要素就是通过它相互结合起来的。流域生态系统中的农田生态经济系统产出的部分农副产品，可以作为牧业生态经济系统的投入物质，牧业生态经济系统的部分产出物，又可作为渔业生态经济系统的投入物质，农、林、牧、渔各生态经济系统的产品，又可作为加工业或其他工业的投入物质，而上述各个生态经济系统的下脚料和废物，又可作为农田生态经济系统的投入物质。农、林、牧、渔、工等生态经济系统，通过投入产出生产链，有机地构成了流域生态经济系统。

③ 结合的手段。流域生态经济系统内部各要素经过投入产出生产链渠道相互结合，并不是自发进行的，而是运用一定的科学技术手段交织连接的结果。科技作为生态经济要素的结合手段，主要指人们在对自然规律和经济规律认识的基础上，充分运用自身所掌握的科技知识和劳动资料，用人化和物化的技术手段直接改造生态系统，使生态系统经济化、经济系统生态化。

(3) 自然、经济及人口再生产的统一

在流域生态经济再生产过程中，不仅有自然力的投入，而且有劳动力的投入，由自然力与人类劳动相结合，共同创造使用价值，有产品参与和影响经济、社会、自然再生产，而且包括经济再生产和人口再生产。

自然再生产是生物与自然环境之间进行物质能量交换、转化、循环的自然生物再生产过程。这一过程是按自然规律，通过植物生产、动物生产、有机物分解等环节循环运转完成的。自然界中的各种生物和自然物质都是生态系统中物质循环过程的组成部分，它为人类生存和经济的发展提供了自然物质条件，因此，自然再生产是经济再生产的基础。

经济再生产是人类有目的的生产经营活动。它是以一定的生产关系联系起来的人们通过利用自然物质而创造物质财富的过程。经济再生产过程包括生产、分配、交换、消费四个环节，其中生产处于首要地位。通过经济再生产将自然物质转化为人们需要的各种产品，在生产过程中，劳动者的活劳动和物化劳动也凝结在产品之中，这些产品通过经济系统内部的交换、分配、消费各环节后，变成经济物质和经济能量，达到预期的经济目的。因此，经济再生产既受到自然再生产的制约，也受到社会因素的影响。

人口再生产，从生态意义来看，是种群的再生产，从社会经济意义来看，是劳动力的再生产。人类为了自己的生存和发展，需要不断地开发、利用自然资源，进行经济活动，从而使经济社会资源与环境资源在一定的生产方式下结合起来。因此，人是流域生态经济系统的核心和主体。

总之，没有一定数量和素质的人口，就没有社会经济的再生产；经济再生产和人口再生产都需要自然再生产提供食物、原料和最基本的生产资料，而自然再生产同样受人口再生产和经济再生产的影响。三种再生产过程相互联系、相互制约、相互交织，使流域生态系统成为一个有机联系的统一整体。

2.3.2 流域生态经济系统的结构

(1) 有序性

流域生态经济系统是一个开放系统，它一刻不停地与外界环境进行着能量、物质和信息的交换。生态经济结构的开放性，给流域生态经济系统带来了活力。生态经济系统结构内部各要素之间进行着永不停止的输入输出的交换活动，系统本身处于非平衡状态，并具有通过与外界的交换力图向平衡目标发展的趋势。因此，流域生态经济系统是一个远离平衡状态的开放系统。由于远离平衡状态，系统就更需要通过不停的物质、能量、信息的交换来趋于或维持一定的动态平衡，在这一复杂的运动变化中，系统内部不同元素之间存在非线性的机制。因此，流域生态经济结构是一种典型的有序的组织结构——耗散结构。

(2) 网络结构

流域生态经济系统各要素之间的相互组合，不仅是点的结合和单链条上的结合，而且是纵横交织的网络结合。流域生态系统中，生物之间通过吃与被吃的食物关系，构成食物链；多条食物链相互交织成食物网。以生态系统为基础的生态经济系统，无论是各要素之间，还是各个系统之间，都呈现出网络性的连接关系。流域生态经济系统中，组成要素繁多，大系统中有小系统，小系统中有多种成分，生物、环境、经济、技术等因素共存于一体并相互作用、相互制约。农业子系统的（粮、棉、油、木、丝、糖、菜、果、烟、药、麻、肉、蛋、奶、毛、皮、杂等）产品，作为物质资料，要输入包括工业在内的其他子系统。工业子系统的肥料、农药等产品直接输入农业子系统，各类工业生产过程中的废气、废水、废渣排放后，经过生化循环，又与农业子系统连接起来。所有这些，构成了错综复杂的网络结构。

(3) 立体结构

流域生态经济系统结构，有明显的三维空间特征。流域生态环境立体和水平方面的差异性，造成生物群落与自然环境相适应的明显的空间垂直的水平分化。如云南的胶茶人工森林，上层是五六米高的橡胶树，第二层是三四米高的肉桂和萝芙木，第三层是1m高的茶树，第四层是名贵中药砂仁，最下面一层是喜阴的地被植物层，形成了多层次立体结构。林中动物由于对境物群落的依附性，而分别活动和居住在树冠、树干、灌木、草丛中，它们同样也具有多层次立体结构，例如有人对一片欧洲陈树森林中的鸟类做了统计，其中15%在地面筑巢，25%在草丛筑巢，31%在树干上面和树干里面筑巢，29%在树冠上筑巢。就是地表以下的生态系统结构，同样具有立体特性。一方面植物的根系分浅根系、深根系；另一方面一些节肢动物、穴居动物和若干微生物，分别生活在不同深度的土壤中。另外能源和矿产等资源也都是立体分布的。

由于流域生态环境的立体特征，生物种群、能源和矿产资源的立体分布，人类经济活动的立体配置，有机组成了流域生态经济系统的立体结构。流域生态经济系统的立体结构具体表现为立体种植业、立体养殖业和多层次加工业的有机结合，其上下左右、内外前后、相互促进、循环往复、生生不息。多层次的多次增殖，用最小的投入获得最大的产出，做到生态、经济、社会三个效益高度发挥。

综上所述，流域生态经济系统结构是一个有序、网络、立体的结构，了解流域生态经济系统结构的这些特征，对创立优化的流域生态经济系统，搞好山区生态经济建设，有十分重要的现实意义。

2.3.3 流域生态经济系统的功能

流域生态经济系统的生产和再生产过程是物流、能流、信息流和价值流的交换和融合过程。因此，流域生态经济系统具有物质循环、能量流动、信息传递、价值增殖四大功能。

（1）物质循环

流域生态经济系统的物质循环是流域自然生态系统的物质循环与流域社会经济系统的物质循环的有机结合和统一，是流域生态经济系统中自然物质与经济物质相互渗透、互相转化、不断循环的运动过程。这一运动过程是以农业、能源、资源等生产部门为渠道进行的。农业生产部门利用太阳光能生产出植物和动物产品，除供人们生活消费外，部分产品提供给工业部门作原料，这些流动着的物质最后经过生化分解过程，以简单的物质形态重新释放到生态系统中、归还于环境。能源的开发、生产和利用，是人们从事物质生产的强大动力，是社会生产力发展的重要标志。但在能源生产过程中，有大量有害物质释放到环境中，造成环境的恶化。因此，人们既要大量开发、生产和利用能源，同时也必须投入经济物质，有效地解决因能源消耗而造成的环境污染问题。各种有用的矿产资源，是流域生态经济系统重要的物质资源，矿产资源通过开采加工，其产品直接或间接地参与流域生态经济系统的物质循环，但形成大量的废渣沉积起来，侵占耕地、污染环境、造成新的水土流失。

流域生态经济系统物质循环的实质，是人类通过社会生产与自然界进行物质交换。在交换过程中，改变自然物质的形态，加工成人们有用的物质产品，满足人们生活和生产的需要。而要实现生态经济再生产的顺利发展，必须把人口、社会、自然等方面的关系理顺，使人口再生产、自然再生产和经济再生产三者彼此协调，才能促进物流畅通，实现良性循环。

（2）能量流动

流域生态经济系统的能量是指做功的能力，包括正在做功的能量和未做功但具有潜在做功能力的能量。生态系统的太阳能、生物能、矿化能和各种潜能称为自然能量，自然能量投入经济系统中，按照人类经济活动的意图，沿着人们的经济行为、技术行为所规定的方向传递和变换，便成为经济系统的经济能量。流域生态经济系统中的能量流动是流域生态经济系统的自然能量流动和流域经济系统中的经济能量流动有机结合、相互转化、不断传递流动的过程。

流域生态经济系统中的一切物质循环都伴随着能量流动，物质循环和能量流动相互依存、相互制约、不可分割地同时进行。能量流动与物质循环的渠道是一样的，生态系统中各种生物之间错综复杂的捕食关系，是能量流动的主要渠道。自然能量转化为经济能量，是由农业、能源和开矿等生产部门把各种能量输入到经济系统的各部门和各个生产环节，通过投入产出生产链相互交换物质能量。但是，能量流动有三个显著的特点，一是能量属于单向流动，是非循环的，它只能一次流过系统。生态系统的能量起源于太阳，能量以光能的形式转入生态系统之后，以热的形式逸散到环境中，绿色植物从太阳获取的光能绝不可能再返回太阳中去，草食动物从绿色植物中所获得的能量，也绝不可能再返回给绿色植物。同样，自然能量转化为经济能量进入经济系统，不论是开采各种矿物能源，还是把这些矿物转换为其他形式的能源，或者是在各种生产和消费领域中被消耗的能源，都不能以原来的能量形式返回给原来的领域。另外，能源在使用消耗过程中，其无效能量以热能的形式递散到大气里，也不能再循环利用。二是能量流动是遵循力学定律进行的，在自然界中，能量既不能消灭，也不能凭空产生，它可以从一种形式转换为另一种形式，在从高能位向低能位、由集中到分散的转换过程中能量守恒。流域生态经济系统的能量随着食物链和生产链的各个环节传递和转移，其能量逐级递减。三是生态经济系统中的能量流动和物质循环所产生的污染物及其危害不同，经济能量的消耗过程中，排放的大量污染物质，是大气中的主要污染物。而经济系统的物质循环带来的污染物质，主要污染水体和土壤。

总之，能量的大量投入、会创造出更多的经济物质，为社会创造更多的物质财富。但是经济物质消耗过大，其有害物质也会大量增加，污染生态环境。因此，在流域综合治理中，发展山区经济和保护生态环境，二者不可偏废。

（3）价值增殖

流域生态经济系统结构中物流、能流的转化、循环过程与产品生产和价值增殖过程是基本一致的，流域生产和再生产过程，是自然生态过程和社会经济过程有机结合的自然和社会相互作用的过程。在这一过程中，人通过自己有目的的劳动，把自然物质、能量变换成经济物质、能量，价值沿着生产链不断形成、增殖和转移，并通过交换关系实现其价值。劳动者在劳动过程中消费着活劳动和物化劳动，在创造出新的使用价值的同时，不但转移了旧价值，而且创造了一定数量的新价值。价值量随之积累而增加。流域生态经济结构越复杂，转化层次也越多，则产品价值越大。因此，因地制宜，建立合理的生产结构，选择能发挥资源优势并使之转化为经济优势的、多层次循环利用模式，进行立体经营，乃是发展山区经济，建立转化循环高效、经济高产、生态平衡的流域生态经济系统的关键环节。

（4）信息传递

在流域生态经济系统中，生态系统与经济系统之所以能相互连结成为一个有机整体，除了能量和物质的交换外，还存在着信息传递现象。人类的经济活动总是伴随着信息活动，有效地进行经济活动必须有足够的信息作保证，因为在任何一项经济活动中，信息流起着支配的作用，它调节着人流、物流、能流的数量、方向、速度和目标，没有它就会导致系统的紊乱和破坏。

信息传递是管理生态经济系统的关键，人类控制生态系统，是通过获得信息流控制能流和物流来实现的，生态经济管理就是科学地调节物流、能流和价值流。为此，必须及时、准确地掌握“三流”运动发出的信息，采取科学的调控手段，来达到生态经济系统的目的。在流域生态经济再生产过程中，需要人口、自然、经济三个再生产相互适应，协调发展。所以，管理生态经济系统，不仅需要大量的经济、社会信息，而且还需要逐步解开“自然对话”之谜。从这种意义上说，生态经济管理的本质是信息管理。

综上所述，流域生态经济系统是通过物质循环、能量流动和信息传递把人口、自然、社会联结在一起，构成生态经济有机整体。生态经济系统能流、物流、信息流的转换、传递过程集中到一点，就是价值流的运动发展过程，而价值流的物质承担者是使用价值流。流域生产和再生产的目的就是要创造出更多的使用价值流，以满足人类生存的社会发展的需要。因此，物质循环、能量流动、信息传递、价值增殖，是流域生态经济系统的四大基本功能，四者之间的相互联系和相互作用，推动着流域生态经济系统不断运动、变化和发展。

2.3.4 流域生态经济系统的平衡

流域生态经济系统的平衡，是保持生态平衡条件下的经济平衡，是生态平衡与经济平衡有机结合、相互渗透的矛盾统一体，是在“自然选择”与“人工选择”的进化过程中，流域综合治理的生态目标和经济目标相统一的平衡状态。

（1）基本特性

流域生态经济平衡是客观存在的，具体表现在流域生态经济系统的结构平衡、机制平衡和功能平衡三个方面。在生态经济系统运动、变化过程中，其结构不断发生变化，为实现流域综合治理的生态经济目标，需要选择优化的生态经济结构模式，并经常保持这种结构的平衡，这是经济、社会发展的客观需要。流域生态经济系统具有自组织的能力，为保证系统的正常运行和进化，必须经常维护生态经济机制的平衡。流域生态经济系统只有维护其物质循环、能量流动、信息传递、价值增殖等各种平衡功能，才能促使生态经济系统的进化，实现生态经济的良性循环。流域生态经济平衡是相对的，是以经济、生态发展为目标的，有条件的且不断运动、变化和发展中的动态平衡。生态经济平衡的动态性，表现为系统外部和内部都是动态的，流域生态经济系统处于由一种平衡状态向另一种平衡状态永不休止地变化之中，当生态经济系统处于平衡状态时，系统内部的能流、物流、信息流等也处于不停地运动变化之中。生态经济平衡的客观性和相对性，反映了生态经济系统运动、变化的客观规律，人们可以通过认识这一规律，调节和控制生态经济系统的演替、进化过程，让流域生态经济系统沿着人们所需要的目标运行和发展。

（2）平衡模式

由于流域所处的地理位置、自然环境、社会经济等方面的差异，使不同类型的流域生态经济系统或同类系统在不同时序上呈现出不同的流域生态经济平衡状态。根据生态目标和经济目标的不同组合，可归纳为三种典型的生态经济平衡模式。

① 稳定的生态经济平衡模式。在这种平衡状态下，系统自我调节力因抵偿外部不当

的干预力而减弱，但能够勉强维持系统原来的结构和功能，生态系统和经济系统都处于保持原有水平和规模的再生产运动，在运动中不出现非正常的异变。

② 自控的生态经济平衡模式。在这种平衡状态下，由于各种内外因的激发使生态经济系统出现各种异变时，系统可凭借自身的自我调节机制，迅速恢复生态经济系统的稳定状态，保证生态经济系统的正常运行和生态经济功能的正常发挥，保持原来的生态经济平衡状态。

③ 优化的生态经济平衡模式。在这种平衡状态下，系统中各要素以及结构与功能之间都处于融洽协调的关系中，生态经济系统在自控、稳定的同时，不断完善和进化。生态系统与经济系统同步协调发展，并进行良性循环。

流域综合治理的目的，在于创立优化的、以生态林业工程为核心的生态经济系统，因此，寻求优化的生态经济平衡模式是流域综合治理的中心任务。

2.4　景观生态学原理

林业生态工程建设是人工构建森林生态系统，由于山区丘陵区地形、小气候、土壤等环境条件的异质性，同一地区的林业生态工程必须要结合环境因素构建多样性的森林生态系统，景观生态学原理的应用至关重要。

景观是由不同土地单元镶嵌组成的具有明显的视觉特征的地理实体。景观生态学是研究人与其影响的景观之间关系的学科。景观生态学作为一门正在发展中的综合性交叉学科，其理论的直接源泉是生态学与地理学，同时从现代科学的诸多相关理论中也汲取了丰富的营养。景观生态学的理论基础为开放系统的自然等级有序理论，以及综合性和组织性理论；它的自然生态系统与人类系统之间生物控制共生理论是以控制论为基础的。因果反馈耦合关系的建立不仅与系统论、控制论有关，还涉及信息论的有关问题。景观生态学的自组织理论及稳定性概念又与耗散结构理论相关。

景观包括基底、斑块和廊道三大要素。景观生态学的核心概念可总结为：景观系统整体性和景观要素异质性、景观研究的尺度性、景观结构的镶嵌性、生态流的空间聚集与扩散、景观的自然性与文化性、景观演化的不可逆性与人类主导性及景观价值的多重性。

（1）景观系统整体性和景观要素异质性

景观是由景观要素有机联系组成的复杂系统，含有等级结构，具有独立的功能特性和明显的视觉特征，是具有明确边界、可辨识的地理实体。景观具有地表可见景象的综合与某个限定性区域的双重含义。景观分类系统将景观分为开放景观（包括自然景观、半自然景观、半农业景观和农业景观）、建筑景观（包括乡村景观、城郊景观、城市工业景观）和文化景观。一个健康的景观生态系统具有功能上的整体性和连续性。从系统的整体性出发来研究景观的结构、功能与变化，将分析与综合、归纳与演绎互相补充，可深化研究内容使结论更具逻辑性和精确性。通过结构分析、功能评价、过程监测与动态预测等方法采取形式化语言、图解模式和数学模式等表达方式，以得出景观系统综合模式的最好表达。

景观系统同其他非线性系统一样，是一个开放的远离平衡态的系统，也具有自组织性、自相似性、随机性和有序性等特征。自组织可通过对称分离的不稳定性来实现，景观斑块产生于自组织，特别体现在由人类生态信息反馈作用调控下的土地利用动态变化过程中。

异质性是系统或系统属性的变异程度，在景观尺度上空间异质性包括空间组成、空间构型和空间相关三个部分的内容。景观由异质要素组成景观异质性一直是景观生态研究的基本问题之一。因为异质性决定干扰能力、恢复能力。

系统稳定性和生物多样性有密切关系，景观异质性程度高有利于物种共生而不利于稀有内部种的生存。景观格局是景观异质性的具体表现，可运用负熵和信息论方法进行测度。景观异质性可理解为景观要素分布的不确定性，其出现频率通常可用正态分布曲线来描述。景观总体结构的异质性也可以通过穿越景观的一条或多条剖面线的景观异质性特征(组合形式的平均信息量）来描述。此外，利用滑箱多尺度面状采样法也是一种很好的方法。通过对外界输入能量的调控，可改变景观的格局使之更适宜人类的生存。

(2) 景观研究的尺度性

尺度是研究客体或过程的空间维和时间维可用分辨率与范围来描述，它标志着对所研究对象细节了解的水平。在生态学研究中，空间尺度是指所研究生态系统的面积大小或最小信息单元的空间分辨率水平，而时间尺度是其动态变化的时间间隔。景观生态学的研究基本上对应着中尺度范围，即从几平方公里到几百平方公里，从几年到几百年。大尺度主要反映大气候分异；中尺度主要反映地表结构分异；小尺度主要反映土壤、植物和小气候分异。

格局与过程的时空尺度化是当代景观生态学研究的热点之一。尺度分析和尺度效应对于景观生态学研究有着特别重要的意义。尺度分析一般是将小尺度上的斑块格局经过重新组合而在较大尺度上形成空间格局的过程。此过程伴随着斑块形状由不规则趋向规则以及景观类型的减少。尺度效应表现为：随尺度的增大，景观出现不同类型的最小斑块，最小斑块面积逐步增大，而景观多样性指数随尺度的增大而减小。通过建立景观模型和应用GIS 技术，可以根据选择最佳尺度以及把细尺度的研究结果转换为粗尺度或者相反。由于景观尺度上进行控制性实验往往代价高昂，因此人们越来越重视尺度转换技术，然而尺度外推却是景观生态研究中的一个难点，它涉及如何穿越不同尺度生态约束体系的限制。不同时空尺度的聚合会产生不同的估计偏差：信息总是随着粒度或幅度的变化而丧失，信息损失的速率与空间格局有关而映射则来自于从尺度变化中获得的信息。

时空尺度的对应性、协调性和规律性是重要特征，通常研究的地区愈大，相关的时间尺度就愈长。生态平衡即自然界在动荡中表现出的与尺度有关的协调性生态系统仍可保持大尺度的生态稳定性。

尺度性与持续性有着重要的联系，细尺度生态过程可能会导致个别生态系统出现激烈波动，而粗尺度的自然调节过程可提供较大的稳定性。在较高尺度上，混沌可提高景观生态系统的持续性而避免异质种群的灭绝。大尺度空间过程包括土地利用和土地覆盖变化、生境破碎化有引入种的散布、区域性气候波动和流域水文变化等等。在更大尺度的区域中，景观是互不重复、对比性强、粗粒格局的基本结构单元。景观和区域都在人类尺度上，即在人类可辨识的尺度上来分析景观结构，把生态功能置于人类可感受的范围内进行表述，这尤其有利于了解景观建设和管理对生态过程的影响。在时间尺度上人类世代即几十年的尺度是景观生态学关注的焦点。

（3）景观结构的镶嵌性

自然界普遍存在着镶嵌性，即一个系统的组分在空间结构上互相拼接而构成整体。景观和区域的空间异质性有两种表现形式，即梯度与镶嵌。镶嵌的特征是对象被聚集形成清楚的边界，连续空间发生中断和突变。土地镶嵌性是景观和区域生态学的基本特征。斑块—廊道—基质模型即是对此的一种理论表述。

景观斑块是地理、气候、生物和人文因子构成的有机集合体，具有特定的结构形态表现为物质、能量或信息的输入与输出单位。斑块的大小、形状不同，有规则和不规则之分；廊道曲直、宽窄不同，连接度也有高有低；而基质更显多样，从连续状到孔隙状，从聚集态到分散态构成了镶嵌变化、丰富多彩的景观格局。

景观结构即斑块—廊道—基质的组合或空间格局，是景观功能流的主要决定因素，而这些景观形态结构又是功能流所产生。结构和功能、格局与过程之间的联系与反馈是景观生态学的基本命题。

景观镶嵌的测定包括多样性、边缘、中心斑块和斑块总体格局测定等方面，有多样性、优势度、相对均匀度，边缘数、分维数，斑块隔离度、易达性，斑块分散度、蔓延度等指标。此外，网络理论、中心位置理论、渗透理论（随机空间模型）等也被用于景观空间结构的研究。

作为镶嵌体的景观按其所含的斑块粒度——用斑块平均直径量度，可区分为粒粒和细粒景观。比如森林景观的粒级结构主要决定于更新单元（林冠空隙）的大小与采伐方式的差异，农田景观的粒级结构则取决于土地利用方式（旱田、水田和菜地）的不同和管理的精细程度。单纯的粗粒或细粒景观都是单调的，只有含细粒部分的粗粒景观最有利于大型斑块生态效应的获得，为包括人类在内的多生境物种提供了较广的环境资源和条件。由于景观结构的镶嵌性，其中若干空间要素（街道、障碍和高异质性区域）的组合决定了物种、能量、物质和干扰在景观中的流动或运动，表现为景观的抗性作用。

（4）生态流的空间聚集与扩散

生物物种与营养物质和其他物质、能量在各个空间组分间的流动被称为生态流。而它们是景观中生态过程的具体体现，受景观格局的影响，这些流分别表现为聚集与扩散，属于跨生态系统间的流动，以水平流为主。它需要通过克服空间阻力来实现对景观的覆盖与控制。物质运动过程同时总是伴随着一系列能量转化过程，斑块间的物质流可视为在不同能级上的有序运动，斑块的能级特征由其空间位置、物质组成、生物因素以及其他环境参数所决定。如我国东部丘陵地区的农业景观中由于灌溉目的形成了渠、堤相连的多水塘系统，这种景观格局对于非点源污染起到了一种控制作用。在重力作用下雨后的地表径流和农田排水经过不同斑块裹挟、沉积或释放物质而形成了非点源污染物的再分布。景观空间要素间物种的扩散与聚集，矿质养分的再分配速率通常与干扰强度成正比，如小流域的水土流失与不合理的土地利用方式呈正相关。穿越边缘的能量与生物流随异质性的增大而增强。无任何干扰时，景观水平结构趋于均质化，而垂直结构的分异更加明显，这在森林生态系统的演化中不乏例证。

景观中的能量、养分和物种，都可以从一种景观要素迁移至另一种景观要素，这些运动或流动取决于五种主要媒介物或传输机制：风、水、飞行动物、地面动物和人。在景观水平上有三种驱动力：首先是扩散力与景观异质性有密切联系；其次是传输（物质流），即物质沿能量梯度（在空间里镶嵌状分布）流动；最后是运动，即物质通过消耗自身能量从一处向另一处移动。扩散是一种低能耗过程，仅在小尺度上起作用，而物质流和运动是景观尺度上的主要作用力。水流的侵蚀、搬运与沉积是景观中最活跃的过程之一；而运动是飞行动物、地面动物和人传输多数物质的力，这种迁移最主要的生态特征是物体在所抵达的景观要素中呈高度聚集。总之，扩散作用形成最少的聚集格局，物质流居中，而运动可在景观中形成最明显的簇聚格局。

景观的边缘效应对生态流有重要影响，景观要素的边缘部分可起到半透膜的作用，对通过它的生态流进行过滤。此外，在相邻景观要素处于不同发育期（成熟度）时，可随时间转换而分别起到“源”和“汇”的作用。

（5）景观的自然性与文化性

景观不单纯是一种自然综合体，而且往往被人类注入不同的文化色彩，因而在欧洲很早就有自然景观与文化景观之分。按照人类活动对景观的影响程度可划分出自然景观、管理景观和人工景观。当今地球上不受人类影响的纯粹自然景观日渐减少，而各种不同的人工自然景观或人工经营景观占据陆地表面的主体。对于这两大类景观而言，生物活动（生物多样性与生物生产力）是景观系统最重要的特征。比较理想的有生命力的景观是指具有很高的生物多样性和生产力，而只需要较低能量维持，并具抗干扰性强的生态系统的组合。这两大类景观的稳定性取决于潜在能量或生物量，抗干扰水平与恢复能力。

人工景观或称人类文明景观是一种自然界原先不存在的景观，如城市、工矿和大型水利工程等。大量的人工建筑物成为景观的基质而完全改变了原有的景观外貌，人类成为景观中主要的生态组分。这类景观多表现为规则化的空间布局，以高度特化的功能与通过景观的高强度能流、物流为特征。在这里景观的多样性体现为景观的文化性。人类对景观的感知、认识和判别直接作用于景观，同时也受着景观的影响；文化习俗强烈地影响着人工景观和管理景观的空间格局；景观外貌可反映出不同民族、地区人民的文化价值观。如我国东北的北大荒地区就是汉族移民在黑土漫岗上的开发活动所创造的粗粒农业景观而朝鲜族移民在东部山区的宽谷盆地中所创造的是以水田为主的细粒农业景观。由于景观具有自然性和文化性，因而景观生态学的研究也就涉及自然科学与人文科学的交叉。关于景观的多样性及其生态意义已越来越受到研究者的重视。

（6）景观演化的不可逆性与人类主导性

景观系统如同其他自然系统一样其宏观运动过程是不可逆的时间反演不对称，它通过开放从环境引入负熵而向有序发展。景观具有分形结构其整体与部分常常具有自相似嵌套结构特征系统演化遵循从混沌到有序再到混沌的循环发展形式。

景观演化的动力机制有自然干扰与人为活动影响两个方面，由于今天世界上人类活动影响的普遍性与深刻性对于作为人类生存环境的各类景观而言，人类活动对于景观演化无疑起着主导作用，通过对变化方向和速率的调控可实现景观的定向演变和可持续发展。

在人类活动对生物圈的持续性作用中，景观破碎化与土地形态的改变是其重要表现。景观破碎化包括斑块数目、形状和内部生境的破碎化三个方面，它不仅常常会导致生物多样性的降低，而且将影响到景观的稳定性。通常我们把人为活动对于自然景观的影响称之为干扰，那么对于管理景观的影响由于其定向性和深刻性则应称为改造，而对人工景观的影响更是决定性的，可称之为构建。在人和自然界的关系上有着建设和破坏两个侧面，共生互利才是方向。应用生物控制共生原理进行景观生态建设是景观演化中人类主导性的积极体现。景观生态建设是指一定地域、跨生态系统、适用于特定景观类型的生态工程，它以景观单元空间结构的调整和重新构建为基本手段改善受威胁或受损生态系统的功能，提高其基本生产力和稳定性，将人类活动对于景观演化的影响导入良性循环。我国各地的劳动人民在长期的生产实践中创造出许多成功的景观生态建设模式，比如珠江三角洲湿地景观的基塘系统、黄土高原侵蚀景观的小流域综合治理模式、北方风沙干旱区农业景观中的林-草-田镶嵌格局与复合生态系统模式等。

景观稳定性取决于景观空间结构对于外部干扰的阻抗及恢复能力，其中景观系统所能承受人类活动作用的阈值可称为景观生态系统承载力。其限制变量为环境状况对人类活动的反作用，如景观空间结构的拥挤程度景观中主要生态系统的稳定性可更新自然资源的利用强度，环境质量以及人类身心健康的适应与感受性等。

景观系统的演化方式有正反馈、负反馈两种，负反馈有利于系统的自适应和自组织保持系统的稳定，是自然景观演化的主要方式。而不稳定则与正反馈相联系，从自然景观向人工景观的转化，其主要方式则以正反馈居多，如围湖造田、毁林开荒与城市扩张等。耗散结构理论揭示非平衡不可逆性是组织之源、有序之源，通过涨落达到有序。景观系统的演化亦符合这一规律，人类活动打破了自然景观中原有的生态平衡，放大了干扰改变了景观演化的方向并创造出新的生态平衡，重新实现景观的有序化。

(7) 景观价值的多重性

景观作为一个由不同土地单元镶嵌组成，具有明显视觉特征的地理实体，兼具经济、生态和美学价值，这种多重性价值判断是景观规划和管理的基础。景观的经济价值主要体现在生物生产力和土地资源开发等方面，景观的生态价值主要体现为生物多样性与环境功能等方面，这些已经研究得十分清楚。而景观美学价值却是一个范围广泛、内涵丰富，比较难以确定的问题。随着时代的发展，人们的审美观也在变化，人工景观的创造是工业社会强大生产力的体现，城市化与工业化相伴生；然而久居高楼如林、车声嘈杂的城市之后，人们又企盼亲近自然和回归自然、返璞归真成为最新的时尚。

关于景观美学质量的量度可从人类行为过程模式和信息处理理论等方面进行分析，不同民族和不同文化传统对此有深刻的影响，如中国的园林景观同欧洲的园林景观相比就有着极为不同的鲜明特色。它注重野趣生机、自然韵味、情景交融、意境含茗、以小见大、时空变换、增加景观容量与环境氛围。

价值优化是管理和发展的基础，景观规划和设计应以创建宜人景观为中心。景观的宜人性可理解为比较适于人类生存、走向生态文明的人居环境，包含以下内容：景观通达性、建筑经济性、生态稳定性、环境清洁度、空间拥挤度和景色优美度等。景观设计特别重视景观要素的空间关系，如形状和大小、密度和容量、连接和隔断、区位和层序，如同它们所含的物质和自然资源质量一样重要。在城市景观规划中就应该特别注意合理安排城市空间结构，相对集中利用空间，建筑空间要做到疏密相间；在人工环境中努力显现自然；增加景观的视觉多样性；保护环境敏感区和推进绿色空间体系建设。

2.5 恢复生态学理论

20世纪80年代以后，现代生态学突破了原有的传统生态学的界限，在研究层次和尺度上由单一生态系统向区域生态系统转变，在研究对象上再以自然生态系统为主向自然—社会—经济复合生态系统转变，涌现了一批新的研究方向和热点。恢复生态学应运而生并逐渐成为退化生态系统恢复与重建的指导性学科。

2.5.1 恢复生态学的定义

1985年由英国Aber和Jordan提出恢复生态学的概念。当时，国内外有以下三种略有差别的学术观点：

（1）强调受损的生态系统要恢复到理想的状态，使一个生态系统恢复到较接近其受干扰前的状态。

（2）强调其应用生态学过程，是研究生态系统退化的原因、退化生态系统恢复与重建的技术与方法、过程与机制的科学。

（3）强调生态整合性恢复。帮助研究生态整合性的恢复和管理过程的科学，生态整合性包括生物多样性、生态过程和结构、区域及历史情况、可持续的社会实践等广泛的范围。这也是国际恢复生态学会（International Society for Ecological Restoration）的定义。

综合各种观点，恢复生态学应加强技术理论和应用技术两大领域的研究工作。基础理论研究主要包括：① 生态系统结构、功能以及生态系统内在的生态学过程与相互作用机制；② 生态系统的稳定性、多样性、抗逆性、生产力、恢复力与可持续性；③ 先锋与顶极生态系统发生、发展机理与演替规律；④ 不同干扰条件下生态系统受损过程及其响应机制；⑤ 生态系统退化的景观诊断及其评价指标体系；⑥ 生态系统退化过程的动态监测、模拟、预警及预测等。应用技术研究主要包括：① 退化生态系统恢复与重建的关键技术体系；② 生态系统结构与功能的优化配置及其调控技术；③ 物种与生物多样性的恢复与维持技术；④ 生态工程设计与实施技术；⑤ 环境规划与景观生态规划技术；⑥ 主要生态系统类型区退化生态系统恢复与重建的优化模式试验示范与推广。

归纳以上的研究内容，可主要概括为：退化生态系统的类型与分布，退化的过程与原因，恢复的步骤与技术方法、结构与功能机制等几方面。

2.5.2 退化生态系统

(1) 土地退化与生态系统退化

土地退化（land degradation）：指土壤理化性质的变化导致土壤生态系统功能的退化。

其类型主要有：侵蚀化退化、沙化退化、石质化退化、土壤贫瘠化退化、污染化退化、工矿等采掘退化。

退化生态系统（degraded ecosystem）：生态系统的结构和功能若在干扰的作用下发生位移，位移的结果打破了原有生态系统的平衡状态，使系统的结构和功能发生变化和障碍，形成破坏性波动或恶性循环。

陆地退化生态系统类型：裸地、森林采伐迹地、弃耕地、沙漠、采矿废弃地、垃圾堆放场等。

(2) 生态系统退化的驱动力

生态系统退化的驱动力就是干扰，在干扰的压力下，系统的结构和功能发生改变，结构破坏到一定程度甚至将失去原有的功能。干扰有自然干扰和人为干扰之分，自然干扰是生态系统演化的重要因素，但自然干扰之后如伴随有人为干扰，可能产生不可逆的改变，会加速生态系统的退化。恢复生态学所关注的干扰主要是人为干扰，是研究生态系统退化原因必须要考虑的关键因素。

2.5.3 退化生态系统恢复

(1) 退化生态系统恢复的目标

通过退化生态系统恢复，建立合理的内容组成（种类丰富度及多度）、结构（植被和土壤的垂直结构）、格局（生态系统的空间分布）、异质性、功能。具体表现在：一是恢复诸如废弃矿地等极度退化的生境；二是提高退化土地上的生产力；三是在被保护的景观内去除干扰以加强保护；四是对现有生态系统进行合理利用和保护，维持其服务功能。

(2) 退化生态系统恢复技术体系

首先，强调非生物或环境要素的恢复技术。实现生态系统的地表基底稳定性，为物种的生存和发展提供基础条件。

其次，是生物因素的恢复技术。注重增加生态系统种类组成和生物多样性，实现生物群落的恢复，提高生态系统的生产力和自我维持能力。

最后，生态系统的总体规划、设计与组装技术。在前两方面主导思想形成的前提下，再考虑生态系统的设计。其设计应尊重自然法则、美学原则和社会经济原则。遵循自然规律的恢复重建才是真正意义上的恢复与重建；退化生态系统的恢复重建应给人以美的享受，增加视觉和美学享受；社会经济技术条件是生态恢复的后盾和支柱，制约着恢复重建的可能性、水平与深度。

针对生态系统退化或破坏程度的不同和功能的区别，有效地进行生态恢复的途径主要包括：保护自然的生态系统；恢复现有退化生态系统；对现有生态系统进行合理管理，避免退化；保持区域文化的可持续发展；景观整合、保护生物多样性和生态环境。

本章小结

任何应用性学科首先强调理论基础，只有在完善的理论指导下，才能正确应用技术体系，达到预期目的。林业生态工程学是一门应用性学科，必须有坚实的基础理论学科做指导。水土保持与荒漠化防治专业已经在专业基础课中学习了森林生态学、土壤学、气象学、树木学、地质地貌学等一系列与林业生态工程密切相关的专业基础理论知识，但课程设置不可能尽其所有，还有一些必须了解的学科，如系统可持续发展理论、景观生态学原理、恢复生态学理论和生态经济学理论等，为林业生态工程学的学习提供了必要的思想和理论基础。这些思想和理论体系无疑能帮助我们深入认识林业生态工程的内涵和重要意义，帮助我们正确运用专业基础理论知识和技术体系，使我们掌握的林业生态工程学真正成为生态建设的重要支撑学科。

思考题

1. 如何理解生态位原理？
2. 生态经济系统有哪些基本组成要素？它们是如何形成统一整体的？
3. 系统演化有哪几种模式？
4. 流域生态经济系统的结构特征？
5. 恢复生态学和退化生态系统的定义？
6. 退化生态系统的类型及受损生态系统的特点？
7. 恢复生态学的研究内容？
8. 生态恢复的途径有哪些？
9. 退化生态系统恢复的技术体系是什么？

本章参考文献

范志平，曾德慧，余新晓，等. 2006. 生态工程理论基础与构建技术[M]. 北京：化学工业出版社.
孙立达，孙保平，齐实，等. 1992. 小流域综合治理理论与实践[M]. 北京：中国科学技术出版社.
张淑焕. 2000. 中国农业生态经济与可持续发展[M]. 北京：社会科学文献出版社.

第二篇 森林培育基本理论

本篇主要介绍了人工林培育的基础理论与技术体系，主要介绍了人工林的生长发育规律、立地类型划分的方法和立地质量评价方法，适地适树、树种选择、林分密度作用的规律及种植点的配置等内容；人工林的施工与抚育管理，主要包括造林整地与造林方法和近自然林业、林地和林木的抚育管理、低价值人工林的改造和封山育林的方法。

第3章·培育理论

林业生态工程建设的主体是以木本植物为主的植物群落，即乔木、灌木、草本以不同结构与方式构成的，包含与林草共生共存、互相依赖，可构成食物链结构的动物和微生物。能否构建结构合理、生长稳定，并延续繁衍后代的森林或灌草，是林业生态工程成功与否的关键。因此说，森林培育基本理论与技术是林业生态工程应用理论与技术的核心。林木培育的理论与技术，称为森林培育学或造林学（siviliculture），包括林木种子、苗木培育、森林营造、主伐更新及主要树种造林技术，森林营造则是狭义上的造林学。森林培育从分布区域上说，包括无林区人工林的培育、有林区人工林的培育及低价值林分的改造。这里首先介绍人工林的特点及其生长发育阶段、定向培育以及森林培育的基本理论与技术体系。

3.1 森林的生长发育

3.1.1 人工林的特点

人工林是人工栽培的植物群落，其营造和培育是在人类现有关于森林形成、发育、演化的知识基础上，用人工的技术措施来体现出人类的意愿和要求。与天然林比较，人工林有以下几个特点：

(1) 人工林的树种、种子、苗木、林分组成的选择和确定，以至成林的全过程均是在人的技术干预下进行的，其主要目标在于较快、较好地达到预期的经济和防护效果。

(2) 人工林一般具有速生的特点。由于人工技术措施的合理性，调节了林木与环境之间、林木与林木之间的相互关系，从而加速了林地内部的物质和能量的循环，加速其生长。

(3) 人工林的生物产量高，其中包括林木的木材蓄积量和枝、叶、根量等。即使在立地条件差的地区，只要树种选择合理和经营管理跟上，生物产量也能达到一个较高的水平。

(4) 合理营造的人工林，一般在相同立地条件下，具有生物学稳定的特点。人工林的结构是人工设计，并通过人工技术措施排除和减少环境对林木和林木之间的不利影响，从而加强了林木生长的稳定性。在水土流失、土地退化地区，为了期望发挥森林的防护效果，往往首先要求林分具有稳定的生长，即使不能同时达到速生丰产，即不能达到高的经济效益，也是可行的、合理的。

(5) 水土流失地区和严重退化的劣地，由于历史的原因，自然条件比较苛刻，如干旱、盐渍化、土地贫瘠等，欲使林木生长稳定、生长率高，又有较好的生态防护功能，在造林技术措施上，要求较为严格。愈是条件恶劣，愈是需要采取精强的栽培管理技术，才能有望获得预期的效果。这与速生丰产林的培育有很大的不同。

3.1.2 人工林生长发育阶段

无论是天然林，还是人工林，均存在着发生、发展以至衰亡的过程。在这个过程中，林木由个体到群体，一方面显示林木本身内部的变化；另外，也反映出林木个体或群体与环境条件之间的关系变化。人工林在不同的生长发育阶段，有着不同的生长发育特点，对环境的适应性不同，所采取的营林技术措施也不同。据此将人工林划分为以下几个阶段：

(1) 成活与幼林郁闭时期

一般指无林的造林地经造林以后到林分郁闭以前，这一时期，苗木能否正常成活和生长，主要反映在林木个体与环境条件之间的矛盾。造林初期，苗木生长缓慢，而地下部分根系的恢复和生长，较地上部分速度稍快。个体小，抵抗力差，适应条件的能力差，易于死亡。这一时期，技术措施的关键在于供应苗木或种子以足够的土壤水分，可采用增加外界环境中水分来源，减少蒸发，提高苗木吸水能力，或减少苗木过度蒸腾等措施。其中包括注意栽植、播种技术，细致整地、松土除草，以及有条件时实行林地灌溉等。

该阶段又可分为两个阶段。造林后1~2年或3年为成活阶段，从成活到郁闭大约需要3~5年或10年。幼林的成活与否，对于干旱地区来说，往往需要1~2年时间，才能最终确定。苗木成活后，与根系恢复生长的同时或稍后，地上部分也加快生长，此时，林木个体与环境条件之间的矛盾主要反映在林地上灌木、杂草与幼树争夺土壤的水分和养分。为了解决这个矛盾，首先要进行林地的松土锄草和清除非目的树种，以保蓄土壤的水分和养分，必要时，对阔叶树种进行平茬，促进地上部分生长。随着幼树的生长，林地内首先达到行内郁闭，随即行间也将郁闭。当林地进入郁闭时期，即可认为林地进入形成“森林环境”的阶段。林木以群体的形式与环境因素之间进入一个新的时期。

(2) 中壮林龄时期

林分从全体郁闭后即进入中壮林龄期，林地上树冠达到郁闭的同时，地下的根系层也相接，达到“郁闭”。林地上形成以林木群体能量交换为特点的森林环境，林木群体内部的矛盾上升，而林木与林地上灌木、杂草间的矛盾退居次要地位。此时，如无人为技术措施的干涉，所谓“自然整枝”、林分分化及自然稀疏等林分的“自我调节”现象将会出现。反映在林木高生长、直径生长和材积生长过程。此时，如合理加以人为技术措施的调节，有望缩短成材期，加速林木生长，增大其总的生物产量。具体措施如进行抚育间伐，以调节林分密度，调节林木个体的生长速度，以满足林分均衡发育。

一般对于防护林，由于过分强调其防护方面的功能，不能及时进行抚育间伐，促进整个林分的生长和保证林分的稳定，结果反而影响林分的生长和生物量的增长，从而影响防护林的防护效果。

(3) 成、过熟林时期

从林分自然发展阶段而言，达到成、过熟林时期即达到其发展末期。如培育用材林，林木达到工艺成熟，由于年生长量达到最大并有下降趋势，蓄积量最高。到了过熟林时期，林木自然衰老，枯立木和腐朽木增加，林分的枯损量超过生长量。当材积量达到最高时，即应进行采伐更新。所谓成、过熟林时期，多见于一些天然林中，而人工林则根据育林的目的及时进行采伐更新，完全没有必要等到林分的自然死亡。对于以发挥防护功能为主的防护林，也有其衰老、消亡的时期。此时，林分结构破坏，生物产量降低，防护功能随之降低。因此，当防护林达到成、过熟林时期（指标不同于用材林），应及时进行更新伐、卫生伐、疏伐，以改善林分状况，更新林分组成，以永久地发挥其防护作用。一般而言，防护林，尤其是大面积的水土保持林和水源涵养林，不提倡主伐，尤其不提倡皆伐。但是，也应视其林种不同，根据防护目的或其经济目的，采取一定强度的择伐（防护林并不是绝对一棵树都不能采伐）。

人工防护林营造的一切措施，在于保证林分的成活、郁闭和稳定生长，在此基础上，才能保证林分有较高的生物产量，从而保证达到预期的防护效能。各项技术措施的基本特点在于调节环境因子和林木生长发育要求之间的合理关系，即不同阶段采取不同的措施。

3.1.3 林木定向培育

所谓林木的定向培育，就是根据不同林业生态工程类型的生态和经济目标，在配置方式、树种选择、栽植密度、抚育管理等方面采取不同的整套技术措施，以最终实现既定目标。如生态防护型的水源涵养林，培育的目标是具有最佳的水文效应。因此，应选择乔灌草相结合的复层异龄壮龄林，树种需寿命长，生物量和枯枝落叶凋落量大的树种，并选择不同苗龄的树种和具有耐荫性的灌木和草本进行合理配置。对于生态经济型的林业生态工程，树种选择和配置就应考虑生态和经济的双重目标。在一个开发建设项目中，如矿山企业，生活区和厂区的绿化目的是建立一个舒适的生活环境和工作环境，林草培育的目标就是具有最佳的环境改良和美化效果，选择的树种应既有强的生态适应性，又必须符合美学要求。草地的培育应为草坪，草种必须选择草坪草种，同时，应考虑在林下建植草坪，形成林草结合的立体绿化结构。

林木定向培育实质就是森林培育的全过程。森林具有多种效益，包括生态效益、经济效益和社会效益。因此，每一项林业生态工程所追求的目标也是多效益的，但各有侧重。森林法中规定的林种也就是林木培育目标的体现。随着全球经济的发展和人类生活水平的极大提高。近年来，人们对森林的环境保护功能越来越重视，更加强调森林的生态效益。

在我国林业生态工程的布局是根据区域生态环境和社会经济环境及其植被覆盖和生长状况确定的，因此，每一片森林都应当在统一的规划布局下确定具体的培育目标，所采用的技术措施应最大程度利于实现这一目标。一项林业生态工程是由不同定向培育的森林有效组合形成的，多项林业生态工程的有机结合也就形成了区域林业生态工程体系。可以看出森林定向培育原则在林业生态工程中的实践地位。

3.1.4 林木培育的基本理论与技术体系

林木培育工程本身也是一项系统工程，应由三个子系统组成，第一个是生物与环境系统，是林木与周围环境相互作用的开放系统。这一系统是在定向培育原则的基础上，充分考虑林木遗传特性（种子、苗木、林木个体与群落）与生态环境条件（立地条件）相适应的原理，做到适地适树，并选择合理的结构，使林草从苗木、种子到成活、生长，最终形成符合目标的理想结构与产量。第二个是经营管理技术系统，包括种子或苗木、整地、播种或栽植、抚育等。第三个是实施管理保障系统，包括政策法规保障、组织制度保障、技术监督保障。以上三个子系统缺一不可，是相互联系、相互作用、相互制约的，只有使三个子系统密切配合，才能保障林草工程在总体上达到预定目标和最佳功能（图 3-1）。

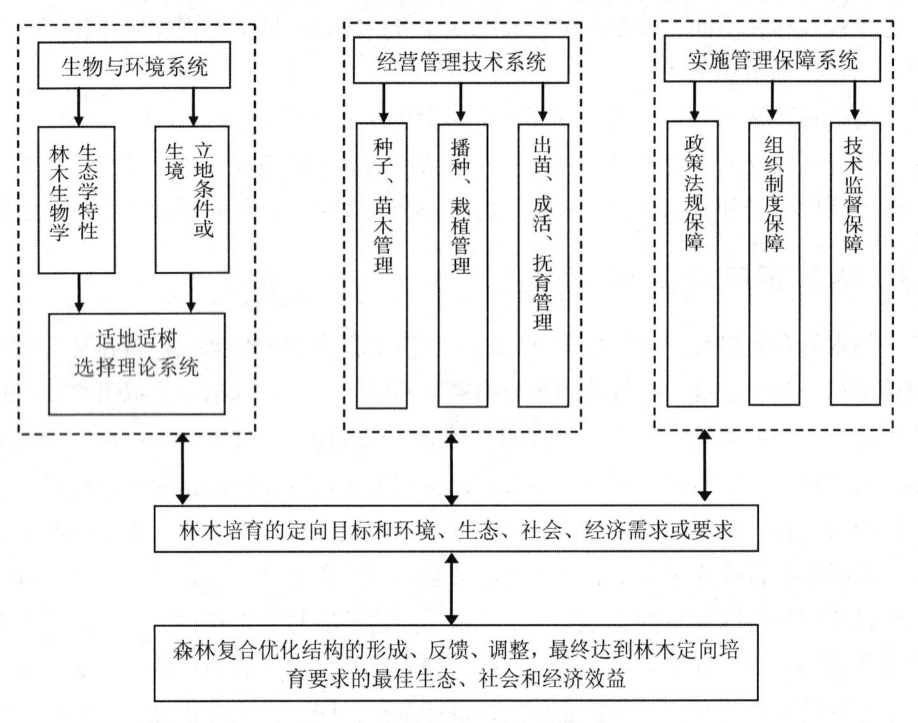

图 3-1 林木培育工程系统构成

林木培育的技术措施是建设林业生态工程的根本保证。根据我国多年的造林经验，20 世纪70～80 年代曾经提出适地适树、良性壮苗、细致整地、合理结构、精细种植、抚育保护六大技术措施。牧草栽培中也提出根据生境条件选择草种，加强草种繁育、精细播种、人播与飞播结合等技术措施。

林木培育一般为粗放经营，林木的生长很大程度上取决于林木本身的遗传特性和立地或生境条件。适地适树是林木培育成功的前提，特别是林木的生长周期长，树种选择的失误，会对林木生长产生长期不利的影响。在此基础上，进一步考虑林木的遗传特性和品质，选育优良种源或品种，培育壮苗，使林木具备稳定生长和优质高产（生产量或其他指标）的潜力；以细致整地和精心种植，促进苗木成活或出苗整齐及生长旺盛。从林业生态工程角度考虑，人工林是乔灌草之间有机结合的植物群落，只有合理的群落结构，包括水平结构（林草的平面布设和镶嵌配置）、垂直结构（乔灌草结合）、时间结构（苗木年龄、种植时间的安排）才能充分利用光能、水分及营养空间，才能有效改良土壤，增强林木对不良环境的抵抗能力，才能达到林木培育的定向目标。为了充分发挥林木生长的潜力，必须有良好的外部环境条件，因此，整地、抚育、施肥、灌溉、排水显得十分重要。

总之，可把林木培育的技术措施归纳为：在适地适树的基础上，以良种壮苗、细致整地、精细种植来保证林草的成活（或出苗）和健壮生长，以抚育、施肥、灌溉、排水来保证良好的生长环境。其技术措施构成了林木培育的技术系统（图 3-2）。

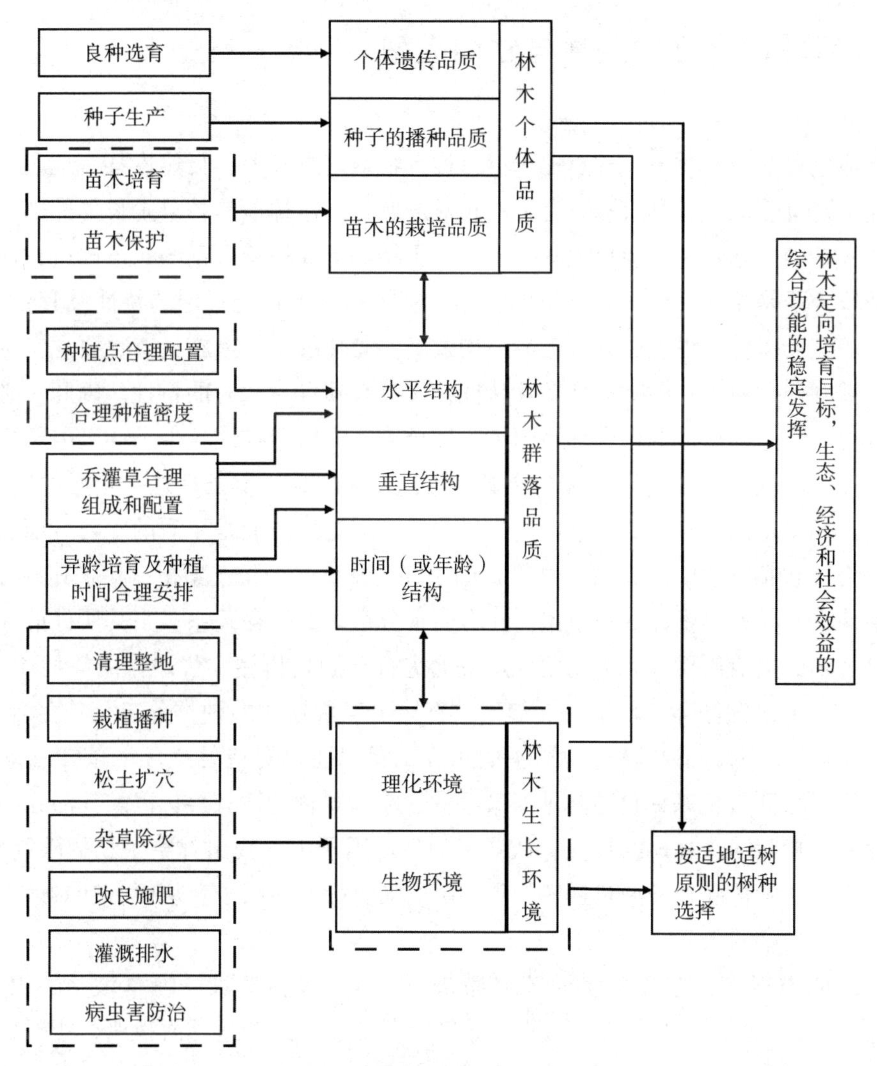

图 3-2 林木培育的技术系统

3.2 立地分类

树种选择是森林培育中极为重要的一项工作，是森林培育成功与否的关键之一。树种选择的原则依据是定向培育和适地适树。定向培育是人们根据社会、经济和环境的需求确定的；适地适树则是客观存在，即林木的生物学和生态学特性与立地（环境）条件相适应。自然规律的认识是在不断地研究和实践基础上积累形成的，对树种和草种选择来说，首先是了解林草生长的立地条件，掌握影响林木生长环境因子，特别是限制性因子；第二是了解林木的分布规律、生态适应性及生物学特性；然后，分析造林地段的立地因子与林木适应性之间的关系，寻找其规律，才能选择出适应该地段生长的最佳树种。当然，我们也可以通过改良立地或改良树种，使立地与树种或树种与立地相适应。但通过选择立地或树种的途径是最经济的。

3.2.1 造林地、立地条件与立地类型

（1）造林地

造林地也可称为宜林地，种草地习惯上称宜牧地。事实上，自然界某一地段，可能既是宜林地又是宜牧地，宜林宜牧只是一个相对的概念。造林地是林草生长的外部环境，本身是一个复杂的生态系统，包括大气、土壤、生物等组成的复合系统。组成造林地的各种生物与环境因子是相互关联、相互影响、相互制约的。了解造林地的特性及其变化规律，对于选择适宜的树种草种、设计合理的结构及确定最佳的技术措施具有重要意义。造林地既具有区域气候、地理、植被的地带性特征，又具有其自身固有的特性。因此，必须全面地、深刻地研究造林草地的生态环境因子，综合分析构成造林地各生态环境因子之间的关系及其相互间的变化规律。从生态学的观点看，林木与其环境条件这一矛盾的统一体中，一般来说，环境是比较稳定的并起决定作用的，也就是说环境是矛盾的主要方面。因为任何绿色植物（包括林木、草、农作物等）的生存、发育、生长、繁衍，除了其自身所具有遗传特性外，与其赖以生存的环境条件，有着十分密切的依存关系。当其所处的环境条件能够满足植物的生活需要时，植物便可正常地进行着同化作用、代谢作用等物质（养分、水分、空气）能量的循环。环境条件如何，直接决定着植物的种类分布及其存活、发育、生长及其生物产量的多寡。从适地适树的角度，我们通过对造林地环境条件（立地或生境）的分析，可间接地来评价造林地对某些乔、灌、草种的适宜性，以及其潜在的生产能力。因此，分析归纳造林地的特性，从众多的环境因子中寻找出林草生长的限制性因子，以及对林草生长发育起显著的长远影响和局部的临时影响的因子，从而有针对性地采取措施，才能取得良好的效果。

造林的地类很多，主要的类型有：荒坡（山），包括草坡、灌草坡（灌林盖度≤40%）；灌木坡（灌林盖度>40%）；荒地，包括弃耕地、河滩地、沼泽地、盐碱地、沙地及其他退化劣地；农耕地，含撂荒地；农村四旁地及城市和工矿区闲置地；采伐迹地、火烧迹地、局部更新迹地；林冠下造林等。

（2）立地条件与立地类型

立地是一个日语词，英文为 site，与生境（habitat）同义，指具有一定环境条件综合的空间位置。《中国农业百科全书·林业卷》定义为“按影响森林形成和生长发育的环境

条件的异同所区分的有林地或宜林地段称森林立地。”可见在无林区，立地实际就是造林地。造林地上，凡是与林木生长发育有关的自然环境因子的综合称为立地条件（site condition）。各种环境因子也可叫做立地因子（site factor）。为了便于指导生产，必须对立地条件进行分析与评价，同时按一定的方法把具有相同立地条件的地段归并成类。同一类立地条件上所采取的森林培育措施及生长效果基本相近，我们把这种归并的类型，称为立地条件类型，简称立地类型（site type）。根据各立地条件类型的特点和主要乔、灌、草种的生物学特性，即可适当地选定不同立地条件类型可用的树种及合理的培育技术措施。因此，我们说对造林地进行立地条件分析评价划分立地类型，是实行科学森林培育的一项十分重要的工作。只有科学地划分立地条件类型和恰当地确定不同立地条件类型上的造林种草的乔、灌、草种，并在森林培育的实践中，证明了这些树种在这种立地条件类型上可正常完成其生长发育过程，从而达到造林的预期目的时，才能说真正达到了适地适树。

3.2.2　立地类型划分及其评价

3.2.2.1　立地条件分析

采用正确的方法对立地条件进行分析评价，找出影响林草生长的因子，弄清诸因子之间的关系，确定限制性因子（即主导因子），是林草培育的前提，也是立地分类的基础。

（1）立地因子

在林草培育的生产实践中，尽管造林地的立地因子是多样而复杂的，影响林木生活的环境因素也是多种多样的，但概括起来植物的基本生活因素不外是光、热、水、气、土壤、养分条件因子。水热状况基本决定着乔、灌、草种的区域分布及适应范围。同时，通过区域性范围内某一造林地的其他因子（如地形条件的变化等）对水热因子的再分配作用的影响形成造林地的局部小气候条件，从而构成具有一定特征的造林地环境条件。立地因子中土壤的水分、养分和空气条件是造林地立地条件的主要方面，再加上该造林地上所具有小气候条件，即综合地反映出该造林地所具有的宜林宜牧性质及林草具有潜在生产力。

立地条件是众多环境因子的综合反映。为了全面掌握造林地的立地性能从而找出影响立地条件的主导因素，就必须对立地条件的有关各项因子进行调查、观察和了解。在一个森林植物地带范围内分析立地条件，必须了解、掌握以下几点：

① 海拔高度。海拔每升高100m，气温即下降0.5~0.6℃。随着海拔的升高，气温降低，空气湿度则逐渐增加，气候由低海拔的干燥温暖状况，转变为高海拔的湿润寒冷。如刺槐垂直分布范围上限达2000m，而适生范围却在1500m以下；油松垂直分布范围800~2200m，而适生范围1100~1800m；刺槐最适生的范围在800m以下。由于土石山区高差变化大，海拔影响较大，而在一个特定的气候地貌区域如黄土高原区，高差变化小，海拔影响就不会太大。

② 纬度。纬度是影响大区域气候的决定性因子，不同的纬度地带分布着其最适生的树种。纬度不仅影响立地条件，而且影响林草的分布。南方纬度低，分布着大量的热带和

亚热带植物；北方纬度高，则分布温带和寒温带植物。在某一较窄的区域，即使纬度的较小变化，也会引起树种分布和生长的变化。如山西省太丘山地区（纬度低）选择油松造林生长良好，而选择华北落叶松则往往后期生长不良，这是因这一区域广泛分布着生长良好的油松，而华北落叶松则主要分布在纬度稍高、气温较低的关帝山、管涔山一带；又如沙打旺在内长城以南可以开花结子，而在内长城以北则不能开花。

③ 地形。树种分布除受纬度和海拔的影响外，对于由局部地形条件所引起的中、小区域气候的变化也有反映。地形对光、热、水等生态因子起着再分配的作用，引起温度和湿度的变化。在黄土丘陵区，由于海拔变化小，川道、沟谷、塬面、梁峁的小气候差异是很明显的。如海拔1200~1500m的川道及沟谷中，核桃、花椒、刺槐等往往因冻害而不易栽培，而塬面或梁峁坡的背风向阳处却生长较好；又如同样海拔1200m上下，梁峁上只能栽植耐干旱、抗旱的山杏、山桃、侧柏之类，而在沟谷、沟川上则可生长苹果、核桃、花椒、毛白杨、箭杆杨等。

④ 坡向与部位。地形起伏的山区丘陵区，小气候特点主要由坡向和坡位决定，不同的坡向、坡位，受光的时间和强度、风力强弱、水分状况等都有明显的变化。总的来说，阳坡光照充足、干燥温暖；阴坡光照较差、阴湿寒冷，一般阴坡的土壤含水量比阳坡高2%~4%，按坡向从北坡—东北坡—西北坡—东坡—西坡—东南坡—西南坡—南坡，干旱程度逐渐加重。从山体坡位上来看从上部到中部，从中部到下部，土层厚度逐渐增加，水分条件逐渐变好。但是，具体情况还必须具体分析，要把各因子综合起来考虑。如油松是喜光树种，也比较耐旱，但在低山地区水分缺乏，往往是影响其成活和生长的主要限制因子，而且它又比较耐寒抗风，所以，在阴坡、沟谷塌地、阳坡坡脚造林较为适宜。

⑤ 土壤条件。包括土壤水分、养分、土层厚度及理化性质。一般将土壤分为湿润土壤和干旱土壤（水分条件）；酸性土壤、盐碱土和碱性土壤（土壤的pH值）；肥沃土壤和瘠薄土壤（养分条件）；厚土、中土和薄土（土壤厚度）。不同的树种对土壤条件要求不同，有的树种对水分要求严格，如刺槐水淹稍久即死亡；有的树种对土壤pH值要求严格，如油松、栎类、山杨等喜偏酸性土壤，也能在微碱性土壤上生长，而侧柏则喜生长在石灰性土壤上；至于养分，无论哪种树种在肥沃土壤上生长都能充分发挥其生物学和生态学潜力，只是有耐瘠薄程度不同之分。

⑥ 水文。地下水位深度及其季节变化，地下水的矿化度及其成分组成，有无季节性积水及其持续性，地下水侧方浸润状况，被水淹没的可能性，持续期和季节等都会影响植物的生长。

⑦ 生物。造林地上植物群落结构、组成、盖度及其地上部分与地下部分生长状况；病、虫、兽害状况；有益动物（如蚯蚓等）及微生物（如菌根菌等）的存在状况等，也能够直接或间接地影响植物的生长。

⑧ 人为活动。土壤利用的历史沿革及现状，各项人为活动对上述各环境因子的作用及其影响程度，都会在不同程度上间接影响植物的分布和生长。

上面列举的各个环境因素，远未能将造林地的有关环境因素尽数涉及，在具体分析条件时，有些情况即使是局部的也应给予注意。如土层中出现的铁锰结核（或盘）钙结层；黏土层及其深度、范围面积，由于山脉走向变异而引起的局部山地气候因素的变化等等。

（2）立地因子分析

分析立地条件的目的是从错综复杂的环境因子中，找出影响林草生长的主导因子。根据李比希最小因子定律（Liebing's law of minimum），应着重从植物的无机营养（N、P、K等）探讨限制因子，而根据谢福尔德耐性定律（Shelford's law of tolerance），从植物对物理环境因子（光、温、水、湿等）的适应性探讨限制因子。E. P. Odum 则将两个定律结合起来形成了限制因子理论，即"一个生物或者一群生物的生存和繁荣，取决于综合的环境条件状况。任何接近或者超过耐性限制的状况，都可说是限制状况或者限制因子。"植物生长受处于最小量的物质数量和变异性，以及处于临界状态的理化因子和自身对这些因子的耐性限度和环境其他成分的耐性限度所控制，也就是说，植物生长受限制因子的主导，影响植物生长的限制因子（limiting factors），也就是主导因子。根据限制因子理论分析立地条件，有助于从错综复杂的生物与环境的整体关系中，找出限制生物生产力的主导因子。找出症结所在，问题也就容易解决。在研究某个特定的立地条件时，经常发现可能的薄弱环节。至少在开始时，应集中注意那些可能是"临界的"或者"限制的"立地因子。如果林草对某个因子的耐性限度很广，而这个因子在环境中比较稳定，数量适中，那么，这个因子就不可能成为限制因子。相反，如果已经知道生物对某个因子耐性限度是有限的，而这个因子在自然环境中又容易变化，那么，就要仔细研究该因子的真实情况，因为它可能是一个限制因子。一个地区一种因子是某树种或草种的限制因子，而对另一种树种或草种却不一定是限制因子。因此，通过立地因子分析与评价，选择适当的林草种，能够改变其限制因子的约束，提高生产力。限制因子也是立地分类中主要考虑的因子，如北方干旱地区，水分是林草生长的主要限制因子，所以，一切影响水分的立地因子都应作为立地分类的重要依据。

分析探索主导因子时要注意两点：一是不能只凭主观分析，而要依靠客观调查。在同一地区，对于不同的生态要求的树种，立地条件中的主导因子可能是不同的，应分别加以调查和探索；二是不能用固定的眼光看待主导因子，主导因子的地位离不开它所处的具体场合，场合变了，主导因子也会改变。

3.2.2.2　立地分类

立地分类（site classification）是按一定的原则对环境综合体（通常立地类型是立地分类的最小单位）的划分和归并。传统上，把有林地的立地分类称为林型划分，无林地（指宜林地、宜草地）则为立地（生境）分类，现在我们也将二者统称为立地分类。这里必须注意立地分类与植物分类、土壤分类一样，属于分类学的范畴，是对立地属性的划分和归并，分类的结果是得出大大小小的分类单位，同一类型在空间上是允许重复出现的，在地域上不一定是相连的。与植物分类、土壤分类不同的是全球并未形成统一的分类方法，有很多人将立地区划（site regionalzation）与立地分类混为一谈，区划中同一类型在地域上是相连的且不允许重复出现的。立地分类归纳起来有三种途径：一是环境因子途径，即环境因子为立地分类的主要依据，如生活因子法（乌克兰学派）、地质地貌法、主导因子法；二是植被途径法，即以指示植物或林木生长效果作为划分的依据，如芬兰学派、苏卡乔夫学派的指示植物法，立地指数法等；三是环境植被综合途径法，即把环境因子与植被因子结合起来划分，如巴登—符腾堡法。

(1) 国外森林（立地）分类的代表学派

① 法瑞学派。以布朗、布朗喀（Braun，J. Blanquet）为代表，称为植物群落学派。他们以阿尔卑斯山和地中海沿岸的丰富植被为研究对象，形成了以植物区系为基础，植物群丛为基本单位，并以植物的特有种或特征种区分植物群丛。在群丛以下，根据存在度、多度、盖度再分为亚群丛。该学派在欧洲植物分类中应用广泛，但在林业生产实践中应用较少。

② 英美学派。以克莱门茨（F. E. Clement）为代表。他以植物动态、发生的观点和演替系列的概念进行森林和植物群落分类，根据天然植物演替顶极学说为中心思想，制定了一整套森林和植被分类系统。一个顶极区即为一个气候区，在一个气候区内植被最终发展是顶极单元，即区域性的植被单元——群系，群系以下为群丛，群丛在外貌、生态结构和种类成分等方面均为相似的植物群落。此法近年来被我国植物群落分类学家逐渐认识和采用。

③ 芬兰学派。是以凯杨德（A. K. Cajauder，1879—1943）为代表，在斯堪的纳维亚半岛和西伯利亚植物种类、地形均较单调的情况下创立起来的，也称立地型理论。它是通过稳定的植物群落，特别是林木组成所反映的立地条件来确认林型。分类上分为三个级别，即立地型纲、立地型和林型。

④ 乌克兰学派。该学派最有影响的人物是波格来勃涅克（П. С. Погреъняк）。他将阿列克谢耶夫（Е. В. Алкссев）的思想进一步发展，提出把森林看作是林分（林木）和生境（大气、土壤和心土等）的统一体，强调了生境的主导作用和生境的稳定性及对森林的形成与发展起着决定性作用。认为当环境条件的量变后即可引起森林、林木组成和森林生产力的质变。环境因素中，光和热对森林的特征起着主要的作用。在大地域中，森林的差异主要受土壤因素的制约，而降水的影响则由土壤实际的水分环境容量来体现。立地类型（或称森林植物条件类型），是土壤养分和水分条件相似地段的总称，同一立地类型处在不同地理区域的气候条件之下，将会出现不同的林型。不论有林或无林，只要土壤肥力相同，即属于同一立地类型，土壤养分和湿度等级是表示土壤肥力的等级，也即生活因子分级组合法。波氏根据这些等级编制了前苏联欧洲部分原始森林和草地地区的 24 个立地类型。在森林立地类型内又根据森林植物条件的差异，划分亚型、变异型及类型形态（形态型）等辅助单位。

⑤ 苏卡乔夫学派。即生物地理群落学派，他认为“所有一切森林组成部分，森林的综合因子，都是处在相互影响之中，乔木和其他植物以及生长在该植物群落中的一切动物，它们彼此之间不仅有密切的联系，而且和整个环境条件之间也同样有着密切的联系，

把它们综合起来便构成一个具有自己特殊生活方式和特殊发育规律的综合体，这种综合体就叫做生物地理群落”。“林型是树种组成，其他植被层次和区系、气候、土壤、水文条件、植物和环境之间的相互关系，生物地理群落内部和外部的物质和能量交换，更新过程和演替趋向均匀相同的森林地段的联合。”他认为林型等于森林生物地理群落类型。苏卡乔夫这些定义和论述与欧美的“生态系统”相似。他运用各种地植物学调查方法以及欧洲地植物学的某些概念和做法，进行了林型的路线和临时标准地调查，其中特别重视林分测树因子的调查与分析，以作为确定林型的参考和鉴定林型生产力的标准。在林型分类系统中，林型的高级分类单位沿用植物群落学中的群系，即将优势树种相同的林型合并为群系。为了便于经营，在一个群系内将近似的林型并为林型经营组。当有人为或自然灾害引起林型改变时，还应将基本林型和派生林型区别开来。苏卡乔夫认为林型只能在林地区划分，在无林地区应按该地区能生长某一森林的适宜程度，来划分森林植物条件类型。

⑥ 巴登—符腾堡分类法是一种综合多因子的分类方法（图 3-3），德国的巴登—符腾堡州森林研究站首先采用了此方法。

巴登—符腾堡方法根据地貌、气候、地史，将巴登—符腾堡州划为七个生长区域（wuchsgebiet），在生长区域内又根据气候、母质、土壤和植被的小差异再划分生长区

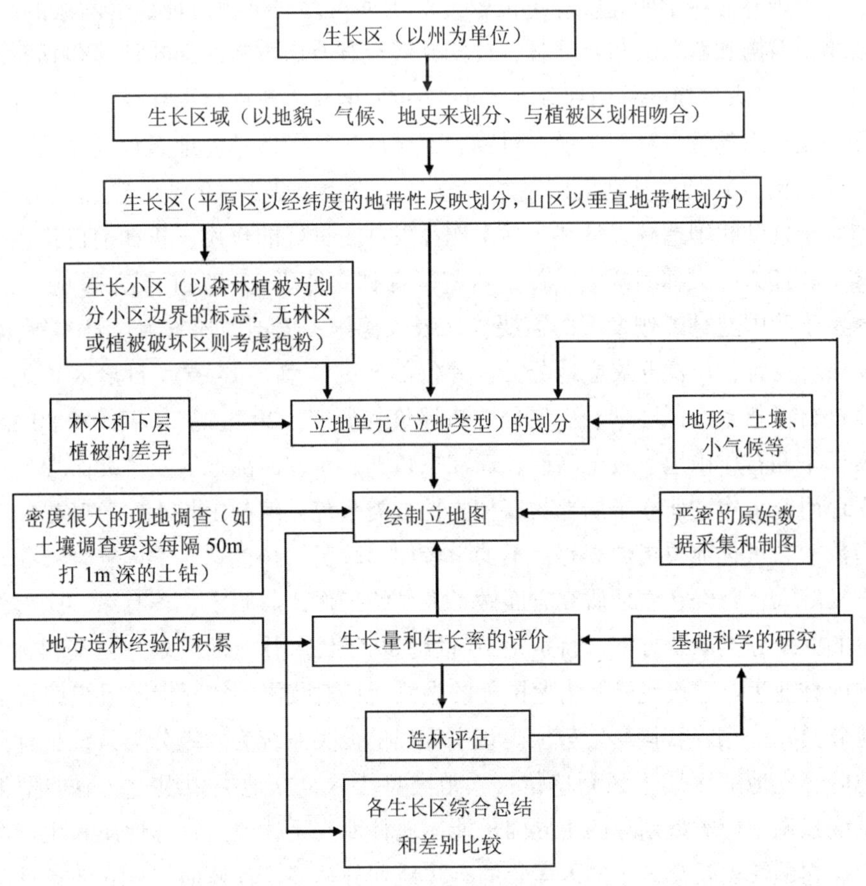

图 3-3　巴登—符腾堡分类法示意图

(wuchsbesirke; growth area)。所谓生长区主要由优势森林群落确定，定义为地区森林群落。在生长区内出现差异时，根据气候、母质、土壤、植被的细微差别划分生长小区(teizirke, growth district)，以此作为生长区补充划分单位。在生长区或生长小区内根据地形、土壤因子（质地、结构、pH 值、上层厚度、持水力等）、小气候、上层林木和下层植物等方面的差异，再细分立地单元，即立地类型。立地单元共分四级：大组，根据地貌（如陡坡、平坡）划分；组，根据地质和地层划分；生态系，根据母质、土壤质地、水分划分；立地单元，常根据局部森林类型和重要的土壤特性定名。生长量和生产力评价的营林效果评价，都是分类系统的组成部分。在制定各种林木经营决策时主要参考地位指数和蓄积量的生产力。但是，用立地指数或蓄积量评价，并不能解决营林中树种选择、整地、更新方法、施肥要求和调节林分密度等问题，所以，还需做营林效果评价。

必须注意，巴登—符腾堡方法的核心是分类，是以密度大的调查点为支撑的全面覆盖立地图，而不是先区划后分类。我国地域大，难以全面调查，有些学者不得不采用先区划后分类的方法。

(2) 我国立地研究概况

随着我国林业工作的全面深入开展，我国的森林立地研究，从 1953 年起由林业部调查设计局、中国林业科学研究院等单位曾经应用苏卡乔夫生物地理群落学派的林型学说，对我国东北、西南和西北的暗针叶林、针阔叶混交林及南方常绿阔叶林（包括常绿与落叶阔叶林），进行了大规模的林型划分与评价；1958 年林业部造林设计局、北京林学院等单位应用苏联波格来勃涅克林型学说，对我国无林区进行了造林立地条件类型的划分，在全国一些省（自治区）的造林地区编制了“立地条件类型表”，并做了造林类型典型设计。这些工作对于推动我国造林设计和实际工作都发挥了良好的作用。正如前已指出，前苏联的波氏林型和苏卡乔夫林型两大学派，对我国森林立地研究产生了较大影响。20 世纪 70 年代末，鉴于我国造林工作发展的需要，又吸收德国、美国、加拿大、日本等国的经验，结合主要造林树种，广泛开展立地分类、评价的研究。南方 14 省（自治区）组织协作规模较大地进行了杉木产区区划、立地分类与评价的研究。20 世纪 70 年代和 80 年代初期，同时开展了华北石质山地、黄土高原、珠江三角洲、东北西部地区及华北平原地区等大量的森林立地研究工作，建立了局部的森林立地分类系统，编制了杉木、落叶松、马尾松等的地位指数、数量化地位指数表等。不少学者如周政贤、杨世逸、沈国舫、石家琛、徐化成、高志义等人，曾经在立地研究方面做了大量的工作；詹昭宁、蒋有绪、张万儒分别提出过各自的立地分类系统方案。特别是 20 世纪 80 年代末林业部区划办公室和林业部资源总结了国内林业生产建设经验，借鉴国外的做法，针对我国的实际情况组织编写了《中国森林立地分类》一书在我国影响较大。该书提出的分类系统为六级分类系统，其中立地区域、立地区、立地亚区属于区划单位；立地类型小区、立地类型组、立地类型为分类单位。该系统强调立地类型划分的主导因子能体现林地或无林地的宜林性质和生产力，以便指导生产。它的特点是突破了国内多年的有林地划分林型、宜林地划分立地条件类型的分离分类方法，首次建立了与林业区划系统相衔接、相吻合的林业区划、规划、实施的分类系统，使之更具科学性与实用性。但把区划与分类混杂在一起，从分类系统的角度是一个很大的缺陷，也是引起争论的主要原因。该书的出版发行并不标志着我国森林立地分类的成熟，而相反却将我国的立地分类研究引向深入。应该指出，随着我国森林立地分类、评价理论与研究手段的进步，现已进入了在立地分类基础上的立地质量评价、立地类型树种间生产力代换评价、计算机绘制立地图、遥感图像应用于立地分类与制图、立地数据库管理系统的建立等的新阶段。这将为实施适地适树这一重大任务时具有科学性、实用性，真正为符合自然规律和经济规律奠定基础。

3.2.2.3 立地类型表的编制

根据某一特定立地区、亚区，或森林植物地带、地貌类型区范围内编制立地类型表的需要，在对其主要立地因子进行具体调查、分析的基础上，从其大量定性、定性分析研究资料中，抽出规律性的东西，据以建立和编制当地的立地类型表。立地类型表是立地分类的实用成果，能比较准确地反映不同立地类型的宜林性质和生产力。应该说立地类型表的编制方法，来源于上述各个学派的认识系统。我国在编制立地类型表的实践中，由于受前苏联波氏林型学派和苏卡乔夫林型学派的影响，采用过的方法有：按主导环境因子的分级组合，按生活因子的分级组合，以地位指数（或地位级）表征立地类型等。

（1）按生活因子的分级组合

按生活因子的分级组合法是以造林地宜林性质，主要是土壤的干湿状况和土壤的肥力状况的组合反映出来。这种方法是20世纪50年代苏联波氏林型学说的苏联欧洲部分，平原地区划分立地条件类型所采用的。我国在20世纪60年代中曾有人按这种方法提出过华北石质山地立地条件类型（表3-1），陇东黄土高原沟壑区立地条件类型及70年代晋西立地条件类型。

按生活因子分级组合类型，先要对各重要立地环境因子进行综合分析，然后再参照指示植物及林木生长状况才能确定级别，组成类型。这种方法的缺点是，划分标准难以掌握，尤其对山区造林地的小气候条件难以反映出来等。

表3-1 华北石质地立地条件类型

养分级 / 水分级	瘠薄的土壤	中等的土壤	肥沃的土壤
	A	B	C
	<25cm 粗骨土或严重流失土	25~60cm 棕壤或褐色土或深厚的流失土	>60cm 的棕壤和褐色土
极干旱（旱生植物、覆盖度<60%）0	A_0		
干旱（旱生植物、覆盖度>60%）1	A_1	B_1	C_1
适中（中生植物）2		B_2	C_2
湿润（中生植物有苔藓且徒长）3			C_3

（2）按主导环境因子的分级组合

根据大量的、客观的造林环境因子的调查分析，从中找出影响当地造林宜林性质的主导因子，并按主导环境因子的分级和组合来划分立地条件类型。通常首先确定主导因子的分级标准，然后进行组合。如山西省太行山区立地类型划分中主导因子和分级标准见表3-2，据此列出太行山石山区立地类型（表3-3）。

表 3-2 山西省太行山区立地类型划分中主导因子和分级标准

主导因子	分级标准	说 明
海拔	低山 1000m 以下；低中山 1000～1600m；中山 1600～2000m；高中山 2000m 以上	造林范围 2600m 以下
坡向	共分 2 级：337.5°～157.5°为阴坡；157.5°～337.5°为阳坡（0°为正东；180°为正西）	也可根据实际需要细分为阴坡、阳坡、半阴半阳 3 级或阴坡、阳坡、半阴坡、半阳坡 4 级
坡度	分 6 级：平坡<5°；缓坡 6°～15°；斜坡 15°～20°；陡坡 26°～35°；急坡 36°～45°；险坡 45°以上	也可以 35°为界分为 2 级，35°以上造防护林
土层厚度	分 4 级：岩石裸露地（裸岩面积占 50%以上）；薄土层 30cm 以下；中土层 30～60cm；厚土层 60cm 以上	
部位	山脊线两侧（或梁峁顶）、沟坡、坡麓、沟底、河漫滩、低阶地	非斜坡地形采用
植被	根据调查情况，列为重要参考指标	

表 3-3 山西太行山土石山区立地类型

编号	立地类型名称	海拔（m）	坡向	坡度（°）	土厚（cm）	植被	适生树种
1	高口山阴急中薄土类型	2000 以上	阴坡	36～45	≤60	金露梅、山柳、蒿类、苔草、鹅观草	华北落叶松、白杆、青杆
2	高中山阴缓斜中厚土类型	2000 以上	阴坡	≤35	>30	金露梅、山柳、蒿类、苔草、鹅观草	华北落叶松、白杆、青杆、红桦、白桦
3	高中山阳急中薄土类型	2000 以上	阳坡	36～45	≤60	鬼见愁、金露梅、高山绣线菊、棘豆、苔草、太羽茅	华北落叶松
4	高中山阳斜陡中厚土类型	2000 以上	阳坡	≤35	>30	鬼见愁、金露梅、高山绣线菊、棘豆、苔草、太羽茅	华北落叶松
5	高口山阳斜陡薄土类型	2000 以上	阳坡	≤35	<30	鬼见愁、金露梅、高山绣线菊、棘豆、苔草、太羽茅	华北落叶松
6	中山阴急中薄土类型	1600～2000	阴坡	36～45	<30	柔毛绣线菊、银露梅、榛子、沙棘、野青茅、小糠草	油松、华北落叶松、白杆、青杆
7	中山阴缓斜陡中厚土类型	1600～2000	阳坡	≤35	>30	柔毛绣线菊、银露梅、榛子、沙棘、野青茅、小糠草	华北落叶松、白杆、青杆、油松、辽东栎

（续）

编号	立地类型名称	海拔（m）	坡向	坡度（°）	土厚（cm）	植被	适生树种
8	中山阳急中薄土类型	1600～2000	阳坡	36～45	<30	沙棘、绣线菊、虎榛子、黄芪、针茅野青茅、蒿类	杜松、油松、山桃
9	中山阳缓斜陡中厚土类型	1600～2000	阳坡	≤35	>30	沙棘、绣线菊、虎榛子、黄芪、针茅野青茅、蒿类	油松、孙东栎、杜梨
10	中山阳缓斜陡中薄土类型	1600～2000	阳坡	≤35	<30	沙棘、绣线菊、虎榛子、黄芪、针茅野青茅、蒿类	杜松、山杏
11	低中山阴急中薄土类型	1000～1600	阴坡	36～45	≤60	三裂绣线菊、二色胡枝子、虎榛子、白草、蒿类	油松
12	低中山阴陡斜中厚土类型	1000～1600	阴坡	≤35	>30	三裂绣线菊、二色胡枝子、虎榛子、白草、蒿类	油松、华北落叶松
13	低中山阳急薄土类型	1000～1600	阳坡	36～45	≤30	黄刺玫、蚂蚱腿子、鼠李、三裂绣线菊、黄背草、蒿类	油松、杜松、山桃、山杏、侧柏、白皮松
14	低中山阳陡斜中厚土类型	1000～1600	阳坡	≤35	>30	黄刺玫、蚂蚱腿子、鼠李、三裂绣线菊、黄背草、蒿类	油松、杜松、侧柏、臭椿
15	低中山阳陡斜薄土类型	1000～1500	阳坡	≤35	≤30	黄刺玫、蚂蚱腿子、鼠李、三裂绣线菊、黄背草、蒿类	油松、杜松、侧柏、臭椿
16	低山阴陡斜中厚土类型	1000～1600	阳坡	≤35	>30	酸枣、三桠绣球、狗尾草、黄背草、蒿类	青杨、油松、侧柏、山杏
17	低山阳陡中薄土类型	1000～1600	阳坡	≤35	≤60	酸枣、三桠绣球、狗尾草、黄背草、蒿类	侧柏、臭椿、花椒
18	沟滩（底）坡麓类型	≤1600		≤35	>30	酸枣、三桠绣球、狗尾草、黄背草、蒿类	青杨、小叶杨、北京杨

表3-4 杉木中带东区湘东区幕阜山地亚区立地条件类型表

坡位	坡形	立地类型序号/20龄杉木优势高值（m）		
		薄层黑土	中层黑土	厚层黑土
上部	凸	1/7.71	2/9.70	3/10.59
	直	4/8.40	5/10.39	6/11.28
	凹	7/9.13	8/11.13	9/12.02
中部	凸	10/9.22	11/11.21	12/12.11
	直	13/9.92	14/11.91	15/12.80
	凹	16/10.65	17/12.64	18/13.54
下部	凸	19/8.50	20/10.49	21/11.38
	直	22/9.19	23/11.18	24/12.07
	凹	25/9.92	26/11.91	27/12.81

表3-4是杉木中带东区湘东区幕阜山地亚区立地条件类型划分（湖南省杉木协作组）。

主导环境因子：坡位、坡形和黑土层厚度。

环境因子分级：坡位分为3级、坡形分为3级、土层厚度分为3级。

环境因子组合：共27个立地类型（如上部—凸—薄层黑土为第一个类型）。

（3）用立地指数代替地位类型

福建林学院俞新妥教授用地位指数与立地条件相结合的方法划分杉木立地条件类型，在做法上较复杂。首先要编制出不同地区杉木地位指数表，作为评定各种立地条件好坏的标准，探讨杉木生长和立地因子的关系，找出影响杉木生长的主导因子，作为划分立地类型的参考；并用多元线性方程来预估各立地条件类型的杉木生长。最后根据调查材料归纳和划分杉木各产区的立地类型。即分别产区，将标准地按年龄级优势高查相应的地位指数表，确定其所属地位指数级。相同产区，同一地位指数级的杉木生长基本一致，划为一个立地类型。分析和综合同一类型中所有标准地的各立地因子，归纳其中主要的，有规律的因子编成表，即为各产区的立地类型表。如表3-5。

根据福建省的研究，认为在杉木中心产区影响林木生长最显著的因子是土壤A+AB层的厚度，其次是坡形、坡位。而一般产区及边缘产区，其主导因子则为坡形、坡位，其次

表3-5 福建杉木各产区立地类型表

产区	立地类型			立地指数
	地形	土壤条件	代号	
中心产区	山洼	厚腐殖质、疏松湿润型	中$_{1}$	2020
		中厚腐殖质、较疏松湿润型	中$_{2}$	2018
	山坡	中腐殖质、稍松润潮型	中$_{3}$	2016
		中腐殖质、稍紧潮型	中$_{4}$	2014
	山脊	中薄殖质、较紧较干型	中$_{5}$	2012
		薄腐殖质、紧实干型	中$_{6}$	2010
一般产区	山洼	般厚腐殖质、疏松湿润型	般$_{1}$	2018
		般厚腐殖质、较松润型	般$_{2}$	2016
	山坡	般腐殖质、稍松润潮型	般$_{3}$	2014
		般腐殖质、稍紧较干型	般$_{4}$	2012
	山脊	般薄腐殖质、较紧较干型	般$_{5}$	2010
		薄腐殖质、紧实干型	般$_{6}$	2008
边缘产区	山洼	边腐殖质、疏松湿润型	边$_{1}$	2016
		边腐殖质、较松润型	边$_{2}$	2014
	山坡	边腐殖质、稍松润型	边$_{3}$	2012
		边薄腐殖质、较紧较干型	边$_{4}$	2010
	山脊	薄腐殖质、紧实较干型	边$_{5}$	2008
		少腐殖质、紧实较干型	边$_{6}$	2006

注：立地指数“2020”，系20年生优势木高20m，以此类推。

是坡向。

用某个树种的地位指数来说明林地的立地条件，只能用于有林地。这种方法的优点是地位指数可以通过调查编表后查定，可以通过多元回归与诸立地因子联系起来。但此法只能说明效果，不能说明原因。对于无林地区来说，由于现存成林林地很少，可供调查研究的树种和林地对象又难以确定，显然对于推行这种方法有很大的局限性，而且即使应用当地某一树种对立地条件类型进行评价，其评价成果只适应于这一树种，而不能适应于其他树种。这是由于各个树种生物学特性不同，对立地条件类型的适应性和适应幅度必然会有某些差异，这是这种方法的局限性。

山区地形复杂，岩性多样，引起地带性与非地带性因素交织在一起，互相影响，造成复杂的生态空间，生态因子的气候条件，土壤条件与地貌、岩性相互密切联系，因此根据岩性—地貌—土壤方法划分立地类型是很自然的。现以锦屏县为例，杉木立地类型如表 3-6。

此外，也有人应用指示植物作为划分立地条件类型的方法。他们认为，一定的植物种类经常出现在一定的立地条件下，而不出现在其他立地条件类型上。这种方法的缺点是当某些形成上层覆盖的植物发生变化时，指示植物也随之消失，而且这些指示植物一般只反映表层土壤的适应性，而很难反映通层土体的本质。以上方法中的主导因子分级组合方法，尽管还存在一些缺点，但是由于生产上易于掌握，因而得到广泛应用。但是由于这种方法只反映了立地类型的宜林性质，而缺乏林木生长指标的检验，因此，不能不使分类方法的客观性和准确性受到影响。现代立地类型划分多应用于与立地评价相结合的方法，将影响林木成活生长的主导立地因子进行调查分析，同具有代表性的乔、灌木树种生长指标相结合，构成参与立地评价的自变量集合。通过这样的立地评价筛选出对乔、灌木生长具有显著影响的主要立地因子（主导因子），并依此修正原定的主导因子，从而最终确定进入立地类型表的主要立地因子，以较好地反映不同立地类型的宜林性质及其生产力。

表 3-6　贵州锦屏县杉木立地类型表

类型组	类　型	A/B	母岩	母质	海拔(m)	坡　位	土类	土层(cm)	质地	生产力(m^3/亩)
低山板岩红黄壤	低山下部，厚土，厚腐殖质	I/22	板岩	坡积 崩积	350~750	山中、山洼、坡麓	红黄壤 黄红壤	90~150 以下	轻壤—黄壤	1.0
		II/20	板岩	坡积	400~850	下部、中下部、中部	红黄壤 黄红壤	70~150 以下	轻壤—黄壤	0.8~0.9
	低山中部，厚层，中厚腐殖质土	III/18	板岩	坡积	350~880	中部、中下部、中部	红黄壤 黄红壤	60~150 以下	轻壤—黄壤	0.7~0.8
		IV/16	板岩	坡积 残积	430~840	中部、中上部	红黄壤 黄红壤	8~150 以下	中壤—轻壤	0.6~0.7
	低山上部厚层，薄腐殖质土	V/12	板岩	残积 坡积	330~750	中上部、山脊	红黄壤 黄红壤	70~150 以下	中壤—轻壤	0.5~0.6

注：A 代表地位级；B 代表立地指数；1 亩 = 1/15hm^2，下同。

由上述方法的简单介绍来看，怎样划分和表述立地条件类型的问题，至今还没有得到很好的解决。

3.2.2.4 立地评价与方法

立地评价（site evaluation）是对立地质量（site quality）好坏的分析和判断。评价的结果划分为由好到坏若干类型，然而质量的高低等级不属于分类的范畴，它与立地分类和立地类型划分不同，但它给立地分类因子的确定，提供定量检验的反馈信息，同时立地质量的评价也是适地适树的主要依据。

立地质量评价的方法很多，归纳起来有三类：第一类是通过植被的调查和研究来评价立地质量，包括生长量指标法（如材积、生物量等）、地位指数法、指示植物法；第二类是通过调查和研究环境因子来评价立地质量，此类主要应用于无林区；第三类是用数量分析的方法评价立地质量，也就是将外业调查的各种资料用数量化方法、多元回归分析、聚类分析等多元统计的方法进行处理，从而分析环境因子与林木之间的关系，然后对立地质量作出评价。

把立地质量的评价与立地类型划分结合起来，就能够对不同的立地类型作出评价。如在宜林地区通过地位指数［在森林条件下，规定成林木在标准年龄时（如100年、50~25年等）各个立地条件类型下，林分优势木或次优势木的平均高］来反映所在立地条件的生产力，是对立地条件类型定量评价的一种方法。这种方法在美国和加拿大等国使用较为普遍。对比各个立地条件类型下的地位指数，即可对各个立地条件类型赋予定量的性质，反映其所具有的生产力的高低。我国在南方杉木林区已进行过这方面的工作。

3.3 树种选择

新中国成立以来，我国的造林成活率大约30%。造成这种结局的原因多种多样，其中树种选择不当就是一个很大的原因。据福建省1993年的调查结果说明，福建省造林失败的面积中，有大约47.6%是由于树种选择不当造成的。那么，树种选择不当主要会出现以下结果：①造林不成活，造成大量的人力、物力和财力的损失；②成活不成林，除上述的直接经济损失外，间接的损失更大；③成林不成材，损失是最严重的。

3.3.1 适地适树

3.3.1.1 适地适树的概念

适地适树就是使造林树种的特性，主要是生态学特性与立地（生境条件）相适应，以充分发挥生态、经济或生产潜力，达到该立地（生境条件）在当前技术经济条件下可能达到的最佳水平，是造林工作的一项基本原则。随着林业生产的发展，适地适树概念的“树”不仅仅指树种，也指品种（如杨、柳、刺槐等）、无性系、地理种源、生态类型。“草”也不仅仅指草种，也指品种，如草坪中已经培育了大量的品种。

适地适树原则，体现了树种与环境条件之间对立统一的关系。不同树种草种的特性不同，对环境条件的要求也不同。树种草种的生长发育规律，主要是由它内在矛盾，即遗传学的特殊性决定的；而环境条件的影响则是促进和影响其生长发育的外在原因。强调适地适树的原则，就是要正确地对待树木和草的生长发育与环境条件之间的辩证关系。在实践中，应按具体的立地条件（生境条件）选择适宜的树种和草种，使树草和立地达到和谐统一，从而达到预期的目标。如在干旱地区的阳坡上造林种草，应选用抗旱能力相当强的树种，如侧柏和白羊草。

不同树种有不同的特性，同一树种在不同地区，其特性表现也有差异。在同一地区，同一树种不同的发育时期对环境的适应性也不同。适地适树不仅要体现在选择树种上，而且要贯彻在森林培育的全过程。在其生长发育过程中要不断地加以调整，如松土、扩穴、除草（杂草），以改善环境条件，修枝抚育或修剪，以调整种间和种内关系。只有这样才能达到预期目的。

3.3.1.2　适地适树的途径和方法

（1）适地适树的途径

实现适地适树的途径可归纳为三条：第一是选树适地和选地适树；第二是改树适地；第三是改地适树。

要实现适地适树，第一条途径是基础。造林林草地段已确定，如计划在山西西部黄土区山地造林时，应通过选树适地途径。树种草种一定的前提下，如欲在山西发展油松林，可通过选地适树。通过此种途径实现适地适树，必须充分了解地和树木的特性。对于选树适地时，应分析其立地条件（或生境条件），应特别注意小气候（降水、风）、地形（阴、阳坡）、土壤水分和肥力条件，与林草种对这些因子的要求和反应，然后分析其个别因子（pH 值、盐渍化等），有时这些因子很可能是林草生长的限制因子，最后选出能够适应该立地的造林树种。如大同盆地建设林业生态工程，首先要考核地区的降水量仅 400mm 左右，干旱年份不足 300mm；其次土壤沙性大，保水力差，抗旱性是树种草种选择的首要问题；再者，就是该区气温低。那么，有些树种如侧柏虽然抗旱，但抗寒性差，冬季易枯梢；樟子松不仅抗旱，而且抗寒，比较适宜。选地适树时，则首先应充分掌握该树种或草种的生态学特性，然后，在一定的区域范围内，选择相应的造林种草地段。如决定要发展华北落叶松，首先要清楚华北落叶松天然分布的垂直范围主要在海拔 1600~2800m，是个喜光树种，喜背风、土地湿润的条件，耐寒。因此，在海拔 1600m 以上的山地应首选，如果向 1600m 以下地区发展，则应慎重。再如泡桐木材质地优良，用途广，速生，可桐农间作，还是四旁绿化的好树种。要在山西发展泡桐，只能选择太原以南的造林地进行造林，因为该树种在太原以北范围易受冻害。

改树适地是在地和树之间某些方面不相适时，通过选种、引种驯化、育种等方法改变某些特性，进而改善树种（草种）与立地的适应特性。通过选育工作，增强树种的抗性（抗盐、抗烟、耐寒、耐旱等），使其能有适应更宽范围的立地特性。在引种过程中要注意原产地与引种地区在气候条件和土壤条件等方面的差异，如日照差异、气温差异（积温、年平均气温、1 月平均气温、7 月平均气温）、土壤性质（pH 值、通透性、水分）差异、土壤盐碱程度差异、空气湿度差异等，还要考虑引种造林区可能出现的间歇性灾害因子（极端干旱、极端气温等）对所引树种的影响。引进外来树种造林，必须先经过小面积造林试验、边间试验，取得成功后再逐步推广。刺槐、紫穗槐在我国引种已久，基本驯化，适应性不亚于一些乡土树种；湿地松、火炬树在我国东南部引种成功，正在大面积推广。山西北部在20世纪60年末开始引种樟子松成功，表明其生长适应性比油松好。又如小冠花引入山西后，表明其有很强的适应能力，是一个很好的水土保持草种。

改地适树就是通过改善立地来达到地和树草适应的目的。如常规造林边采用的整地措施；水土流失地区的集流蓄水措施；盐渍地的灌排措施等。在退化劣地边还采用覆土措施和客土造林、种草。

上述三种途径边第一种是最经济实用的，第三种也是经常采用的，第二种投资高，且需要一定的时间。三种途径也可以结合起来使用，通常在选择好树种和草种后，必须整地，以保证其有一个良好的生存和生长条件。

（2）解决适地适树的方法

除了改善立地条件外，解决适地适树的一般方法主要是从树种本身入手，一是一般的调查研究手段，二是引种驯化，一般林业生态工程的树种选择优先考虑本地的乡土树种。引种在这里就不再赘述。

适生树种调查：在一定植物地带或区域范围内，结合林业生态工程的配置和结构设计，对不同立地适生树种和草种的调查，是实现适地适树的最基本手段。这种方法是以立地条件类型表（主导因子法）为基础，对不同立地条件下生长的现有乔、灌、草种（包括引种外来种）进行调查，对当地造林实践中证明成功的树草种应更加重视。

① 现有天然林草植被、人工林和人工草地的调查。天然林草是长期进化过程，被证明能够适应环境的植被，当然天然植被生长良好的树草种能否成为人工可种植的种，还受人们对这些种的生长发育规律和栽培要求的认识影响，如胡杨的育苗、栎类的育苗问题，还没有得到很好的解决。因此，应更加注重天然植被中那些被证实能够进行人工种植的种的调查和人工林草的调查；对于无林区来说人工林草的调查显得更重要。

成片的人工林一般采用标准地调查法（标准地选定包括100株，或多于100株立木，其中选定10~20株优势木或亚优势木进行每木调查，并求出其平均高度，确定林分年龄）。调查中对标准地进行有关地形、土壤、植被的常规调查与记载，并确定所属的立地条件类型。关于树木生长状况建议采用直观的“生长势”指标并结合高、径生长量等。为了比较人工林在一定立地条件下的生长，改选为同一基准年龄树高即地位指数等指标。经济林木的调查，还应增加经济林木结实开始期和所结果实有无实际经济价值，而无需调查产量。

对灌木林进行调查时，因灌木林在林地上的生长（天然或人工分布）状况以及平茬与否等较为复杂，故一般灌木林地的标准，采用在4m×4m标准地面积内进行灌木的丛数、地径、平均高、冠幅等常规调查，必要时进行标准灌木植株（丛）的地上部分的生物量调查，以为薪炭林、放牧林提供资料。灌木林地调查也采用生长势的评价，应与立地或生境条件联系起来。

草地调查可采用1m×1m或更小一些的标准地，对其生物量、分株、分蘖性能、地面覆盖状况等调查。在人口相对稠密或过度放牧的地区，应十分注重远离村庄人为干扰少的地方和田头地埂草被的调查；城市草坪的调查主要是对引进种生长适应性的调查；人工草地调查还应考虑草种生长及混播比例，采取的施肥、刈割等管理措施。

② 散生的或单株的树种调查。对某些散生的和当地出现很少的树种类，要给以足够的重视，包括四旁、庙宇寺院、风景点、坟地等地方生长的单株、散生树种，甚至古稀树种，因为有可能由此对扩大当地造林树种资源找到线索。调查项目应包括：树种立地条件、高径生长、引种来源等。单株、散生树种对有水土流失的无林区实现适地适树，具有重要的意义。

(3) 造林后评价—适地适树的标准

根据大量的树种调查及其生长状况与生长量资料，经过统计、分类整理后，进行生态、经济（生产）潜力的排列顺序，可以得出某一植物地带、区域、流域内主要乔、灌、草种的适生幅度（最优和最低适应的立地条件类型），反过来评价改正当地立地条件类型。由此可整理归纳出适应不同立地条件类型的可推广的乔、灌、草种种类，提出要重点搞生产性试验的树草种以及有希望引进的树草种。因此，对造林种草的后评价，应引起足够的重视。为了解决此重要问题，可以通过一些专题调查，如乔灌木树种的密度和混交、树种和草种的配置等。

要进行造林后的评价，就必须有一个适地适树的评价标准及指标。衡量适地适树的标准，是根据造林的目的和要求及立地条件本身来确定的。对于防护林来说，造林成活率高、林分稳定、生物产量高，及早达到防护目的是衡量适地适树的标准；而对于用材林来说，达到成活、成林、成材，具有高的木材生产力才能算是适地适树。当然同一树种草种在不同的立地上生长，不能拿一个标准来衡量，如不可能使大盆地的杨树，长成像运城盆地一样的参天大树。适地适树的评价也可以用于树种生长预测。

一般来说，可以用地位指数、树高、胸径、地径（幼树）、生物量、株高、生长势等指标，来评价立地性能与树种生长之间的关系，以此作为适地适树比较分析的依据。现以湖北省桂花林场主要立地因子与杉木、马尾松立地指数（基准年龄 20 年）关系的同步研究结果为例加以说明（表 3-7）。

表 3-7　湖北省桂花林场主要立地因子与杉木、马尾松立地指数（SI）的关系

土层厚度	坡位	黏、砂			中壤、轻壤		
		平、凸	凹	梯	平、凸	凹	梯
<40cm	上、全	8.89/9.86	9.25/10.08	10.15/10.61	10.07/10.56	10.47/10.78	11.33/11.31
	中、下	10.04/10.55	10.40/10.76	11.30/11.30	11.22/11.25	11.58/11.46	12.40/12.00
40~80cm	上、全	10.25/10.67	10.61/10.88	11.51/11.42	11.46/11.37	11.69/11.59	12.69/12.12
	中、下	11.46/11.36	11.76/11.57	12.66/12.10	12.58/12.06	12.94/12.27	13.84/12.81
>80cm	上、全	11.10/11.81	11.46/11.39	12.36/11.93	12.28/11.88	12.64/12.09	13.54/12.63
	中、下	12.25/11.86	12.61/12.07	13.51/12.61	13.43/12.56	13.79/12.78	14.69/13.31

注：短斜线左边为杉木，右边为马尾松。

表3-7中，杉木的指数级在8~10之间，生长不如马尾松，不宜种植杉木，适宜种植马尾松；杉木指数级在14指数级的，适宜发展杉木速生丰产林；而杉木指数级属于12指数级的，可用于杉木一般造林，成集约经营使之成为速生丰产林。

用立地指数判断适地适树的指标也有缺陷，因为它还不能说明人工林的产量水平。不同的树种，由于其树高与胸径和形数的关系不同，单位面积上可容纳的株数不同，因此，其立地指数与产量之间的关系也是不同的。

3.3.2 树种选择的原则与方法

(1) 树种选择的原则

关于树种选择需要进行多方面的综合考虑，这里我们所述的是最基本的普遍原则，不同的林业生态工程类型或林种的要求不同，具体的选择原则将在第三篇中讨论。

树种选择必须依据两条基本原则：第一条原则是树种的各项性状（经济效益和生态效益性状）必须符合既定的培育目标，即定向原则；第二条原则是树种的生态学特性与立地条件相适应，即适地适树的原则。这两条原则缺一不可，相辅相成。定向要求的是林木培育的效益，适地适树则是现实效益和手段。没有目的的适地适树是无意义的，没有适地适树则无法把效益变为现实。树种选择的正确与否，也要用定向目标来检验。

树种选择除上述两条基本原则外，还有两条非常重要的辅助原则。第一条是生物学稳定性（stability）原则。生物学稳定性系指人工林具有稳定的结构，生长发育良好，能获得高的生物产量，具有对极端环境变化的抵抗能力，并且在一世及下一世表现一致。一个树种在幼林期表现好，并不一定能说明中壮林也表现好，如果经不住极端环境变化，如最低气温、病虫害等危害的考验而毁灭，那就不能算树种选择的正确。山西省在20世纪80年代初，曾大面积种植河南白榆，初期表现很好，结果在1986年出现大面积死亡（原因不明）。第二条原则是可行性（feasibility）原则。有些树种看上去很好，可是选后，种子或苗木没有来源或来源有限，不可能大面积应用。有些则栽培技术复杂，投入大，成本高，经济上不合算或财力物力不足。如一些大粒种子来源困难，很难大面积推广应用。

以上原则应综合考虑，灵活运用，总体上做到生物、经济兼顾。在实际生产中，要具体研究造林目的对树种的要求，具体分析树种的生物学特性，贯彻"适地适树"的原则，切忌过分强调"集中连片"等。其结果只能是"有什么苗栽什么树"。难以形成稳定、速生、丰产的林分，出现幼林成活率低，保存率低，生长不良，成林不成材的"小老头林"，即难以达到某一期望造林目的，收不到预期的效果。造林工作中因为树种选择不当，不仅影响造林成果，而且造成劳力、种苗、资金的浪费，挫伤群众造林的积极性，贻误造林时机。如20世纪50年代初期，在我国黄土高原各个省（自治区），不同程度地在干旱山地营造了各类杨树林，这样的人工林是很难让人相信它会有什么防护效益和经济效益。生物经济兼顾，是造林目的和达到这一目的的手段的有机结合，辩证地处理好需要和可能之间的关系，方可使造林树种的选择，建立在科学的基础之上。此外，应考虑选优良乡土树种，它们是区内分布最普遍、生长最正常的树种，是长期适应该地区条件而发展起来的树种，具有适应性强、生长相对稳定、抗性强、繁殖容易的特点。

（2）树种选择的方法

树种选择没有一个固定的程序和方法，但为了避免不科学的主观臆断，尽可能使其科学化和程序化，可大体按图 3-4 来进行。

选择树种的程序可概括为：首先，要按培育目标定向选择树种，不同的林业生态工程类型其培育目标不同，对树种的要求也不同。因此，应依照培育目标对树种的要求，分析可能应选树种的有关目的性状，经过对比鉴别，提出树种选择方案。其次，要弄清具体林业生态工程建设区或造林地段的立地性能，分析可能应选树种的生态学特性，然后，进行对比分析，按适地适树的原则选择树种。为了得出更可靠的有关树种选择的结论，可进行树种选择的对比试验，即在一定地区典型立地上，栽植可能作为入选对象的树种，经过整个培育周期的对比试验，筛选出一些有前途的造林树种，剔除一些易遭失败的树种。不过对比试验需要时间较长，需要投入的人力、物力较多，困难较大。在生产上不可能对各树种都通过试验后再造林，有时就需凭借树种的天然分布及生长状况、生态学特性与林木培育经验，决定树种的选择；通过对现有人工林的调查研究，掌握不同树种在各种立地条件下的生长状况，也是选择树种常用的方法。

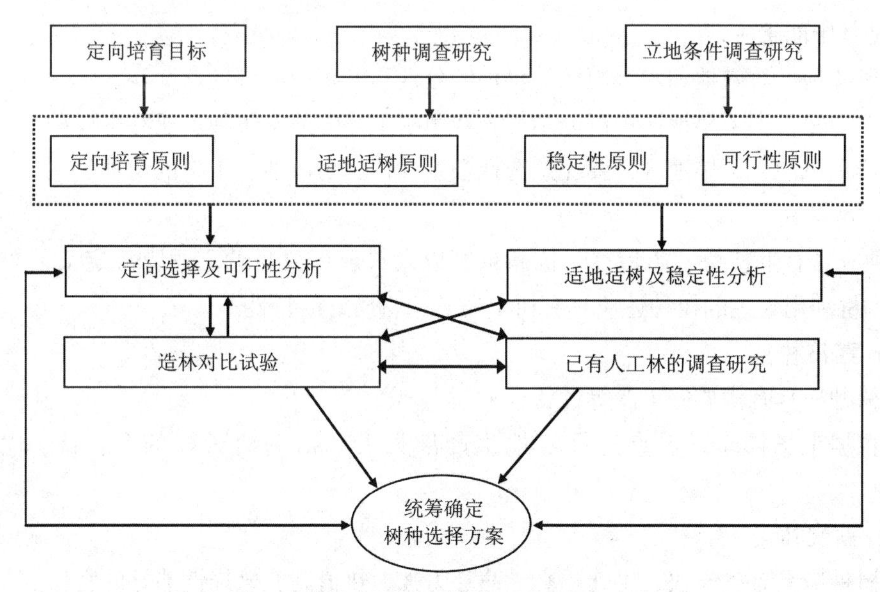

图 3-4　树种选择的理想决策程序

调查现有人工林，一方面，可掌握某一树种在不同立地的生长状况，得出该树种适生立地范围。另一方面，对同一立地类型做多树种调查及立地评价，可为同一立地上选用树种做出判断。最后，在确定树种方案时，应依照林业生态工程的布局和树种选择原则，充分分析、对比造林种的立地性能和各个可选树种的生态学特性，并依据现有林分的生长状况，把造林目的与适地适树的要求结合起来统筹安排。一方面要考虑到同一个具体地区或地块上，可能有几个适用树种，同一树种也可能适用于几种立地条件，经过分析比较，将最适生、最高产、经济价值最大的树种，列为该区或该地块的主要造林树种；而将其他树种，如经济价值高，但对立地条件要求苛刻，或适应性很强，但经济价值低的树种草种列为次要树种。同时，要注意树种不要单一化，要把针阔树种、珍贵树种也考虑在内，使所确定的方案既能充分利用和发挥多种立地的生产潜力，又能满足多方面的需要；另一方面，在最后确定树种选择方案时，还要考虑选定树种在一定立地条件上的落实问题。把立地条件较好的造林地，优先留给经济价值高、对立地要求严的树种草种。把立地条件较差的造林地，留给适应性较强而经济价值较低的树种。同一树种若有不同的培育目的，应分配在不同的地段。如培育大径材，分配较好的造林地；若是培育薪炭林、小径材，可落实在较差的立地上。

3.3.3 各林种对造林树种的要求

(1) 防护林

① 应根据防护对象选择适宜树种，一般应具有生长快、防护性能好、抗逆性强、生长稳定等优良性状。

② 营造农田、经济林园、苗圃和草（牧场）防护林的主要树种应具有树体高大、树冠适宜、深根性等特点。经济林园防护林应具有隔离防护作用且没有与林园树种有共同病虫害或是其中间寄主。

③ 风沙地、盐碱地和水湿地区的树种应分别具有相应的抗性。

④ 在干旱、半干旱地区可以分别优先选用耐干旱的灌木树种、亚乔木树种。

⑤ 严重风蚀、干旱地区，要注意选择根系发达、耐风蚀、干旱的树种。

(2) 用材林

树种应具有生长快、产量高、抗病虫害以及符合用材目的、适应特定工艺要求等特性。以木材利用为主的树种还应具有树干通直、材质好的特性。

(3) 经济林

① 树种应具有优质、丰产等性状。

② 根据市场需求，重点选择当地生产潜力大和市场前景好的名、特、优、新树（品）种。

(4) 薪炭林

① 树种应具有生长快、生物量高、萌芽力强、热值高、燃烧性能好的特性。

② 适应性强，在较差的立地条件下能正常生长。

(5) 特种用途林

树种应具备特种用途所要求的性状。

3.4 林分的结构与配置

树种选择确定后，林业生态工程的结构设计和培育是首要任务。生物有机体是不断变化发展的，林业生态工程的结构设计并不像机械设计那样死板，它需要在理论的指导下，通过实践加以解决，而且必须做到灵活适应。严格来讲，林业生态工程涉及林、草、水、农、渔等多个方面，从林木培育角度思考，就是如何使林分具有合理的结构，能够尽可能地产生良好的效益，以满足定向培育的目标。林业生态工程（具体地讲就是广义的林业）的结构应从时间和空间两个方面考察，即从水平结构、垂直结构和年龄结构（时间）三方面分析，通过树种草种组成、密度配置的设计及异龄性与树种草种本身的生物学特性等要素综合作用所确定的，结构设计好了，能否最终形成，还需要采取一系列的培育措施。

3.4.1　林分结构

确定树种的组成是人工林结构设计的第一步。

3.4.1.1　树种组成

人工林的树种组成是指构成该人工林分的树种成分及其所占的比例。按树种组成不同，可分为单纯林（纯林）和混交林。单纯林是由一种树种构成的森林，混交林是由两种以上的树种构成的森林。按照习惯，造林时的树种组成以各个树种株数（或穴数）占全林的株数（或穴数）百分比来表示；成林以株数或断面积或材积计。混交林中主要树种以外的其他树种应不少于 20%（《中国农业百科全书·林业卷》）。因此，纯林的概念是相对的，当一个林分中有一个树种或几个树种占全林的比例不超过 20%（有人认为应是 10%），即优势树种（或主要树种）在 80%以上，该林分仍看作纯林。如油松与栎类生长在一起，如果油松占 80%以上，尽管有栎类，我们仍把其看作油松纯林，如果油松占的比例小于 80%，即为油松栎类混交林。混交林一般用各组成树种所占的成数来表达，如 6 油 3 栎 1 胡枝子。

(1) 纯林与混交林的比较

纯林由单一树种组成，结构简单，只有种内个体间的竞争，没有种间竞争，容易调节，施工管理采伐方便，有些树种纯林结构也十分稳定，且产量很高。因此，纯林在用材林和经济林中得到广泛的应用。水土保持林，水源涵养林一般应由多个树种组成，并形成结构比较紧密的复层林混交林，但由于混交林实际施工和管理中的难度大，也往往采用纯林。我国过去在山区、丘陵区主要营造油松、马尾松、水杉、桉、落叶松、刺槐等纯林，平原区多营造杨、泡桐、水杉等纯林，结果导致不能充分利用环境条件，林地生产力衰退，病虫害蔓延。南方杉木林地的土地退化，北方杨树林的天牛危害，针叶树种纯林的火灾等不能不使我们引以为戒。世界上很多国家都注意到连续多代地营造纯林，土地生产力下降的问题，并积极开展混交林的研究，如德国卡门茨林管区沙地上的松林，150 多年前，原为 X 地位级，连续造林两代，Ⅰ级现已降为Ⅳ、Ⅴ级。因此，营造混交林已经成为生产上广为重视的新趋势。

混交林与纯林比较，有很多优点：

① 充分利用造林地立地条件或营养空间。纯林由一种树木组成，对光照、热量、水分、养分条件及消耗利用比较单一，混交林则不同。在林内如果有耐荫树种同喜光树种相搭配就能充分利用林内的光照条件，深根性树种同浅根性树种混交，可以充分利用土壤中的水分、养分，有利于对立地条件的充分利用。例如山杨等从土壤中吸收氮素很多，云

杉、松树则吸收较少，白蜡吸收的磷较橡树林多，橡树吸收的氮较白蜡多，不同树种种植在一起可以充分利用土壤中的各种营养元素。

② 混交林能有效地改善和提高土地生产力。混交林的结构导致特殊小气候的形成，混交林内光照强度减弱，散射光比例增加，分布比较合理，温度变化较小，湿度大，而且CO_2的浓度高，从而促进了林木正常生长。树木从土壤中吸收各类元素，每年还要归还相当一部分到表层土壤中，混交林中可以较纯林积累更多的枯枝落叶，这些含有多种营养成分的枯落物质的循环，还促进了土壤腐殖质的形成，有利于形成柔软的细腐殖质，从而改良了土壤的结构和理化性质。刺槐、紫穗槐、柠条等豆科树木以及沙棘、沙枣等树种，根部有根瘤菌可以改良土壤，增加土壤中氮素的成分，改善了树木的氮素供应状况。因此，混交林的土壤肥力明显高于纯林。当然纯林恶化土壤条件也不是绝对的，如果采取合理的措施，也可以避免或控制土地的退化，如我国南方各省杉林纯林通过采取炼山施肥，林粮间作，以及初期混植油桐经济树种等措施，就可使其一直保持较高的生产水平。混交林如果其树种搭配得不合理（包括种间关系及混交的形式），例如，都是喜光性很强的树种，隔行或隔株混植，往往发生某一树种压制另一树种，生存竞争很激烈，如果有的树种被淘汰，从而使混交失败，达不到改善土地生产力的目的（表 3-8）。

从表 3-8 可以看出，马尾松与火力楠的混交林土壤养分含量都比相应的马尾松和杉木纯林高，尤其以土壤表层 0~20cm 更为明显。NH_4-N、全 N、代换性 Ca、代换性 Mg 和腐

表 3-8　不同林分土壤的养分含量

样地地点	林分类型	林龄（年）	采样深度（cm）	NH_4-N（g/kg）	全 N（g/kg）	代换性 Ca［cmol（1/2Ca）/kg］	代换性 Mg［cmol（1/2Mg）/kg］	腐殖质（g/kg）
湖南三合水	杉木火力楠混交林（5∶5）	15	0~20	42.00	2.20	3.10	1.50	75.50
			20~40	33.60	2.30	2.74	0.75	70.40
			40~60	42.00	2.50	2.14	0.69	67.60
			平均	39.20	2.30	2.66	0.98	71.20
	杉木纯林	15	0~20	20.20	1.80	3.23	0.99	70.70
			20~40	21.80	1.30	2.64	0.60	46.20
			40~60	21.80	1.00	3.28	0.36	36.30
			平均	21.50	1.40	2.72	0.65	51.10
湖南白坟岭	马尾松火力楠混交林（5∶5）	56	0~20	48.30	2.30	3.36	1.44	119.80
			20~40	42.00	1.20	2.64	1.20	59.70
			40~60	32.50	0.70	2.88	0.96	50.70
			平均	40.60	1.40	2.96	1.20	76.70
	马尾松纯林	56	0~20	39.90	1.50	1.71	0.99	73.50
			20~40	31.50	0.60	1.59	0.72	46.50
			40~60	20.00	0.30	1.51	0.24	37.20
			平均	30.50	0.80	1.6	0.65	52.40

注：引自廖利平，邓仕坚，高洪等，1997。

殖质的含量，两种立地类型的林分都是针叶纯林的含量低。就以上五种养分平均含量来说，三合水的杉木火力楠混交林代换性Ca例外，其余的杉木火力楠混交林比杉木纯林分别增加82.3%、64.3%、50.8%和39.3%；白坟岭马尾松火力楠混交林比马尾松纯林分别增加了33.1%、75.0%、85.0%、84.6%和46.4%。

③ 混交林具有更高的生物学稳定性，又可以合理利用和不断改善环境，较好地发挥树种间的相互促进作用，从而大大地提高了森林的木材蓄积量和生物量，能够获得更高的经济效益（表3-9）。

表3-9 枫香马尾松混交林与马尾松纯林生长情况

	树种	林龄（年）	保存密度（株/hm^2）	平均胸径（cm）	平均树高（m）	平均冠幅（cm）	单位面积蓄积量（m^3/hm^2）	树种组成（%）	比较（%）
枫香马尾松混交林	枫香	39	175	22.6	19.3	4.61	62.48	20.3	—
	马尾松	36	450	26.9	16.7	3.97	199.52	65.0	—
	麻栎等	39	150	21.7	15.6	3.51	45.09	14.7	—
	合计	—	775	—	—	—	307.09	100.0	111
马尾松纯林	马尾松	36	575	24.3	16.2	4.2	245.96	88.9	—
	麻栎等	39	175	17.1	155.5	3.50	30.69	11.1	—
	合计	—	750	—	—	—	276.65	100.0	100

注：引自许绍远，1997。

从表3-9可以看出，枫香与马尾松混交林，两种树种互补为主，形成比较稳定的同层林，枫香略高，树冠较大。整个林分的光能利用充分，未出现被压木、枯死木，生长快，单位蓄积量大。

表3-10 混交林材积和生物量与纯林比较

项目		纯林			A∶B			2A∶B			A∶C			2A∶C		
		A	B	C	A	B	平均	A	B	平均	A	C	平均	A	C	平均
材积		38.24	38.84	39.11	22.18	26.51	48.69	29.21	35.74	64.95	20.59	20.27	40.86	25.79	27.72	53.51
生物量	干	29.34	41.86	36.67	16.42	29.05	45.47	24.89	20.54	45.43	15.91	20.83	36.74	14.12	14.12	33.99
生物量	枝	2.41	9.97	5.62	1.22	5.73	6.95	1.43	4.25	5.68	1.10	3.67	4.77	2.06	2.06	3.65
生物量	叶	3.32	5.41	6.40	1.62	3.59	5.21	2.17	2.44	4.61	1.68	3.04	4.72	2.20	2.20	4.47
生物量	Σ	35.07	57.24	48.69	19.26	38.37	57.63	28.49	27.23	55.72	18.69	27.54	46.23	18.38	18.38	42.11

注：A为刚果12号桉、B为大叶相思、C为马占相思；单位为：材积（m^3/hm^2）；生物量（t/hm^2）。
引自郑海水，翁启杰，杨曾奖等，1997。

从表3-10可以看出，混交林的蓄积量比A高6.9%~67.2%，比C高4.5%~66.1%，而各部分生物量（纯干重）则有所不同，树干生物量为A∶B大于A和B，枝叶生物量为A∶B大于A而小于B，2A∶B大于A而比B略小；A∶C和2A∶C生物量均大于A但小于C。因为相思纯林枝叶茂盛而使混交林生长受抑制，产量较低，因而混交林总生物量除

A：B 大于 A 和 B 纯林外，其余处理均比相应的 B、C 纯林低。

混交林由多个树种组成，结构层次分明，具有较好的景观、美学和旅游价值，混交林净化空气、吸毒滞尘、杀菌隔音等环境保护功能均优于纯林。

④ 混交林具有抵御病虫害及火灾的作用。混交林能构成复杂的生态系统，有利于生物多样性的发展，众多的生物种类相互影响，相互制约，改变了林内环境条件，使病原菌、害虫丧失了自下而上生存的适宜条件，同时招来各种天敌和益鸟，从而减轻和控制了病虫的危害。小气候的改变，减少了发生森林火灾的危险性，即使发生森林火灾，混交林中阔叶树占有一定比重可以起机械的隔阻作用，使火灾不致蔓延。

由此看出，混交林比纯林有更大的生态和经济意义，应该尽量因地制宜地营造混交林。但是，提倡混交林，并不是否定纯林，由于纯林营造技术简单，便于操作，仍将是我国目前或今后一段时间造林的主要形式。混交林由于有造林经营管理不便、技术复杂的缺点，加之造林试验研究和实践经验不足，如果树种搭配不合理，混交方式和比例不当，很容易导致失败。所以，具体造林时，必须认真分析各种条件，在有足够把握的情况下，才能营造混交林。

（2）混交林种间关系分析

纯林的主要矛盾是种内竞争，而混交林的主要矛盾是种间竞争。深入研究其种间关系，分析种间关系，掌握种间关系的发生发展规律，是成功培育混交林的基础。

种间关系的实质是生态关系，即生物有机体与环境相互作用的关系。在混交林中树种一方面与环境之间存在着能量与物质的交换；同时，树种间又彼此为生态条件，并借助环境条件产生相互影响。种间关系的相互作用是通过机械作用（如枝叶间的摩擦、挤压、攀援、缠绕等）、生物作用（如杂交授粉、根系连生、寄生等）、生物物理作用（如生物场）、生物化学作用（如树叶和根系的分泌物）、生理生态作用（如改变水气候、肥水条件等）五个方面来实现的。

种间关系的表现可分为有利（互助、促进）和有害（竞争和抑制）两种情况，也可分为单方利害和双方利害。单方利害是指某一树种对其他树种的生长发育的有利和有害，而其自己既不受害也不获益；双方利害是指多个树种间互相有利或有害。在一定的环境条件下，种间关系取决于混交树种的生态习性的差异，差异大则表现为有利，反之则表现为有害。如喜光树种落叶松与阴性树种云杉混交表现为有利，而一些喜光树种与喜光树种混交则表现为有害。

种间关系的分析是不能离开环境而孤立地分析树种和树种间的关系。种间关系应在调查研究的基础上，分析各树种与环境的关系，从而抓住主要矛盾，得出种间竞争和互利的关系。种间关系的有利与有害是相对而言的，没有绝对的有利，也没有绝对的有害。种间的利害关系随着时间、地点、混交技术的变化而变化。

① 种间关系随时间的推移（不同生长发育阶段）而变化。造林后随着时间的推移，林龄不断增加，对环境的要求不断发生变化，而且环境也在变化，因而种间关系也在不断变化。如油松与沙棘混交，初期由于沙棘生长迅速，不仅有助于改良土壤，而且为油松幼

林提供了侧方遮荫，有利于油松的成活与生长。但随着时间的推移，如不及时对沙棘部分割除或平茬，沙棘就会抵制油松的生长。当油松生长高度超过沙棘并郁闭后，沙棘因受光不足，生长受到抵制，甚至死亡。

② 种间关系随立地条件的变化而变化。每一个树种有其适宜的生态幅度，要求一定的立地条件，立地条件的改变，树种的生长情况也在发生着变化。某一立地条件适宜某一树种生长，该树种就有可能成为优势树种，反之，可受到其他树种的抑制。在海拔高的地区，油松栎类混交林常分布在半阴半阳坡上，而海拔低的地区则分布在阳坡上。海拔 1500m 左右，油松和侧柏混交林中，油松生长比侧柏快，而在 1000m 以下的干旱阳坡，则侧柏生长比油松快。

③ 种间关系随混交技术等的不同而发生变化。混交林中树种的种间关系随着树种的搭配、混交方法、混交效果、营造技术的变化而变化。如油松和栓皮栎造林时，如果采用带状或块状混交两种树种都能生长，如果采用行间或株间混交则种间矛盾大，油松易受压，甚至死亡。

（3）混交树种分类与混交类型

① 混交树种分类。混交树种可根据其所处的地位和所起的作用分为主要树种（大乔木）、次要树种（中小乔木）和灌木树种。主要树种亦称目的树种，是经营对象，防护效能好，经济价值高，在林分中数量最多（至少应≥50%），盖度最大，生长后期居林分的第一层，一般为高大的乔木。次要树种亦称伴生树种，在一定时期内与主要树种伴生，通常是中小乔木，成林后居林分的第二层，次要树种有辅佐、护土、改良土壤的作用。辅佐作用是给主要树种造成侧方遮荫，促进树干生长通直，保证自然整枝好；护土作用是利用自身的树冠和根系，保护土壤，减少水分蒸发，防止杂草滋生；改良土壤是用树种的枯落物和某些树种的生物固氮能力，提高土壤肥力，改良土壤的理化性质。一般每种次要树种兼有上述三种作用，但侧重点不同。次要树种最好是阴性蔓生树种，能在主要树种林冠下生长。灌木树种处于林冠层之下，主要是护土和改良土壤，但大灌木也有一定的辅佐作用。灌木最好选择豆科类或带根瘤菌（如胡颓子科）的树种。

② 混交类型。营造混交林时，把不同生物学特性的树种搭配在一起构成不同的混交类型。依据乔木（主要树种）、中小乔木（伴生树种）、灌木的相互组合分为：

A. 乔木混交指两个或两个以上主要树种混交，根据树种的耐荫和喜光又可分为以下三种情况。

（a）耐荫与喜光树种混交。这种混交类型容易形成复层林，喜光树种在上层，耐荫树种在下层。种间矛盾出现晚而且较缓和，树种间的有利作用持续时间较长。只是到了生长发育后期，矛盾才有所激化，但林分比较稳定，种间关系较易调节。由于北方耐荫树种较少，此种类型不多，常见的如华北落叶松与云杉混交、白桦与云杉混交。

（b）喜光和喜光树种混交。此类型种间矛盾尖锐，竞争进程发展迅速，林分的种间矛盾较难调节。北方大部分树种为喜光树种，因此，此类型最多，如油松与栎类混交、杨树与刺槐混交、油松与侧柏混交等。

（c）耐荫与耐荫树种混交。种间矛盾出现晚而且缓和，树种间的有利关系持续时间长，林分十分稳定，种间关系较易调节。如四川的云杉与冷杉混交林。但此类型天然林中基本上是顶极群落，分布在原始林区，生产上很少采用。

B. 乔木与中小乔木混交：主要树种为乔木，居林分的上层，较耐荫的伴生树种——中小乔木，如椴、槭、鹅耳枥等，居下层，形成复层林。此种类型种间矛盾小，稳定性好，中小乔木生长慢，不会对主要树种构成威胁。如落叶松与椴树、油松与槭树混交。

C. 乔灌混交：乔木树种与灌木树种混交，种间矛盾比较缓和，林分稳定性强，保持水土作用大。混交初期灌木可以为乔木树种创造侧方庇荫、护土和改良土壤，林分郁闭以后，树种发生尖锐矛盾，可将灌木部分割除，使之重新萌发。常见的如油松与沙棘、柳树与紫穗槐、杨树与柠条混交林。

D. 综合混交：由主要树种、次要树种和灌木混交，并兼具上述几种混交类型的特点，如河谷阶段地区的沙兰杨、旱柳、紫穗槐混交林和丘陵山地的油松、元宝枫、紫穗槐混交林。

混交类型的划分也可采用其他方法，如针阔混交、针针混交、阔阔混交等。

（4）混交树种选择

营造混交林，首先要确定主要树种，然后根据其特点，选择伴生树种和灌木树种。因此，一般所谓的混交树种是指对伴生树种和灌木树种的选择，选择适宜的混交树种是调节种间关系的重要手段。混交树种：①应在生物学特性上与主要树种有一定的差异，能够互补，尤其应具有耐荫性或一定的耐荫性；②具有较强的抵抗自然灾害的能力，特别是耐火性和抗虫性，且不应与主要树种有共同的病虫害或是转主寄生关系；③有一定的经济和美学价值；④在不良立地条件上，应考虑有固氮改土的作用；⑤有较强的萌蘖能力或繁殖能力，以利于调节种间关系后，自我恢复；⑥如果是培育用材林，最好是与主要树种大体在预定的轮伐期内成熟，以便组织主伐，降低成本。

选择一个理想的混交树种并不容易，需要对现有人工林和天然林进行调查研究、总结经验，才能确定。表 3-11 可作为对树种组成与选择的参考。

表 3-11 我国南方地区营造混交用材林的实例

树种组合	栽培地区	立地条件	混交方式	混交比例	造林密度（株/hm^2）
（一）针阔混交类型					
杉木、檫木	南方、西南山地	黄壤Ⅰ、Ⅱ	星状	9~8∶1~2	2400~3000
杉木、红锥	南方山地	红黄壤Ⅰ、Ⅱ	株、行	5∶5	3600~4500
杉木、火力楠	南方各地	红黄壤Ⅰ、Ⅱ	行间	4~6∶6~4	2400~3600
杉木、桢楠	南方山地	黄壤Ⅰ、Ⅱ	株、行	5∶5	3000~4500
杉木、香椿	南方山地	红黄壤Ⅰ、Ⅱ	行间	4~6∶6~4	2400~3600
杉木、南酸枣	南方山地	红黄壤Ⅰ、Ⅱ	行间	6∶4	2400~3600
杉木、观光木	南方山地	红黄壤Ⅰ、Ⅱ	行间	4~6∶6~4	3600~4500

（续）

树种组合	栽培地区	立地条件	混交方式	混交比例	造林密度（株/hm^2）
杉木、厚朴	南方山地	红黄壤Ⅰ、Ⅱ	行间	6∶4	2400~3600
杉木、相思	南方丘陵	红黄壤Ⅱ、Ⅲ	行间	5∶5	2400~3600
杉木、樟树	南方、西南山地	红黄壤Ⅱ	行、窄带	7~9∶3~1	2400~4500
杉木、桤木	西南浅丘	黄壤Ⅰ、Ⅱ	行间	5∶5	3600~4500
杉木、旱冬瓜	西南低山	红黄壤Ⅱ、Ⅲ	窄带	5∶5	2400~3600
杉木、桦木	西南边山	红黄壤Ⅱ、Ⅲ	行间	5∶5	3600~4500
杉木、白克木	西南低山	Ⅰ、Ⅱ	块状	不定	1800~2400
杉木、漆树	西南浅丘	Ⅱ、Ⅲ	行间	5~6∶5~4	3600~4500
马尾松、红锥	南方山地	红黄壤Ⅰ、Ⅱ	行间	3~5∶7~5	3600~4500
马尾松、黧蒴栲	南方丘陵	红壤Ⅰ、Ⅱ	行间	5∶5	3600~4500
马尾松、木荷	南方低山	红黄壤Ⅱ、Ⅲ	行间	4~6∶6~4	3600~6000
马尾松、相思	南方丘陵	红壤Ⅲ	行间	4~6∶6~4	3600~6000
马尾松、木莲	南方丘陵	红壤Ⅱ、Ⅲ	行间	4~6	3600~4500
马尾松、火力楠	南方山地	红黄壤Ⅱ、Ⅲ	行间、星状	3∶7	2400~3000
湿地松、麻栎	南方丘陵	红黄壤Ⅱ、Ⅲ	行、窄带	5~7∶5~3	1500~1800
湿地松、泡桐	南方丘陵	红黄壤Ⅱ、Ⅲ	星状	9∶1	1500~1800
黑松、相思	南方沿海丘陵	红黄壤Ⅱ	行、块	4~6∶6~4	4500~6000
华山松、光皮桦	南方、西南山地	Ⅰ、Ⅱ	行、带	3~5∶7~5	4500 左右
华山松、旱冬瓜	西南中山	Ⅰ、Ⅱ	带、块	4~6∶6~4	4500 左右
华山松、栎类	西南中山	Ⅰ、Ⅱ	带、块	4~6∶6~4	3600~6000
油松、麻栎	西南中山	Ⅰ、Ⅱ	块状	不定	3600~4500
秃杉、滇楸	西南中山	Ⅰ、Ⅱ	块状	不定	2400~3600
福建柏、樟树	南方山地	红黄壤Ⅰ、Ⅱ	行、星状	5∶5	2400~3000
柏木、桤木	西南浅丘	Ⅱ、Ⅲ	行间	6~7∶4~3	4950~6600
柳杉、桤木	西南山地	山谷、山脚Ⅱ、Ⅲ	行、带	5∶5	2400~3000
（二）针叶混交类型					
杉木、马尾松	南方山地丘陵	红黄壤Ⅰ、Ⅱ	株、行	6~7∶4~3	3600~4500
杉木、柳杉	南方丘陵	红黄壤Ⅰ、Ⅱ	株、行	5~7∶5~3	3600~4500
马尾松、杉木	南方山地丘陵	红壤Ⅲ、Ⅳ	行	6~7∶4~3	3600~4500
火炬松、杉木	南方低山	红黄壤Ⅱ、Ⅲ	行	5∶5	1650~2400
华山松、云南松	西南山地	Ⅱ、Ⅲ	行	5∶5	4500~6000
（三）阔叶混交类型					
青冈栎、檫木	南方山地	红黄壤Ⅱ、Ⅲ	行、星状	8~9∶2~1	3600~4500
樟树、檫木	南方山地	红黄壤Ⅱ、Ⅲ	窄带	5∶5	1650~2400
樟树、枫香	南方山地	红黄壤Ⅱ、Ⅲ	窄带	5∶5	1650~2400
窿缘桉、相思	南方丘陵	红黄壤Ⅱ	行	4~5∶6~5	3600~4500
桢楠、桤木	西南山地	山谷Ⅰ、Ⅱ	行	5∶5	2400~3600
（四）乔灌混交类型					
泡桐、茶	南方山地丘陵	红黄壤Ⅰ、Ⅱ	行间	1∶25	10300

3.4.1.2 混交林的应用条件

混交林的造林、经营和采伐利用，技术复杂，施工难度大，造林经验少。而相比之下纯林营造技术简单，容易施工。所以，尽管混交林具有很多优越性，但在决定是否采用混交林时，除要遵循生物学规律外，还要考虑经济规律，结合市场经济、生产经营的实际情况而定。

从造林的定向培育目的看，一般培育速生丰产林、短轮伐期工业用材林及经济林，为了早成材或增加结实面积，便于经营管理，则多选择营造纯林。如以防护目的为主或强调观赏价值，则应营造混交林。如果计划生产中小径级木材，培育周期短，可造纯林；如计划生产中大径级木材，生产多种市场需求的木材和其他产品，则应营造混交林。

从造林地的立地条件看，在盐碱、高寒、水湿、干旱、贫瘠等极端条件下，适生树种少，可选择营造混交林的树种极其有限，营造混交林困难大，可营造纯林，甚至灌木纯林。立地条件特别好的，水土流失轻微，能够营造速生丰产林或经济林的，采用纯林。除此之外，应尽可能地营造混交林。

从树种特点看，有些树种侧枝粗壮，自然整枝性能差，或枯落物改良土壤效果差，或营造纯林时易感染病虫害的树种，应营造混交林。以促进主要树种自然整枝，使其主干通直圆满，通过混交增加易分解腐烂的枯落量，以利土壤性能的改良。

从经营水平和市场经济看，在劳力充裕、可机械化集约经营、需要大量快速地向市场提供木材商品的条件下，为了集中采伐、集中销售，加速资金回转，可营造纯林。但有条件的情况下，应营造混交林，因为混交林可以生产多种类的木材和其他林产品，能满足未来莫测的经济市场的多种需求。

当营造混交林的技术经验缺乏时，大面积营造混交林可能产生不良后果时，则应加强试验研究，待取得成功经验，有了一定的把握后，再大面积营造混交林。

3.4.1.3 林分结构设计

（1）树种比例

指造林各树种的株数占混交造林总株数的百分比。混交造林的树种比较在数量上的变化，与混交各树种种间关系的发展方向和混交效果有密切关系。混交树种所占的比例，应以有利于主要树种生长为原则，因目的树种、混交类型及立地条件而有所不同，水土保持和水源涵养人工林应考虑生物量及防护效能的稳定性。一般竞争力强的树种混交比例不宜过大，以免压抑主要树种；反之，可适当增加。立地条件有优势的地方，混交树种所占比例宜小，其中伴生树种应比灌木多；立地条件恶劣的地方，可以不用或少用伴生树种，适生增加灌木的比例。一般在造林初期，主要树种所占的比例应保持在50%以上。伴生树种或灌木应占全林分株数的25%~50%，但个别混交方法或特殊的立地条件，可以根据实际需要对混交树种所占比例适当增减。

（2）混交方法

混交方法是指参与混交的树种在造林地上的排列方式或配置方式，配置方法不同，种间关系和林木生长也会因之而发生变化。常用的混交方法有：

①株间混交，又称隔株混交，是两个以上树种在行内彼此隔株或隔数株混交（图 3-5）。此法因不同树种间种植点相距近，种间发生相互作用和影响较早，如果树种搭配适当，种间关系表现有利；否则，种间关系矛盾尖锐。施工较复杂，多应用于乔灌混交造林。

图 3-5　株间混交示意图

②行间混交，又称隔行混交，是两个以上树种彼此隔行进行混交（图 3-6）。此法种间利害关系一般多在林分郁闭后才明显地出现。种间矛盾比株间混交容易调节，施工也较简便，是常用的一种方法，适用于耐荫喜光树种混交或乔灌木混交。

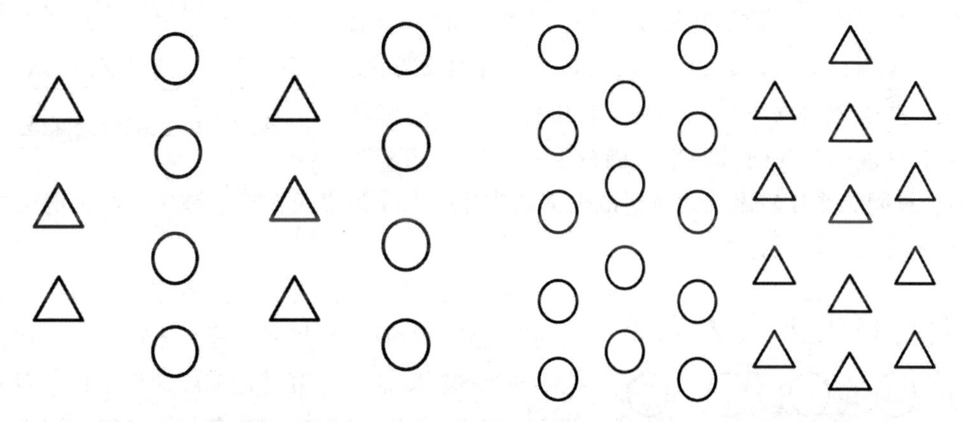
图 3-6　行间混交示意图　　图 3-7　带状混交示意图

③带状混交，是一个树种连续种植两行以上构成一条带与另一个树种构成的带依次配置的方法（图 3-7）。带状混交可以缓冲种间竞争，即使在两个树种相邻处有矛盾产生，也可通过抚育采伐来调节。此法多用于种间矛盾尖锐，初期生长速度悬殊的乔木混交类型，管理比较简单。乔木、亚乔木与生长较慢的耐荫树种混交时，可将伴生树种改栽单行。这种介于带状和行间混交之间的过渡类型，称为行带混交。行带混交的优点是保证主要树种的优势，削弱伴生树种过强的竞争能力。

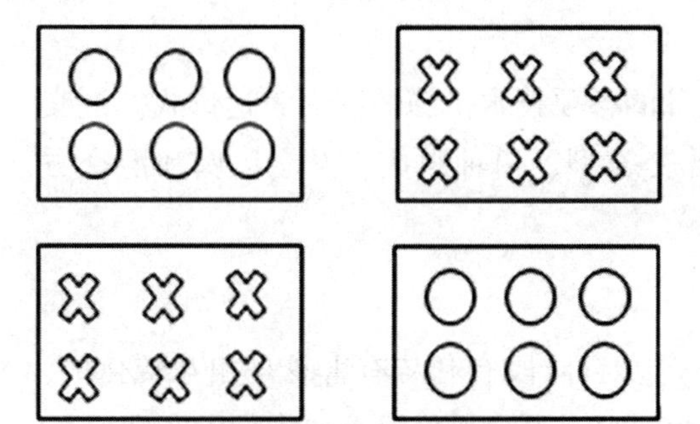
图 3-8　块状混交示意图

④块状混交，又称为团状混交，是把一个树种栽植成规则的或不规则的块状，与另一个树种的块状地依次配置进行混交。规则的块状混交，是将斜坡面整齐的造林地（或平地）划为正方形或长方形的块状地，然后在每一块状地上按一定的株行距栽植同一树种，相邻的块状地栽植另一种树（图 3-8），块状地的面积，原则上不少于成熟林边每块林占的平均面积，

块状一般为 20~25m²。地块不宜过大，过大就成了片林，混交意义就不大了。不规则混交时按小地形的变化分别成块栽种不同的树种，这样既可达到混交的目的，又能因地制宜造林。块状混交能有效地利用种内和种间的有利关系，可满足幼龄时期，喜丛生的一些针叶树种的要求，林木长大后，各种树又产生良好的种间关系。块状混交造林施工比较方便，适用于喜光与喜光树种混交，也可用于幼龄纯林改造或低价值人工林的改造。

⑤植生组混交，是植种点配置成群状的混交形式。即在一小块地上密集种植同一树种，与相邻小块密集种植的另一树种混交（图 3-9）。由于块混交间距较大，种间相互作用很迟。块状地内为同一树种，具有群状配置的优点，植生组混交种间关系容易调节，但造林施工比较麻烦，主要适用于林区人工更新和次生林改造，也可用于风沙区小流域的治沙造林。

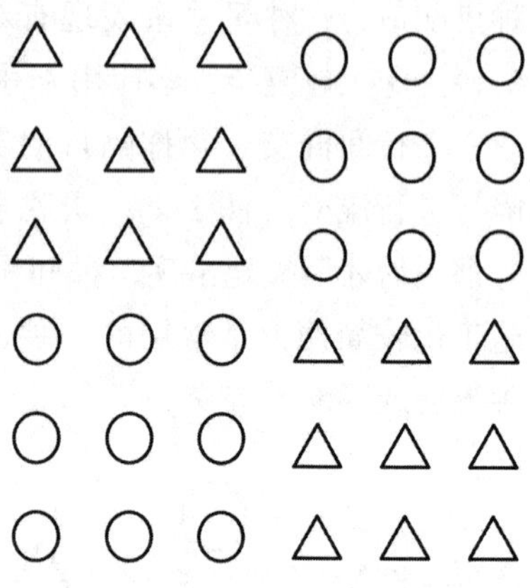
图 3-9 植生组混交示意图

⑥星状混交，又称插花混交，是一个树种的单株散生于另一个树种的行列之边（图 3-10）。这种混交方法，能满足一些强烈喜光、树冠开阔、有单株散生性的树种的要求，又能为其他树种的生长创造生长条件（如适度遮荫），种间关系比较融洽。杨树散生于刺槐林中，檫树生长在杉木林中。此种混交方法常用于园林树木的配置中。

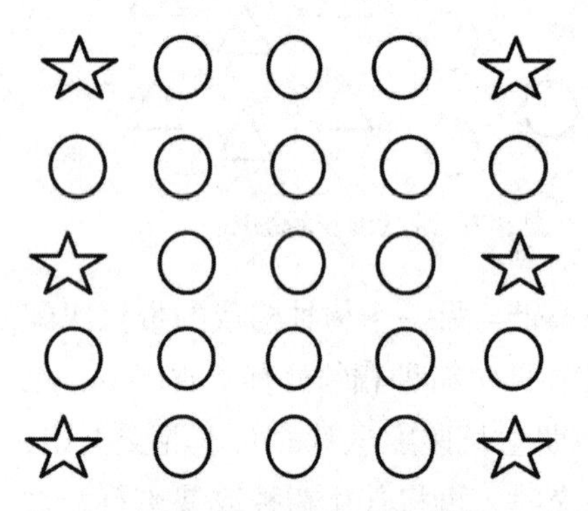
图 3-10 星状混交示意图

各国防护林采用的混交方式不完全一致，较为常用的有带状、行状、块状混交等，株间混交（包括一些不适当的行间混交）容易造成压抑现象，一般采用较少。德国、瑞士采用块状混交，每块的面积由几十平方米到几百公顷不等。奥地利、瑞士一些人认为，团块直径以 10~15m 为宜。前苏联防护林过去采用行状混交的较多，在丘陵、沟壑、水土流失地区多采用块状混交，每块面积 0.05~0.5hm²，地形不太破碎的缓坡地带及平地采用带状混交。前苏联西部森林草原区，以针叶树为主的人工林采用带状混交，行间混植25%的灌木，阔叶人工林采用主要树种与伴生树种或灌木进行行间混交。

(3) 混交图式

混交图式是营造混交林时为一定立地条件设计的各项技术措施的图面表达形式。混交图式的内容包括造林地的立地条件、株行距、混交类型、树种组成、混交比例和混交方法等。

3.4.1.4 混交林种间关系的调节

混交林中树种种间关系总是在不断变化，一定发育阶段有利与有害总是相互转化的，在整个育林过程中，要采取一定措施兴利避害，使种间关系向符合经营要求的方向发展。

造林前，可以通过控制种植时间、种植方法、苗木年龄、株行距等措施，调节树种种间关系，缓和种间矛盾。如果采用两个在生长速度上差别较大的树种混交林，可以错开种植年限，把速生树种晚栽 3~5 年，或采用不同年龄的苗木，或选用播种、植苗等不同的种植方法，以缩小不同树种生长速度上的差异。如果两树种种间矛盾过于尖锐而又需要混交时，可引入第三个树种——缓冲树种，缓解两树种的敌对势态，推迟种间有害作用的出现时间，缓冲树种一般多为灌木树种。

在林分生长过程中，树种种间关系不断发生变化，对地下和地上营养空间的争夺日渐激烈，所以，要密切注意种间关系的发展趋势。当种间可能发生或已经发生尖锐的矛盾时，应及时采取措施人为调控种间关系的发展。

当次要树种地上部分生长过旺，对主要树种的生长构成威胁时，可以采取平茬、修枝、抚育间伐等措施进行调节，也可以采用环剥、去顶、断根、化学药剂抑杀等措施抑制次要树种的旺盛生长。

当次要树种与主要树种对土壤养分、水分竞争激烈时，可以采取施肥、灌溉、松土以及间作绿肥等措施，从不同程度满足树种的生态要求，推迟种间矛盾的发生时间，缓和矛盾的激烈程度。

3.4.1.5 人工林的轮作

人工林的轮作是指不同时间在同一地块上栽培两个或两个以上树种的纯林，各树种的相互关系带有间接性质，这与混交林有区别，树种混交是同时在同一地块上栽培两种或两种以上树种，各树种的相互影响带有较直接的性质。

在同一林地上长久地或多代地培育一个树种的纯林，会造成土壤恶化、地力衰退、森林生产力降低等不良后果。如德国为了提高木材产量，从 19 世纪中叶开始在阔叶林区反复营造了大面积的以云杉、冷杉为主的针叶纯林，结果引起土壤的人工灰化，地力衰退，林分生产力逐代降低。为了保持林地生产力，采用人工林轮作的方法加以解决。

天然林的树种更替是一种不带人类意志但却符合树种生物本性的轮作，其树种更替的方向和效果，不一定符合人为的造林目的要求。所以，研究人工林的轮作很有必要，可通过轮作使林地土壤不断得到改良，以实现林业的可持续发展。

3.4.2 林分密度

3.4.2.1 造林密度的概念

造林密度也叫初植密度，是指单位面积造林地上栽植点或播种穴的数量，通常以“株（穴）/hm^2”为计算单位。在研究造林密度时要将造林密度与林分生长过程中的诸多的密度概念区别开。如林分密度是指单位面积的林木株数，它是随着林木的生长发育不断变化的，林木生长发育达到某一成材或成熟指标时，单位面积上林木的数量界限，某一生长期的密度，如幼龄密度、成林密度等。最大密度是指单位面积上在林分发育的不同阶段林分株数达到的最大值，如果再增加则发生自然稀疏现象，最大密度又称饱和密度。相对密度是指单位面积上一个种的密度占所有种的总密度的百分数。经营密度是指抚育间伐中保留株数占最大密度株数的百分数，或现实林分株数占最大密度的百分比。林分生长量达到最大时的密度即适宜的经营密度。

3.4.2.2 造林密度的意义

造林密度是形成一定的林分群体结构的数量基础，密度是否适宜将对林分的生长发育、生物产量和质量有很大的影响。因为林木不仅要从土壤中吸收水分和养分，还要有适当的生长空间。种植过密，幼树个体间枝叶交错重叠，各自占有的空间太小，结果导致幼树受光不足，营养不良，致使林木生长细弱。种植过稀时，往往侧枝粗壮，下粗上细，形数低，尖削度大，干形不良，且林地杂草丛生，单位面积目的产量不高。造林密度不同或密度相同而立木在林地上分布形式不同关系到今后形成什么样的群体结构。研究造林密度的意义就在于充分了解由各种密度所形成的群体以及组成群体之间的相互作用规律，从而在整个林分生长生育过程中能够通过人为措施使之始终形成一个合理的群体结构。这种群体结构既能使各个体有充分发育的条件，又能最大限度利用空间，使整个林分具有高度的稳定性和良好的生态效益，并且获得单位面积上的最高产量，从而达到速生、丰产、优质，使其最大限度地发挥效益，它是各种林木栽培技术赖以发挥作用的基础。

造林密度与人工林培育过程中的种子和苗木用量、用工量及造林成本密切相关。造林密度大，种苗需求量、用工和抚育费用高，如若抚育间伐等管理措施不及时，会使林木生长减退，使经济效益降低。

在过去，由于对密度不同所引起的群体与个体之间的复杂关系认识不足，造林密度一般都偏大，而且间伐往往不及时，致使林木生长减退，特别是胸径生长迅速减退，导致成材期推迟，出材率下降。如在山西北部上叶杨造林中，在相同的风积沙梁地，24 年生的人工林，初植密度为 6600 株/hm^2的，其林分的平均胸径 5.8cm，平均树高只有 3.7m，每公顷蓄积量 9.9840m^3，成材率 20.75%，林木处于小老树状态；初植密度为 1230 株/hm^2的，林分的平均胸径 10.5cm，平均树高 6.2m，每公顷蓄积量 18.4710m^3，成材率 71.8%。山西 20 世纪五六十年代营造的油松林也普遍存在密度大的问题。当然，也有些地方由于造林成活率不高或间伐过度，形成现有林分过稀防护作用大大减弱，以致造成单位面积木材产量不高，木材品质下降的现象。因此，对各种造林树种造林密度的研究仍是当前提高林分单位面积木材产量和质量亟待解决的问题之一。

3.4.2.3 造林密度的作用

(1) 密度对幼林成活与郁闭的影响

在成活至郁闭前阶段，造林密度对水土保持幼林的成活和保存率一般没有直接影响，但对单位面积保存的林木数量绝对值有影响，即与单位面积株数保存数量的多少有关。因此，在立地条件差、造林成活率偏低的地方，适当增加造林密度可以保存足够的成活株数。

郁闭（即林冠相接）是林木群体形成的开始，造林密度的大小对于水土保持林进入郁闭阶段早晚起决定作用。在树种、立地条件和经营管理水平大体相同的情况下，密度越大，郁闭越早。在一般情况下，幼林及时郁闭可以提高与杂草的竞争能力，增强对不良气象因子等的抵抗能力，减少土壤水分蒸发以及缩短土壤管理年限和次数，降低造林成本，促进林木的自然整枝。但过早的郁闭，树冠发育受到限制，往往造成林木后期的生长不良，速生的喜光树种在这方面的表现更为突出。因此，通过控制造林密度，调节开始郁闭的时间，不仅有生物学意义，而且有经济上的意义。

（2）密度对林木生长的影响

① 密度对树高生长的影响。密度与高生长的关系比较复杂，结论也不一致。英国有汉密尔顿（1974）通过对 6 个树种、134 个系列的密度试验，认为有“越密越高的趋势”，即在一定的密度范围内，较大的造林密度，有促进树高生长的作用。前苏联林学家对欧洲松造林密度的试验结果指出“在一定的较稀密度范围内，由稀到密对树高生长有促进作用”。也有认为，密度对树高生长的促进作用在干旱的立地条件比在湿润的立地条件要明显。然而，随着林分年龄的增长，却出现了另一种情况，较密林分，由于立木对光照和其他主要生长因子的竞争，林木的生长受阻，致使立木不能达到应有的高度，较密林分的平均高反而较小。而株行距较大的林分却给立木比较均一的充分的光照条件以及其他生活条件，因而林分的高生长较大，这时不同密度的林分平均高就出现了随着密度的增加而递减。如我国的杨树、杉木和澳大利亚的辐射松的试验，就得出了这样的结论。

由于造林密度的不同而引起林分平均高的差异，总的说来，其悬殊程度是不太明显的，特别是在一定范围之内。例如，杉木造林密度为 1500～4500 株/hm^2，不同密度的林分间立木平均高都比较接近，用方差分析方法检验，其误差未到显著程度。还应该指出，过密则影响树高生长。

总之，从上述错综复杂的结论中，我们可得到几点认识：（i）不同树种因生物学特性的差异，对密度的反应不同，喜光树种反应灵敏，而耐阴树种影响较小，反应不灵敏。一般耐阴树种侧枝发育、顶端生长不旺的树种，适当密植有助于促进高生长，如油松、刺槐等。反之，则不利于树高生长或对树高生长影响不明显，如杨、杉、落叶松等；（ii）不同的立地条件，密度对树高生长反映不同，阴坡光照差，密度对树高生长影响大，阳坡则小。水分充分，影响小，水分不足则影响大。（iii）无论什么情况，密度对林分平均树高的影响是不大的。因此，有些国家利用林分中的优势木和亚优势木的平均树高作为评定立地质量（地位指数）就是建立在这个原理的基础上。

② 密度对树冠与胸径生长的影响。在林分郁闭前，立木个体处于孤立状态，密度对冠幅的影响很小，随着林分年龄的增长，密度大的林分，树冠间相互关系发生较早，树冠生长受到明显抑制。密度小的林分，树冠间相互关系发生较迟，树冠伸展的余地大。因此，密度越大冠幅越小，即密度与冠幅呈反相关关系。

而密度对胸径生长的影响是通过密度对树冠生长的影响而发生的。研究证明，树冠大小与立木直径生长呈正相关关系，而且，这种相关关系在林冠开之前普遍存在于各树种的各生长阶段。其主要原因是由于树冠的大小影响到立木进行光合作用的叶面积的多寡。因此，林分的平均胸径随林分密度的增加而递减，国内外大量的密度试验材料完全证明了这个事实。平均胸径随密度的增加而减少的幅度，在林分发育的各个阶段是有变化的，它是随着林分年龄的增长而日趋悬殊，但是到一定年龄后，随着各不同密度林分树冠生长的稳定，不同密度林分间的平均胸径之间的差异也稳定在一定的水平上，呈平行的曲线增长（表 3-12）。

表 3-12 落叶松人工林不同密度不同发育阶段的胸径生长变化

林龄（年）	密度（株/hm^2）	平均胸径（cm）	蓄积量		胸径变动系数（%）
			m^3/株	m^3/hm^2	
7	8160	1.78	0.00089	7.26	1.93
	6148	1.79	0.00089	5.47	
	4013	1.87	0.00093	3.73	
13	4444	7.64	0.0220	97.77	24.73
	6667	7.96	0.0173	115.34	
	10000	5.18	0.0080	80.00	
	15000	3.92	0.0037	55.50	
15	3140	8.64	0.0300	94.20	14.35
	3520	8.60	0.0290	102.08	
	3880	8.40	0.0280	108.64	
	4900	8.17	0.0260	127.40	
	8400	5.65	0.0100	84.00	
22	2984	12.00	0.0789	235.44	6.74
	2820	12.72	0.0825	232.65	
	2558	13.02	0.0883	225.87	
	2415	13.67	0.0975	235.46	
	2024	14.67	0.1130	228.71	

当然，在不同立地条件下，相同密度的立木，即使具有相同大小的树冠幅，但立木的胸径生长并不一致。这是由于某些林分立地条件差，土壤的水肥供应不足而使单位面积叶量制造的干物质不同的缘故。此外，树种的遗传因素也起作用。但是同一立地条件下，即使立地条件很差，树冠与胸径生长的相关规律也十分明显。因此，研究人工林不同生长阶段密度与冠幅，冠幅（主要是树冠营养面积）与胸径生长的规律可以为各阶段调节密度提供依据。实践证明，在较密的林分中适时进行间伐，调节其营养空间，其结果必然是树冠首先增长，而后胸径生长也相应地增加。

对于人工林来说，应注意到由于密度的不同而对林木生长的影响涉及大多数林木，如果发现林分密度过大，一定要及时间伐调整密度，促进保留的林木快速生长。切不可为贪图获得一些小径级用材而贻误了间伐时间，以致影响全林的胸径生长。

③ 密度对材积与蓄积生长及生物量的影响。林木的平均单株材积决定于立木的平均

树高、平均胸径（或胸高断面积）以及树干的形数（形数=树干的材积/胸高断面积×树高，它是由树干形状所决定的系数）。造林密度的大小直接影响这三个指标，尤以胸径生长的影响最大。因此，密度对林分的平均单株材积的影响与对胸径的影响是一致的，即在相同立地影响下，同树种同龄的人工林，其单株材积随密度的增加而递减。

单株材积随密度的增加而递减的规律在整个林分生长发育过程中的各个阶段也是有变化的。在幼林阶段，树高、胸径以及形数在各个不同密度林分之间虽然有些差别，但差别不显著，所以单株材积基本上是相似的。然而，随着林分年龄的增长，林分密度对胸径生长的影响逐渐增长，各种密度林分平均单株材积间的差距就日趋悬殊。

至于单位面积上蓄积量，它是受单株材积的大小和单位面积上株数两个因子所制约，这两个因子之间的关系是互为消长的。一般来说，在幼林时期，单位面积上的株数对单位面积上的蓄积量将起主导作用，单位面积上的蓄积量随着林分密度的增加而增加。但并不是说，无限地增加密度产量会无限地增加，而是在达到一定密度之后，蓄积量就稳定在一定的水平上，如果密度继续增加，则蓄积量反而下降。在林分发育的后期，密度对林分平均单株材积将逐渐起主导作用，较稀林分的总蓄积量反而逐渐赶上或超过较密林分。

对于不同的树种，株数与单株材积的消长关系并不一致。对于一些喜光树种，例如杨树、落叶松等，单位面积上株数起主导作用的时间比较长，在人工林的培育中，必须不断地调整密度和单株材积的制约关系，才能获得最大的收获量。

关于林分生物量与密度的关系，一般认为最终生物产量恒定，不受密度影响的结论。在幼林阶段，林木生物产量随密度的增加而增加。然而，到达一定密度后，林木生物量保持在一定的水平上，即在一定的密度范围内，不同密度的林分，其最终生物产量是基本相似的，这也就是所谓的收获密度效果理论。如中国科学院沈阳应用生态研究所陈传国等研究了红松人工林不同密度与生物产量的关系，结果为21年生3495~7200株/hm^2的红松人工林，其生物产量为92.6~97.3t/hm^2；24年生2350~2400株/hm^2，其生物产量为164.1~159.3t/hm^2。由于树干的生物量在整个生物产量中占有一个较稳定的比例，如华北落叶松14~20年生人工林，其树干生物量占林木总生物量的40%~50%，因此，密度对生物产量的效应与其对材积产量的效应有相似之处。

④ 密度与木材质量的影响。密度对木材质量的影响，主要反映在干形通直圆满、节疤少和木材力学强度大等方面。在干形上，密度越大树干形数（高径比）也较大，也就是树木饱满、尖削度小。

在通直度上，林分越密，林木生长越通直，这是由于密度较大的情况下可以促进林木生长和自然整枝。但在林分过密时，树干生长细弱，在有些地区容易引起雪压，使树干弯曲或造成风倒，影响林木的生长。

密度对于木材材性的影响，一般也是随密度加大，促进高生长，加快自然整枝，减少节疤，有利于培育通直圆满的良材。稀植的人工林虽可以通过人工修枝来达到此目的，但如果侧枝太粗，修枝后伤口过大，不易愈合，使木材产生缺陷，因此，人工修枝应在合理密植的基础上进行。一般木材年轮宽度是木材材性的一个指标，针叶树种年轮过宽对材性有不良影响，而阔叶树种的年轮加宽，夏材比例增大反而能够增加材性。因此，为了提高木材的材性，针叶树的林分不宜栽植过稀，而阔叶树种则可适当稀植。

⑤ 密度对根系生长的影响。根系对林木地上部分的生长有密切关系。据 H. 莱尔和 G. 霍夫曼的研究认为“强大的根系是地上部分生长良好所必需的，若根系生长受到干扰则会损害地上部分的生长”。同样，地上部分的生长也会影响到根系的生长。在不同密度的林分中，林木的根系生长有很大差异。据湖南林业科学院对杉木造林密度的研究发现，总根量随林分密度的增加而递减，各级根系的数量也是如此。至于根系在土壤中的分布，则密度较大的林分，根系的水平分布范围较小，垂直分布也较浅。中国林业科学研究院林业研究所对毛白杨造林密度试验表明，在较密林分中，根系发育细弱，立木间根系交叉最密，这已显示出密度对林分根系发育产生了明显的作用。同时，也发现林木根系与地上部分生长趋势基本一致。另外，可以看到土壤中的根系在随着营养面积的扩大而逐渐增长的规律。由此可见，林分密度过大，营养面积减少，这是土壤中根系减弱的原因，因而也影响到地上部分的生长。

综合上述，人工林的密度对于人工林的郁闭性和速生、丰产、优质各方面都起着不小的作用，在确定的条件下，客观上存在着一个适宜的密度界限。这一适宜密度界限原则上应在林木个体的生长发育不受或不大受抑制的前提下，群体得到最大的发展。林分适宜密度的范围，随林龄和立地条件及栽培水平而不同。因此，要培育好人工林，不仅要确定合理的造林密度，而且应通过间苗、修枝、间伐等措施调节林木个体与林分群体的矛盾，保证其生长发育的各个时期有合理的群体结构，使其发挥最大的防护经济效益。

3.4.2.4 确定造林密度的原则与方法

(1) 确定造林密度的原则

合理的密度，就是在该密度条件下光热和土地生产力能被树木充分利用，在短时间内生产出数量多质量好的木材及其最大的生物量。造林密度的确定要以密度作用规律为依据，要根据定向培育目标、立地条件、树种特性及当地的社会经济和林业生产水平统筹兼顾、综合论证，在保证个体充分发育的前提下争取单位面积上有尽量多的株数。

① 根据定向培育目标确定密度。培育目标反映在林种上，不同林种在林分培育过程中要求形成的群体结构不同。如水土保持林的主要任务是保持水土，在考虑造林密度时应该首先满足其形成较大的防护作用，要求迅速遮盖林地，林下能形成较厚的枯枝落叶层，但在水土流失地区对木材生产方面的要求也甚迫切。因此，在考虑造林密度时，还应与用材林确定的原则结合起来。根据树种特性，造林密度应适当加大，有些水土保持林的林种(如沟底造林、护岸护滩林等) 为了发挥其水土保持作用，如促进挂淤、缓冲、加固水土保持工程措施等，有时采用非常密植的方式，即株距 0.5m，行距 1.0m 等，这是必然的。在此情况下往往把发挥它的水土保持作用放在第一位，而对它本身提供林副产品等要求则放在较为次要的地位。

用材林以生产木材为主，要求速生、丰产、优质，因此，这种林分的群体结构应该是既保证林分各个体有充分生长发育的条件，又充分利用营养空间。根据我国目前的经济条件，应该考虑第一次间伐的充分利用。为此，初植密度应该适当大些，并在生长发育的过程中适时适量间伐，调节其密度，促进林木快速生长，并取得部分小径材。培育大径材用材林应适当稀植，或先密后稀，即在培育过程中适时间伐。培育中，小径材密度更大些，要培育薪炭材则更应密植。

特用经济林，由于其栽培的主要目的是为了获得果实、种子或树液等，一般要求充足光照条件，加之特用经济林经营强度较大，栽培过程中通常不考虑间伐问题，所以，造林密度都较稀。

② 根据树种特性确定造林密度。不同树种具有不同的生长发育规律，造林密度也不一致。要很好分析研究树种的生态学特性如冠幅大小、对光照的需求程度、生长状况以及根系分布深度与广度等才能确定。一般阔冠树种要稀，窄冠树种可密植；速生树种要稀植，慢生树种可密植；喜光树种要稀植，耐荫树种可密植。但也要具体情况具体分析，不能一概而论，如某些喜光乔木树种，如刺槐、榆树，在稀植情况下，影响干形，宜适当加大密度，以利形成良好的干形，只是要在生长发育过程中注意适时间伐。

混交林的树种合理搭配与造林密度有着密切的关系，应更加慎重。水土保持林和水源涵养林经常采用乔灌混交林，一些灌木树种可采用较大的造林密度，以期能够尽快郁闭、覆盖地表，及早发挥防护作用。我们采用的一些灌木树种，虽多是喜光性强的树种，但通过及时平茬抚育可以适当调节其对光照、水分等方面的矛盾，促进其旺盛生长。如果采取灌木密植时，而必要的抚育措施又跟不上去，灌木林往往迅速分化，出现枯枝落叶，生长衰退的现象。总之，对具体树种的造林密度，应根据它们的特性做出选择，不能千篇一律。

③ 根据立地条件确定造林密度。立地条件的优劣是林木生长发育好坏的条件，优良的立地条件下，林木生长较迅速、树冠发育较大、生长旺盛，造林密度应小些。反之，立地条件差、土壤干旱瘠薄，则林木生长缓慢，长势不旺，应适当加大造林密度，以缩短进入郁闭的过程，提高林木群体抵抗外界不利因素的能力。但 R. 克纳普（1967）认为，恶劣的立地条件下，每株林木生产一定量的木材所需的空间比肥沃土地上大，为了获得较高的产量，在贫瘠的土壤上，必须相应地扩大林木的距离。因此，在特殊困难的造林条件下，即使采用必要的造林技术措施，尚不能达到幼树成活生长对水肥方面的最低需求，在此情况下，为了发挥林木群体对不良外界环境条件的抵御能力，保证每一植株幼林可以顺利成活与生长，往往采用稀植。在我国稀植的方法是行内密植（株距小），增大行距（行距大），此种方法我们把它叫做疏中有密，也可收到较好的效果。

在一般立地条件的造林地上，营造水土保持林和水源涵养林，应通过采取适当密植的方法，促进幼林适时郁闭（造林后 3~4 年），抑制杂草滋生，缩短抚育年限，减少抚育次数，节约抚育费用。郁闭是林木群体形成的开始，幼林郁闭后，便发挥其水土保持和涵养水源的作用，发挥林木群体对不良环境条件的抵抗能力，有利于幼林的稳定生长。

④ 经济因素和栽培技术。造林密度的确定应当考虑当地的经济条件和林业经营水平，在交通不便、劳力短缺、无条件进行间伐利用的地区宜稀植；反之，密度可大些。林草复

合、林农复合时造林密度一般宜稀些，计划进行中间抚育采伐利用的可密些。林木栽培技术细致、集约，林木生长快、成活率高，可稀植。

总之，水土保持林、水源涵养林、防风固沙林、薪炭林、中小径材用材林、矮化密植经济林及采用中间间伐利用的用材林可密一些；严重水土流失和风沙危害的干旱、半干旱地区造林、培育大径材且不间伐的用材林、经济林、农林复合或机械作业的造林可稀些；迹地造林，无目的幼树可密些，有目的幼树可稀些。我国南方主要树种造林密度可参考表 3-13。

表 3-13　南方各造林区域主要造林树种造林适宜初植密度表（株/hm^2）

树　种	中南华东区		东南沿海及热带区		长江中上游区	
	生态公益林	商品林	生态公益林	商品林	生态公益林	商品林
落叶松	1500~2000	2400~5000	—	—	1500~2000	2400~5000
云杉、冷杉	2000~2500	1800~2250	—	—	—	—
侧柏、柏木	2500~5000	2500~5000	2500~5000	2500~5000	1667~4350	1111~3500
油松、黑松、白皮松	2250~3500	2000~2500	—	—	2000~2500	1050~1350
白桦	1500~2000	1600~2000	1500~2000	1600~2000	1500~2200	1600~2000
胡桃楸、水曲柳、黄波罗	750~2250	625~2000	—	—	625~2000	500~2000
白蜡	1200~2000	1150~2200	1000~2000	1000~2000	—	—
桤木、蒙古桤木	2250~3000	1800~2700	—	—	100~2850	1500~2500
榆树	833~2500	800~2000	800~1600	800~2000	833~2000	800~2000
椴树	1200~1800	1250~2000	—	—	1200~2000	1250~2000
杨树	400~1000	300~600	—	—	400~1000	200~800
刺槐	1050~1500	750~900	2000~2500	1650~6000	—	—
泡桐	630~900	195~750	—	—	500~900	400~800
栲、红锥、米槠、甜锥、青檀	1200~1800	900~1200	1667~3333	1667~3333	1050~1650	900~1050
华山松、黄山松	3000~6000	1200~3600	—	—	1500~4500	1200~3000
云南松、思茅松、高山松	—	—	1667~3333	1667~3333	1500~3000	1200~2500
马尾松、火炬松、湿地松	1050~2500	900~1800	1667~3333	1667~3333	1050~2250	900~1500
杉木	1650~4500	1050~3000	1667~3333	1667~3333	1650~4500	1500~3600
水杉、池杉、落羽杉、水松	1500~2500	1250~2500	1500~2500	1667~2500	1200~2500	1200~2500
秃杉、油杉	1500~3000	1300~2500	1500~3000	1200~2000	1600~2500	1200~2000
柳杉	2400~4500	1500~3500	1500~3500	2500~4500	1500~3500	1200~3000
香樟	1350~4500	1200~3600	630~860	1350~3000	1200~3600	1050~3000
楠木、红豆树	1800~3600	1050~1800	1667~3000	2500~3000	1500~2500	900~1500
木荷、火力楠、观光木、含笑	2400~3600	1200~2250	1250~2500	1000~2500	1200~3000	1050~1800
栓皮栎、麻栎、槲栎、黄山栎、白栎、锐齿栎、锥栎	1667~2500	1500~2500	1500~2200	1200~2200	900~2000	1100~2000
青冈栎、桤木	1650~3600	1500~3000	1650~3000	1667~3750	1500~3300	1350~3000

（续）

树　种	中南华东区		东南沿海及热带区		长江中上游区	
	生态公益林	商品林	生态公益林	商品林	生态公益林	商品林
喜树	1100～2250	1050～1800	1100～2250	1100～1667	1050～1800	900～1500
相思类	1200～3300	1200～3300	1200～3300	1667～3300	—	—
木麻黄	1500～2500	2000～3000	1667～3300	2500～5000	—	—
苦楝、川楝、麻楝	630～900	450～750	625～800	400～700	600～900	450～600
香椿、臭椿	2000～3000	900～1500	2500～3000	2000～3600	900～1500	600～1350
桉树	2500～5000	1200～2500	1200～2500	1667～5000	2250～4500	1050～2250
黑荆树	1800～3600	1667～2500	1000～1500	800～1600	1800～3600	1667～2500
沙棘、紫穗槐、山皂角、枸杞	—	—	1650～3300	1650～3300	—	—
山桃、山杏	500～1000	500～800	—	—	—	—
毛竹	450～600	300～600	450～600	500～920	450～600	285～450
大型丛生竹（麻竹等）	500～825	278～500	500～825	500～625	500～825	278～500
秋茄、白骨壤、木榄	4000～20000	—	5000～20000	—	—	—
无瓣海桑、海桑、红海榄等	4400～6670	—	4000～6000	—	—	—

注；引自 GB/T 15776-2006。

（2）确定造林密度的方法

确定造林密度的方法：一定树种，在确定的培育目标、一定的立地条件和栽培条件下，测算的造林密度，在由生物学规律所控制的最适密度范围之内能取得最大的经济、生态和社会效益，该密度即为合理密度。根据现有生产经验和有关科学资料，主要有如下方法。

① 经验与试验方法。从过去不同造林密度的人工林，在满足其培育目的方面所取得的成效，分析判断其合理性及需要调整的方向和范围，从而确定在新的条件下应采用的造林密度，一是从科学试验和生产经验编制的造林密度表，在表格上查出不同树种的造林密度，这是当前造林工作中应用最普遍的一种方法。二是通过对现有不同密度状况下的人工林分调查、研究分析，找出能满足造林经营目标、具有较好造林成效的种植密度范围，作为新造林时确定种植密度的参考。应用经验方法时，要注意密度的确定应当建立在足够的理论知识和生产经验的基础上，避免主观臆断。三是通过不同密度的造林试验结果，来确定适宜的造林密度，是最可靠的方法，但这种试验需要等待很长时间才能得出结论，而且要花很大的精力和财力。一般只能对几个主要造林树种，在典型的立地条件下进行密度试验，得出密度作用规律及其主要参数，以指导生产中造林密度的确定。目前，林业部门及科研单位，根据人工林造林密度的实践经验和专门的密度对比试验的成果。

② 利用林分密度管理图（表）确定造林密度。对于某些主要造林树种，如落叶松、杉木等，已进行了大量的密度规律的研究，并制定了各种地区性的分树种林分密度管理图（表）。造林时可以查阅相应图表以确定造林密度，如可按第一次疏伐时要求达到径级的大小，由林分密度管理图上查出长到这种大小而疏密度又较高（0.8 以上）时对应的密度，

以此密度再加一定数量，以抵偿生长期间可能产生的死亡株数，即可作为造林密度。

③ 按人工林生长发育状况推算林分密度。调查现有人工林生长发育状况，然后采用数理统计方法确定造林密度。如林木营养面积大小一般与林木冠幅大小相联系，适宜的冠幅面积（垂直投影面积）代表林木生长发育所占的养分空间。掌握某一树种平均冠幅随年龄而变化的规律，然后根据要求幼林郁闭的年限和该年限的平均冠幅，以及所希望达到的郁闭度，按下列公式进行计算，即可得到该树种的造林密度。其公式如下：

$$N = \frac{S}{D}P$$

式中：N——造林密度（株/hm^2）；

S——单位面积（hm^2）；

D——某树种要求郁闭年限的平均冠幅或树冠投影面积（m^2）；

P——要求达到的郁闭度。

近年来，根据不同地区不同树种的胸径或树高和密度的调查数据，找出两者间的关系，建立数学模型并依据模型来编制适合某一地区某一树种的合理密度表。

王斌瑞（1987）在山西省吉县黄土残塬沟壑区，对刺槐林进行密度研究，据冠径与胸径间的相关关系，找出郁闭度为 1.0 时的胸径 D 与密度 N 的关系模型：

$$N = -331.28 + \frac{15646.79}{D} \text{（相关系数 = 0.9946，剩余标准差 } S = \pm 89\text{）}$$

据上述方程即可得出刺槐人工林的理论密度表。又根据山东、河北、陕西及该地区对刺槐人工林的多年经验认为，郁闭度保持在 0.6~0.8 有利于林木生长发育。根据这一指标，可得出不同生长发育阶段刺槐林的合理密度表，为林分生长发育各阶段的密度管理提供了依据。如在人工刺槐林，第一次间伐径阶为 4cm，第二次为 8cm。

那么，理论密度为：$N = -331.28 + \frac{15646.79}{4} = 3580$

合理密度为：$N = 3580 \times 0.8 = 2864 \pm 89$

第一次间伐：$N = 2864 - \left(-331.28 + \frac{15646.79}{8} \times 0.8\right) = 1630 \pm 89$

即初植密度确定在 3000 株左右，第一次间伐 1600 株左右，余 1400 株左右。

3.4.3 种植点的配置

所谓种植点的配置是指一定的植株在造林地上分布的形式，是构成水土保持林群体的数量基础。分布形式的不同，决定着林分立木之间的相互关系。在密度已确定的情况下，通过配置的方式可进一步合理分配和利用光能及地力，因此，人工林中种植点的配置与林木的生长、树冠的发育、幼林的抚育和施工等都有着密切的关系。在城市绿化与园林设计中，种植点的配置也是实现艺术效果的一种手段。对于防护林来说，通过配置能使林木更好地发挥其防护效能。

种植点的配置方式，一般分为行列状配置和群状配置两类。

3.4.3.1　行列状配置

目前的造林工作中播种或栽植点在造林地主要采用成行状排列的方式。行状配置由于分布均匀、能充分利用营养空间，有利于树冠发育和树干的通直圆满，也便于抚育管理。山丘地造林时，种植行的方向要与径流方向垂直，水土保持效果好。行状配置有长方形、正方形和三角形三种。

(1) 长方形配置

长方形配置是造林中最常用的一种配置方式。株行距不等，一般行距大于株距，行内株间郁闭早，能提前收到株间郁闭的效果，增强幼林的稳定性，减少行内除草的次数，便于进行机械化作业、幼林抚育以及行间间作等。山区行向视地势走向而定，一般应沿等高线布设；平原区行向以南北向为好。长方形配置适合于平坦的造林地和坡度平缓，地块相连的坡地。

(2) 正方形配置

正方形配置时，行距和株距相等，相邻株连线呈正方形。这种方式分布比较均匀，具有一切行状配置的典型特点，是营造用材林、经济林较为常用的配置方法。

(3) 三角形配置

三角形配置一般要求相邻行的种植点错开呈品字形排列，也叫品字形配置。这种配置形式，有利于使树冠均匀发育及保持水土，在丘陵和山地造林时经常采用。正三角形配置边各相邻点间的距离都相等，是三角形配置中最均匀的一种方式。这种配置方式能更有效地利用空间，使树冠发育均匀，提高木材质量，防护作用最大，是山区水土保持林营造中最常用的形式。

行状配置的单位面积（A）上种植点的数量（N）可以根据株距（a）、行距（b）大小和配置形式来计算：

$$\text{长方形：} N = \frac{A}{ab}$$

$$\text{正方形：} N = \frac{A}{a^2}$$

$$\text{正三角形：} N = 1.155\frac{A}{a^2}$$

若采用双行为一带栽植，往往是带间距（d）大于行距（b），单位面积种植点的数量为：

$$N = \frac{A}{a \times \frac{1}{2}(d + b)}$$

注意在计算需苗量时，若为丛植，单位面积总苗数还应再乘以每种植点的株数。

3.4.3.2　群状配置

群状配置方式，也称族式配置或植生组配置。这种配置方式的特点是种植点成群

（簇）分布，群与群间的距离较大，一般相当于水土保持林成熟阶段的平均株距，在每一块状地内苗木比较密，往往是几株（3~5）集聚在一起，形成一个生物群体（或称植生组）。

群状配置的优点，在造林初期，群内苗木很快郁闭，形成了一个个对苗木生长较有利的集团。因而对不良环境因子（干旱、日灼、杂草等）有较大的抵抗能力，初期生长较稳定。然而这种配置形式由于群内苗木较多，随着年龄的增长，群内幼树间的矛盾逐渐突出，林间竞争加剧，分化明显，应该及时通过人为措施去弱留强，选择定株。但它对光能的利用和树干的发育都不如行状配置，产量也较低，一般造林较少采用。由于它具备抗性强、稳定、易于管理等特点，因此，在迹地更新及低价值林分的改造上具有一定的实用价值。

群状配置需苗量的计算方式：单位面积总苗数=单位面积簇式块群×每块的种植数量

无论采用上述何种配置方式，造林密度计算中采用的造林面积是指垂直投影所占的面积，不是指地形倾斜所造成的斜面积。因此，一般的株行距也是指水平距离，为此，在坡地造林定点时，应按地面坡度加以调整，将山坡的斜面积折算成水平面。

本章小结

本章主要介绍了人工林培育的一些基础理论。人工林和天然林相比而言，有着自身的生长发育规律，必须首先了解人工林的特点和生长发育阶段。在本章内容中，主要包括立地条件的分析和立地分类、树种选择和结构的设计。其中立地分析和分类是做好树种选择和适地适树的非常重要和基础的一步，这部分内容主要介绍了立地分类的基本概念和内容，各个学派和方法及如何对立地质量进行评价。接着，介绍了树种选择的方法及适地适树的评价标准。在林分的结构这一部分，详细介绍了林分密度的概念、作用、确定林分密度的方法，也同时列出了我国南方地区主要造林树种的密度要求；在了解人工纯林和混交林的差异基础上，如何根据不同林种和要求设计林分结构，尤其是混交林的混交树种、混交方法及混交比例，并列举了南方地区主要用材林树种的混交类型；最后介绍了种植点的配置方法和特点。

思考题

1. 人工林有哪些特点？
2. 人工林生长发育分为哪些阶段？
3. 我国林种有哪些类型？
4. 我国造林的六大技术措施有哪些？
5. 什么是立地条件和立地条件类型？
6. 造林地的种类有哪些？
7. 立地因子有哪些？
8. 立地分类途径有哪些？
9. 我国立地类型表编制方法有哪些？

10. 什么是地位指数？
11. 什么是适地适树？
12. 适地适树的途径有哪些？为什么说第一条途径是最根本的？
13. 什么是乡土树种？为什么选用乡土树种进行造林是最可靠的？
14. 树种选择的原则有哪些？
15. 什么是人工纯林和混交林？
16. 混交林的优点有哪些？
17. 混交林和人工纯林的应用条件有哪些？
18. 混交林种间关系的表现形式有哪些？
19. 混交树种有哪些类型？
20. 混交类型有哪些？
21. 混交树种的选择要注意哪些方面？
22. 混交方法有哪些？
23. 什么是造林密度？
24. 造林密度的作用有哪些？
25. 确定造林密度的原则和方法有哪些？
26. 什么是种植点的配置？
27. 种植点的配置有哪些方式、各自的特点及适用条件？

本章推荐阅读书目

陈祥伟，胡海波. 2005. 林学概论[M]. 北京：中国林业出版社.
沈国舫. 2001. 森林培育学[M]. 北京：中国林业出版社.
王百田. 2010. 林业生态工程学（第三版)[M]. 北京：中国林业出版社.
王治国，张云龙，刘徐师. 2000. 林业生态工程学[M]. 北京：中国林业出版社.
造林学编写组. 1994. 造林学[M]. 北京：中国林业出版社.

本章参考文献

廖利平，邓仕坚，高洪，等. 1997. 亚热带主要针叶纯林及其混交林对土壤肥力的影响，见：混交林研究［C］. 北京：中国林业出版社，224-225.
许绍远. 1997. 枫香与柏木马尾松混交林营造技术[J]. 混交林研究. 中国林业出版社，229.
郑海水，翁启杰，杨曾奖，等. 1997. 贫瘠地混交林与纯林生长及产量比较[J]. 混交林研究. 中国林业出版社，184.

第4章·人工造林技术

4.1 造林整地

造林整地（site preparation）是造林种草的一项非常重要的工序，是保证造林成活、树木发芽及出苗整齐的一项最重要的技术措施。造林整地指在造林之前，清除林地上的植被、采伐剩余物或火烧剩余物，并以翻垦土壤为主要内容的一项生产技术措施。在一般情况下，造林整地对人工林的生长发育具有重要作用，是人工林培育过程中的主要技术措施之一，是目前经济技术条件下被广泛采用的技术措施。我国南方造林地的种类繁多，分布范围内的自然条件差异很大，造林目的不尽相同，加之造林树种繁多、树体高大、根系深广、林木培育周期长等特点，决定了整地任务的多样性、复杂性和艰巨性，以及对整地效果长期性的要求。

4.1.1 造林整地的作用

造林整地是造林前处理造林地的重要技术措施，其主要作用是改善造林地的立地条件并便于进行随后的各项经营活动。造林整地主要有改善立地条件、保持水土、提高造林成活率、促进幼林生长及便于造林施工、提高造林质量等作用，其中主要作用是改善立地条件。

(1) 改善立地条件

造林整地，可以改善造林地的立地条件，这主要表现在以下方面：

① 改善小气候。造林地的采伐剩余物和植被经过全部或部分清理后，使光照可以直接到达地面，地面得到的直射光增加，散射光减少，空气对流增加，因而近地表层和地面的温度发生变化，白天增温和夜间降温明显，日夜温差加大，空气相对湿度下降。通过不同形式的清理和整地，创造不同的微域地形和气候，以适应不同生物学生态学特性树种的需求。例如，全面清理更适合于喜光树种的更新造林，而局部清理适合于耐阴的树种；将坡面整成朝向、相对高度不同的微地形，改变太阳投射到地面的角度和光照时间，使地面和土壤的温度、水分条件发生变化。

② 改善土壤的物理性质。植被清理后，降水直接到达地面，翻垦后的土壤孔隙度增大，渗透性增强，减少地表径流，降水易于渗入深层，并加以有效地保存，土壤固、液、气三相的比例趋于协调。在土壤水分方面，因不同的基础条件和采用的整地方法不同而表现出不同的整地效果。干旱、半干旱地区，或有季节性干旱的湿润、半湿润地区，通过整

地把坡地改为水平地，增加土壤的疏松性和表面的粗糙度，切断毛细管，减少深层土壤的水分向上补给，减少地面蒸发，因而增加土壤蓄水保墒的能力；在水分过剩乃至有季节性积水的地区，通过整地可以排除多余的水分。除了局部地区有土壤水分过多的情况外，由于我国大部分地区处于干旱、半干旱或有季节性干旱的地区，所以，整地对于土壤水分的改善一般更注重于其蓄水保墒功能。

③ 改善土壤的化学性质。植被清理后，减少了植被对于养分的直接消耗。整地后形成的微域环境和特殊的小气候，加快了残留在造林地上的部分枝叶的腐烂分解，从而增加了土壤的有机质；整地后土壤物理性质的改变，有利于土壤微生物的活动，加速了元素的循环，增加了速效养分的供应。

④ 减少杂草和病虫害。通过整地可以减轻杂草、灌木与幼林的竞争，减少土壤水分和养分的消耗；整地破坏了病虫赖以滋生的环境，减轻病虫的危害。

(2) 增强水土保持效能

在水土流失严重的地区，整地既是造林种草这一生物措施中的一个环节，也是一项行之有效的简易工程措施。在这些地区发展起来的水平沟、鱼鳞坑、反坡梯田、撩壕等整地方式都是以水土保持为中心的。在水土流失严重的地区，整地不但要为幼林成活、生长创造较好的条件，而且首先要保证坡面不受径流冲刷，能够保持土壤。另一方面，整地是一种坡面上的简易水土保持工程，它可以形成一定的积水容积，把坡面径流贮蓄起来。所以说，整地不仅能够保持水土，而且能够蓄水保墒，提高土壤的含水量。其水土保持作用主要表现在：

① 整地能够增加地表糙度，疏松土壤，改善土壤结构，增加总孔隙度，从而促使水分下渗，提高了土壤的贮水能力。

② 整地改变小地形，把坡面局部变为平地、反坡、下洼地和梯地，截短了坡长，切断了径流线、减少流量、减缓流速，改变了地表径流的形成条件。

③ 整地后在坡面上形成了均匀分布有效微积水区，即使水分来不及下渗，径流亦可蓄存在积水区内。

④ 整地清除灌木、杂草等植被后，减少植被截留，相对增加了降水。同时，灌木、杂草等植被的减少，有助于降低水分的蒸腾消耗。

应当指出，整地毕竟要破坏土壤和植被，降低土壤的抗蚀性，如果整地方法不当，质量不佳，不但起不了良好的水土保持作用，而且还会加剧水土流失。非但不能起蓄水保墒的作用，甚至会造成水分的大量蒸发散失，使土壤变得更干燥。因此，整地必须根据当地的气候、地形、土壤、植被等因素，确定合理的整地方法和整地季节。

(3) 提高造林质量

造林整地后对于立地条件的改善，对于播种造林或植苗造林都是有利的。近地表面气温、地温的升高，草根和石砾减少，有利于种子萌发、苗木的根系生长和顺利成活。这种有利的作用表现为春季树液流动、发芽、展叶等物候期提前，秋季落叶物候期推后，使苗木生长期延长。这种有利的作用可能延续数年，从而促进幼林的生长。但是，不同整地方式对于幼林生长的促进效果不同。

土壤理化性质的改变以及整地对幼林生长的影响程度和整地技术紧密相关，只有正确的整地技术才能取得良好的整地效果。如果整地中把深层的石砾、心土大量地翻到土壤表面，或者过度清理天然植被，以及形成的坡度不当等，对于改善土壤的理化性质不但是无益的，还可能造成水土流失或土壤条件恶化。

4.1.2 造林地的清理

造林地的清理，是翻耕土壤前，清除造林地上的灌木、杂草、杂木、竹类等植被，或采伐迹地上的枝丫、伐根、梢头、站杆、倒木等剩余物的一道工序。如果造林地植被不是很茂密，或迹地上采伐剩余物数量不多，则无需进行清理。清理的主要目的，是为了改善造林地的立地条件、破坏森林病虫害的栖息环境和利用采伐剩余物，并为随后进行的整地、造林和幼林抚育消除障碍。造林地的清理方式有全面清理、带状清理和块状清理等三种，清理的方法主要有割除、火烧及化学药剂处理等。

(1) 割除法

对造林地上幼龄杂木、灌木、杂草等植被，采用人工或机械（如割灌机）进行全面、带状或块状方式割除，然后堆积起来任其腐烂或进行火烧的清理方法。

① 全面清理。清除整个造林地上的灌木、杂草、杂木、竹类等植被的方法。适用于杂草茂密、灌木丛生或准备进行全面翻垦的造林地。这种清理方式工作量大，增加造林成本，但便于小株行距栽植、机械化造林和今后的抚育。

② 带状清理。适用于疏林地、低价林地、沙草地、陡坡地以及不进行土壤全面翻垦的造林地。带宽一般1~2m，较省工，但带窄时不便于机械使用。石质荒山常采用带状人工割除，将割除物置于未割除带上任其腐烂。

③ 块状清理。适用于地形破碎不进行全面土壤翻垦的造林地，较灵活，省工。由于块状清理的作用较小，在生产上应用不多。

(2) 火烧法

将灌木杂草砍倒晒干，于无风阴天、清晨或晚间点火烧除的清理方法，多为全面清理。适用于灌木、杂草比较茂密的造林地。如我国南方山地杂草灌木较多，常采用劈山和炼山清理方法，即把造林地上的杂草、灌木或残留木等全部砍下（劈山），除运出能用的小材小料外，余下的晒干点火燃烧（炼山）。炼山会大量损失有机物质，杀死有益微生物，也可能造成水土流失和流失养分，使造林地的地力衰退，如南方杉木林地的地力衰退就被认为与炼山有关。

(3) 化学药剂清理

采用化学药剂杀除杂草、灌木的清理方法，这是近年来发展起来的高效、快速的新方法。化学药剂清理灭草效果好，有时可达100%，而且投资少、不易造成水土流失，但在干旱地区药液配制用水困难，有的药剂可能会造成对环境的污染，对生物有毒害作用，目前我国应用不多。

4.1.3　造林地的整地

4.1.3.1　造林整地的方式方法

造林整地的方式有全面整地（全垦）和局部整地两类，局部整地包括带状整地和块状整地。

（1）全面整地

全面整地是翻垦造林地全部土壤的方法。全面整地的优点主要在于其改善立地条件的作用较强，能给造林苗木的成活和生长创造一个良好的空间，但是，全面整地破土面积较大，在坡度大、降水比较集中以及容易风蚀的地区可能会导致水土流失，因此其主要应用于不易发生水土流失的地区。南方山地即使全面整地也应每隔一定距离设置水土保持带不整地，带宽 1.5~2m，坡面过长时，应适当保留山顶、山腰、山脚部位的植被。

（2）带状整地

带状整地是呈长条状翻垦造林地土壤，并在翻垦部分之间保留一定宽度的原有植被或原状地面。带状整地改善立地条件的作用明显，预防土壤侵蚀的能力较强，便于机械化作业。带状整地是山区、丘陵和北方草原地区重要的整地方法。在山地带状整地时，带的方向应沿等高线保持水平，带宽根据当地的降水量与水土流失强度及植被条件等确定。在平原区进行带状整地时，带的方向多为南北向，如害风严重，与主风方向垂直。

山地带状整地中比较常用的为水平带状、水平阶、水平沟、反坡梯田、撩壕整地等。平原应用的带状整地有带状、犁沟、高垄等方法。

① 水平带状整地。沿等高线在坡地上开垦成连续带状（图 4-1）。带面与坡面基本持平，带宽一般 0.4~3.0m，保留带可宽于或等于翻垦部分的宽度。翻垦深度 25~35cm。这种方法适用于植被茂密、土壤深厚、肥沃、湿润的荒山或迹地，坡度比较平缓的地段。南方也可用于坡度比较大的山地。

② 水平阶整地。一般沿等高线将坡面修筑成狭窄的台阶状台面（图 4-2）。阶面水平

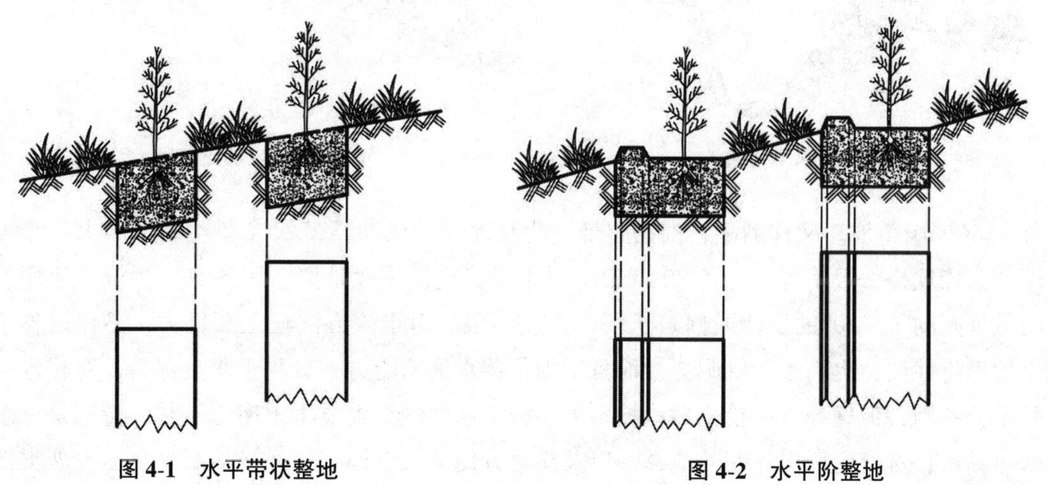

图 4-1　水平带状整地　　**图 4-2　水平阶整地**

或稍向内倾斜成反坡（约5°）；阶宽随地面而异，石质山地一般为0.5~0.6m，黄土地区约1.5m；阶长视地形而异，一般为1~6m，翻垦深度30~35cm以上，阶外缘培修土埂或无埂。适用于干旱的石质山、土层薄或较薄的中缓坡草坡，植被茂密、土层较厚的灌木陡坡，或黄土山地的缓中陡坡。整地时从坡下开始，先修下边的台阶。向上修第二个台阶时，将表土下翻到第一个台阶上，修第三台阶时，再把表土投到第二台阶上，依次类推修筑各级台阶，即所谓“逐台下翻法”或“蛇蜕皮法”。

③ 水平沟整地。沿等高线断续或连续带状挖沟（图4-3）。沟面低于坡面且保持水平，构成断面为梯形或矩形沟壑。梯形水平沟上口宽0.5~1m，沟底宽0.3m，沟深0.4m以上，按需拦截径流量确定，外侧有埂，顶宽0.2m，沟内每隔一定距离留土埂。沟与沟间距2~3m，且以小沟相连。水平沟整地的沟宽且深，容积大，能够拦蓄大量降水，防止水土流失，其沟壁可以遮阴挡风，减少沟内水分蒸发，但是这种整地方法的挖土量大，费工费力，成本较高。其主要用于黄土高原水土流失严重的中陡坡，也可用于急需控制水土流失的一般山地。挖沟时用底土培埂，表土用于内侧植树斜面的填盖，以保证植苗部位有较好的肥力条件。

④ 反坡梯田整地。又称为三角形水平沟（图4-4）。田面向内倾斜成3°~15°反坡；面宽1~3m，埂内外侧坡均约60°，长度不限，每隔一定距离修筑土埂，以预防水流汇集，深度40cm以上，保留带可略窄于梯田宽度。其特点是蓄水保肥，抗旱保墒能力强，因此具有良好的改善立地条件的作用，但整地投入劳力较多，成本高。适用于黄土高原地区地形破碎程度小、坡面平整的造林地。将表土置于破土面的下方植树穴周围，生土往外侧填放。

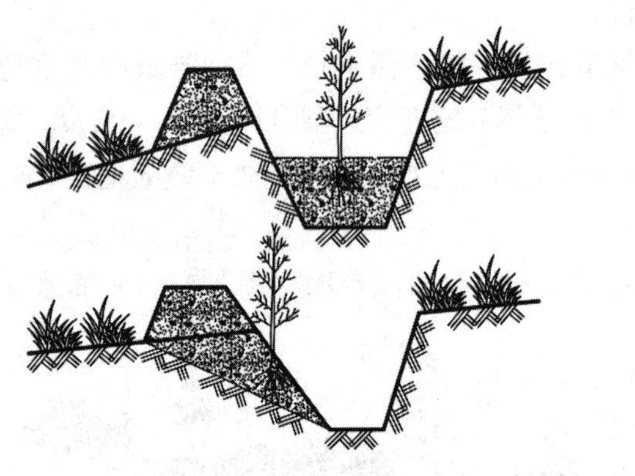

图4-3 水平沟整地

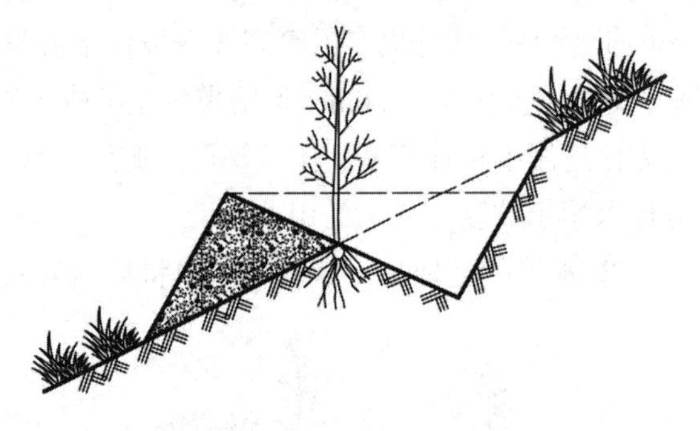

图4-4 反坡梯田整地

⑤ 撩壕整地。又称倒壕、抽槽整地，为整地连续或断续带状（图4-5）。分大、小撩壕。大壕规格一般是宽、深各80~100cm；小撩壕规格一般是宽、深各50~70cm，壕面呈内低外高的5°~10°的反坡或修筑土埂，长度不限。由于该方法松土深度大，不但改善了土壤理化性质，提高了土壤肥力，而且增加了蓄水保墒能力，有利于水土保持，对林木生长十分有利，但这种方法投工多、投资大、施工速度慢。主要用于南方造林，特别是土层薄、黏重、贫瘠的低山丘陵的造林，以及交通方便、人口稠密、经济活跃又急需发展类似集约经营的用材林的地方。按栽植行距，沿山的等高线开挖水平沟，从山下往山上施工，

在开沟时要把心土放于壕沟的下侧作埂，壕沟挖到规定深度后，再从坡上部相邻壕沟起出肥沃表土和杂草等，填入下边的壕沟中。

图 4-5　撩壕整地　　　　图 4-6　等高反坡阶整地

⑥ 等高反坡阶整地。沿等高线将坡面修筑成反坡台面（图 4-6）。田面向内倾斜成 3°~15°反坡，面宽 0.5~1m，沿等高线布设。其特点是反坡面汇集的地表径流沿等高反坡阶内侧流动，具有增加土壤水分含量和防止土壤养分流失的作用，同时可以起到排水沟的作用，整地投入劳力较少，成本较低，是南方降雨量丰富地区最实用的一种整地方式。

⑦ 平原带状整地。为连续长条状，带面与地表平齐（图 4-7）。带宽 0.5~1.0m 或 3~5m，深度约 25cm，或根据需要增加至 40~50cm，长度不限，带间距离等于或大于带面宽度。带状整地是平原整地常用的方法，一般用于无风蚀或风蚀不严重的沙地、荒地和撂荒地、平坦的采伐迹地、林中空地和林冠下的造林地以及平整的缓坡。

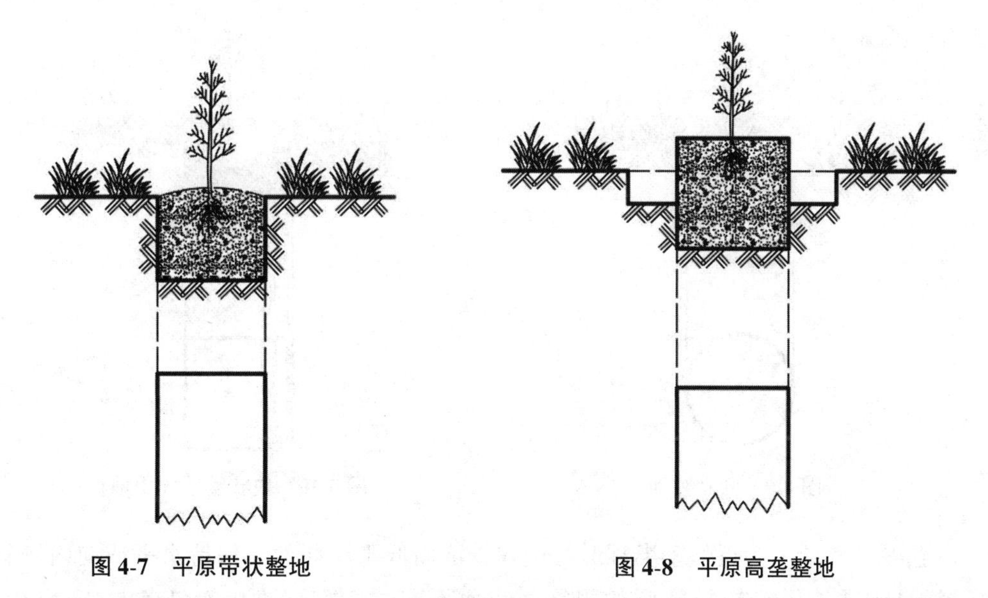

图 4-7　平原带状整地　　　　图 4-8　平原高垄整地

⑧ 平原高垄整地。为连续长条状，垄高于地面为栽植带，两侧为排水沟（图 4-8）。垄宽约为 0.3~0.7m，垄面高于地面 0.2~0.3m，垄长不限，垄向最好能便于其旁犁沟起到排水沟的作用。高垄整地是某些特殊立地条件的整地方法，用于水分过剩的各种迹地、

荒地及水湿地，盐碱地整地有类似于高垄整地的台田、条田等方法。

(3) 块状整地

块状整地是呈块状翻垦造林地土壤的整地方法。块状整地比较省工，成本较低，但改善立地条件的作用相对较差。块状整地可应用于山地、平原的各种造林地，包括地形破碎的山地、水土流失严重的黄土地区坡地、伐根较多且有局部天然更新的迹地、风蚀严重的草原荒地和沙地，以及沼泽地等。山地应用的块状整地方法有：穴状、块状、鱼鳞坑等；平原应用的方法有：块状、高台等整地方法。

① 穴状整地。为圆形坑穴，穴面与原坡面持平或稍向内倾斜，穴径 0.4~0.5m，深度 25cm 以上（图 4-9）。穴状整地可根据小地形的变化灵活选定整地位置，有利于充分利用岩石裸露山地土层较厚的地方和采伐迹地伐根间土壤肥沃的地方造林。整地投工数量少，成本比较低。石质山地可用于裸岩较多、植被稀疏或较稀疏、中薄层土壤的缓坡和中陡坡，或灌木茂密、土层较厚的中陡坡；黄土地区可用于植被比较茂密、土层较厚的中陡坡；高寒山区和林区可用于植被茂密、水分充足易发生冻拔害的山地和采伐迹地。

② 块状整地。为正方形或矩形坑穴块，穴面与坡面（或地面）持平或稍向内侧倾斜，边长 0.4~0.5m，有时可达 1~2m，深 30cm，外侧有埂（图 4-10）。破土面较小，有一定的保持水土效能，并且定点灵活，冻拔害较轻，比较省工。一般山地可用于植被较好、土层较厚的各种坡度，尤其是中缓坡。地形较破碎的地方，可采用较小的规格；坡面完整的地方，可采用较大的规格，供培育经济林或改造低价值林分用。平原可用于沙地造林，规格可大。

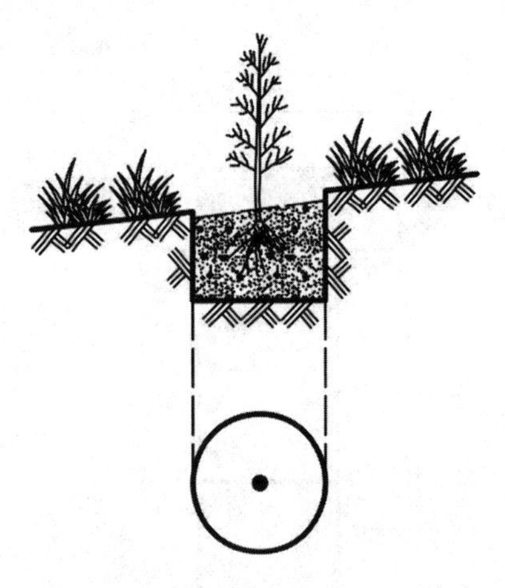

图 4-9 穴状整地

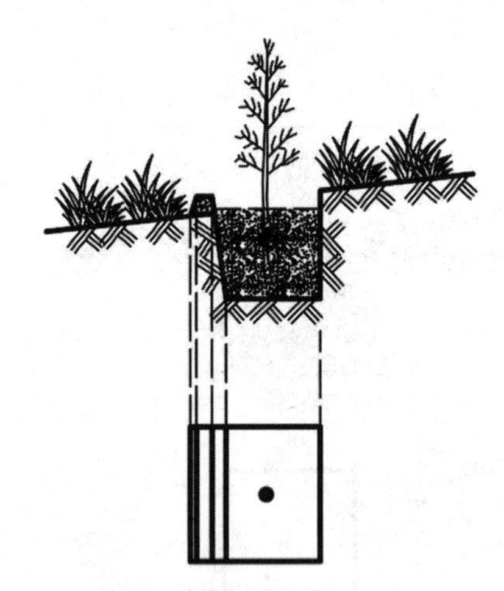

图 4-10 块状整地（山地）

③ 鱼鳞坑整地。为近似于半月形的坑穴，坑面低于原坡面，保持水平或向内倾斜凹入（图 4-11）。长径和短径随坑的规格大小而不同，一般长径 0.7~1.5m，短径 0.6~1.0m，深约 30~50cm，外侧有土埂，半环状，埂高 20~25cm，有时坑内侧有小蓄水沟与坑两角的引水沟相通。鱼鳞坑整地有一定的防止水土流失的效能，并可随坡面径流量多少调节单位面积上的坑数和坑的规格。施工比较灵活，可以根据小地形的变化定位挖坑，动

土量小、省工、成本较低，但其改善立地条件及控制水土流失的作用都有限。一般主要用于容易发生水土流失的黄土地区和石质山地，其中规格较小的鱼鳞坑可用于地形破碎、土层薄的陡坡，而规格较大的鱼鳞坑用于植被茂密、土层深厚的中缓坡。挖坑时一般先将表土堆于坑的上方，然后把心土刨向下方，围成弧形土埂，埂应踏实，再将表土放入坑内，坑与坑多呈“品”字形排列。

④ 高台整地。为正方形、矩形或圆形台面，台面高于原地面 25～30cm，边长或直径 0.3～0.5m，甚至 1～2m，台面外侧有排水沟（图 4-12）。高台整地排水良好，但投工多、成本高、劳动强度也大。一般用于水分过多的迹地、草甸地、沼泽地，以及某些地区的盐碱地等，或由于某种原因不适于进行高垄整地的地方。

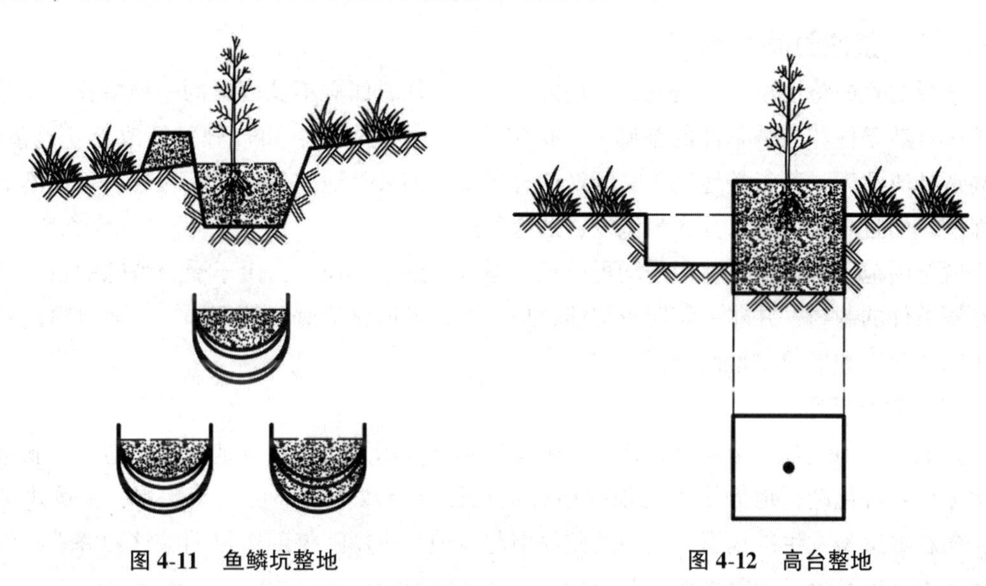

图 4-11　鱼鳞坑整地　　　图 4-12　高台整地

4.1.3.2　造林整地技术规格的确定

造林整地技术规格主要是指整地深度、破土面的大小（长和宽）、破土断面形式等。在不同的气候条件、立地条件、经营水平、苗木根系特点和经济条件状况下，整地的技术规格有很大的差异。

（1）整地深度

整地深度是所有整地技术规格中最为重要的指标。整地深度影响下列几个方面：①林木根系生长发育空间的大小（根系的伸张阻力、营养空间的改善）；②土壤蓄水保墒能力；③造林时栽植质量（窝根、覆土厚度）；④整地费用高低、冻拔害的轻重。一般而言，适当加深整地深度，能使上述前三点向有利方向发展，但达到一定深度后，整地的有益作用不仅不会无限制增加，而且还会导致整地费用的增加。

（2）破土面

破土面（局部整地的宽度×长度）的大小应该根据下述四个方面来确定：①植被竞争空间的大小，植被竞争强可适当扩大破土面积，反之，缩小破土面积；②水土流失严重，破土面不宜过大，以防水土流失；③在冻拔害较严重的地方，最好采用小块状整地或不整地；④破土面的大小，还要考虑整地费用的高低。

（3）破土断面形式

破土断面形式指破土面与原地面间构成的纵切面形状。断面的形式主要与拦截水土或排除水分有关。如在干旱半干旱地区，整地的主要目的是更多地蓄持大气降水，增加土壤水分，防止水土流失，破土面可低于原地面（或坡面），或与原地面（坡面）构成一定的角度（反坡），或修筑拦水埂，以形成一定的集水环境；在水分过剩或地下水位过高地区，为了排除多余土壤水分、提高地温、改善通气条件、促进有机质分解，破土面可高于原地面，如高垄、高台整地；土壤水既不缺乏又不过湿的造林地，破土面可与原地面持平。

4.1.3.3 整地时间和季节

选择适宜的整地季节，是充分利用外界有利条件，回避不良因素的一项措施。在分析各地区自然条件和经济条件的基础上，选定适宜的整地季节，可以较好地改善立地条件，提高造林成活率，节省整地用工，降低造林成本。如果整地季节选择不合理，不仅不能蓄水保墒，而且可能导致水分大量蒸发，适得其反。

就全国范围来说，一年四季均可整地，但具体到某一地区，由于受其特殊的自然条件和经济条件的制约，并非一年四季都能整地。根据各地整地时间的不同，一般将整地季节分为随整随造和提前整地两种。

（1）随整随造

整地后立即造林，称随整随造。这种做法主要应用于新采伐迹地及风沙地区。新采伐迹地立地条件优越，地势平坦之地提前整地往往可导致整地部位大量贮水，土壤水分过多，冬春之交易发生冻拔害，而沙地则易引起风蚀，应用随整随造可消除这种弊端，但随整随造不能够充分发挥整地的有利作用，与栽植争抢劳力。

（2）提前整地

整地比造林时间提前 1~2 个季节，称为提前整地。提前整地有如下优点：①雨季前整地可以拦截大气降水，增加土壤水分；②利于杂灌草根的腐烂，增加土壤有机质，调节土壤水气状况；③在雨季前期整地，土壤松软，容易施工，降低了劳动强度；④整地与造林不争抢劳力，造林时无需整地。

提前整地可应用于干旱半干旱地区、高垄整地的低湿地区、南方山地、盐碱地等。干旱半干旱地区提前到雨季前期整地，不仅土壤疏松易于施工，而且又能使土壤保蓄后期雨水。高垄整地的低湿地区提前整地，便于植物残体腐烂分解，土壤适当下沉，上下层恢复毛细管作用。提前整地的时间不宜过短或过长，一般为 1~2 个季节。过短，提前整地的目的难以达到；过长，会引起杂草大量侵入孳生，土壤结构变差，甚至恢复到整地前的水平。在干旱半干旱地区，整地和造林之间不能有春季相隔，否则整地只会促进土壤水分的丧失。在某些情况下，提前整地的时间可以长一些，如盐碱地造林为充分淋洗有害盐分，为使沼泽地盘结致密的根系及时分解，应该提前 1 年以上的整地时间。

4.2　造林方法

造林方法是指造林施工时的具体方法。造林时使用的材料有种子、苗木或部分营养器官，根据所使用的造林材料不同，可分为播种造林、植苗造林和分殖造林三种。确定造林方法的主要依据是树种的繁殖特性、造林地的立地条件、经营条件和经济条件。

4.2.1　播种造林

播种造林，又叫直播造林，是把种子直接播种到造林地而培育森林的造林方法，可分为人工和飞机播种造林两种方法。播种造林是一种古老的造林方法，在现代应用此法虽然不如植苗造林普遍，但是在某些特定的条件下，还具有其鲜明的特点和优势。

4.2.1.1　播种造林的特点和应用条件

（1）播种造林的特点

播种造林优点主要表现在以下几个方面：①播种造林与天然下种一样，根系的发育较自然，可以避免起苗造成根系损伤；②幼树从出苗初就适应造林地的气候条件和土壤环境，林分较稳定，林木生长较好；③播后造林地上可供选择的苗木较多，因此保留优质苗木机会多。

播种造林也存在以下几个方面的缺点：①需要种子多；②杂草、灌木十分茂密的造林地，若不进行除草割灌等抚育工作，幼苗易受胁迫而难以成林；③易受干旱、日灼、冷风等气象灾害，以及鸟、兽、鼠害。

（2）播种造林的应用条件

播种造林适用于造林地条件好或较好，特别是土壤湿润疏松，灌木杂草不太繁茂的造林地；鸟兽害及其他灾害性因素不严重或较轻微的地方；具有大粒种子的树种，以及有条件地用于某些发芽迅速、生长较快、适应性强的中小粒种子树种；种子来源丰富、价格低廉的树种；人烟稀少、地处边远地区的造林地，可进行飞机播种造林。

4.2.1.2　种子的物理性状与发芽能力

（1）种子的物理性状

种子物理性状主要指净度、千粒重。

① 净度。净度是纯净种子重量占测定样品各成分的总重量的百分率。测定种子净度的目的是确定纯净种子在该批种子中所占比例，并由此推算该种批的纯净程度，为评定种子等级和计算播种量提供依据。净度也是种子贮藏时需要考虑的重要因素，如果夹杂物多、吸湿性强、含水量高，就会为病毒的活动创造条件，从而不利于种子寿命的保持。

② 千粒重。种子的重量通常用千粒重表示。千粒重是指1000粒气干纯净种子的重量，以g为单位。同一树种的种子，千粒重大的说明种子饱满充实，贮藏的营养物质多，播种以后出苗整齐健壮。测定千粒重的方法是从净度测定所得的纯净种子中，随机数取1000粒种子并称重。测定千粒重的目的是比较同一树种、不同种子批间的种子质量，是确定播

种量依据之一。

（2）种子的发芽能力

种子发芽能力是种子品质中最重要的指标，包括发芽率、发芽势、平均发芽时间。它比其他检验方法精确可靠，但需要的时间稍长，适用于休眠期短的种子。

① 发芽率。种子发芽率是指在规定条件和时期（规定的发芽终止日期）内，正常发芽的粒数占供测定种子总数的百分率。例如规定马尾松种子的发芽测定温度为25℃，发芽测定终止日期为 20 天，若有 100 粒种子，在此期间内有 60 粒种子发芽，则发芽率为 60%。

② 发芽势。种子发芽势是指以日平均发芽数达到最高的那一天为止，正常发芽的种子数占供检种子总数的百分率。例如 100 粒油松种子，第 8 天种子发芽数达到最高，在 8 天内有 85 粒种子发芽，则发芽势为 85%。同一树种的种子，当种子发芽率相同时，发芽势越高，说明种子发芽快且出苗整齐，种子品质越好。

测定发芽率和发芽势的天数，国标 GB 2772-81《林木种子检验方法》中有明确的规定。种子发芽率高，说明播种后出苗率高。因此，它是决定播种量和种子价格的主要依据，是种子品质的重要指标之一。

③ 平均发芽时间。平均发芽时间是指供测种子发芽所需的平均时间（以天或偶有用小时表示），是衡量种子发芽快慢的重要指标。同一树种的种子，平均发芽时间越短，发芽越快，则发芽能力强，种子品质越好。

4.2.1.3 种子播前处理

种子播前处理是指播种前对种子进行的消毒、浸种、催芽、拌种（积极采用鸟兽驱避剂、植物生长调节剂等），以及包衣、黏胶化等技术措施。播前处理的目的在于缩短种子在土壤里停留的时间，保证幼苗出土整齐，预防鸟兽和病虫危害。春季播种的种子，尤其是深休眠的种子经过催芽才可以及时出土和根系的延伸，以保证有足够的生长时间。种子播前处理还可以提高对于高温、干旱的抵抗能力，提高木质化程度，为越冬做好准备。

播前处理根据树种、立地条件和播种季节等决定。易感病虫和易遭鸟兽危害的树种（例如大多数针叶树种、栎类等大粒种子），或者在病虫害严重的造林地播种，应进行消毒浸种和拌种处理。造林地土壤水分条件稳定良好的条件下，浸种催芽的效果很好；干旱的立地条件则不宜浸种。雨季造林一般播干种子，只有在准确地掌握降水过程的前提下才能浸种后播种；秋季造林，尤其是北方地区，一般希望种子当年萌发生根而幼苗不出土，以免造成冻害，所以播未经催芽的种子。

4.2.1.4 人工播种造林技术

（1）播种方法

播种造林方法有块播、穴播、缝播、条播和撒播等。

① 块状播种（块播）在经过块状整地（一般在 $1m^2$以上）的块状地上进行密集或簇播的方法。其特点是形成植生组，对外界抵抗力和种间竞争力强，故常用于已有阔叶树种

天然更新的迹地上引进针叶树种及对分布不均匀的次生林进行补播改造。

② 穴播是在局部整地的造林地上，按一定的行距挖穴播种的方法。由于其整地工作量小、技术要求低、施工方便、选点灵活性大，因此适用于各种立地条件的造林地，是我国当前播种造林应用最广泛的方法。

③ 条播是在全面整地或带状整地上按照一定的行距进行开沟播种的方法，沟深视树种而异。适用于中小粒种子。

④ 撒播是把种子均匀地撒布于造林地上的方法。该法主要用于地广人稀，交通不便的大面积的荒山荒地、采伐迹地和火烧迹地造林，此法工效高、造林成本低，但作业粗放，特别是一般造林前不整地，播种后不覆盖，种子在播种后容易受多种不利自然条件的影响。

（2）播种技术

① 细致整地。整地过程参见造林整地一节，这里不再重复。

② 种子处理。为促进种子提早发芽，缩短种子在土壤中的发芽时间，保证幼苗出土整齐，增强幼苗抗性，减少鸟兽危害，播前要对种子进行处理，一般包括净种、消毒、浸种、催芽、拌种等环节。

③ 覆土厚度。土壤湿度、风、温度等条件对种子发芽的影响，覆土厚度在环境因子对发芽的影响中有重要作用。从土壤湿度来看，覆土越厚湿度条件越好，然而通气条件则变差，妨碍发芽和发芽后的发育，过厚也阻碍了幼苗出土。因此，直播造林的覆土厚度，需要根据各种环境因子的综合因素来考虑。一般以种子大小的 2 倍左右作为覆土厚度为宜。

（3）播种量

播种量的多少主要决定于树种的特性、种子发芽率的高低和单位面积上计划保留的苗木数量。一般来说，种子容易发芽、幼苗期抗性强的树种，发芽率高的种子，播种量可小些，反之应大些。由于发芽率、保存率除了种子本身的特性外，还和造林地的立地条件有关，凡是造林地水热条件好，整地细致的，播种量可小些，反之应大些。

根据各地长期的生产经验，在能够保证种子质量的前提下，可以按照种粒的大小粗略地确定穴播的播种量：核桃、核桃楸、板栗、三年桐等特大粒种子，每穴 2~3 粒；栎类、油茶、山桃、山杏、文冠果等大粒种子，每穴 3~4 粒；红松、华山松等中粒种子，每穴 4~6 粒；油松、马尾松、樟子松等小粒种子每穴 10~20 粒；更小粒的种子，每穴 20~30 粒。

（4）播种季节

早春适于播种造林，此时由于气温上升，土壤开始解冻，水分条件好，应抓紧有利时机播种，幼苗可免遭日灼或干旱害，但有晚霜危害的地区，不宜过早播种；在春旱较严重的地区，可利用雨季播种。如华北、西北及云贵高原地区，大部分降雨量集中于夏季（7~8 月）或夏秋两季，此时土壤温度好，湿润，利于种子萌发。雨季播种造林应考虑到幼苗在早霜到来之前能充分木质化，在华北地区至少需要保证幼苗有 60 天以上的生长期，否则不易越冬；秋季播种造林适用于一些休眠期较长的大粒种子，如核桃、栎类等，种子不用储藏和催芽，而翌年出苗早，苗木抗干旱能力较强，但要防止鸟、鼠等危害。秋播不宜过早，以免当年发芽，发生冻害。

4.2.1.5 飞机播种造林

飞机播种造林，又简称飞播造林、飞播，它是利用飞机把林木种子或种子丸直接撒播在造林地的造林方法。飞播造林具有速度快、节省劳力、不受地形条件限制等特点，适用于大面积造林，特别是在人力难及的高山、远山和广袤的沙漠地区的植树种草。

4.2.2 植苗造林

植苗造林是以苗木为造林材料进行栽植的造林方法，又称植树造林、栽植造林。植苗造林是使用最为普遍而且比较可靠的一种造林方法。

4.2.2.1 植苗造林的特点及应用条件

（1）植苗造林的特点

植苗造林优点表现在：①所用苗木一般具有较为完整的根系和发育良好的地上部分，栽植后抵抗力和适应性强。②初期生长迅速，郁闭早。③用种量小，特别适于种源少、价格昂贵的珍稀树种造林。

植苗造林的缺点有以下几个方面：①裸根苗造林时有缓苗期，而且根系易受损。②育苗工序庞杂，花费劳力多，技术要求高，造林成本相对提高。③起苗到造林期间对苗木保护要求严格，栽植费工，在地形复杂条件下不易于机械化。

（2）植苗造林的应用条件

植苗造林对于造林地的立地条件要求不苛刻，适用于绝大多数树种和各种立地条件，尤其适用于干旱半干旱地区、盐碱地区、水土流失严重地区、植被繁茂，易滋生杂草的造林地及动物危害严重地区的造林。当前植苗造林在国内外均最为广泛。

4.2.2.2 苗木的种类及规格

对于不同种类及规格的苗木，采用的植苗方法和具体栽植过程都会有所区别。

（1）苗木的种类

植苗造林应用的苗木种类，主要有播种苗、营养繁殖苗和容器苗等。如仅从对造林技术的影响分析，这些苗木可按根系是否带土分为裸根苗和容器苗两大类。裸根苗，是以根系裸露状态起出的苗木，包括以实生或无性繁殖方法培育的移植苗和留床苗。这一类苗木起苗容易，重量小，贮藏、包装、运输方便，栽植省工，是目前生产上应用最广的一类苗木。但起苗伤根多，栽植后遇不良环境条件常影响成活。容器苗，是根系带有宿土且不裸露或基本上不裸露的苗木，包括各种容器苗和一般带土苗。这类苗木根系比较完整，栽植易活，但重量大，搬运费工、费力。

（2）苗木的规格

苗木规格是指适宜造林用的苗木的年龄、高度、地径和根系发育状况的标准。在进行造林时，应选择优质苗木进行造林。

① 苗龄。指苗木的年龄，不同林种、树种的造林使用不同年龄的苗木。年龄小的苗木，起苗伤根少，栽植后缓苗期短，在适宜的条件下造林成活率高，运苗栽植方便，投资较省，但是在恶劣条件下苗木成活受威胁较大；年龄大的苗木，对杂草、干旱、冻拔、日灼等的抵抗力强，适宜的条件下成活率也高，幼林郁闭早，但苗木培育与栽植的费用高，遇不良条件更容易死亡。

② 苗高。是最直观、最容易测定的形态指标，测定时从苗木地径处或地面量到苗木顶芽，如苗木还没有形成顶芽，则以苗木最高点为准。苗木高度并非越高越好，虽然高的苗木有可能在遗传上具有一定优势，然而同一批造林苗木的大小以求整齐为好，以防将来林分强烈分化。

③ 地径。又称地际直径，是指苗木土痕处的粗度，测量苗木地径用特制的或钢制游标卡尺。地径与苗木根系大小和抗逆性关系紧密，地径与根体积、苗木鲜重、干重等呈紧密相关关系。另外，地径粗壮具有更强的支撑、抗弯曲能力，在虫害、动物破坏以及高温损害等方面粗壮苗木的耐力要大于细弱苗木。

④ 根系指标。根系是植物的重要器官，造林后苗木能否迅速生根是决定其能否成活的关键。目前生产上采用的根系指标主要是根系长度、根幅、侧根数等。

4.2.2.3 苗木的保护和处理

（1）苗木的保护

从起苗到移植一般要经过一段时间，少则几天，多则 2~3 个月，为使苗木在这段时间体内水分含量不受损失，提高造林成活率，需要对苗木进行保护。苗木根系最易丧失水分，因此苗木保护的重点是根系，具体保护措施如下：①起苗前要浇水，既增加苗木体内水分，又便于起苗时保证根系完整。②起苗后的苗木不能即时运走或运抵造林地，需假植起来，假植后要浇水。③苗木长距离运输时需包装浇水，同时要勤于检查，避免苗木发热发霉。④造林时，盛苗桶中要有水，以保持苗木根系的湿润。⑤植苗后有条件的地方要立即浇水，叫定根水。

（2）苗木的处理

苗木处理的目的也是为了维持苗木体内水分平衡，提高造林成活率。主要对其地上和地下部分进行处理。①地上部分处理：主要有截干、修枝、剪叶、喷洒蒸腾抑制剂等方法。如干旱地区萌芽力强的树种（如洋槐、元宝枫、黄栌等）造林时可将苗干截掉，使主干保留 5~15cm 长左右，以减少造林后地上部分的水分散失。而对常绿阔叶树必要时进行修枝剪叶。②地下部分处理：主要有修根、水浸、蘸泥浆、蘸吸水剂等方法。修根是将苗木受损伤的根、过长的主根和须根剪去，以利于包装和运输，并保证栽植时不窝根，提高造林成活率。水浸、蘸泥浆、蘸吸水剂则可保证苗木根系湿润，减少失水。③容器苗宜采用可降解容器，栽植时应对生长出容器的根系进行修剪，不易降解的容器应进行脱袋处理。

4.2.2.4 植苗造林方法与技术

(1) 栽植方法

植苗造林方法按照栽植穴的形态可以分为穴植、缝植和沟植。栽植方法还可以按照每穴栽植 1 株或多株而分为单植和丛植；按照苗木根系是否带土而分为带土栽植和裸根栽植；按照使用的工具可分为手工栽植和机械栽植。

①穴植是在经过整地的造林地上挖穴栽苗，适用于各种苗木。穴的深度和宽度根据苗根长度和根幅确定，穴的大小要比苗根大，一般穴深应大于苗木主根长度，穴宽应大于苗木根幅，以使苗根舒展。使用手工工具或挖坑机开穴，挖穴时尽量将表土与心土分别堆放穴旁，栽苗时先填表土，分层踏实，每穴植苗单株或多株。

②缝植是在经过整地的造林地或土壤深厚湿润的未整地造林地上，用锄、锹等工具开成窄缝，植入苗木后从侧方挤压，使苗根与土壤紧密结合的方法。此法的造林速度快，工效高，造林成活率高，其缺点是根系被挤在一个平面上，生长发育受到一定影响。适用于比较疏松、湿润的地方栽植针叶树小苗及其他直根性树种的苗木。

③沟植是在经过整地的造林地上，以植树机或畜力拉犁开沟，将苗木按照一定距离摆放在沟底，再覆土、扶正和压实。此法效率高，但要求地势比较平坦。

(2) 栽植技术

栽植技术指的是栽植深度、栽植位置和施工要求等。植苗时，要将苗木扶正，苗根舒展，分层填土、踏实，使苗根与土壤紧密地结合，严防窝根栽植。

① 栽植深度。根据立地条件、土壤墒情和树种而确定。一般应超过苗木根颈处原土印以上 3~5cm。干旱地区、沙质土壤和能产生不定根的树种可适当深栽。栽植过浅，根系外露或处于干土层中，苗木易受干旱；栽植过深，影响根系呼吸，也不利于苗木生长。

② 栽植位置。一般多在穴中央，以保证苗根向四周伸展，不致造成窝根。但靠壁栽植时，苗根紧贴未破坏结构的土壤，有利用毛细管作用供给的水分。

③ 栽植施工。栽植施工时先把苗木放入植穴，埋好根系，使根系均匀舒展、不窝根。然后分层填土，先把肥沃湿土填于根际四周、填土至坑深一半时，把苗木向上略提一下，使根系舒展后踏实，再填余土，分层踏实，使土壤与根系密结。穴面可依地区不同，整修成小丘状（排水），或下凹状（蓄水）。干旱条件下，踏实后穴面再覆一层虚土，或撒一层枯枝落叶，或盖地膜、石块等，以减少土壤水分蒸发。带土坨大苗造林和容器苗造林时，要注意防止散坨。容器苗栽植时，凡苗根不易穿透的容器（如塑料容器）在栽植时应将容器取掉，根系能穿过的容器如泥炭容器、纸容器等，可连容器一起栽植，栽植时应注意踩实容器与土壤间的空隙。

4.2.2.5 植苗造林季节和时间

为了保证造林苗木的顺利成活，需要根据造林地的气候条件、土壤条件，造林树种的生长发育规律，以及社会经济状况综合考虑，选择合适的造林季节和造林时间。适宜的造林季节应该是温度适宜、土壤水分含量较高、空气湿度较大，符合树种的生物学特性，遭受自然灾害的可能性较小。适宜的栽植造林时机，从理论上讲应该是苗木的地上部分生理活动较弱（落叶阔叶树种处在落叶期），而根系的生理活动较强，因而根系的愈合能力较强的时段。

（1）春季造林

在土壤化冻后苗木发芽前的早春栽植，最符合大多数树种的生物学特性，因为一般根系生长要求的温度较低，如能创造早生根后发芽的条件，将对成活有利。对于比较干旱的北方地区来说，初春土壤墒情相对较好。所以，春季是适合大多数树种栽植造林的季节。但是，对于根系分生要求较高温度的个别树种（如椿树、枣树等），可以稍晚一点栽植，避免苗木地上部分在发芽前蒸腾耗水过多。对于春季高温、少雨、低湿的地区，如川滇地区，是全年最旱的季节，不宜在春季栽植造林，应在冬季或雨季。

（2）雨季造林

在春旱严重、雨季明显的地区（如华北地区和云南省），利用雨季造林切实可行，效果良好。雨季造林主要适用于若干针叶树种（特别是侧柏、柏木等）和常绿阔叶树种（如蓝桉等）。雨季高温高湿，树木生长旺盛，利于根系恢复。但是雨季苗木蒸发强度也大，加之天气变化无常，晴雨不定，也会造成移植苗木根系恢复的难度，影响成活。因此，栽植造林成功的关键在于掌握雨情，一般以在下过一两场透雨之后，或出现连阴天时为最好。

（3）秋季造林

进入秋季的树木生长减缓并逐步进入休眠状态，但是根系活动的节律一般比地上部分滞后，而且秋季的土壤湿润，所以，苗木的部分根系在栽植后的当年可以得到恢复，翌春发芽早，造林成活率高。秋季栽植的时机应在落叶阔叶树种落叶后，有些树种，例如泡桐，在秋季树叶尚未全部凋落时造林，也能取得良好效果。秋季栽植一定要注意苗木在冬季不受损伤，冬季风大、风多、风蚀严重的地区和冻拔害严重的黏重土壤不宜秋植。

（4）冬季造林

我国的北方地区冬季严寒，土壤冻结，不能进行造林。中部和南部地区温度虽低，但一般土壤并不冻结，树木经过短暂的休眠即开始活动，所以这些地区的冬季造林实质上可以视为秋季造林的延续或春季造林的提前。

4.2.3　分殖造林

分殖造林，又叫分生造林，是利用树木的部分营养器官（茎干、枝、根、地下茎等）直接栽植于造林地的造林方法。

4.2.3.1　分殖造林的特点及应用条件

（1）分殖造林的特点

分殖造林的优点：①可保持母本的优良性状；②免去了育苗过程；③施工技术简单，造林省工、省时、节约经费。

分殖造林的缺点：①某些树种有时因多代连续无性繁殖，往往造成林木早衰、寿命短促；②受分殖材料数量、来源限制。

（2）分殖造林的应用条件

主要用于能够迅速产生大量不定根的树种，而且要求立地条件尤其是水分条件要好。

4.2.3.2 分殖造林方法与技术

分殖造林因所用的营养器官和栽植方法不同而分为插条（干）造林、埋条（干）造林、分根造林、分蘖造林及地下茎造林等多种方法。

（1）插木造林

插条造林和插干造林统称为插木造林，是用树木的枝条和细干做插穗直接插于造林地的造林方法。成活与否关键在于插穗能否生根。因此，它对造林地条件要求比较严格。插穗生根时，要求土壤中有适宜的水分、氧气和温度，故要求造林地的土壤要具备湿润和疏松的条件。在北方可选择地上水位较高，土层深厚的河滩地、潮湿沙地、渠旁岸边造林，在南方多选择在阴坡、山谷或山麓地带。

① 插条造林是利用树枝条的一段做插穗，直接插于造林地的造林方法。插穗是插条造林的物质基础，插穗的年龄、规格、健壮程度和采集时间对造林成败的影响根大。插穗的年龄因树种而异，一般用 1~2 年生枝条或苗木，应采自中壮年优良母树，插穗的规格一般要求在 30~70cm 或更长，针叶树种的插穗一般长度为 40~50cm，采集时间选秋季落叶后至春季放叶前；在干旱地区，应对插穗在造林前进行浸水处理，以提高插穗的含水量，增强抗旱能力，可大大提高成活率；插前要整地，深度因树种、立地条件而异，一般深一些对蓄水有利，种条外露 1/3~1/2，落叶树种的深度，在土壤水分较好的造林地上可留 5~10cm；在较干旱地区全部插入土中，而在盐碱土壤上插条时，应适当多露，以防盐碱水浸泡插穗的上切口，在风沙危害严重的地方，地上可不露，一经风蚀，必须外露；秋季扦插时，为了保持插穗顶端不致在早春发生风干，扦插后要及时用土把插穗上切口埋住，以防水分蒸发。

② 插干造林又叫栽干造林，是切取幼树树干和树木的枝等直接插于造林地，适用树种主要有柳树和易生根的杨树，为了提早成材或早日达到造林的目的，常用此法进行造林或四旁植树。插穗的规格一般采用 2~4 年生的苗干或粗枝，直径 2~8cm，长度因造林的目的和立地条件而异，一般为 0.5~3m。高干造林的干长一般用 2~3m 以上，栽植深度因造林地的土壤质地和土壤水分而异，原则上要使干的下切口处能满足其生根所要求的土壤湿度度和通气良好的深度。一般为 0.4~0.8m，每坑栽插穗一根，填土踩实，过深则不利于生根，过浅则易遭干旱和风倒，栽植后为了防止损失水分过多，可在顶端切口处涂以沥青等。低干造林的干长一般为 0.5~1.0m 以上，在河滩地造林时，如果单株栽植成活困难，每穴可栽 2~4 株，用方穴每角 1 株，以保证栽植点的成活率。

（2）埋条（干）造林和压条造林

切取树木的枝条或苗干，横埋于造林地的造林方法叫埋条（干）造林。有些树种如桑树和杞柳等，还可用压条造林，即将生长在母树上的枝条用土埋压一小段，促进生根的造林方法。生产上多用沟压法，即在母株附近挖沟，把生长在母株上的枝条弯曲埋在沟里，并用木叉等钉住，再用土把沟中的一段埋压住，使枝上部大部分露在外面，当枝条的被压部分生根后再截断使其与母树分离。压条造林成活率比插条造林高，但受材料来源所限，不便于大面积造林应用。

（3）分根造林

分根造林是取一段树根直接插于造林地的一种造林方法。用于某些萌芽生根力强的树种，如泡桐、漆树、楸树、刺槐、香椿、桑、相思树、樱桃等，其中尤以泡桐、漆树、楸树、香椿等常用。根插穗可由秋季落叶后到春季造林前从健壮的母树根部采集，一般选取直径 1～2cm 的生长力旺盛的根系，截成长 15～20cm 的根插穗，倾斜或垂直埋入土中，但要注意细头向下，粗头向上，上端微露并在上切口封土堆，防止蒸发水分。此法造林成活率高，生长也较健壮。

（4）分蘖造林

分蘖造林是利用根蘖条进行造林的方法。有些树种的伐根基部和幼树的基部与土壤接触处的地表以下，常萌发出有根的根蘖条，可挖取这些根蘖条进行造林，如杉木、毛白杨、枣树、泡桐、香椿、樱桃、山植、丁香等都可采用分蘖栽植，但由于根蘖条来源有限，且易由伤口感染心腐病，使用受到限制，不便于大面积栽植。

（5）地下茎造林

地下茎造林是竹类的造林方法之一，是利用竹类地下茎在土壤中行鞭发笋长成竹林的特点进行分殖造林的方法。竹类地下茎一般分为单轴型、合轴型、复轴型三大类。单轴型为地下横走的竹鞭，其上有节，节上生根，称为鞭根，这一类型竹类又称散生竹。合轴型竹类没有地下横走的竹鞭，又称丛生竹。复轴型兼有以下两个类型的特点，又称混生竹。

散生竹主要靠鞭根蔓延繁殖，有移母竹、移根株、移鞭造林等法。以移母竹最为普遍，就是从原有竹林中挖取母竹栽植于其他造林地的方法。移鞭造林是从成年竹林中挖取 2～5 年生鞭芽饱满的竹鞭进行造林。丛生竹用竹类篼、节上的芽造林。埋篼是把挖出的母竹竹秆自地表以上 20～30cm 处截断，利用下余部分（称作竹篼）栽植，由竹篼的芽发笋成竹。埋节是利用地上部分的竹节截成段，埋在深 20～30cm 沟内，覆土压实的造林方法。

4.2.3.3　分殖造林的季节与时间

分殖造林的造林季节和时间因具体的造林方法和树种、地区的不同而不同。

插木造林的季节和时间与植苗造林基本相同。根据树种和地区选择具体的造林时间，常绿树种随采随插，落叶树种随采随插或采条经贮藏后再插。有些地区可以雨季或冬季插植。

竹类造林的季节因竹种不同而异。散生竹造林一般适宜在秋冬季节，如毛竹最佳的造林季节是 11 月至翌年 2 月，此时正值竹子生长缓慢季节，气温不太高，蒸发量也较小，造林成活率高。早春发笋长竹的竹种，如早竹、早园竹、雷竹，孕笋时间早，12 月小笋已长成，因此宜 10～12 月造林。4～5 月发笋长竹的竹种，如刚竹、淡竹、红竹、高节竹等宜 12 月至翌年 2 月造林。梅雨季节移竹造林只适用于近距离移栽。埋秆造林，偏南地区 2～3 月中旬，偏北地区可延迟到 4 月上旬。

4.3 近自然森林经营技术

炉火纯青的林业应该是通过收获而经营森林的林业。近自然森林经营就是在理解森林生态系统自然生长发育规律的基础上，从森林完整的生命过程来计划和设计经营活动，优化森林结构和功能，充分利用各种自然力量，使生态与经济的需求合为一体，通过模仿自然干扰机制的收获实现天然更新、竞争调节和结构调整等营林目标，保持森林持续覆盖而不断发挥出生态、经济和文化的效益。

4.3.1 近自然森林经营的基本思想

森林是一种生命相关的地貌因素，是地球的第一能量吸收者和储存者、决定性的能量转换者和供应者。如果森林消失，就意味着地貌中的能量供应源泉和平衡机制被摧毁，地球生态系统的能量和物质循环将向不支持生命的方向演化。如干旱和洪水、高温和低温、土壤侵蚀和湖河淤积等矛盾现象的出现，都是森林消失的直接或间接后果。从生态学上看，地球上的其他生命形式都需要森林生态系统作为其生存的基本条件，地球应该始终处于“森林时代”中。

近自然林业的基本思想是：在一个特定的立地条件下，如果我们培育的森林和完全自然的状态下该立地上生长的森林有相似的树种组成，且林分的结构和演替动态也能与这个生长环境下自然的结构和过程类似的话，这种森林应该具有更大的稳定性，可以抗拒各种物理的或生物的危害，其生物多样性和其他生态和社会效益都将达到一个满意的水平。因而认为经营这种近自然的森林能够获得在这个立地条件下可能得到的最高的生产量（至少从长期的观点看应该可获得)，且是以最少的人工经营管理投入为前提而获得。

4.3.2 近自然森林经营的理论要点

(1) 近自然森林经营的基本概念

① 可持续森林经营（sustainable forest management）既满足当代人的需求，又不危及子孙后代满足其需求的能力的发展。森林可持续经营就是可持续发展中的林业部分，是实现一个或多个明确规定的经营目标的过程，使得森林的经营既能持续不断地得到所需的林业产品和服务，同时又不造成森林与生俱来的价值和未来生产力不合理的减少，也不给自然界和社会造成不良影响。

② 近自然森林（near natural forest）是指以原生森林植被为参照而培育和经营的，主要由乡土树种组成且具有多树种混交，逐步向多层次空间结构和异龄林时间结构发展的森林。近自然森林可以是人为设计和培育的结构和功能丰富的人工林，也可以是经营调整后简化了的天然林，还可以是同龄人工纯林在以恒续林为目标改造的过渡森林。

③ 恒续林（continuous covering forest）是以多树种、多层次、异龄林为森林结构特征而经营的，结构和功能较为稳定的森林，是近自然森林培育和发展的一种理想森林状态。近自然森林经营的理论假设人类通过经营这个状态的森林，可以兼顾保持森林的自然特征

在一个生态安全的水平之上，同时又为社会提供森林产品和服务功能，从而实现可持续的森林经营。

④ 近自然森林经营（close-to-nature forest management）是以森林生态系统的稳定性、生物多样性和系统多功能及缓冲能力分析为基础，以整个森林的生命周期为时间设计单元，以目标树的标记和择伐及天然更新为主要技术特征，以永久性林分覆盖、多功能经营和多品质产品生产为目标的森林经营体系。可见近自然森林经营是指充分利用森林生态系统内部的自然生长发育规律，从森林自然更新到稳定的顶极群落这样一个完整的森林生命过程的时间跨度来计划和设计各项经营活动，优化森林的结构和功能，永续利用与森林相关的各种自然力，不断优化森林经营过程从而能使生态与经济的需求最佳结合的一种真正接近自然的森林经营模式。

(2) 近自然森林经营的目标

完整的森林经营目标需要从保护自然与产品生产两方面考虑才能建立，因为我们难以忽略两个前提条件：①社会通过可持续的经营途径去获得木材原料的要求是合理的，应该得到支持；②社会也有义务维护森林的自然特性以保持自然环境，并作为自身继续存在的基础。

森林可持续经营要求我们在这两个条件的框架内寻找和提出经营的目标。即按生物学和生态学原理，而不是按技术学的原理来创立和推行森林作业法。近自然森林经营的目标也是使经济效益最大化，但与传统学派相反。它认为只有利用森林培育所有方面的自然进程才能实现经济效益的最大化，所以，实现最合理地经营接近自然状态的森林就是近自然经营的基本目标。

(3) 近自然森林经营的基本原则

近自然森林经营的基本原则包括：①确保所有林地在生态和经济方面的效益与持续的木材产量同时发挥；②森林经营要实用知识和科学探索兼顾；③所有森林都要保持健康、稳定和混交的状态；④适地适树地选择树种；⑤保护所有本土植物、动物和其他遗传变异种；⑥除小块的特殊地区外不做清林而要让其自然枯死和再生；⑦保持土壤肥力；⑧在采伐和道路建设中要应用技术来保护土地、固定样地和自然环境；⑨避免杀虫剂高富集的可能性；⑩维持森林产出与人口增长水平的适应关系。

为使这些基本原则得以实现，近自然经营措施包括：①以乡土树种为主要经营对象，以保持立地生产力，并保证不出现早期生长衰退、爆发性病虫害等不可挽回的灾难；②理解和利用自然力实现林分的天然更新，且更新总是不断地在较小的面积上进行；③以森林完整的生命周期为计划的时间单元，参考不同森林演替阶段的特征制定经营的具体措施；④参照立地环境、地被指示植物和潜在原生林分来确定经营的目标林相，并设计调整林分结构的经营措施；⑤标记目标树并对其进行单株木抚育管理，在保持森林生态功能的前提下实现高价值林分成分（目标树）最大的平均生长；⑥采用择伐作业，基于对林分结构和竞争关系分析确定抚育和择伐具体目标，以通过采伐实现林分质量的不断改进；⑦尽可能分析各种经营措施的生态和经济后果并保证设计的体系是全局最优的，这将更多的依赖和使用模型、模拟及决策支持系统；⑧定期对森林的生长和健康状态进行监测和评价。

（4）近自然森林经营的经济可行性

目前有一种观点认为近自然森林经营是需要大量外部投入的技术体系，是欧洲发达国家的一种奢侈。其实，经济可行性是发达国家一切经营方式的最基本的特征。据权威人士总结欧洲大量实例，对近自然经营法与同龄林人工林经营法的病虫害情况、造林抚育和收获成本、道路密度、机械化可能、总生产力和木材质量等各项指标的技术经济效果所做的对比分析结果说明，近自然森林经营的整体生产力和经济效果高于同龄林人工林经营体系。

瑞士苏黎世理工大学副校长、森林经理学家 Bachmann 教授对近自然经营法与同龄林人工林经营法在总结大量例子基础上的对比分析结果表明，在保持森林生态系统结构和功能稳定的基础上，近自然森林经营具有投入成本低、抗灾害能力强的特征，其整体经营的效果高于同龄林人工林经营。

4.3.3 近自然森林经营的技术要素

人工林经营以强调人为设计和控制的轮伐期技术体制为基本特征，而近自然经营是以原始森林的结构和动态为参照对象的比较分析和应用为首要特征。在人工林经营的传统林业中，由于经营目标的单一性，经营体系的要素和过程也是较为单一的，无论是造林或抚育，经营目标针对一定面积的特定区域设立，作业设计在目标指导下进行，作业施工后的检查和控制针对设计和措施进行。如造林项目检查的是成活率和管护措施落实情况，林分抚育项目检查的是抚育强度和出材量等。而近自然经营体系在其培育近自然森林的高层目标指导下，在进行立地和生境调查区划的基础上，根据具体生境空间单元的特征确立经营目标，进而制定可实现这个目标的经营计划并进行相应的设计和施工，检查是目标（近自然森林）实现的程度，而不是检查某个指标（如成活率）或措施（如抚育方式）的执行情况。

近自然森林经营实施技术体系从过程的角度可总结为：经营及作业设计调查技术、群落生境制图及经营计划技术、目标树单株木林分施业体系等主要方面。

（1）经营及作业设计调查技术

近自然森林经营调查包括立地条件调查、植被调查及样地调查等，并结合调查结果对经营相关因子，如林分结构、立地条件评价、林分近自然度等进行量化估计，为进一步制定林分近自然森林经营规划做准备。

（2）群落生境制图及经营计划技术

群落生境野外调查图，必须包括道路、水域、等高线和高程点，以及林班、小班区划界限和常规小班注记信息。群落生境制图是从传统的立地条件分类图演化而来，是反映立地条件、森林类型、林分近自然度、自然保护及经营目标和措施的一系列专题图。近自然森林的经营规划的基础、分析、目标和结果都是以群落生境图的形式表达出来。

（3）目标树单株木林分施业体系

近自然森林经营林分作业体系是以单株林木为对象进行的目标树抚育管理体系。具体做法是把所有林木分类为目标树、干扰树、生态保护树和其他树木等四种类型，使每株树都有自己的功能和成熟利用时点，都承担着生态效益、社会效益和经济效益；分类后需要永久地标记出林分的特征个体——目标树，并对其进行单株木抚育管理。目标树的选择指标有生活力、干材质量、林木起源、损伤情况及林木年龄等方面。标记目标树就意味着以培育大径级林木为主对其持续地抚育管理，并按需要不断择伐干扰树及其他林木，直到目标树达到目标直径并有了足够的第二代下层更新幼树时即可择伐利用，在这个抚育择伐过程中根据林分结构和竞争关系的动态分析确定每次抚育择伐的具体目标（干扰树），并充分地利用自然力，通过择伐实现林分的最佳混交状态及最大生长量和天然更新，实现林分质量的不断改进。

4.3.4　近自然森林经营对当前我国林业发展的意义

近自然森林经营的理论和技术在当前我国林业工作中的应用意义可集中表现在“通过合理经营实现有效保护”的天然林经营工作中。天然林是我国森林资源的主体，现有天然起源的林地面积为1069万hm^2，约占总林地面积的70%，活立木蓄积90.7亿m^3，约占活立木总蓄积的81%。可见天然林在维护国家生态平衡、提高环境质量及保护生物多样性等方面发挥着不可替代的主体作用。保护天然林是关系到中华民族生存发展的大问题，但是，对于大面积的天然林资源保护工程（“天保工程”）限伐区和仍是国家木材生产基地的天然林保护工程综合经营区，由于既不能采取完全保护禁伐的方式，也不能在以木材生产为核心的体系下继续经营，所以寻找新的森林经营模式是目前迫切的技术需求。实际上，通过合理地经营森林来实现有效地保护森林是德国等人口密集国家的成功经验，也应该成为我国天保工程的基本技术。虽然天保工程区日益恶化的生态环境已经成为制约经济发展的关键，但是当地人民的生产、生活对天然林的依赖性客观存在，这是与恢复和促进森林生态系统质量和数量改善的基本矛盾。从长期发展来看，天保工程区的大部分天然林既不可能完全保护禁伐，也不能以木材生产为核心粗放经营，且天然林保护也不可能作为一个建设工程在国家预算的支持下无限期执行下去。因此，在近自然森林经营理论和技术的方向上探寻合理经营利用天然林的技术体系和管理方法应该是有效保护天然林的根本出路。

我国现有的人工林面积在迅速增长，据第五次全国森林资源清查结果，1994—1998年人工林的净增面积为1025万hm^2，达到4139万hm^2。第六次清查达到5325万hm^2，其中树种和结构单一的、处于中幼龄阶段的林分占77.4%，亟待抚育面积超过1000万hm^2。随着国家生态建设需求的提高，这些人工林的很大部分将逐步定位为生态公益林，承担着所在地区的防风固沙、保持水土、水源涵养、空气净化、二氧化碳代换、游憩娱乐和景观美化等繁重的生态防护和文化服务功能。但是由于历史和技术的原因，这些人工林多为中幼龄林和单一树种的纯林，其生态和环境服务功能低下，木材生产效益也随地力退化在降低。尤其我国森林抚育管理的经验和体系至今还停留在人工用材林经营的理论和生产经验内，新中国成立以来林业建设的着重点主要是在营造人工林的育苗造林方面，均以用材林模式为主，抚育管理的主要投入也集中在未成林造林地的抚育管理方面，人工林郁闭成林后的中幼林抚育的研究与生产经验非常有限。因此，在近自然森林经营的理论和技术支持下，研究并提出人工林近自然化改造的技术体系并建立试点林区，使我国以生态公益为主要目标的人工林尽可能地离开同龄轮伐期经营的简单体系，改造调整为结构丰富稳定和生态防护功能更高的近自然状态的异龄混交森林，将是国家生态环境建设中亟待解决的瓶颈问题。

本章小结

本章介绍了人工林造林整地技术和造林方法。造林整地是造林种草的一项非常重要的工序，是保证造林成活、树木发芽及出苗整齐的一项最重要的技术措施。造林整地指在造林之前，清除林地上的植被、采伐剩余物或火烧剩余物，并以翻垦土壤为主要内容的一项生产技术措施。介绍了造林整地的作用、造林地的清理以及造林整地的方式方法、造林整地的技术规格及确定、造林整地的时间和季节。造林方法根据所使用的造林材料不同，可分为播种造林、植苗造林和分殖造林三种。造林方法中介绍了三种造林方法的特点及使用条件和造林技术。

思考题

1. 简述整地改善造林地立地条件的作用表现在哪几个方面。
2. 简述造林地清理的概念、主要方式和方法。
3. 简述造林地整地的主要方式和方法。
4. 简述 3 种造林方法的特点及其适用条件。
5. 简述植苗造林的技术要求。
6. 简述播种造林的技术要求。
7. 简述分殖造林的类型。
8. 简述近自然森林经营的基本思想。
9. 简述近自然森林经营的理论要点。
10. 简述近自然森林经营的技术要素。

本章推荐阅读书目

沈国舫. 2001. 森林培育学[M]. 北京：中国林业出版社.
翟明普. 2001. 森林培育学[M]. 北京：中央广播电视大学出版社.

本章参考文献

陆元昌. 2006. 近自然森林经营的理论与实践[M]. 北京：科学出版社.
沈国舫. 2001. 森林培育学[M]. 北京：中国林业出版社.
王百田. 2010. 林业生态工程学[M]. 北京：中国林业出版社.
王小平，陆元昌，秦永胜，等. 2008. 北京近自然森林经营技术指南[M]. 北京：中国林业出版社.
王治国. 2000. 林业生态工程学[M]. 北京：中国林业出版社.
翟明普. 2001. 森林培育学[M]. 北京：中央广播电视大学出版社.
2016G B T. 2016. 造林技术规程 [S] [D].

第5章·抚育管理

抚育管理是造林后的一项重要工作，对于提高造林成活率和保存率、促进林木生长及早郁闭，最大限度地发挥森林在生态环境保护和建设中的主体作用具有重要意义。为了把森林培育成符合利用目的而实行的各种人工作业，就被称为森林抚育，森林抚育可以说是森林培育中的关键问题之一。抚育措施包括林地管理、林木抚育、林分改造、封山育林等内容。

5.1 林地管理

土壤是树木生长的基础，是水分、养分供给的基质。通过林地管理，可以使土壤有机质含量提高、土质疏松、通气透水性能改善，使土壤微生物活跃，土壤肥力提高。从而有利于林木根系对营养物质的吸收，能够有效地促进林木生长。我国林地主要是山地，其次是丘陵、砂砾滩地、平原、海涂及内陆盐碱地，这些林地大多土壤瘠薄，有机质含量低，偏酸或偏碱，不利于林木的生长。因此，除了在栽植前通过整地措施改良土壤的理化性状外，在造林后还要通过林地管理措施改善和协调土壤的水、肥、气、热等条件，从而提高林地的生产力。林地抚育管理主要包括松土除草、施肥、灌溉与排水、栽植绿肥作物及改良土壤树种、保护林地凋落物等。

5.1.1 松土除草

(1) 松土除草的意义

松土除草是幼龄林抚育措施中最主要的一项技术措施。松土的作用在于：①疏松表层土壤，切断上下土层之间的毛细管联系，减少水分物理蒸发；②改善土壤的保水性、透水性和通气性；③促进土壤微生物的活动，加速有机物的分解。但是，不同地区松土的主要作用有明显差异，干旱、半干旱地区主要是为了保墒蓄水；水分过剩地区在于排除过多的土壤水分，以提高地温、增强土壤的通气性；盐碱地则希望减少春季返碱时盐分在地表积累。

除草的作用主要是：①清除与幼林竞争的各种植物。因为杂草不仅数量多，而且容易繁殖，适应性强，具有快速占领营养空间，夺取并消耗大量水分、养分和光照的能力。②消除幼树根系生长的障碍。杂草、灌木的根系发达、密集，分布范围广，又常形成紧实的根系盘结层阻碍幼树根系的自由伸展，有些杂草甚至能够分泌有毒物质，直接危害幼树的生长。③减少病虫害对幼树的危害。一些杂草灌木作为某些森林病害的中间寄主，是引起人工林病害发生与传播的重要媒介，灌木、杂草丛生处还是危害林木的啮齿类动物栖息的地方。

（2）松土除草的年限、次数和时间

松土除草一般同时进行，也可根据实际情况单独进行。湿润地区或水分条件良好的幼林地，杂草灌木繁茂，可只进行除草（割草、割灌），而不松土，或先除草割灌后再进行松土，并挖出草根、树蔸；干旱、半干旱地区或土壤水分不足的幼林地，为了有效地蓄水保墒。无论有无杂草，只进行松土。

松土除草的持续年限应根据造林树种、立地条件、造林密度和经营强度等具体情况而定。一般多从造林后开始，连续进行数年，直到幼林郁闭为止。每年松土除草的次数，受造林地区的气候条件、造林地立地条件、造林树种和幼林年龄，以及当地的经济状况制约，一般为每年1~3次。松土除草的时间须根据杂草灌木的形态特征和生活习性、造林树种的年生长规律和生物学特性，以及土壤的水分、养分动态确定。

（3）松土除草的方式和方法

① 松土的方式。松土除草的方式应与整地方式相适应，也就是全面整地的进行全面松土除草，局部整地的进行带状或块状松土除草，但这些都不是绝对的。有时全面整地的可以采用带状或块状抚育。而局部整地也可全面抚育，或造林初年整地范围小，而后逐步扩大，以满足幼林对营养面积不断增长的需求。松土除草的深度，应根据幼林生长情况和土壤条件确定。造林初期，苗木根系分布浅。松土不宜太深，随幼树年龄增大，可逐步加深；土壤质地黏重、表土板结或幼龄林长期缺乏抚育，而根系再生能力又较强的树种，可适当深松；特别干旱的地方，可再深松一些。总的原则是：（与树体的距离）里浅外深；树小浅松，树大深松；沙土浅松，黏土深松；湿土浅松，干土深松。一般松土除草的深度为5~15cm，加深时可增加到20~30cm。

②除草的方式。除草的方法有人工除草、机械除草、生物除草、化学除草。目前，山地造林松土除草基本上是手工操作，但是劳动强度大，工作效率低。平原造林虽然大多采用机械化作业，工作效率水平较高，但成本也较高。化学除草是利用除草剂代替人力消灭杂草的技术，只要药剂选择得当，施用方法正确，化学灭草工效高、成本低，可以节省大量劳力。

5.1.2 灌溉与排水

5.1.2.1 人工林灌溉

（1）灌溉的意义

灌溉作为林地土壤水分补充的有效措施，已成为人工林管理的一项重要措施。灌溉对提高造林成活率、保存率，提早进入郁闭，加速人工林的生长具有十分重要的作用，灌溉能够改变土壤水势，改善树体的水分状况，促进林木生长；在土壤干旱的情况下进行灌溉，可迅速改善林木生理状况，维持较高的光合和蒸腾速率，促进干物质的生产和积累；灌溉使林木维持较高的生长活力，激发休眠芽的萌发，促进叶片的扩大、树体的增粗和枝条的延长，以及防止因干旱导致顶芽的提前形成；在盐碱含量过高的土壤上，灌溉可以洗盐压碱，改良土壤。

鉴于我国目前林业生产的现状，只能对小部分的速生丰产林、农田防护林、四旁林及部分经济林进行灌水。大面积的荒山造林，灌溉较困难，应通过径流蓄水保水等调节水分的措施来解决。

（2）灌溉时间、水量及水源

① 灌溉时间。林地是否需要灌溉要从土壤水分状况和林木对水分的反应情况来判断。幼林可在树木发芽前后或速生期之前进行，使林木进入生长期有充分的水分供应，落叶后是否冬灌可根据土壤干湿状况决定。

② 灌水的流量和灌水量。灌水流量是单位时间内流入林地的水量。灌水流量过大，水分不能迅速流入土体，造成地面积水，既恶化土壤的物理性质，又浪费用水；流量过小使每次灌水时间拉长，地面湿润程度不一。灌水量随树种、林龄、季节和土壤条件不同而异。一般要求灌水后的土壤湿度达到田间持水量的 60%～80%即可，并且湿土层要达到主要根群分布深度。

③ 灌溉水源。灌溉水源包括人工引水灌溉、人工集水灌溉和井水灌溉。

（3）灌溉方法

① 漫灌。漫灌工效高，但用水量大。要求土地平坦，否则容易引起冲刷和灌水量多少不均。

② 畦灌。土地整为畦状后进行灌水。畦灌应用方便，灌水均匀，节省用水，但要求作业细致，投工较多。

③ 沟灌。沟灌的利弊介于漫灌和畦灌之间。

④ 节水灌溉。节水灌溉用水少，水分利用率高，包括喷灌、微灌等。

5.1.2.2　人工林排水

（1）林地排水的意义

土壤中的水分与空气含量是相互消长的。排水的作用是：①减少土壤中过多的水分，增加土壤中的空气含量，促进土壤空气与大气的交流，提高土壤温度，激发好气性土壤微生物的活动；②促进有机质的分解，改善林地的营养状况；③使林地的土壤结构、理化性质、营养状况得到综合改善。

有下列情况之一的林地，必须设置排水系统：①林地地势低洼，降雨强度大时径流汇集多，且不能及时宣泄，形成季节性过湿地或水涝地；②林地土壤渗水性不良，表土以下有不透水层，阻止水分下渗，形成过高的假地下水位；③林地临近江河湖海，地下水位高或雨季易淹涝，形成周期性的土壤过湿；④山地与丘陵地，雨季易产生大量地表径流，需要通过排水系统将积水排出林地。

（2）排水时间和方法

多雨季节或一次降雨过大造成林地积水成涝，应挖明沟排水；在河滩地或低洼地，雨季时地下水位高于林木根系分布层，则必须设法排水。可在林地开挖深沟排水；土壤黏重、渗水性差或在根系分布区下有不透水层，由于黏土土壤空隙小，透水性差，易积涝成灾，必须搞好排水设施；盐碱地下层土壤含盐高，会随水的上升而达地表层，若经常积水，造成土壤次生盐渍化，必须利用灌水淋溶。我国幅员辽阔，南北雨量差异很大。雨量分布集中时期亦各不相同，因而需要排水的情况各异。一般来说，南方较北方排水时间多而频繁，尤以梅雨季节应行多次排水。北方 7~8 月多涝，是排水的主要季节。

排水分为明沟排水和暗沟排水。明沟排水是在地面上挖掘明沟，排除径流。暗沟排水是在地下埋置管道或其他填充材料，形成地下排水系统，将地下水降低到要求的深度。

5.1.3 养分综合管理与施肥

(1) 林地施肥的必要性

施肥是造林时和林分生长过程中，改善人工林营养状况和增加土壤肥力的措施。施肥在人工林栽培中之所以必要，是由于：①用于造林的宜林地大多比较贫瘠，肥力不高，难以长期满足林木生长的需要；②多代连续培育某些针叶树纯林，使得包括微量元素在内的各种营养物质极度缺乏，地力衰退，理化性质变坏；③受自然或人为因素的影响，归还土壤的森林枯落物数量有限或很少，以及某些营养元素流失严重；④森林主伐（特别是皆伐)、清理林场、疏伐和修枝等，造成有机质的大量损失；⑤为使处于孤立状态下的苗木尽快郁闭成林，增强抵御自然灾害的能力；⑥促进林木生长，提高林地生产力，减少造林初植密度和修枝、间伐强度及其工作量。中国林木施肥的研究与国外先进国家相比开始较晚，生产应用更不普遍，一般仅限于小面积的经济林和速生丰产林。

(2) 常用肥料

① 有机肥料。有机肥料是以含有机物为主的肥料。例如堆肥、厩肥、绿肥、泥炭(草炭)、腐殖酸类肥料、人粪尿、家禽粪、海鸟粪、油饼和鱼粉等。有机肥料含多种元素，故称为完全肥料。因为有机质要经过土壤微生物分解，才能被植物吸收利用，肥效慢，故又称迟效肥料。有机肥料施于黏土中，能改良土壤的通气性；施于沙土中，既可增加沙土的有机质，又能提高保水性能；有机肥给土壤增加有机质，利于土壤微生物生活，使土壤微生物繁殖旺盛；有机肥分解时产生有机酸，能分解无机磷；有机物在土壤中利于土壤形成团粒结构等。有机肥料所起的这些作用是矿物质肥料所没有的。所以，它是提高土壤肥力、提高林木生长量不可缺少的肥料。

② 矿物质肥料。矿物质肥料又叫无机肥料，它包括化学加工的化学肥料和天然开采的矿物质肥料。它的特点是大部分为工业产品，不含有机质，元素含量高，主要成分能溶于水，或容易变为能被植物吸收的部分，肥效快，大部分无机肥料属于速效肥料。

③ 微生物肥料。微生物肥料是含有大量活的微生物的一类生物性肥料，它本身并不含有植物生长所需要的营养元素，它是以微生物生命活动的进行来改善作物的营养条件、发挥土壤潜在肥力、刺激植物生长、抵抗病菌的危害，从而提高植物生长量。按其作用机理可分为固氮菌、根瘤菌、磷化菌和钾细菌等各种细菌肥料和菌根真菌肥料。按微生物种类可分为细菌肥料、真菌肥料、放线菌肥料、固氮蓝藻肥料等。

(3) 施肥的时期和施肥量

① 施肥时间。对于施肥时期应该区分施肥时间和施肥时期，施肥时间如春季施肥和秋季施肥等。有效的施肥季节为林木生长旺盛期，即春季和初夏，此时施肥有利于根系吸收养分，如杉木幼林施肥以春季最好。而根据林木生长发育阶段性的施肥时期如幼林施肥、中龄林施肥和近熟林施肥等，这样区分更适合林木整个轮伐期的营养管理。林木在生长发育的不同阶段中，对养分需求强度的大小是不同的。

② 施肥量。施肥量可根据树种的生物学特性、土壤贫瘠程度、林龄和施用肥料的种类来确定。为了获得施肥的最佳效果，必须弄清楚树种在不同土壤上对肥料的需求量、对氮磷钾比例的要求。但是由于造林地的肥力差异很大，由不同树种组成的林分吸收养分总量和对各种营养元素的吸收比例不尽相同，同一树种龄期不同对养分的要求也有差别，加之林分把吸收的一部分养分以枯落物归还土壤，因而使得施肥量的确定相当复杂。一个最佳施肥量，当施肥量超过一定范围后，林木生长量不仅不会再增加，反而会产生药害。

(4) 施肥方法与技术

林木施肥方法主要有基肥和追肥。基肥在造林前将肥料施入土壤中。基肥要求深施，因为耕作层的湿度和温度有利于肥料分解，一般施15~17cm为宜。追肥又分为撒施、条施、沟施、灌溉施肥和根外追肥等。施肥方法是否得当，对于指导林业生产上合理施肥有重要意义。

① 撒施。撒施是把肥料与干土混合后撒在树行间，盖土并灌溉。撒施肥料时，严防撒到林木叶子上。

② 条施。又叫沟施。把矿质肥料施在沟中，既可液体追肥也可干施。液体追肥，先将肥料溶于水，浇于沟中；干施时为了撒肥均匀，可用干细土与肥料混合后再撒于沟中，最后用土将肥料加以覆盖。

③ 灌溉施肥：肥料随同灌溉水进入田间的过程叫灌溉施肥。即滴灌、地下滴灌等在灌水的同时，准确而且均匀地将肥料施在林木根系附近，被根系直接吸收利用。灌溉施肥可以节省肥料的用量和控制肥料的入渗深度，同时可以减轻施肥对环境的污染。

④ 根外追肥。又叫叶面追肥。根外追肥是把速效肥料溶于水中施于林木的叶子上。根外追肥的优点在于根外追肥的效果快，能及时供给林木所急需的营养元素，在急需补充磷、钾或微量元素时应用。

5.1.4 栽种绿肥作物及改良土壤树种

(1) 栽种绿肥作物及改良土壤树种的意义

在林地上引种绿肥作物和改良土壤树种，能起到增进土壤肥力和改良土壤的作用。常用的绿肥作物有紫云英、苕子、草木犀等和改良土壤的植物如紫穗槐、赤杨、木麻黄等，多具有固氮能力。绿肥作物及改良土壤树种，其作用是增加土壤养分，提高土壤含氮量；它们的根系入土较深，可以吸收土壤底层的养分，分泌的根酸可以溶解并吸收某些难溶性无机养分，组成有机物，分解后供植物利用；改良土壤性质，当它们的残体翻耕入土后，可以增加土壤腐殖质，调节土壤酸碱度，改善土壤的物理性质，防止土壤的冲刷和风蚀。

(2) 栽植方式

①先在贫瘠的无林地上栽植绿肥作物或对土壤有改良作用的树种。使土壤得到改良后再造林；②在造林时同时种植绿肥作物，绿肥作物与造林树种混生或间作；③在由主要树种或喜光树种林冠下混植固氮作物或小乔木，以提高土壤肥力。

5.1.5 保护林内凋落物

林内的凋落物层是林木与土壤之间营养元素交换媒介，是林木取得营养的重要源泉。林下凋落物对林木的作用：①凋落物分解后，可以增加土壤营养物质的含量；②保持土壤水分，减少水土流失；③使土壤疏松并呈团粒结构；④缓和土壤温度的变化；⑤在空旷处和疏林地可以防止杂草滋生。因此，林内的凋落物可以较好地提高土壤肥力，促进林木生长，维持森林生态系统平衡。

林内的凋落物储量随林分的不同而不同。针叶林的凋落物现存量普遍高出阔叶林，但是针叶林凋落物所含养分低于阔叶林内的凋落物。阔叶林内凋落物对改善土壤营养状况具有重要作用，应保护好林内的凋落物。在营林中，可以通过营造针阔混交林或林下发展灌木层来提高林内的凋落物，禁止焚烧或耙取林内凋落物。应及时将凋落物与表土混杂，加速分解并释放养分，在寒冷地区尤其重要。

5.2 林木抚育

5.2.1 幼林林木抚育

5.2.1.1 幼林林木抚育技术措施

人工幼林林木抚育是指在幼林时期对苗木、幼树个体及其营养器官进行调节和抑制的各种措施，主要措施包括间苗、平茬、修枝、接干等。林木抚育的目的在于提高幼树形质，促进幼树更好地向培育方向发展，迅速达到郁闭，保证幼树迅速生长，增加林分的稳定性。

(1) 间苗

间苗是间除播种苗造林或丛植造林过于稠密的幼苗或林木。采用播种造林及丛状植苗造林后，随着苗木或幼林的生长，植株对生活空间需求越来越大。幼林全面郁闭之前首先达到穴内郁闭，植株丛生，初期生长良好，但随着年龄的增长，每个栽植点或一个植生组中，由于个体多，营养面积和营养空间不足，因而引起幼树分化，生长受到抑制，为了改变这种状况，就需要进行间苗，通过调节群内密度来保证优势植株的正常生长。

间苗的具体时间、强度和次数应根据幼树的生长状况及密集程度而定。生长在立地条件较好的地方的速生阳性树种，间苗时间一般可在造林后 2~3 年，强度可大些；反之，可以晚些间苗，推迟到造林后 6~7 年，强度也应小些。间苗可在初冬或早春进行，掌握去劣留优并适当照顾距离的原则。间苗的次数要按具体情况而定，在劳力较充裕、立地条件较差、树木生长缓慢时，最好分 2 次进行间苗定株，但立地条件好，生长快的也可只间苗 1 次。

（2）平茬和除蘖

平茬是利用树种（主要是阔叶树种）的萌蘖能力，保留地径以上小段主干，截去其余部分，使其长出新茎干的一种抚育措施，当幼树的地上部分由于某种原因（机械损伤、霜冻、风折及病虫害等）而生长不良，失去培育前途，或在造林初期，当苗木失去水分平衡而可能影响成活率时，都可进行平茬。经平茬后，幼树能在根茎以上长出几根或十几根生长迅速、光滑、圆直的萌蘖条，应在生长季节的中、后期选留其中较壮的 1~2 年作为培育对象，余者全部除掉，一般用于 1~2 年生的人工幼林。

平茬还可以促进灌木丛生，使其更快发挥护土遮阴作用。因此，在栽植后 2~3 年进行平茬，可使幼林提前郁闭，防止杂草蔓延，既有利于保持水土，又可获得一定数量的编织条子和薪材，混交林中有的为了调节种间关系，保护主要树种不受压抑，也可对相邻的伴生树种或灌木进行平茬。平茬一般在春季进行，要求截口必须平滑。有些树种萌蘖性很强，常从根颈部长出许多萌蘖条，丛状并长，失去顶端优势，严重影响主干生长。为了促进林木速生，保证主干圆满通直，须将多余的萌蘖条剪掉。采用截干苗造林时，可在栽后 1~2 年秋末或早春进行除蘖，使单株只保留一个主干。

（3）修枝和摘芽

人工幼林阶段一般不进行修枝，但有些时候在自然生长情况下，往往主干低矮弯曲；侧枝粗大且多，影响材质，需要进行修枝。通过修枝适当地控制树冠的生长，可以改善林分通风透光条件，提高树干质量，加速干材生长，缩短成材的年限并可减少病虫危害。通过修枝，还可获得一定数量的薪材及嫩枝饲料和肥料，增加短期收益。

摘芽是修枝的另一种形式，为了改善树干质量，而摘除部分侧芽的一种抚育措施。阔叶树（如泡桐等）在造林后当年或第二年开始摘芽，保留主干顶部的一个壮芽，摘除部分侧芽。针叶树种（如松树等）从造林后 3~5 年开始，摘除主干梢头的侧芽，连续进行 3~5 年，摘芽的季节应在春季侧芽已伸长抽枝，但茎部尚未木质化前进行。

5.2.1.2　幼林保护

造林后到幼林郁闭前要严格封禁，做好防火、防病虫害以及抗旱防冻等工作。

（1）防火

由于人工林多在交通便利、人口相对活动频繁的地区，防火十分重要。要建立严格的防火管理制度，做好宣传工作，同时开设防火线，设置必需防火工具，加强巡逻瞭望，严防幼林发生火灾。

（2）防治病虫、鸟兽害

贯彻“以防为主，积极消灭”的方针，在造林设计和施工时充分预测估计病虫、鸟兽害发生的可能性，做到心中有数，并采取相应的预防保护措施，如营造混交林、设置隔离带、拌种等。同时建立健全森林病虫害防治机构，加强预报工作。要严格林木种苗的检疫制度，确定种苗的检疫对象，划定疫区和保护区，防治危险性病虫害的传播和蔓延。

(3) 抗旱防冻(寒)

在干旱与半干旱地区造林时，有时幼树易受寒、旱危害，所以，在造林时，要尽量选择抗性强的树种或品种。对苗期不耐寒的树种及易受生理干旱的树种，可采取埋土、覆草、包扎和平茬等措施。在湿润、半湿润或土壤黏重的地区造林时，为了防止冻拔、霜冻等灾害，可采取保土防冻整地措施，及时进行扶正、踏实、培土等管理措施。

(4) 封禁保护、预防人畜破坏

人畜破坏，包括不合理的樵采、放牧及滥伐等，对人工幼林的危害极大，尤其在人为活动比较频繁的地区，人畜破坏更为突出，为了防治人畜破坏，除在造林设计时就考虑当地实际情况，合理统筹安排土地，划分山林权属外，还要大力宣传和贯彻落实森林法，组织护林机构，加强幼林保护的巡视，做好当地群众的思想教育工作，发动群众封山育林、爱林护林、保护幼树顺利成林。

5.2.1.3 造林检查和验收

为了确保造林质量，要根据造林施工作业设计逐项检查验收。幼林检查是造林施工单位及其上级机关，每年秋冬季要对去秋和今春的新造幼林和补植造林进行的一次检查。以判定造林的成活率、林木生长情况、评定造林质量、分析成败原因，以便改进造林技术、推广先进经验以及拟订补栽和抚育措施。

(1) 幼林成活率

采用样标准地(样地)法或标准行(样行)法检查造林成活率。成片造林面积在 $10hm^2$ 以下，样地面积应占造林面积的3%；$10\sim30hm^2$ 的，应占2%；$30hm^2$ 以上的，应占1%。护林带应抽取总长度的20%林带进行检查，每100m检查10m。样地和样行的选择实行随机抽样。山地幼林调查，应包括不同海拔、部位和坡度、坡向及植苗造林和播种造林。每穴中有一株或多株幼苗成活均作为成活一株(穴)计算。造林平均成活率按以下公式计算，平均成活率一般为整数或保留一位小数。

$$平均成活率=\frac{\sum 小班面积\times小班成活率}{\sum 小班面积}$$

$$小班成活率=\frac{\sum 样地(行)成活率}{样地(行)数}$$

$$小班成活率=\frac{\sum 样地(行)成活株(穴)数}{\sum 样地(行)设计株(穴)数}$$

(2) 人工幼林的评价

① 合格标准。平均降水量在400mm以上地区及灌溉造林，成活率在85%以上(含85%)；年均降水量在400mm以下地区，成活率在70%以上(含70%)。

② 补植。年均降水量在400mm以上地区及灌溉造林，成活率在41%~85%(不含85%)；年均降水量在400mm以下地区，成活率在41%~70%(不含70%)的幼林要及时

予以补植。

③ 重造。经检查确定，造林成活率在41%以下（不含41%）时，要重新造林，即将统计的新造幼林面积中，凡是造林成活率低于41%的，要列为宜林地重新造林。

在调查成活率的同时，还要调查苗木死亡和种子不萌发的原因，以及病虫、鸟兽害情况和人畜破坏情况等，以积累造林经验，改进今后造林工作。

(3) 幼林保存面积和保存率检查

人工造林后3~5年，成活已经稳定，此时要核实幼林保存面积和保存率。一般是上级林业主管部门根据造林施工设计书和检验标准，对幼林保存面积、保存率、抚育管理和林木生长情况组织检查，将其结果计入档案。当幼林达到郁闭成林时，可划归为有林地，列入有林地资源范畴。

(4) 补植

应按原设计树种大苗，按原株行距进行，必要时需要重新整地，播种造林补植，可由苗多的穴内移苗补植。补栽成功的前提在于成活，而关键则在于补植的植株就在生长上赶上原来成活的植株，否则，补植的植株很容易成为被压木，造成林冠不整齐，形成过早分化等不良后果，降低林分生产率，起不到补植应有的作用。补植必须及时，第一次补植一般是在造林后第二年春季或选当地有利季节进行。当补植机会已错过，无法使同一树种补苗赶上成活植株的生长时，也可用速生或稍耐阴的其他树种苗木进行补植。为了避免补植时苗木运输费工，并使苗龄与幼林一致，可以在局部密植，在抚育过程中如发现缺苗，可随时就近带土起苗补植，这样不仅成活率高、生长快，而且经济、省工。有条件的地方，采取专门培养的容器苗补植，效果更好。

5.2.2 林木抚育管理

成林管理就是对人工林的组成和密度及其林木个体的生长发育进行管理和控制，包括人工修枝、抚育间伐、采伐更新及低价值人工林的改造，目的是最大限度地发挥森林的生态防护功能和经济功能。

5.2.2.1 人工修枝

主要应用于人工林的幼龄期和壮龄期，其目的、方法、原则及注意事项与幼林抚育的修枝基本相同。

5.2.2.2 抚育采伐

(1) 抚育采伐的意义

从幼林郁闭起到主伐前一个龄级为止，为促进留存林木的生长进行的采伐，简称抚育伐，又称间伐或抚育间伐。其作用是：①调整混交林林分组成，淘汰非目的树种，为目的树种迅速生长创造良好的条件；②调整纯林林分密度，保证留存木具有合理的营养空间；③缩短林木培育期，增加单位面积的生产量，改善林分卫生状况，增强林木对各种自然灾害的抵抗能力；④提高森林的各种防护效能。

进行抚育采伐是与森林自然稀疏的客观规律密切相关的。林木在生长发育过程中，到一定阶段，由于对营养物质的竞争会产生在大小和生长势上的分化，并最终导致某些生长落后林木的死亡，这种随年龄增长林木株数不断减少的现象，就是自然稀疏。所以，抚育采伐的实质以人工稀疏代替自然稀疏，给优良的留存木创造足够的营养空间。

(2) 抚育采伐的技术措施

一般地，将森林抚育采伐分为除伐、疏伐和卫生伐三类。除伐主要是在混交林幼林除去非目的树种。疏伐是在纯林中调整林分密度，伐除部分株数。卫生伐是为改善林分卫生状况，伐去一些病虫害木。森林抚育采伐的方式及其强度因树种和立地条件不同而异。

① 选择砍伐木。这关系到林分环境的改变、林木生长、采伐强度和经济防护效益。选择砍伐木时需考虑到林木分级、树木干形品质（防护林还需考虑林冠的冠幅和枝叶的茂密程度）、病虫害状况等。做法有两种：一是重点放在某些优良木单株生长，从较早时期即将这些优良木选定，并对它们做标志，一直保留到最终采伐（主伐）；二是重点放在全林分生长上，即在每次采伐时重新选择保留木，前者多用于用材林特别是大径材培育上，后者多用于防护林培育中。

② 采伐强度。即采伐木株数占伐前总株数的百分比或伐木蓄积量（或胸高断面积）占伐前蓄积量（或胸高断面积）的百分比。因树种生长特性、林种及立地条件而定，水土保持林和水源涵养林及立地条件差的，宜采用较小的采伐强度，一般小于25%，否则，郁闭度迅速下降且不易恢复，会严重影响防护效能。用材林及立地条件好的林分可大些，但一般不要超过30%~40%。

③ 采伐时期。包括抚育伐的开始时期、两次采伐之间的时间间隔期、抚育采伐的结束期，如何确定三个时期，因树种及抚育采伐种类而异。

5.2.2.3 采伐更新

人工林成林生长到某一成熟年龄（防护林为防护成熟龄，即超过此龄防护效能开始持续下降）时，要进行采伐，称之为主伐，主伐后清理采伐迹地和更新。

(1) 主伐方式

按照一定的空间配置和一定的时间顺序，对成熟林分（或某种特定意义的成熟，如防护成熟）进行采伐。培育森林的目的在于不断地生产木材和发挥森林的多种效益，但当森林达到某种年龄后，林木生长减缓、材质下降、防护效能减弱，在此情况下应及时采伐，培育新林，主伐方式可分为：

① 皆伐。即将伐区上的林木一次全部伐除或几乎全部伐除，俗称“剃光头”。皆伐作业简单，便于机械化，有利于林分改造和采用新树种造林，适用于人工更新，但容易引起水土流失、干旱和沼泽化，而破坏森林的防护作用。故此法多用于用材林，防护林一般不用皆伐，某些防护林，如水源涵养林和水土保持林甚至禁止皆伐。

② 渐伐。是在较长时间内（通常为一个龄级）分数次将成熟林分逐渐伐除的主伐方式。渐伐的目的是使林木逐渐稀疏，防止林地突然裸露，造成水土流失或环境恶化，分阶段伐除，逐渐实现伐前更新采用渐伐，环境条件变化小，天然更新（也可人工更新）比较

有保证，适用于自然条件不良的防护林和风景林，但采伐技术和组织工作复杂，不利于机械作业，成本高。

③ 择伐。是在一定地段，每隔一定时期，单株或群状地采伐达到一定径级或具有某一特征的成熟林木的主伐方式。择伐应严格按照“采小留大，去劣留优”的原则进行，择伐对森林环境改变小，易于维持森林生态系统，适于山地防护林，特别是水土保持林和水源涵养林，但采伐技术难度大、成本高。

（2）林下地被的保护及采伐迹地清理

在正常条件下，采伐作为森林经营的一种必然过程，对林地造成的扰动是难以避免的，这在生态脆弱的水土流失地区或坡度陡峻的山区，可能导致严重的水土流失，甚至难以恢复更新。这除森林本身的减少外，更重要的原因：①伐倒后拖拉、搬运原木时对林地植被及土层的破坏；②用于运输伐木修筑集材道而引起林地土壤和植被的严重扰动；③采伐时由于人或机械的踩踏和碾压，使林地表层土壤趋于紧实，导致渗透力下降。因此，应通过采伐迹地的清理，做好林下地被的保护工作。

采伐迹地清理是森林采伐、集材后，对迹地留下的枝桠、梢头、废材等采伐剩余物以及影响更新的藤条、灌木等进行清除的技术措施，又称伐区清理。对于促进更新，消灭病虫害，防止火灾发生和提高土壤肥力有着重要的意义。方法有运出、就地利用、堆积、撒铺和火烧。在水土流失地区，如果清理方法不当，可能造成大量的水土流失。最好的办法是撒铺，撒铺就是将剩余物截成长 1m 以下的小段，均匀撒铺或带状平铺于地面，任其腐烂，有利于防止水土流失。

（3）森林更新

森林更新是森林采伐后，通过天然或人工方法，使新一代森林重新形成。森林更新通常分为天然更新和人工更新。天然更新是通过天然下种或伐根萌芽、根系萌蘖等形成新林。能充分利用自然力，节省劳力和资金。通常用于交通不便、人口稀少地区的森林更新。防护林中的水源涵养林位于河流上游，人工更新条件差，故常用此法。人工更新系采用人工种植的方法更新形成幼林，方法同造林。小流域的防护林若条件许可，应尽可能采取人工更新。人工更新时间短、成林快、质量高，但投资高，有时可将天然更新和人工更新结合起来，以节省劳力和资金。

水土保持人工林成林管理在各个生长期有着不同的特点。幼壮龄林期，林木高、径生长都很旺盛，尤以高生长为快，称为高生长阶段。因为高、径和材积的增长，树冠不断扩大，逐渐形成相互挤压的现象，此时应开始进行第一次抚育伐，伐去一些生长矮小和相互影响生长的树木，伐后要保持间距大略相等，抚育强度为 20%～30%。中龄林期，高生长放慢，直径生长开始加快，称为直径生长阶段。因为林木生长要求有较大的营养面积，此时应进行第二次抚育伐，伐去生物量小、生长不良及有病虫害的林木，抚育强度 30%～40%。近熟龄林期林木高生长很慢，直径仍有一定的生长，林分生长要求更多的生长面积，此期林木除受特殊灾害外很少死亡，主要伐去生长落后和不良的树木，抚育强度 30%～40%。成熟龄林期，林木高径生长放慢，甚至停止生长，防护效能下降，此时应采取主伐更新，从水土保持角度考虑，禁止采用皆伐，而应采取渐伐或择伐。

5.3 林分改造

5.3.1 低价值人工林改造

低价值林分的改造已成为中国森林经营工作中的一项重要任务，也是科研工作中的重要课题。所谓林分改造就是对在组成、林相、郁闭度与起源等方面不符合经营要求的那些产量低、质量次的林分进行改造的综合营林措施，使其转变为能生产大量优质木材和其他多种产品，并能发挥更好的生态效能的优良林分。由于低价值林分，尤其次生林的低价值林分常常占有较好的立地类型，通过林分改造，能很快地获得经济效益。

(1) 低价值人工林的成因及特点

中国南方和北方都有一些生产力低、质量差与密度太小的人工林与天然次生林。在这些林分中有的由于密度小、树种组成不合理，而不能充分发挥地力；有的生长不良，树干弯扭、枯梢，或遭病虫害与自然灾害后生长势衰退，它们成林不成材。这些林分不能按经营要求提供用材，或产量很低，也不能较好地发挥防护作用，没有培育前途。我们将这些林分称为低价值林分。由于低价值人工林产生的原因不同，因而改造的方法也不一样。其形成原因大致可以归纳为下列几种：

① 造林树种选择不当　由于造林的立地条件不能满足造林树种生态学特性的要求，导致人工林生长不良，难以成林、成材。在南方低丘的阴坡、山脊与多风低温的高海拔地上营造的杉木林，其中有不少变成了“小老头”林，原因就是树种选择不当。这是由于盲目追求“集中成片”或者“有什么苗栽什么树”，而没有考虑适地适树这一原则所造成的。

② 整地粗放，栽植技术不当　在造林前粗放整地是形成“小老树”林的重要原因之一。在整地时，如不把土壤中的杂灌木的根系挖除，或整地太浅，松土面积太小，都将影响幼林生长。造林时，如果栽得过浅，培土不够或覆土不实，不但降低保存率，而且会严重影响林木生长。

③ 造林密度偏大或保存率太低　由于密度过大，营养面积与生长空间不能满足幼树的需要，必然导致林木生长不良，并且易遭病虫害与其他自然灾害的危害。保存率低则长期得不到郁闭，林木难以抵抗不良环境条件与杂灌木的竞争。

④ 缺少抚育或管理不当　造林后不及时抚育，或抚育过于粗放，管护不好，幼树则生育不良或受破坏。

(2) 低价值人工林改造的对象

我国林分改造的主要对象有：①“小老头”人工林；②生长衰退无培育前途的多代萌生林；③非目的树种组成的林分；④郁闭度在0.3以下的疏林地；⑤遭受严重自然灾害的林分；⑥生产力过低的林分；⑦天然更新不良、低产的残破近熟林；⑧大片低效灌丛。

确定改造的对象以及确定何时进行改造，还得考虑经济条件。类似的林分，在不同的经济条件下，可能在一个地区不需要改造或推后改造，而另一个地区则划为改造对象，还可能就在近期施工。所以林分改造既要考虑必要性，还得考虑可能性。

(3) 低价值人工林分改造的技术措施

在人工林培育过程中由于树种选择不当，没有做到适地适树，幼林抚育不及时，造林密度过大，间伐没有跟上等原因形成的人工林，或表现为多年生长极慢甚至停止生长的“小老树”林，或为稀稀拉拉不成林，经济价值和产量都很低的疏林。对此类林分进行抚育管理称之为低价值人工林分改造，低价值人工林分改造的方法是：

① 更换树种。对于树种选择不当形成的低价值人工林，应更换树种，重新进行造林。更换树种时，可根据需要保留部分原有树种，以便形成混交林，原树种保留比例以不超过50%为宜。

② 抚育管理。对于幼林抚育不及时或根本不抚育而形成的低价值人工林，只要采取适当的抚育措施，就可以使幼林得到复壮。一是要采取深松土的抚育措施，即雨季前在行间深松土 30~40cm，深松带应距幼树 30~50cm，深松的间隔期以 3~4 年为宜。在间隔期内，每年应进行 1~2 次一般性土壤管理，如浅松土和除草。此外，如密度过稀，应在林中空地补植大苗，以便达到全面郁闭；二是平茬复壮，对于那些具有强萌蘖力的树种，因人畜破坏而形成的低价值人工林分，常用此法改造。

③ 间伐。对于密度过大而形成的低价值人工林，可采取抚育间伐使之复壮。另外，修枝、种植绿肥、混交具有改良土壤作用的乔灌木树种等措施，也能够改造低价值人工林。

5.3.2　次生林改造

天然林分为原始林与次生林。次生林是森林资源中面积很大的一种森林类型，目前我国次生林的面积约占全国森林总面积的一半。经营好这些次生林，在改善我国生态环境、生物多样性保护、为人民提供良好的游憩地以及提供包括木材在内的多种林产品方面具有重要的意义。

(1) 次生林的特点

次生林在树种组成、林分结构、起源、生长状况等方面与原始林相比，有着很大的差别。主要表现在：

① 树种组成较单纯。次生林是在原始林破坏后形成的次生裸地上发生的，而次生裸地的环境条件只适用于少数阳性阔叶树种生长，因而次生林的树种组成较单纯，尤其是在初始阶段构成林分的树种较单一。

② 年龄小、年龄结构变动大。由于次生林是原始林遭受破坏后产生的，或者在次生林中反复进行采伐后重新形成的，因而大多数次生林的年龄较小。林分的年龄结构相差甚大，在撂荒地、火烧迹地或皆伐迹地上发生的未遭破坏的初始次生林多为同龄林；但是，经过反复破坏（单株或群状砍伐过）的次生林则常为异龄林。

③ 生长迅速、衰退较早。由于次生林多为阳性树种，而且萌生较多，因此林木生长

迅速，生长率较大，但是衰退得也早，寿命也短。

④ 林分分布不均匀。由于原始林被破坏的原因、时间以及破坏的程度不同，使形成的次生林群落内部以及群落之间常常出现林木分布不均匀状况。有的单株散生，有的呈簇式或群团状生长，而且在林分中还常见有一些或大或小的空地。

（2）次生林改造的对象

在次生林中林地郁闭度很小（<0.3）、林木分布不均、优势树种的经济价值低、林木生长量低、成材率低、有较严重的病虫害、没有培育前途的林分，称为低价值次生林。次生林改造的对象包括：①由经济价值低的树种组成的林分；或是立地条件不适合树种要求，使林木生长不良、生长率低、生长势过早衰退的林分。②生长衰退无培育前途的多代萌生林。③林木材质差，干形不良，或遭受过雪折、风倒、火灾等造成林况恶化的残破林分。④病虫害严重必须尽早采伐的林分。⑤天然更新不良，低产的残破近熟林。⑥林木分布不均，林中空地较多，林分郁闭度不到0.3的疏林地。⑦没有特殊用途而立地条件优越的大片灌丛。

（3）次生林改造的技术措施

为了使低价值次生林能更好地发挥森林的防护功能提高生长量，提供更多的木材与林副产品，必须对它们进行改造，其目的是调整林分组成、加大林分密度、提高林分的利用价值和林地的利用率，使这些林分变低产为高产，变劣质为优质。次生林改造的技术措施包括：

① 全面改造。这一措施适用于非目的树种占优势而无培育前途的林分，或者大多数难以成材的林分。目的在于改变主要组成树种、改变林分的状况。这一方法一般适用于地势平缓或植被恢复快，不易引起水土流失的地方。根据改造面积的大小，可分为全面改造和块状改造。全面改造的面积不得超过$10hm^2$，块状改造面积控制在$5hm^2$以下。

② 林冠下造林。一般适合于林木稀疏、郁闭度小于0.5的低价值林分。在林冠下进行播种或植苗造林法，提高林分的密度。林冠下造林能否成功，关键是选择适宜的树种。引入的树种既要与立地条件相适应，又要能与原有林木相协调。

③ 抚育采伐、伐孔及林窗造林。这是一种将抚育采伐与空隙地造林相结合的方法。这种方法适用于郁闭度大，但组成树种一半以上属于经济价值低劣，而目的树种不占优势或处于被压状态的中、幼龄林；适用于小面积林中空地、林窗或主要树种呈群团状分布，平均郁闭度小于0.5的林分，以及屡遭人为或自然灾害破坏，造成林相残破疏密不均，尚有一定优良目的树种的林分。

④ 带状采伐，引进优良树种。此方法主要应用于立地条件好，由非目的树种形成的低价值次生林。改造时把要改造的林分分作带状伐开，形成带状空地，在带内用目的树种造林，待幼树长大再逐次将保留带伐完。这种改造方法能较好地保持一定的森林环境，减轻霜冻危害；侧方遮阴有利于幼苗、幼树的生长；施工较容易，便于机械化作业。

⑤ 综合改造。在设计改造措施时应因林制宜，采取不同的措施。有培育前途的中、幼龄林应进行抚育采伐，在稀疏处或林中空地造林；对成熟林首先皆伐利用，而后造林。

对于镶嵌性强、目的树种数多但分布不均，郁闭度较小的林分将抚育、采伐、造林结合进行。

5.4　封山育林

封山育林育草是以封禁为基本手段，封禁、抚育与管理结合，促进森林和草地形成的林草培育措施，目的是恢复林草植被、防治水土流失、提高林草效益。主要适用于各地有水土流失现象的荒地、残林、疏林地和退化的天然草地。在有水土流失的荒坡与残林、疏林地采取封山育林措施；在草场退化导致水土流失的天然草地采取封坡育草措施。

在荒地治理中，应将封山封坡育林育草与人工造林种草统一规划，统一实施，对通过封育措施能恢复的林草植被，采取封育；单靠封育不能恢复的林草植被和必须新种林草才能满足发展生产需要和建成商品生产基地的，采取人工造林和种草。

封山育林育草具有投资成本低、成林成草效果突出、生态效益明显的优点。在我国江河上游和水库上游地区，大都分布着天然林、天然残次林、疏林、灌木及天然草地，这些地区，往往交通不便，人口相对较少，人工造林种草的投资和劳力都显不足，因此，封山育林育草是江河上游和水库上游地区建设水源涵养林的一项尤为重要的措施。它本身也可以说是一项林业生态工程。

5.4.1　封山育林的作用

封山育林在林业生态工程建设中具有独特的作用，主要体现在三个方面。

（1）封育新林见效快

一般来说，具有封育条件的地方，经过封禁培育，南方各地少则 3~5 年，多则 8~10 年；北方和西南高山地区 10~15 年，就可以郁闭成林，不少封育起来的林分，单位面积的木材年平均生长量和总蓄积量，都可以达到一般人工林的水平。特别是在保留物种资源，以及发展尚未掌握繁殖技术的珍稀树种方面，更是人工造林难以做到的。

（2）能形成混交林，发挥多种生态效益

通过封禁培育起来的森林，多为乔灌草结合的混交复层林分，有大量的枯枝落叶，能改善立地条件，形成良好的森林环境，给林木的生长发育打下良好的基础。在保持水土、涵养水源、改善气候环境、促进农牧业生产发展、增加群众经济收入等方面，都具有更为明显的作用。另外，由于林分结构好，适于鸟类昆虫和多种生物的栖息、繁衍，使林中各种生物之间的食物链处于相对平衡状态，森林害虫和天敌之间形成了相对的制约力，从而不会发生毁灭性的森林虫害。

（3）封山育林投入少、收益大

一般封育成林 $1hm^2$，用工 45~75 个；而人工造林则每公顷需用工 20~50 个，加上种苗等开支，每公顷造林成本要比封山育林超几倍至十几倍。而且封育形成的混交林，能生产多种林副产品，有利于开展多种经营，增加群众收益。

总之，开展封山育林好处很多，是一种最经济有效的扩大森林资源的措施，不断总结经验，长期坚持下去，必将在林业生态建设上发挥更大的作用。

5.4.2 封山育林地选择的条件

选择适宜封山育林的地点是封山育林能否成功的关键一步。封山育林地选择的条件主要有：①有天然下种和萌芽根蘖的条件，如残次林地、疏林地、灌木林地、疏林草地、草地以及森林、草原的边缘和中间空地，采伐迹地和被破坏的林地，以便通过植株萌芽或天然下种，恢复林草植被；②当地的水热条件能满足自然恢复植被的需要，或者通过配合封山采取其他相应的生物或工程措施，能够为迅速恢复林草发展创造条件；③有封禁条件，封禁后不影响当地人们的正常生活。

5.4.3 封山育林的组织管理措施

（1）建立封山育林育草制度

建立封山育林育草制度是关系封山育林成效好坏的重要内容之一，但是，由于各地区情况差异较大，加上各种原因，目前没有统一的形式和制度。根据已有的资料，主要包括：

① 确定封育地的范围，搞好宣传发动工作。按设计落实和确定封育地的范围、面积、办法和管理设施，宣传、发动群众，做好群众的思想工作，使封育的内容和意义家喻户晓，变为群众的自觉行动。

② 建立健全组织，切实加强管理。在封育地区，从县到乡都要层层有人负责，重点乡、村要成立以乡、村长为主的乡村封育委员会，或成立领导小组。村普遍配备专职或兼职护林人员，认真落实林牧业有关政策，实行多种形式的责任制，把封山育林育草的管护好坏与护林员（户、组）的经济利益结合起来。

③ 建立资金的筹集使用管理制度。一般是把国家重点补助、地方自筹和集体、个人分摊的资金集中起来，再按承包合同要求，经检查验收后，按付款的有关办法，发给护林护草员工资或做其他开支。严格对护林护草人员的奖惩管理。

④ 定立护林公约。各地在认真贯彻《中华人民共和国森林法》《中华人民共和国水土保持法》《中华人民共和国草原法》等有关法令的前提下，制订和执行封山育林公约，一般以村或村民小组为单位开会，讨论通过公约。公约内容一般包括：第一，封禁地区不准用火，不准砍柴割草，不准放牧，不准砍伐树木，不准铲草积肥，不准陡坡开荒种地等；第二，对违反规定的具体处罚办法；第三，对检举揭发人的奖励办法。很多地方由于所定公约严格具体，执行坚决，效果很好。

⑤ 建立联防制度。以往在村、乡、县交界地区，往往由于互相联系不够，管理办法不一，存在不少漏洞，使山林经常遭受破坏，封山育林成效不好。近年来，各地相继制订联防组织和制度，加强联防活动，及时处理毁林违约案件，堵住了漏洞。

（2）封山育林管护设施

封禁区范围内的管护设施，是保证搞好封山育林育草不可缺少的基本建设。因此，要按照“先重点，后一般；先边界，后内地”的原则，分期分批地建设。主要内容包括：①树立标牌和边界标志；②开设防火线；③设立护林护草哨所；④建立护林护草瞭望台；⑤修建道路；⑥建立通讯网络。

5.4.4　封山育林的技术措施

封山育林技术包括封禁、培育两个方面。所谓封禁，就是建立行政管理与经营管理相结合的封禁制度，分别采用全封、半封和轮封，为林木的生长繁殖创造休养生息的条件。所谓培育，一是利用林草资源本身具有的自然繁殖能力，通过人为管理改善生态环境，促进生长发育；二是通过人为的必要措施，即封育初期在林间空地进行补种、补植，中期进行抚育、修枝、间伐，伐除非目的树种的改造工作等，不断提高林分质量。

(1) 封禁方式及适用条件

根据不同的目的和条件，封禁方式可分为：

① 全封又叫死封，就是在封育初期禁止一切不利于林木生长繁育的人为活动，如禁止烧山、开垦、放牧、砍柴、割草等。封禁期限可根据成林年限加以确定，一般 3~5 年，有的可达 8~10 年。为了不影响林内幼树生长和群众获取“四料”，可隔 3~4 年割 1 次灌草（或割灌不割草）。全封方式适用于：裸岩（包括母质外露部分）在 30%以上山地，这类山坡土层瘠薄、水土流失严重、造林整地较难、生物量很小，目前宜全封养草种草。坡度在 35°以上的陡坡地。由于坡陡，造林整地难，一旦封禁不严植被遭到破坏，就难以恢复。土层厚度在 30cm 以下的瘠薄山地。这类山地急需死封死禁，迅速恢复植被，以达到减轻或制止水土流失的目的。新近采伐迹地，有残留母树可以飞籽繁殖，或有萌蘖力强的乔灌木根株，或有一定数量的幼树。这类地区只要死封起来，大部分都能迅速成林，如果采取半封，就会损坏幼树。分布有种源缺少或经济价值高的树种或药用植物的山地，邻近河道、水库周围的山坡，为了减少泥沙流入，实行全封。国家和地方政府划定封禁防护林、保护区或风景林等。

② 半封又叫活封，有按季节封和按树种封两种。按季节封就是禁封期内，在不影响森林植被恢复的前提下，可在一定季节（一般为植物停止生长的休眠期）开山，组织群众有计划地上山放牧、割草、打柴和开展多种经营；按树种封，也就是一般所谓的“砍柴”或“割灌割草留树法”，把有发展前途的树种都留下来，常年都允许人们进山打柴、割草。这种方式适用于有封山育林习惯地区封禁培育用材林或薪炭林。缺乏封山传统习惯地区的封禁范围，除上述应全封的地方，都可以实行半封。但要防止仅留针叶树，消灭阔叶树，导致树种单一化、针叶化做法。

在确定全封和半封时，为了照顾以后管理方便，应把整条沟或大沟的一面坡，甚至连片集中几条沟划为一种封禁类型。如片内地段多数属于全封类型，则整片者要按全封禁对待。

③轮封是将整个封育区划片分段，实行轮流封育。在不影响育林和水土保持的前提下，划出一定范围暂时作为群众樵采、放牧区域，其余地区实行封禁。轮封间隔期限 3~5 年和8~10 年不等。通过轮封，使整个封育区都达到植被恢复的目的。这种办法能较好地

照顾和解决群众目前生产和生活上的实际需要，特别适于封育薪炭林。

(2) 培育措施

封山育林同人工造林一样，需要加强封禁后的培育。大体可以分为林木郁闭前和郁闭后两个阶段进行。郁闭前主要是为天然下种和萌芽、萌条创造适宜的土壤、光照条件，具体方法有：间苗、定株、整地松土、补播、补植等。郁闭后主要是促进林木速生丰产，具体方法有平茬、修枝、间伐等，具体技术可参考前述有关内容。

此外，封山育林培育起来的林木，绝大部分是混交复层林，有利于减免森林病虫的危害，但是，由于有些林木病虫的发生发展比较隐蔽，不易被人们发觉，一旦成灾，造成的损失也是很大的。如落叶松的早期落叶病，被害林木一般年生长量要比健康林木减少30%左右。因此，还须采取有效措施，加强病虫害的防治，要认真贯彻“预防为主”的方针，因地制宜地推广和采用先进的科学技术，把森林病虫害降到最低程度。

5.4.5 封山育林的技术管理

(1) 检查验收

为了达到封育一片，成林一片，收效一片，每年秋末冬初，当地林业部门应组织力量，按照封山育林计划和承包合同，对当年计划完成情况和按封育期限达到封育成林成效的面积进行检查验收，并写出报告，逐级上报备查。

① 封山育林计划完成情况检查。检查内容包括：封山育林的封育范围、四周面积、类型、林种；树种、林草生长情况、组织机构、承包合同；护林队伍、乡规民约；林木保护和管护设施等方面的完成情况。检查中发现的问题，要责成有关单位或个人及时予以纠正或解决。

② 封山育林成林成效面积检查。按封山育林计划完成年限，对封山育林成林成效面积进行验收。应是对已郁闭成林符合标准的，按有关规定，计算为有林面积，列入森林资源档案。

③ 封山育林成林成效标准。由于各地封育区立地条件、林种、树种和封育类型不同，加上经验总结不够，目前还提不出一个全国性的标准。现行林业部三北防护林建设局1983年拟订的封山育林成林成效标准为：针叶树平均每公顷1800株以上，且分布均匀；阔叶林和针阔混交林平均每公顷1650株以上，且分布均匀；乔灌混交林平均每公顷2250株（丛）以上，且分布均匀；灌木混交林平均每公顷2250株（丛）以上，且分布均匀。

(2) 建立固定标地观测记录

为了积累资料，检验成效，探索规律应在封禁区内设置固定标地，观测植被演变及生长情况，观测项目有：树种及植被类型、树种平均高、地径或胸径、密度、郁闭度以及其他环境因子的变化，标地设置数量应根据封禁区及其不同类型的面积大小确定。

5.4.6 封山育林的规划设计

封山育林要经过较长时期的管理和培育，才能充分发挥出应有的各种效益。所以，在开展封山育林之前，必须进行全面的规划设计。封山育林的规划与设计，是既有联系又有区别的两个部分。所谓规划，就是在土地利用区划的基础上，通过调查研究，对封山育林地区的不同土地类型做出总的布局和安排，具体确定封山育林的土地和林种。所谓设计，就是在规划的基础上，根据每一块封山育林地的立地条件以及当地的社会经济特点，具体设计相应的封育类型、培育措施和管理办法。

规划时要正确解决封山育林和其他有关方面的关系。一是要解决好封山同群众烧柴、放牧、垦种、搞副业生产之间的矛盾；二是要处理好封山育林和造林之间的关系和矛盾。

本章小结

林地管理和林木抚育是通过改善林木的生长环境和对林木个体的管理为林木生长提供有利条件。本章主要内容包括林地管理、林木抚育、林分改造和封山育林。林地抚育管理主要内容包括松土除草、施肥、灌溉与排水、栽植绿肥作物及改良土壤树种、保护林地凋落物等。林木抚育包括幼林林木抚育和成林抚育管理，其目的都是为林木生长提供有利条件。林分改造主要介绍了低价值人工林和次生林改造的技术措施。封山育林作为森林形成的重要培育措施，主要介绍了封山育林的管理和技术措施。

思考题

1. 简述森林抚育的概念和内容。
2. 简述林地管理的基本内容。
3. 简述幼林抚育的基本内容。
4. 简述造林检查和验收的评价标准。
5. 简述成林抚育管理的基本内容。
6. 简述低价值人工林改造的主要措施。
7. 简述次生林改造的主要措施。
8. 简述封山育林的作用及使用条件。
9. 简述封山育林的主要方法及其各自特点。

本章推荐阅读书目

沈国舫. 2001. 森林培育学[M]. 北京：中国林业出版社.

翟明普. 2001. 森林培育学[M]. 北京：中央广播电视大学出版社.

本章参考文献

沈国舫. 2001. 森林培育学[M]. 北京：中国林业出版社.

王百田. 2010. 林业生态工程学[M]. 北京：中国林业出版社.

王治国. 2000. 林业生态工程学[M]. 北京：中国林业出版社.

翟明普. 2001. 森林培育学[M]. 北京：中央广播电视大学出版社.

2016G B T. 2016. 造林技术规程 [S] [D].

第6章·集水造林技术

水资源紧缺一直是限制干旱半干旱地区和山区发展的“瓶颈”因素，进入21世纪，发展中国家还有8亿人口还没有安全可靠的饮水供应，13亿人缺少符合要求的饮用水。地下水的超量开采，使地下水位逐年大幅度下降，印度南部海岸平原，地下水位自1965年以来下降了30m。我国西北干旱半干旱地区地下水位每年以0.25~0.6m的速度下降。在可利用的水资源接近枯竭的同时，世界干旱半干旱地区的大面积耕地还是“靠天吃饭”，农林业生产受到极大限制。2003年西南地区遭遇了历史上罕见的大旱，其中云南省的局部地区在5~7月份的雨季近70天滴雨不见；2005年西南地区的四川南部和云南全省又遇到了50年不遇的旱灾，大春作物无法下种栽苗，云南省筹措3000万元应急资金用于抗旱，调集全省有关部门各级干部参加抗旱救灾第一线工作，但对于缺乏水源的山区小流域只能“望旱兴叹”，一筹莫展。与此同时，这些山区耕地遇到暴雨则产生严重水土流失，2005年6月10日在云南抚仙湖畔一小流域40分钟内降雨46mm后，在农地监测径流场产生了场降雨2000t/km^{2}的土壤侵蚀强度。因此，旱灾频繁山区的小流域综合治理应该以水为由，从降水资源的合理利用和调控配置上拓展思路。

6.1 集水的含义和集水工程的类型

6.1.1 集水的含义

Myers（1975）首先对集水作了定义，他认为：“集水是对降雨地表径流和小河或小溪的收集和贮存。”他也引用了Currier的定义，从已处理的流域收集自然降水并合理利用的过程。最后所下的定义是：“从一个为了增加降雨和融雪径流而处理过的区域收集水的实践活动。”表明了集水措施包含着产流、收集和贮存方法及对水的利用。所采取的方法完全取决于当地条件、对水的利用目的和所选择材料的不同，比如是在干河床阶地发展农业还是在微型集水系统中植树，是用薄膜材料集水还是进行地下水的开采、用水坝蓄水还是用其他方式都决定着产流、收集、贮存的方式方法。

6.1.2 集水系统的分类

农林业集水系统有小、中、大三种尺度，小尺度的集水系统为微型集水系统（Micro Water-harvesting，MCWH），中尺度的为微区域集水系统（Micro-area Water-harvesting，

MAWH），大尺度的为小流域集水系统（Watershed Water-harvesting，WSWH）。

（1）微型集水系统（MCWH）

微型集水系统即为就地拦蓄、就地入渗的初级集水技术，微型集水区和入渗池（坑）是该系统的两个最基本的组成部分。在入渗池（坑）中可以栽植一株树、一丛灌木或一年生作物。根据这一特点，MCWH 系统有等高蓄水沟集水、隔坡带状种植、等高带状种植等几种类型。MCWH 的一个主要优点是有高的径流率，在每年的雨季收集大量的雨水入渗到土壤层内，并进行一年生浅根性植物与多年生深根性木本植物混植，既可大幅度增加生物产量，又可有效地利用贮存的土壤水分。系统内每平方米的作物产量较高但单位总面积的产量却比较低，这主要是单位土地上的种植面积较小，然而，在水和陆地缺乏的沙漠地区，采用 MCWH 系统使植物对水能高效利用。利用隔坡梯田使地表径流在梯田面富集和叠加，以补充梯田内植物需水量的不足，生长季梯田土壤平均含水率比坡耕地提高 18.03%~25.81%。农田微集水种植技术是一种地块内集水农业技术，通过在田间修筑沟垄，垄面覆膜，作物种在沟里，使降水由垄面向沟内汇集，改善作物水分供应状况，提高作物产量。但微型集水系统所收集的水被贮存在土壤层中，不具备时间上的水分调节功能，由于土壤断面蓄水容量的有限性，在雨水补给地区的旱季还是没有充足的水分供应，不能起到“丰水旱补”的作用，使得其单独使用的效果不理想，尤其在间歇性干旱十分明显、雨季水分过多反而导致土壤积水黏重的地区不能单独使用。

（2）微区域集水系统（MAWH）

MAWH 系统是利用具有一定面积（100~1000m^2）的微区域坡面建立集水区收集地表径流，用水渠等输水系统将径流引向地面贮水设备蓄积，在植物需要水分时用管道引向种植区作物的根系分布层进行直接利用。印度典型的 MAWH 系统是在流域的坡面以 0.75±0.2m 的垂直间距、0.4%±0.2%的比降筑垄开沟，形成沟垄网络，将坡面分割成 0.75±0.5hm^{2}的小区，在沟垄的末端修建蓄水池，为旱季所利用。在中国北方地区集水区采用路面、院落、硬化处理的坡面、温室棚面，公路沥青路面沟渠+水窖集水、屋顶庭院+水窖集水，用薄壳水泥窖、涝池、塘坝等贮水，以喷灌、微喷灌和滴灌为主，间歇灌、补充灌溉为辅，以及“坐水种”、点浇保苗、灌关键水相结合的技术体系，同时辅以秸秆覆盖措施，发展大棚温室。但对于自然产流率较高的地区，集水区坡面不采用人工处理，更有利于集水区坡面的植被恢复。山东安口小流域稳渗率变化在 0.06~0.17mm/min 之间，径流系数达 0.46，有利于利用天然径流场集水发展雨养农林业。比较黏重的土壤更适合于采用自然坡面作为集水区。MAWH 系统使雨季相对充足的降雨得到更有效的利用，对降雨资源具有较强的时空调控能力，适合于我国南方地区的气候、地形和土壤特点。但上述的 MAWH 系统仅仅是部分技术的应用，没有在流域水平上对生态系统进行分类，没有对 MAWH 系统的技术体系进行合理配置。而 MAWH 系统应该对单项技术进行有机集成，使其更具有系统性、实用性和可操作性，但 MAWH 系统在国内外还没有被系统和广泛地应用。

（3）小流域集水系统（WSWH）

WSWH 系统是包括区域范围较大的集水系统，一般以一个坡面或一个小流域为单元进行集水、蓄水和利用，流域集水区收集地表径流，贮存在地面水库，常用于家畜饮用或农地灌溉。印度 Khadin 集水系统与我国“淤地坝”相似，就是将山坡地表径流和所冲刷的土壤拦蓄在低洼沟谷的水坝中，在坝未淤满之前进行灌溉等方面的利用，淤满之后则可种植农作物或造林，土壤肥沃、水分状况良好。WSWH 系统从流域坡面集水，在地面水库蓄积的水量要比土壤断面层多，使有限的水在时间和空间上更合理地分配以便使用者更有效地利用。但具有小水库的 WSWH 系统涉及的范围较大，水库及蓄水系统的一次性投资太大，只能用于经济能够承受或有外援投资的地区。但是，对于水土流失较为严重的退化小流域，流域坡面是泥沙的主要策源地，采用 WSWH 系统不能阻止坡面的水土流失，并且水库的淤积问题很快使水库失去蓄水能力。

综上所述，集水系统应该有三个共同的特征：①应用于具有间歇性径流的干旱半干旱地区。地表径流来源于降雨或季节性流出的地下水。由于径流历时短暂，贮存是集水系统中必需的组成成分。②由于水源主要是地表径流、小溪流、泉水和渗出水等当地水，所以集水系统不包括大型水库和地下水开采。③集水系统在集水区面积、蓄水容积和投资上的规模都比较小。根据以上特征，大尺度的集水系统（WSWH）事实上不属于集水系统，应该属于小型水利工程设施，小尺度的集水系统（MCWH）仅仅是微区域集水系统的部分技术，不能代表集水系统。微区域集水系统符合上述特征，是典型的集水系统。

6.2 微区域集水系统的结构、特点和功能

6.2.1 微区域集水系统的结构

大、小型集水系统都存在问题，小型集水系统不能解决间歇性干旱地区的旱季水分问题，微区域集水系统充分体现了分区治理思想和斑块交错结构理论，在同一小流域首先划分出自然恢复区和利用性恢复区，在利用性恢复区形成微区域集水系统的主体结构，即集水区、蓄水设备和水分利用区，集水区以自然恢复模式为主，利用区以利用性恢复模式为主，种植经济植物，产生经济效益。自然恢复区、集水区、水分利用区相互交错，形成典型的斑块交错结构，符合景观生态学原理和群落结构理论，结构稳定，功能完善。微区域集水系统为间歇性干旱地区的水土保持生态修复提供了新的思想和技术体系。MAWH 系统是典型的集水系统，它不仅从小流域的角度体现了系统性，而且对各种集水单项技术进行了有机集成，体现了综合性，并且每一系统包括范围较小，具有灵活性和操作性。

6.2.2 微区域集水系统的特点

（1）具有斑块镶嵌结构

建立 MAWH 系统首先要在小流域水平上进行系统的合理配置。小流域系统的基本单元是各生态系统类型斑块，建立 MAWH 系统的目的是对各类斑块在系统中进行优化组合，即将不同的斑块类型确定在合理的空间位置，实现小流域系统镶嵌结构中各斑块功能的稳定运行。根据小流域范围内的地形条件确定建立 MAWH 系统的小流域由作物生产区、经

济林果生产区和系统隔离防护区三类生态系统类型组成，并对组成小流域系统的三种斑块类型进行因地制宜的空间优化组合，即将坡度较缓、具备农作物和经济作物生长基本条件的地段划分为作物生产区，进行粮食和经济作物生产，保证当地居民的基本粮食生产和生活；将较陡的、不适合作物生长的地段划分为经济林果生产区，依靠山区热量充沛、光照充足的气候资源优势和发展特色果品的产业优势，为农民增产增收；将脆弱地带（沟道、陡坡等）视为系统隔离防护区，可以依靠生态系统的自然修复能力，采取人工诱导的措施促进脆弱地带的植被恢复，通过对这些地带的植被恢复，在小流域系统农业生态系统之间形成防护植被，实现对农业生态系统的隔离防护，这样在小流域系统中形成生态系统相互交错的斑块镶嵌结构，各生态系统的功能互补、相生相克，形成结构合理、功能稳定、关系协调的小流域生态经济系统。

退化小流域山地要形成上述的斑块镶嵌结构，在水分利用区种植经济作物和经济林果，需要解决旱季的水分短缺问题。间歇性干旱山地降雨的时空分布不均，旱季气温高且持续时间长，成为山地经济林果木和经济作物正常生长和结实的限制因子。具有水分时空调节功能的微区域集水系统在解决山地农业的缺水问题中表现出特殊的功效，这主要由微区域集水系统的内部结构所决定。微区域集水系统由集水区、蓄水设备和水分利用区三个不同的目的区组成，对降水在时空上进行再分配，有效收集雨季径流，补充经济林果木和经济作物旱季和间歇性干旱期的短缺水分，促进结果结实。根据退化山地系统的结构对集水区、蓄水设备和水分利用区进行合理配置，并通过集水效率、蓄水设备的可利用性和水分利用区的水分生产力水平衡量微区域集水系统结构的合理性。该系统既可通过降水在时空上的再分配实现经济林果木和经济作物的旱季水分补给，又可以通过完善的截排水系统有效防止水土流失、保护山地农业生态系统，实现山区小流域的可持续发展。

（2）单项集水技术的集成

为了实现 MAWH 系统对降水资源的调节利用，根据山区小流域系统的斑块镶嵌结构对集水区、蓄水设备和水分利用区进行合理配置，对集流、截流到导流各个环节的技术必须进行有机组合，才能形成完成的集水系统。

① 集水组合技术

微区域集水系统的集水技术是实现水分调节利用的关键技术之一。该系统能否充分利用降水资源？能否对地表径流进行有效拦截？能否将拦截地表径流有效导入蓄水设备而不产生水土流失？关键在于集水技术的正确和合理性。退化小流域山地系统的三种斑块类型均可充当集水区，但以山地系统的隔离防护区为主，将各分区所产生的地表径流通过完善的截水沟系统引入集流主沟，然后导入蓄水设备，在水分利用区进行节水灌溉利用。鉴于南方地区自然产流率较高（20%~40%）的特点，通过实践研究，在小流域系统隔离防护区采取对原地表破坏小、简单易行的小规格集水技术，开挖小规格的截留沟，拦截系统内部的地表径流，既避免在集水中对原地表的较大干扰造成水土流失，能降低成本，而且在拦截地表径流的同时达到了水土保持的目的。在生产区则利用人工配置的截排水沟系统进行集水，也起到了集水和水土保持的双重目的。

② 导流组合技术

为了给水分调节利用提供有利条件，通过系统隔离防护区和生产区的截排水系统、人工集流主沟，在MAWH系统中形成了完善的导流系统，人工集流主沟将集水区与蓄水设备相连，截排水沟系统将拦截的地表径流引入集流主沟，然后导入蓄水设备，在水分利用区进行节水灌溉利用。

③ 土地整理组合技术

(i) 集水区土地整理技术。系统隔离防护区是微区域集水系统的主要集水区，该集水区一方面是收集地表径流，另一方面是通过对地表径流的拦截防止由地表径流冲刷造成的水土流失。对系统隔离防护区的土地整理组合技术主要通过等高线状整地配置土质截水沟，拦截坡面径流入人工顺坡集流主沟至蓄水设备，尽量减少对系统隔离防护区的扰动，促进该区域的植被恢复。

(ii) 生产区土地整理技术。生产区既是种植区又是集水区，在作物生产区和经济林果木生产区进行等高带状整地，形成具有拦截泥沙径流的水平阶（台），并配置完善的排水系统，防止径流对农地冲刷所产生的水土流失，并将径流经排水系统引入集流主沟至蓄水设备。

(iii) 节水灌溉水分利用技术。山区小流域系统的地形条件复杂，生产条件普遍较差，节水灌溉技术既要考虑克服不良的自然条件，又要考虑提高生产力水平，必须充分利用山地地形条件，因地制宜、因势利导，多种灌溉技术相结合，充分利用降水资源，提高水分利用效率。根据山地的地形特点，充分利用自然高差，实现自流灌溉，并通过小罐渗灌、地下渗灌、滴灌等节水灌溉技术的综合应用达到对水分的高效利用。

(3) 具有灵活性和可操作性

小流域山地微区域集水系统包括的集水区、蓄水设备和水分利用区三个不同的目的区，所采用的集水、土地整理和水分利用技术均比较简单易行，每一套微区域集水系统所涉及的山地面积不大，系统的规格尺寸较小，一般集水区面积为100~1000m^2，蓄水设备容积为10~30m^2，水分利用区经济林果为50~60株、经济作物为100~200m^2。不同地区可根据蓄水设备的有效容积、降雨量和产流率对集水区面积进行调整。该系统可以供给(滴灌)植物水分以度过连续无雨的旱季5个月和雨季间歇性干旱，避免严重干旱胁迫对植物的危害。集水区不论是系统隔离防护区还是生产区，所采取的集水技术均十分简单，便于操作。因此，从技术角度，MAWH系统既适合于一家一户使用，也适合于小流域综合治理中集体应用，具有极强的灵活性和可操作性。

6.2.3 微区域集水系统的功能

(1) 生态协调功能

在利用集水系统解决干旱问题时，为了获取规模效应，普遍都注重大规格集水和蓄水技术的应用。如大型集雨工程的集雨面积在2000m^2以上，包括集雨、输水、蓄水、灌溉和其他用水系统，其集雨系统为专用集雨场，一般为混凝土、水泥土、铺砖水泥接缝和沥青等覆面，收集的雨水干净、清澈，不需要配置沉沙池、拦污网、消力池等辅助设施，需要在集雨场周围建设2~3个100m³以上的蓄水池。这种大型集水工程存在几方面与小流域水土保持生态修复不相适应的问题。一是大的蓄水池施工难度大、成本高，受地基的影响很大，可能由于地基的不均匀沉降产生裂缝，一旦有质量问题难以维护处理。二是集水面的硬化处理不符合生态学原则，建设集雨工程的目的是建立可持续发展的山地农业，可持续的山地农业不仅仅体现在农田水平，在一块农田上实现高产不能代表山地农业的可持续发展。可持续发展的山地农业体现在山地各生态系统结构上的有机组合和功能上的相互补充，最理想的山地农业结构应该是森林生态系统、草地生态系统和农田生态系统在平面上的镶嵌分布，森林和草地生态系统不仅可以改善局部的农业小气候，防止不良的气象灾害对农田生态系统的影响，而且是很多农作物病虫天敌的寄宿场所，减轻病虫害对农田生态系统的威胁；反之，山地农田生态系统极有可能产生水土流失，尤其在坡耕地土壤侵蚀量极大，由于镶嵌分布森林和草地生态系统，农田生态系统所产生的高含沙径流可以在森林和草地被过滤，不仅防止了农田水土流失，而且也对提高森林和草地的土壤肥力极为有利。

（2）微区域集水系统的水文生态功能

在进行农业开发利用的山区坡面，遇上连日暴雨时，不但引起土壤冲蚀和山崩，更易造成径流集中，使洪峰径流量大幅增加，带来下游地区严重洪水及泥沙灾害。利用微区域集水系统贮集雨水，对径流进行循环利用，起到很好的防洪减灾作用，同时还可以将贮集下来的雨水做其他利用，有水资源保育的作用。凡集水系统都具有一定的水文生态功能。利用各种集水技术在集水区上游大量贮集、截留雨水，增加土壤孔隙率及孔隙直径，增加水分渗入及储存，减少地表径流、降低洪峰流量、抑制泥沙输出、净化水质及增加土壤水的贮留量、滞留量和地下水量。使雨水无法直接冲蚀地表，加强了山坡地水土保持的功能，进而达到防洪的效果。微区域集水系统由于对降水资源的合理分配和利用，改善了非生物环境，不仅促进植被的正向演替过程，而且体现出极强的水文生态功能。雨季，通过其完善的集水、土地整理和截排水系统对地表径流拦截，促使土壤水分的垂直渗透，增大了地表径流的土壤水分转化率，使土壤水分的垂直运动速度和垂直方向的土壤水分通量增加。通过多年研究表明，在集中降雨后，微区域集水系统水分利用区土壤水分垂直运移速度明显比自然坡面大，在场降雨40mm以上的大雨后，水平阶的土壤水分垂直运动速率大约为10~15cm/天。通过拦截了大量地表径流，增加入渗量，微区域集水系统的集水区斑块和水分利用斑块能分别将90%和89%以上的地表径流被转化为土壤水分，增加了地表径流的水文循环过程，而自然坡面的降雨转化率只有22%。

（3）协调山区保护与发展之间关系

云南山地农业普遍存在“靠天吃饭”的现实问题，广种薄收，土地生产力低下，其根本原因是在降雨的时空分布极为不均、旱季气温高且持续时间长的不利条件下，没有对天然降水实现资源化利用。具有时空水分调节功能的微区域集水系统在解决山地节水农业的缺水问题中具有特殊的功效。结合山地农业系统的组成结构，由集水区、蓄水设备和水分利用区组成的微区域集水系统，对降水在时空上进行再分配，有效收集雨季径流，补充经济林果木和经济作物旱季和间歇性干旱期的短缺水分，促进结果结实。该系统既可通过降水在时空上的再分配实现经济林果木和经济作物的旱季水分补给，提高山地农业的土地生产力水平，又可以通过完善的截排水系统有效防止水土流失、保护山地农业系统，实现山地农业的可持续发展，协调保护与发展之间的关系。

微区域集水系统是以调节地表径流为基本方式，以经济型生态建设为基本目标，以解决生态建设与农民增收的矛盾为基本思路的新型水土保持生态修复技术。其结构的科学合理性，技术体系的实用和可操作性，功能的完善和持续性决定了微区域集水系统在山区未来水土保持生态修复中必将发挥巨大的作用。

6.3 微区域集水系统的技术要点

微区域集水系统利用的水源全部为坡面径流，集水区全部为自然坡面和坡耕地。有条件和可能时也可以选择撂荒地和道路为集水区。南方地区以黄壤、红壤、砖红壤为主，黏粒含量高，自然产流率在30%以上，大雨情况下达到50%以上，为了在工程建设中不破坏自然地表、不影响农业生产，微区域集水系统的集水区全部采用自然坡面，不进行任何处理。

截留等高反坡阶是集水区拦截坡面径流、防止土壤侵蚀、收集径流的关键技术，在坡耕地上布设既不能影响农业生产，又能有效收集径流和防治水土流失，同时，等高反坡阶的宽度能保证在上面种植农作物和牧草等。以下几个要素是截留等高反坡阶设计必须考虑的。宽度：为了保证在等高反坡阶种植农作物、牧草以及植物篱，其水平宽度为1.2～1.5m，宽度过大，反而不利于径流收集。反坡角：为了防止水平阶拦截径流外溢造成冲刷，保证等高反坡阶具有一定的蓄渗能力，水平阶必须整理成外高内低的反坡，反坡角以5°为宜。横坡比降：截留等高反坡阶不单纯为了截留集水，还应具有拦蓄泥沙和蓄渗径流的功能，不能使径流有大的流速，所以必须保持水平，在等高方向不能有坡比。植物种植：阶面可以种植与农田相同的农作物和牧草，外缘种植以经济灌木为主的植物篱。

微区域集水系统施工要注意以下几方面：①集水工程施工前必须进行详细的地质勘察和方案论证，科学选定施工地点，为此需搜集水文地质资料，以便施工中采用相应的技术措施，达到蓄水设计要求。②在选定位置和施工方案后，根据现场情况，修建导流槽。③导流槽一般1套微区域集水系统布设1条，垂直于等高反坡阶。④导流槽选用砖砌结构，断面尺寸30cm×30cm，混凝土铺底10cm，侧壁为单砖砌筑，上缘与地面相平。

根据南方地区的土层、气候等特点，蓄水设备形式选择从以下几方面考虑：蓄水工程包括进水口、蓄水（窖）池、出水口及管理附属设施，主要起贮存作用；蓄水工程的形式主要选用水窖；水窖形状为圆柱形，底部形状为锅底形，防渗材料为水泥沙浆防渗，被覆方式为软被覆式。建筑材料主要为砌砖石和现浇混凝土，底部为现浇混凝土。圆形水窖直径一般为4.0～5.0m，圆柱部分净高2.0～2.2m，底部（锅底）最大净高50cm，底部浇筑混凝土不小于20cm，开挖深度2.8～3.0m。一般要求深度不得低于2.0m，否则既不经济也不能充分发挥效益。深度大于3.0m则需要增加侧墙厚度且不利于工程稳定。圆柱形水窖要求采用埋置形式，以充分利用圆形拱的作用。导流槽方向有建沉沙池的地方，且基础是硬基，并且与周边地形、道路、建筑物相协调。

本章小结

本章主要介绍了中尺度集水系统（微区域集水系统）的结构和特点。在林业生态工程的经济林建设中，为了解决水分短缺问题，提高其生产力水平，集水造林技术的应用体现了林业生态工程的最新研究动态，尤其微区域集水系统因其完善的结构不仅具有补充水分供应的作用，更重要的是具有很强的水土保持和水源涵养功能。

思考题

1. 什么是集水？
2. 集水系统有哪些类型？
3. 为什么说微区域集水系统是典型的集水系统？
4. 微区域集水系统有哪些特点？

本章参考文献

白清俊，董树亭，李天科，等. 2004. 小流域集水效率的试验研究[J]. 水土保持学报，18（5）：72-74，150.

丁圣彦，梁国付，曹新向. 2003. 集水背景下小流域综合治理的措施和管理形式[J]. 水土保持通报，23（3）：50-52，63.

韩清芳，李向托，王俊鹏，等. 2004. 微集水种植技术的农田水分调控效果模拟研究[J]. 农业工程学报，20（2）：78-82.

王克勤，孟菁玲. 1996. 国内外集水技术的研究进展[J]. 干旱地区农业研究，14（4）：109-117.

王克勤，赵雨森，陈奇伯，等. 2008. 水土保持与荒漠化防治概论[M]. 北京：中国林业出版社.

杨荣慧，王延平，张海，等. 2004. 山地集雨节灌系统的设计与利用[J]. 西北农业学报，13（2）：138-143.

第三篇 南方林业生态工程建设技术

生态环境是人类生存和发展的基本要素之一。我国南方地区主要以山地、丘陵地貌为主，水土流失灾害频繁，生态环境形势严峻，保护和建设生态环境已成为我国南方社会发展中的重点。森林是陆地生态系统的主体，通过林业生态工程学的理论和基本原理，设计、建造与调控以木本植物为主体的防护体系。本篇主要介绍我国南方江河水源区、山丘区、沿海地区、石漠化地区、干热河谷区、崩岗区的林业生态工程技术。

第7章·水源涵养林业生态工程

江河水为当今大多数国家和地区的生产和生活用水，一旦水位流量降低，则会制约社会的发展和人民的正常生活。江河上游或上中游一般均是山区、丘陵区，是江河的水源地。能否保护和涵养水源，保证江河基流，维持水量平稳，调节水量，是关系到上游生态环境建设和下游防洪减灾的重要问题。为了调节河流水量，解决防洪灌溉问题，最有成效的办法是修建水库。但水库投资大，加上库区淹没、移民以及环境保护等，常常带来很多难以预料的问题，而且无法从根本上解决上游的水源涵养、水土保持及生态环境问题。近几十年来，世界各国对修筑大坝，长距离调水等工程重新审视，更加重视和关心上游林草植被的保护、恢复和重建。

我国大江大河上中游和支流的上游（含大中型水库上游）地区，往往是我国国有和集体森林分布区，森林覆盖率相对较高。为维持森林的水源涵养和保护功能，必须因地制宜，从实际出发，制定长远目标和综合管理体系以及相应的技术政策，加强水源涵养林建设，形成完整的林业生态工程体系的建设。森林具有调节径流，涵养水源的作用，在江河源区建立水源涵养林，以调节河流水量，解决防洪灌溉和城市饮水问题，发挥森林特有的水文生态功能，将天然降水“蓄水于山”“蓄水于林”，科学调节河水洪枯流量，合理利用水资源是一个为世人所公认的行之有效的方法。

7.1 概念

水源涵养林（watershed protection forest）是以涵养水源，改善水文状况，调节区域水循环，防止河流、湖泊、水库淤塞，保护饮用水水源为主要目的的森林、林木和灌木林。水源涵养林以调节、改善水源流量和水质而经营和营造的森林，是国家规定的五大林种中防护林的二级林种，是以发挥森林涵养水源功能为目的的特殊林种。虽然任何森林都有涵养水源的功能，但是水源涵养林要求具有特定的林分结构，并且处在特定的地理位置，即河流、水库等水源上游。根据林业部《森林资源调查主要技术规定》，将以下三种情况下相应的森林划为水源涵养林：①流程在500km以上的江河发源地汇水及主流、一级二级支流两岸山地、自然地形中的第一层山脊以内的森林。②流程在500km以下的河流，但所处地域雨水集中，对下游工农业生产有重要影响，其河流发源地汇水区及主流、一级支流两岸山地，自然地形中的第一层山脊以内的森林。③大中型水库、湖泊周围山地自然地形的第一层山脊以内的森林；或其周围平地250m以内的森林和林木。就一条河流而言，一般要求水源涵养林的布置范围占河流总长的1/4；一级支流上游和二级支流的源头以上及沿河直接坡面，都应区划一定面积的水源涵养林，必须使集水区森林覆盖率达到50%以上，其中水源涵养林覆盖率占30%。

7.2 功能及区划

7.2.1 功能

森林的水源涵养作用是指通过森林对土壤的改良作用，以及森林植被层对降雨再分配产生影响，使降雨转化成为地下水、土壤径流、河川基流比例增加的水文效应。森林的涵养水源、水土保持作用通过林冠层、枯枝落叶层和土壤层实现。水源涵养林通过转化、促进、消除或恢复等内部的调节机能和多种生态功能维系着生态系统的平衡，是生物圈中最活跃的生物地理群落之一。水源保护林对降水的再分配作用十分明显，使林内的降水量、降水强度和降水历时发生改变，从而影响了流域的水文过程。

水源涵养林的功能主要体现在：保持水土，调节坡面径流，削减河川汛期径流量；滞洪和蓄洪，减少径流泥沙含量，防止水库、湖泊淤积；枯水期的水源调节，调节地下径流，增加河川枯水期径流量；改善和净化水质。其主要原因主要体现在：水源涵养林可减少林区近地层风速，降低地面气温，增大空气湿润度，调节地面蒸散发能力；土壤层可增大流域蓄墒能力、增大地下蓄水量、增加地下水补给、提高枯水流量使径流的年内分配过程更趋平缓，增加枯季径流，大、中量级暴雨都可以被部分或全部拦蓄，转化为后期径流缓慢消退，使洪水径流量减小。林区地面比裸地有更大的粗糙度，对地表径流有强烈的阻滞作用，改变坡面径流组成，使洪水过程延缓，洪峰降低，减免洪水灾害。

水源涵养林涵养水源的能力取决于林分面积、林分结构、林地结构特征，降水通过林冠层和各层乔木及灌木草本到枯枝落叶、死地被物层，然后流入土壤，其中树冠截留水约占降水量的5%~10%，这部分水从叶面蒸发到大气，不能为森林贮存；枯枝落叶持水约占降水量的8%~10%；由于土壤毛细管孔隙和非毛细管孔隙的作用，使降雨量的70%~80%被贮在土壤中，在重力作用下，这些水不停地慢慢下渗，在地下遇到不透水层后便顺岩层慢慢从地下流出，这就是涵养水源的基本机理。

7.2.2 区划

我国水源涵养林建设的根本方针，首先是保持大江大河的水量平衡，这就必须在大江大河上游和主要支流的源头规划足够面积的水源涵养林。如何区划、采用何标准，除了《森林资源调查主要技术规定》中的粗略规定外，还未有人做过详细研究。王永安（1989）根据我国江河流域的地形地貌和森林分布，把全国水源涵养林区划为七大块，这里简要列出供参考。

（1）东北三大水系水源涵养林体系

东北的大小兴安岭和长白山是辽河、嫩江和松花江三大水系的水源地，下游著名的松辽平原是我国主要粮食生产基地，还有沈阳、长春、哈尔滨、齐齐哈尔四大工业城市和星罗棋布的工矿区。山区森林面积约3000万hm^2多，占全国森林面积的28%；林木蓄积21亿m^3，占全国的33%；全区森林覆盖率28%，是我国最大的木材生产基地，又是三大水系水源涵养林区。由于多年来以用材林经营，只顾采伐不顾水源涵养，划出的防护林仅200万hm^2，其中水源涵养林面积不足20万hm^2。近二十年来，洪水灾害发生频数增加，特别是1998年的松花江、嫩江大洪水，给东北林区森林采伐敲响了警钟，这与多年来森林的经营方针有很大的关系。根据三大水系基本水量要求，用材和水源涵养相结合等多种因素考虑，至少要划出150万hm^2以上专用水源涵养林，加快对采伐迹地的更新，把用材与水源涵养结合起来，才能起到调节水量、削洪增枯的作用。

（2）西北两个山区水源涵养林体系

我国西北干旱区多为内陆河，以高山雪水为水量来源。天山有大小冰川6895条，面积8591km^2，贮水2433亿m^3，是座巨大的固体水库，也是南疆绿洲和北疆谷地唯一的水源，它全靠雪线下的森林涵蓄调节水源。天山林区现有森林56.4万hm^2，覆盖率（加灌木1.8万hm^2）仅5.4%，应全划为水源涵养林。祁连山海拔4000m以上有冰川3300条，为河西走廊六大河流水源，雪线以下原有森林26.7万hm^2，现只剩23.1%，应划一半为水源涵养林。这两个山区共划水源涵养林84.3万hm^2，灌木41.7万hm^2，共126万hm^2，覆盖率3%。这是保持当地各河水量水源涵养林的起码规模。

（3）燕山太行山区水源涵养林体系

燕山、太行山是海河、滦河和汾河水系的发源地，它不仅灌溉华北平原，还是京津地区的用水之源。历史上燕山和太行山森林茂密，由于历代乱砍滥伐，林木几乎损失殆尽。太行山现只有乔木林34.7万hm^2，覆盖率仅1.5%，加上灌木100万hm^2，覆盖率才6%；燕山只有15%。据典型调查，燕山和太行山地区水源涵养林至少应达200万hm^2，即除现有林（包括灌木）区划66.7万hm^2外，还需营造133.3万hm^2。

（4）长江中上游水源涵养林体系

长江中上游水源涵养林体系包括两部分：第一部分是上游高山峡谷区的金沙江（雷坡以上）、大渡河（石棉以上）、岷江（龙溪以上）和白龙江（武都以上），不包括甘孜以上荒漠区，总面积3886万hm^2，占流域面积的23.6%。这些地区地势高、河谷深切、山高坡陡、土壤瘠薄，一旦失去森林，水土流失危害很大。据调查测算，本地区原有森林的覆盖率50%，涵蓄水源4000亿m^3，占总水量的40%；现有林地面积866万hm^2，覆盖率21.9%，涵蓄水量只1000亿m^3。要稳定长江水量，减免洪灾，森林面积需达到1500万hm^2，覆盖率35%~40%，其中专用水源涵养林至少恢复400万hm^2，蓄水量可达2000亿m^3，主要靠从现有原始林中区划300万hm^2，封山育林100万hm^2得以解决。第二部分是主要支流的上游水源涵养林，如发源于巴山、秦岭之间的汉水、巴山南坡的嘉陵江、大娄山区的乌江、南岭雪峰山区的湘资沅澧四水和赣江上游山区。这些水源区的森林多为集体林区，既是南方用材林基地，又是这些主要支流的水源涵养林区。应本着用材和水源涵养并举的原则。在应划范围内，从现有林中区划出一定面积的森林作为水源涵养林；在有条件的地区，利用南方优越的自然条件，封山育林，培育水源涵养林；在急需地段，利用充裕劳力营造标准水源涵养林。

上述这些主要支流上游，有林地面积约800万hm^2，由于分布零散，林相不整（经济林、灌木林和疏残林占60%），贮水功能虽小于原始林，但考虑用材需要区划，不宜过大，估计应从现有林中划出水源涵养林200万~250万hm^2，再封育营造100万~150万hm^2。

（5）珠江上中游水源涵养林体系

珠江发源于云贵高原，上游为南北盘江、邕江和柳江，流域面积42.5万km^2，干流长2130km。全流域自然条件优越，上游森林覆盖率25%，植被覆盖率60%左右，贮水能力强。由于上游地处丰雨区，水量丰富，约2000亿m^3，为黄河的8倍。全年水量较平衡，洪旱灾害频率小，危害比长江小。珠江上游有林地773.3万hm^2，其西部崇山峻岭，弧形分布，北部三岭一山蜿蜒连绵，植被虽有破坏，但恢复容易。当地植被多为阔叶林，其涵养水源的能力虽大小不同，但面积较广。现有林中已划水源涵养林33.3万hm^2，只占5%左右。再区划出一部分现有林（包括灌木林），并结合封山育林，增加33.3万hm^2，达到10%。珠江的另几条支流如北江、东江等，也应在粤西、粤北山区和粤赣山区，区划相应面积的水源涵养林。

（6）黄河流域植被建设体系

黄河源头为青藏高原荒漠区，水量不大。黄河水主要来源于青海祁连山东段，甘肃子午岭及中游内蒙古的阴山和陕西黄龙山、乔山，秦岭北坡干流上游，湟水、洮河、渭河、泾河等主要支流。这些山区有林地333.3万hm^2，是黄河流域主要林区，覆盖率19.5%。在这些现有林地中，有防护林92.7万hm^2，包括水源涵养林46.7万hm^2，覆盖率仅为3%左右。如需稳定和保持黄河水量，水源涵养林应高于10%，即166.7万~200万hm^2以上。其中祁连山东段、黄河干流（刘家峡至玛曲段）现有林约36万hm^2，应划为水源涵养林。在此范围内，宜林地应封山育林，建设水源涵养林33.3万hm^2（这些地区宜林地虽多，但缺乏封山育林条件，故可封面积也不大）。其他西倾山区（洮河上游）、鸟鼠山区（渭河上游）、六盘山、子午岭（泾河、清水河上游）、秦岭北坡乔山、洛河上游和汾河吕梁山区，共划水源涵养林100~133.3hm^2。这些河流的中下游，及包头以下流入干流的各支流，都以建设水土保持林为主；三门峡以下干流，以建设防岸林为主。

（7）其他水系的水源涵养林

闽江、富春江、瓯江等，分别发源于武夷山和天目山区。这些山区既是水源涵养林区，又是集体林区，也是主要木材产区。应充分利用山区现有森林覆盖率高和森林涵蓄水分效益好的优势，划出一定面积的水源涵养林（面积占10%以上），才可稳定水量。因此，至少应把河溪上游、水流域集水区和水库划为水源涵养林区。

7.3 营造技术

根据不同区域常见树种组成结构，结合立地条件进行合理配置。采用多种乡土树种混交，利用速生搭配慢生、阳性与阴性树种相匹配、上层与下层树种相配套、深根性树种搭配浅根性树种等方式，注意群落的整体效应及自然更新能力，促进形成复层林结构。

本节的水源涵养林的营造主要是南方地区的水源涵养林的经营管理，主要是从针对南方地区水源涵养林营造树种，从立地类型、最佳林型、造林密度、结构配置和抚育管理方面，同时根据国内外一些资料，提出一些看法、观点，并进行论述。

7.3.1 树种选择

(1) 树种选择原则

树种选择遵照以下原则：① 树种生态学特性与造林地立地条件相适应；② 树种枝叶茂盛、根系发达；③ 树种适应性强、稳定性好、抗性强；④ 充分利用优良乡土树种，适当推广引进取得成功的优良树种。

(2) 选择树种

针对南方地区的特点，应选择抗逆性强、低耗水、保水保土能力好、低污染和具有一定景观价值的乔木、灌木，重视乡土树种的选优和开发。按照省级行政区划和区域划分具体选择可参见表7-1和表7-2。

表7-1 南方地区（按省份划分）水源涵养林主要树种

范围涉及省区	区 域	主要适宜树种
湖南、湖北、江西、安徽、江苏、浙江、上海	长江中下游地区	油松、白皮松、白扦、青扦、杜松、麻栎、栓皮栎、槲栎、鹅耳枥、香椿、臭椿等
广东、广西、海南、福建	东南沿海地区	马尾松、湿地松、木荷、大叶栎、相思树等
四川、云南、贵州、重庆	长江上中游地区	马尾松、杉木、柳杉、华山松、云杉、木荷、楠木、白皮松、白扦、青扦、杜松、鹅耳枥等

注：引自《水源涵养林工程设计规范》GB/T 50885-2013附录C。

表7-2 南方地区（按区域划分）水源涵养林主要造林树种、草种

区域	主要造林乔木树种	主要灌木树种	主要草种
长江区	马尾松、云南松、华山松、思茅松、高山松、落叶松、杉木、云杉、冷杉、柳杉、秃杉、黄杉、滇油杉、柏木、藏柏、滇柏、墨西哥柏、冲天柏、麻栎、栓皮栎、青冈栎、滇青冈、高山栎、高山栲、元江栲、榛树、桢楠、檫木、光皮桦、白桦、红桦、西南桦、响叶杨、滇杨、意大利杨、红椿、臭椿、苦楝、旱冬瓜、桤木、榆树、朴树、旱莲、木荷、黄连木、珙桐、山毛榉、鹅掌楸、川楝、楸树、滇楸、梓木、刺槐、昆明朴、柚木、银桦、相思、女贞、铁刀木、镊荆、枫香、毛竹	马桑、紫穗槐、化香、绣线菊、月月青、车桑子、盐肤木、狼牙齿、绢毛蔷薇、报春、爬柳、密枝杜鹃、山胡椒、乌药、箭竹、白花刺、火棘	芒草、野古草、蕨、白三叶、红三叶、黑麦草、苜宿、雀麦
南方区	马尾松、华山松、黄山松、湿地松、火炬松、柳杉、池杉、水杉、落羽杉、柏木、侧柏、栓皮栎、茅栗、麻栎、小叶栎、槲树、化香树、川桦、光皮桦、红桦、毛红桦、杉木、青冈栎、青檀、刺槐、银杏、茶杆竹、孝顺竹、杜仲、旱柳、苦楝、樟树、朴树、白榆、楸树、檫木、小叶杨、意大利杨、黄连木、木荷、榉树、枫香、南酸枣、朴树、乌柏、喜树、枫杨、泡桐、毛竹、漆树	爬柳、密枝杜鹃、紫穗槐、胡枝子、夹竹桃、孛孛栎、桅树、茅栗、化香、白檀、海棠、野山楂、冬青、红果钓樟、绣线菊、马桑、水马桑、蔷薇、黄荆	香根草、芦苇、水烛、菖蒲、莲藕、芦竹、芒草、野古草

（续）

区域	主要造林乔木树种	主要灌木树种	主要草种
热带区	马尾松、湿地松、火炬松、黄山松、南亚松、杉木、柳杉、木荷、红荷、枫香、藜蒴、红锥、鸭脚木、台湾相思、大叶相思、马占相思、粗果相思、窿缘桉、赤桉、雷林一号桉、尾叶桉、巨尾桉、刚果桉、山乌桕、麻栎、苦栎、杜英、马蹄荷、榲类、栲类、构类、石梓、格木、阿丁枫、红苞木、水冬瓜、任豆、杜英、火力楠、蝴蝶果、黄樟、阴香、南酸枣、木莲属、南岭黄檀、泡桐、榕属、毛竹	蛇藤、米碎叶、龙须藤、小果南竹、杜鹃	金茅、野古草、绒毛鸭子嘴、海芋、芭蕉、蕨类

注：引自《水源涵养林建设规范》GB/T 26903-2011。

7.3.2 林型选择

水源涵养林的林型主要是以营造复层混交林为主。

（1）混交类型

混交类型分为：① 在立地条件好的地方优先采用主要树种与主要树种混交。② 在立地条件较好的地方优先采用主要树种与伴生树种混交；在立地条件较差的地方优先采用主要树种与灌木树种混交。③ 在立地条件较好，通过封山育林或人工林与天然林混交形成的水源涵养林优先采用主要树种、伴生树种和灌木树种综合混交。

（2）混交方法与适用范围

不同混交方法的适用范围为：

① 行间混交：适用于大多数立地条件的乔灌混交、耐阴树种与阳性树种混交。

② 带状混交：适用于种间矛盾大、初期生长速度悬殊的乔木树种混交，也适用于乔木与耐荫亚乔木混交。

③ 块状混交：适用于种间竞争性较强的主要树种与主要树种混交，规则式块状混交适用于平坦或坡面规整的造林地，不规则式块状混交适用于地形破碎、不同立地条件镶嵌分布的地段。

④ 植生组混交：适用于立地条件差及次生林改造地段。

7.3.3 造林密度

根据立地条件、树种生物学特性及营林水平，确定造林密度，以稀植为主。乔木新造林密度应为 800 ~5000 株/hm^2，灌木新造林密度应为 1650 ~5000 株/hm^2，主要造林树种的适宜造林密度见表 7-3。

表 7-3　南方地区水源涵养林主要树种适宜密度

树　种	长江中下游地区（株/hm²）	东南沿海地区（株/hm²）	长江上中游地区（株/hm²）
香椿、臭椿	900~1500	—	—
榆树、柳树	800~2000	800~2000	800~2000
白杆、青杆、杜松	1100~2000	—	1100~2000
栓皮栎、麻栎、槲栎、鹅耳枥	1500~2500	—	1100~2000
马尾松、湿地松	—	1667~3300	1200~3000
木荷、楠木	—	1000~2500	1050~1800
相思树	—	1667~3300	—
杉木、柳杉	—	—	1500~3600
华山松	—	—	1200~3000

注：引自《水源涵养林工程设计规范》GB/T 50885-2013 附录 E。

7.3.4　整地方式

应采用穴状整地、鱼鳞坑整地、水平阶整地、水平沟整地、窄带梯田整地等整地方法。具体整地规格及应用条件见表 7-4。

表 7-4　造林整地规格及应用条件

<table>
<tr><th colspan="2">整地类型</th><th>整地规格</th><th>整地要求</th><th>应用条件</th></tr>
<tr><td rowspan="2">穴状整地</td><td>小穴</td><td>直径 0.3~0.4m，松土深度 0.3m</td><td>原土留于坑内，外沿踏实不作埂</td><td>地面坡度小于 5°的平缓造林地小苗造林</td></tr>
<tr><td>大穴</td><td>干果类果树直径 1.0m，松土深度 0.8m；鲜果类果树直径 1.5m，松土深度 1.0m</td><td>挖出心土做宽 0.2m，高 0.1m 的埂，表土回填</td><td>适用于坡度小于 5°地段栽植各种干鲜果树和大苗造林</td></tr>
<tr><td colspan="2">鱼鳞坑整地</td><td>长径 0.8~1.5m，短径 0.5~0.8m，坑深 0.3~0.5m</td><td>坑内取土在下沿做成弧状土埂，高 0.2~0.3m。各坑在坡面上沿等高线布置，上下两行呈“品”字形相错排列</td><td>坡面破碎、土层较薄的造林地营造水源涵养林</td></tr>
<tr><td colspan="2">水平阶整地</td><td>树苗植于距阶边 0.3~0.5m 处。阶宽 1.0~1.5m，反坡 3°~5°</td><td>上下两阶的水平距离以设计造林行距为准</td><td>山地坡面完整、坡度在15°~25°的坡面营造水源涵养林</td></tr>
<tr><td colspan="2">水平沟整地</td><td>沟口上宽 0.6~1.0m，沟底宽 0.3~0.5m，沟深 0.4~0.6m，沟半挖半填，内侧挖出的生土用在外侧作埂</td><td>水平沟沿等高线布设，沟内每隔 5~10m 设一横档，高 0.2m。树苗植于沟底外侧</td><td>山地坡面完整、坡度在15°~25°的坡面营造水源涵养林</td></tr>
</table>

（续）

整地类型	整地规格	整地要求	应用条件
窄带梯田整地	田面宽 2～3m，田边蓄水埂高 0.3～0.5m，顶宽 0.3m	田面修平后需将挖方部分用畜力耕翻 0.3m 左右，在田面中部挖穴植树，田面上每隔 5～10m 修一横挡，以防径流横向流动	坡度较缓、土层较厚的地方营造果树或其他对立地条件要求较高的经济林树种

注：引自《水源涵养林工程设计规范》GB/T 50885-2013 附录 D。

7.3.5 结构配置

水源涵养林的造林配置以小班为单位配置造林模式。地形破碎的山地提倡采用局部造林法，形成人工林与天然林块状镶嵌的混交林分。南方区主要水源涵养林造林配置模式见 7.4 案例。

（1）种植行配置

种植行走向按不同地段分别确定：

① 在较平坦地段造林时，种植行宜南北走向；

② 在坡地造林时，种植行宜选择沿等高线走向；

③ 在沟谷造林时，种植行应呈雁翅形。

（2）种植点配置方式的适用条件

不同配置方式的适用条件为：

① 长方形配置：相邻株连线成长方形，通常行距大于株距。适宜于平缓坡地水源涵养林的营造。

② 三角形配置：相邻两行的各株相对位置错开排列成三角形，种植点位于三角形的顶点。适宜于坡地水源涵养林的营造。

③ 群状配置：植株在造林地上呈不均匀的群丛状分布，群内植株密集（3～20 株），群间距离较大。适宜于坡度较大、立地条件较差的地方水源涵养林的营造，也适宜次生林改造。

④ 自然配置：在造林地上随机地配置种植点。适宜于地形破碎的水源涵养林的营造。

7.3.6 抚育管理

7.3.6.1 抚育条件

水源涵养林营造后应封山育林。饮用水源保护林一般不允许抚育。其他水源涵养林除 GB/T 18337.1 确定的特殊保护地段外，可以适当开展抚育活动。

饮用水源保护林和下列地段的水源涵养林应划建封禁管护区：

① 坡度大于 35°、岩石裸露的陡峭山坡的水源涵养林；

② 分水岭山脊的水源涵养林；

③ 大江大河上游及一级支流集水区域的水源涵养林；

④ 河流、湖泊和水库第一重山脊线内的水源涵养林。

一般水源区水源涵养林和库区水源涵养林可以进行轻度抚育，岸线水源涵养林可以根据立地条件进行必要的抚育活动。

7.3.6.2　抚育方法

当郁闭度大于0.8时，可进行适当疏伐，伐后郁闭度保留在0.6~0.7。遭受严重自然灾害的水源涵养林应进行卫生伐，伐除受害林木。

(1) 水源涵养低效林改造对象

水源涵养林因人为干扰或经营管理不当而形成的人工低效林，符合下列条件之一时可以进行改造：

① 林木分布不均，林隙多，郁闭度低于0.2；

② 年近中龄而仍未郁闭，林下植被盖度小于30%；

③ 病虫鼠害或其他自然灾害危害严重的林地。

(2) 改造方式

① 补植。主要适用于林相残破的低效林，根据林分内林隙的大小与分布特点，可以采用下列两种补植方式：(i) 均匀补植：用于林隙面积较大，且分布相对均匀的低效林；(ii) 局部补植：用于林隙面积较小、形状各异，分布极不均匀的林分。

② 综合改造。主要用于林相老化和自然灾害引起的低效林。带状或块状伐除非适地适树树种或受害木，引进与气候条件、土壤条件相适应的树种进行造林。乔木林一次改造强度控制在蓄积量的20%以内，灌木林一次改造强度控制在面积的20%以内。

7.3.6.3　管理方法

水源涵养林建设应适当实施档案管理的方法，档案应以经营小班为基本单元建档，纳入建设单位森林资源档案和经营档案共同管理。

7.4　案例

7.4.1　典型设计

(1) 长江区

长江上游地区面积广大，地貌类型复杂，气候差异大，植被类型丰富多样。植被的水源涵养和水土保持，对维系长江流域水环境功能发挥了重要作用，是重要水源涵养区。长江区主要树种营造配置模式见表7-5。

表 7-5 长江区主要营造配置模式

配置模式	适用条件	整地方法	造林密度（穴或株/hm^2）	适宜混交比
川西云杉、高山松、青冈栎、冷杉	高山峡谷	鱼鳞坑或穴状整地	3300	行间混交 1∶1
马尾松或湿地松、杉木与木荷或枫香、栎类、桤木等混交	中低山丘陵区	穴状整地	2500	行间混交 1∶1
毛竹	中低山厚土	大穴整地	母竹栽植 330~900	
滇柏或柏木、侧柏、藏柏与龙须草	白云质砂石山地	小穴整地	6000~9000	
华山松或云南松（栽针保阔）	中山黄棕壤高原山地	小穴整地	4000~6000	不规则块状混交

注：引自《水源涵养林建设规范》GB/T 26903-2011。

（2）南方丘陵区

南方丘陵山地带作为我国主体生态功能区划中“两屏三带”国家生态安全格局的重要组成部分，位于长江流域与珠江流域的分水岭及源头区，主要为加强植被修复和水土流失防治，从而发挥华南和西南地区生态安全屏障作用。南方丘陵区主要树种营造配置模式见表 7-6。

表 7-6 南方丘陵区主要营造配置模式

配置模式	适用条件	整地方法	造林密度（穴或株/hm^2）	适宜混交比
杉木或马尾松与木荷或枫香、栎类、桤木、南酸枣等混交	中低山区	穴状整地	2500	1∶1
湿地松或火炬树与木荷、枫香、栎类、桤木混交	丘陵区	穴状整地	3300	1∶1
杉木或马尾松与毛竹混交	中低山厚土	穴状整地	杉木 1875，毛竹 630	3∶1
喜树、任豆与吊竹或木豆混交	石灰岩山地	穴状整地	1350~1800	带状混交 2∶1

注：引自《水源涵养林建设规范》GB/T 26903-2011。

（3）热带区

南方副热带、热带季雨林、雨林区，包括滇南山地雨林和常绿阔叶林区、海南山地雨林和常绿阔叶林区，是我国仅有的热带雨林，也是滇南和海南河流的水源涵养林。热带区主要树种营造配置模式见表 7-7。

表 7-7 热带区主要营造配置模式

配置模式	适用条件	整地方法	密度（穴或株/hm^2）	适宜混交比
马尾松、木荷、麻栎混交	山坡上部、山脊、山顶	穴状整地	3450	随机混交 5∶3∶2
马尾松、红荷木、台湾相思	山坡上部、山脊、山顶	穴状整地	3450	随机混交 4∶3∶3
青冈栎、石栎、酸枣、化香、石斑木	山坡中下部、谷地厚土	穴状整地	3900	比例 4∶3∶1∶1∶1
刺栲、台湾相思、鸭脚木、红荷木	山坡中下部、谷地厚土	穴状整地	3900	比例 3∶4∶1∶2
马尾松或湿地松与台湾相思混交	丘陵红赤壤	穴状整地	3705	带状混交 3∶2

注：引自《水源涵养林建设规范》GB/T 26903-2011。

7.4.2　长江中上游水源涵养林业生态工程

赵洋毅在其博士论文《缙云山水源涵养林结构对生态功能调控机制研究》中，对长江中上游地区的“三峡库区”水源涵养林构建及功能进行了详细研究和评价。主要包括以下四个方面内容。

(1) 三峡库区—缙云山水源涵养林总体格局

缙云山国家级自然保护区位于重庆北部水源区，保护区内的林分主要是水源涵养林，水源林面积约为 1112.7hm^2。分布最广的是马尾松林，占整个区域的 45.78%，其余依次为四川大头茶林（20.77%）、栲树林（12.22%）、杉木林（10.79%）和毛竹林（8.21%），而苦竹林、山矾林和平竹林三种林分分别仅占总面积的 0.96%、0.78%和 0.49%。

缙云山水源涵养林的空间总体分布格局总体为水源涵养林的分布随地形因子的变化具有明显特征性。水源涵养林的海拔分布主要集中在 400~900m 之间，占水源涵养林总面积的 84.50%，以 400~600m 和 700~900m 这两个海拔范围的林分分布最为广泛，分别占林分总面积的 40.54%和 32.21%，水源涵养林在海拔 600~700m 的分布占 11.75%，分布在 300m 以下的水源涵养林很少，仅占林分总面积的 1.54%；水源涵养林的坡度分布主要集中在坡度为 20°以上的坡面上，占林分总面积的 86.48%，以 26°~30°之间的分布面积最大，占 31.10%，其次分别是在坡度为 21°~25°、30°~35°和>35°的坡角，分别占 25.36%、17.88%和 12.14%，坡度在 20°以下的水源涵养林分布比例较小，特别是 15°以下的分布比例最小，仅占林分总面积的 2.98%；从水源涵养林随坡向的分布情况来看，水源涵养林主要分布在西北坡、北坡和东南坡向地区，分别占林分总面积的 49.22%、18.32%和 11.54%，以西北坡的分布比例最大。造成水源涵养林分布的影响因素可能受该区海拔、坡度和坡向分布的特点所致。

缙云山水源涵养林幼龄林、中龄林、近熟林、成熟林各阶段分布比较均匀，分别占 22.35%、28.37%、23.96%和 18.34%。过熟林比例很小，仅为 3.22%，缙云山水源林龄组生长规律较好，有利于林分生长。林分的郁闭度主要集中在 0.6~0.8 之间，占总面积的 90.84%，其中郁闭度在 0.7 左右的林分达整个林分面积的一半左右，占 48.83%。水源林主要分布特点是分布于低山中陡坡、西北和北坡向地区。水源林年龄结构分布较均匀，林分已基本郁闭。

(2) 水源涵养林典型林分类型

缙云山分布最广泛的水源涵养林植被群落有三种，即：针阔混交林、常绿阔叶林和竹林水源涵养林群落。针阔混交水源涵养林主要为：马尾松阔叶树混交林，杉木阔叶树混交林，马尾松、杉木阔叶树混交林。林地乔木层主要树种包括马尾松、杉木、广东山胡椒、大头茶、山矾、栲树、虎皮楠，此外，杉木与枫香树也有分布；林下灌木层茂密，常见种为菝葜、细齿叶柃、短柱柃、四川冬青、乌饭树、碎米花、马桑、盐肤木、水红木等；草本层以里白、狗脊蕨、铁芒萁为主，次之为芒、糙苏、金星蕨、白茅、荩草等。

常绿阔叶型水源涵养林主要是四川大头茶混交林、栲树混交林、由四川大头茶和多种阔叶树组成的混交林。乔木层除四川大头茶外，其他组成种类主要有丝栗栲、米槠、苦槠、四川山矾、杨桐、栲树、广东山胡椒、香樟、盐肤木等；灌木层主要组成种类有水竹、次五加、锐齿槲栎、盐肤木、算盘子等；草本植物分布特点稀疏且物种组成简单，常见种类有金星蕨、腹水草等。

毛竹主要集中于海拔1000m以下的低山、丘陵地带，其主要分布在缙云山坡度平缓的地区。竹林群落水源涵养林主要是毛竹马尾松混交林、毛竹杉木混交林、毛竹阔叶树混交林及毛竹纯林。

（3）水源涵养林典型林分结构特征

马尾松阔叶树混交林密度为2043株/hm^2，乔木层共有11个树种；杉木阔叶树混交林密度为2367株/hm^2，乔木层共有16个树种；马尾松杉木阔叶树混交林密度为1800株/hm^2，乔木层共有8个树种；四川大头茶混交林的密度为2720株/hm^2，乔木层共有8个树种；栲树混交林的密度为1297株/hm^2，乔木层共有9个树种；毛竹马尾松林的密度为1955株/hm^2，乔木层共有7个树种；毛竹杉木林的密度为3000株/hm^2，乔木层仅有5个树种；毛竹阔叶树混交林的密度为1782株/hm^2，乔木层有9个树种；毛竹纯林的密度为5300株/hm^2。

林分径级范围分布均较广，中小径阶的林木占多数，是典型的异龄林直径结构。树高分布形状主要呈现单峰山状或多峰山状。马尾松阔叶林、马尾松杉木阔叶林和毛竹马尾松林的林木层次分布较好，乔林层的结构更合理；杉木阔叶林和栲树林的中层林木比例稍大，下层林木比例小，不利于乔木林分的自然更新；毛竹杉木林的中下层林木比例较大，乔林层能够较好地自然更新；而毛竹阔叶林和毛竹纯林的下层林木过少甚至没有，乔林层林分结构较差。

水源林混交程度较高，群落状态很稳定。林分多处于中庸状态。针阔混交型水源林的分布格局大多以随机分布为主，常绿阔叶林有从聚集分布向随机分布方向演变的趋势；而竹林群落水源林整体以聚集分布为主，林分空间结构较差。

（4）水源涵养林涵养水源和净化水质功能

林分涵养水源功能强弱依次为：马尾松阔叶林>马尾松杉木阔叶林>杉木阔叶林>栲树林>四川大头茶林>毛竹阔叶林>毛竹杉木林>毛竹马尾松林>毛竹纯林。针阔混交型水源林群落的涵养水源功能最强，竹林群落的水源林功能最弱，特别是马尾松林分的涵养水源功能最强，毛竹纯林的最低。针阔混交水源涵养林群落整体稍好，常绿阔叶水源涵养林群落次之，竹林群落稍差。以马尾松混交林改善水质功能较好，其次是杉木阔叶林、栲树林和四川大头茶林，竹林群落在改善水质功能上要弱于上述三种林分。

7.4.3 珠江中上游水源涵养林业生态工程

珠江中上游水源涵养林业生态工程以云南地区为例，进行简单介绍。

（1）云南造林树种分布情况

① 滇西北高山峡谷区。本区位于云南省的西北部，西与缅甸接壤，北部与西藏相连，

东部与四川交界。包括迪庆藏族自治州、丽江地区及怒江傈僳族自治州所属的范围。

适宜发展的主要造林树种：大果红杉、长苞冷杉、苍山冷杉、油麦吊云杉、丽江云杉、黄背栎、川滇高山栎、红桦、川白桦、高山松、华山松、乔松、云南铁杉、秃杉、黄杉、云南松、云南油杉、麻栎、栓皮栎、多变石栎、旱冬瓜、冲天柏、银木荷、漆树、油桐、核桃。

② 滇东北北部中山山原区。本区位于云南省的东北部，该区东南、东北面与贵州、四川接壤，西及西北部与四川省隔江相望。主要包括昭通地区的绥江、永善、盐津、大关、彝良、镇雄、水富、威信等县。

适宜发展的主要造林树种：高山栲、峨眉栲、红桦、川白桦、华山松、乔松、秃杉、杉木、黄杉、云南松、麻栎、栓皮栎、旱冬瓜、黄樟、漆树、油桐、乌桕。

③ 滇东北南部中山山原区。本区地处滇中高原东北部，东与贵州的水城、威宁、赫章等县相连，西以金沙江为天然界线，南与昆明市的禄劝、寻甸毗连，北与昭通地区的大关、彝良接壤。主要包括昭通、鲁甸、巧家、宣威、会泽和东川等六县市。

适宜发展的主要造林树种：高山松、华山松、云南铁杉、黄杉、苍山冷杉、黄背栎、川滇高山栎、峨眉栲、云南松、云南油杉、麻栎、栓皮栎、滇青冈、高山栲、冲天柏、刺柏、直干桉、蓝桉、油桐、核桃、乌桕、板栗、漆树。

④ 滇西中山山地区。本区位于云南西部，其西面与缅甸接壤。主要包括保山地区的腾冲、昌宁、保山和龙陵北部，大理白族自治州的永平、云龙、剑川、漾濞及洱源、巍山、南涧西部，德宏傣族景颇族自治州的梁河北部及临沧地区的凤庆北部。

适宜发展的主要造林树种：华山松、云南铁杉、秃杉、黄杉、柳杉、云南松、思茅松、杉木、多变石栎、黄樟、云南油杉、麻栎、栓皮栎、高山栲、旱冬瓜、西南桦、冲天柏、红椿、银木荷、红木荷、滇楸、香果树、油桐、漾濞核桃、板栗。

⑤ 滇中高原湖盆区。本区位于云南中部、东部。西至大理苍山，东与贵州相邻，北以金沙江为界，南与新平、通海、华宁、弥勒、罗平等县相连。

适宜发展的主要造林树种：苍山冷杉、云南铁杉、云南松、华山松、云南油杉、黄杉、黄背栎、川滇高山栎、栓皮栎、麻栎、滇青冈、柳杉、滇朴、高山栲、元江栲、旱冬瓜、银木荷、锥链栎、直干桉、蓝桉、冲天柏、漾濞核桃、板栗、铁刀木、酸角、泡火绳、木棉、坡柳、苦刺。

⑥ 哀牢山西部中山宽谷区。本区位于云南西南和中南部，北回归线横穿本区中部。主要包括思茅地区的普洱、墨江、景谷、镇沅、思茅及景东南部，澜沧北部，红河哈尼族彝族自治州的红河西部等地。

适宜发展的主要造林树种：云南铁杉、秃杉、黄杉、云南松、麻栎、栓皮栎、冲天柏、思茅松、杉木、黄樟、西南桦、旱冬瓜、红椿、南酸枣、云南石梓、山桂花、八宝树、顶果木、秧青、牛肋巴、红木荷、漾濞核桃、板栗。

⑦ 哀牢山东部岩溶山原区。本区位于云南省东南部，西以哀牢山为界，东与广西、贵州接壤，北抵滇中高原区。主要包括玉溪地区的新平、元江、通海及峨山，华宁南部、红河哈尼族彝族自治州的石屏、建水、开远、个旧、蒙自、弥勒、泸西及红河、元阳、屏边北部，曲靖地区的师宗、罗平，文山壮族苗族自治州的丘北、广南、砚山、富宁、文山、西畴及马关、麻栗坡等。

适宜发展的主要造林树种：黄杉、杉木、柳杉、云南松、思茅松、华山松、云南油杉、麻栎、栓皮栎、旱冬瓜、西南桦、银木荷、红木荷、直干桉、蓝桉、柠檬桉、赤桉、顶果木、油茶、油桐、漾濞核桃、八角、牛肋巴、秧青、滇朴、蚬木、黄连木、毛叶青冈。

⑧ 滇南边缘中低山区。本区位于云南省南部边缘一线，与缅甸、老挝、越南接壤，主要包括西双版纳傣族自治州，德宏傣族景颇族自治州的大部分地区，临沧地区的镇康及耿马、沧源西部，思茅地区的孟连、西盟及江城、澜沧南部，红河哈尼族彝族自治州的金平、河口及绿春、屏边南部、文山壮族苗族自治州的马关、麻栗坡、富宁南部等地。

适宜发展的主要造林树种：杉木、麻栎、栓皮栎、旱冬瓜、冲天柏、红木荷、滇楸、思茅松、湿地松、秃杉、柳杉、黄樟、西南桦、红椿、铁刀木、云南石梓、八宝树、顶果木、绒毛番龙眼、望天树、柚木、团花、蚬木、毛坡垒、柠檬桉、赤桉、油棕、山桂花、千果榄仁、羯布罗香、云南龙脑香、版纳青梅、娑罗双树、咖啡、橡胶、杧果、油桐、乌桕、菠萝蜜。

（2）云南重点水土流失区的主要立地类型及适生树种

① 干热河谷荒坡，海拔 325~1000m，南亚热带半干旱气候。

适生树种：坡柳、余甘子、山毛豆、木豆、小桐子、新银合欢、赤桉、台湾相思、木棉。

② 低山山坡，海拔 1000~1500m，北亚热带半湿润气候。

适生树种：蒙自桤木、刺槐、马桑、余甘子、乌桕、栓皮栎、麻栎、滇青冈、化香。

③ 低中山山坡，海拔 1500~2500m，北亚热带湿润气候。

适生树种：蒙自桤木、华山松、云南松、刺槐、马桑、栓皮栎、麻栎。

④ 中山山坡，海拔 2000~2500m，暖温带湿润气候。

适生树种：云南松、华山松、山杨、灯台树、高山栲、苦槠、丝栗栲、野核桃、山苍子、石栎类。

⑤ 高中山山坡，海拔 2500~3200m，温带湿润气候。

适生树种：云南松、华山松、高山栎、红桦、箭竹。

（3）主要树种造林类型典型设计

典型设计见表 7-8 所示。

表 7-8 造林类型典型设计

林种	混交方式（混交比）	造林方式 造林季节	行株距（m）	每公顷用种用苗量（株）	清理方式及规格（cm）	整地方式及规格（cm）	幼林抚育	用途	备注
用材林 —— 大果红杉	纯林	植苗 —— 雨季	1×1	10000	块状 50×50	块状 40×40×30	造林后第 2、3 年的 5 月及 10 月进行除草、松土、补植，以后每年 1 次，直至幼林郁闭		宜在海拔 3000~4000m 营造，适宜棕壤、暗棕壤，适应性强。并可适应瘠薄的土壤上生长；喜光、能耐寒和耐干旱的气候
用材林 —— 长苞冷杉	纯林	双株丛植 —— 雨季	1.5×1.5	8889	带状治理 带宽 100 带距 50	块状 40×40×30	造林后第 2、3 年的 5 月及 10 月进行除草、松土、补植，以后每年 1 次，直至幼林郁闭	树皮可栲胶（冷杉胶）	宜在海拔 3000~4000m 营造，适宜漂灰土、暗棕壤，宜在土壤湿度大的酸性土上生长；耐阴、耐寒、喜温、适宜多霜雪的气候，不耐干旱
用材林 —— 苍山冷杉	纯林	双株丛植 —— 雨季	1.5×1.5	8889	块状 50×50	块状 40×40×30	造林后第 2、3 年的 5 月及 10 月进行除草、松土、补植，以后每年 1 次，直至幼林郁闭	树皮可栲胶（冷杉胶）	宜在海拔 3800m 以下营造，亦可带状清理，适宜漂灰土、暗棕壤，宜在土壤湿度大的酸性土上生长；耐阴、耐寒、喜温、适宜多霜雪的气候，不耐干旱
用材林 —— 云南油杉	纯林	植苗 —— 雨季	1.5×1.5	4444	块状 50×50	块状 40×40×30	造林后第 2 年雨季开始除草、松土、补植，以后每年 1 次，直至幼林郁闭	种子油可制肥皂	宜在海拔 2200m 以下营造，Ⅲ坡度级亦可带状整地，Ⅱ坡度级亦可全面整地。适宜红壤、黄红壤、暗红壤，以潮润壤土上生长较好，喜温暖、雨季雨水集中、无酷暑、冬季干燥无严寒气候
用材林 —— 高山栲	纯林	植苗 —— 雨季	1×1	10000	块状 50×50	块状 40×40×30	造林后第 2 年雨季开始松土、除草、补植，以后每年抚育 1 次，直至幼林郁闭	用材、薪炭	宜在海拔 900~2800m 营造，适宜在红壤、黄红壤、黄棕壤，在深厚、肥沃、排水良好、微酸性和中性土壤上生长较好，喜温良气候

（续）

林 种	混交方式（混交比）	造林方式 造林季节	行株距（m）	每公顷用种用苗量（株）	清理方式及规格（cm）	整地方式及规格（cm）	幼林抚育	用 途	备 注
防护林 —— 麻栎	纯林	植苗 —— 雨季	1×1	10000	块状 50×50 或不清理	块状 40×40×30	造林后第2年雨季开始松土、除草、补植，以后每年抚育1次，直至幼林郁闭	用材、水源涵养和薪炭，坚果淀粉可供食和酿酒，树皮壳斗可栲胶	宜在海拔1000~2500m营造，对土壤要求不严，适应各种土壤，并能耐干旱、瘠薄的土壤，适应新广，喜光和温暖气候
防护林 —— 银木荷	纯林	植苗 —— 雨季	1×1 或 1.5×2	10000 或 3333	块状 50×50	块状 40×40×30	造林后第2年雨季开始松土、除草、补植，以后每年抚育1次，直至幼林郁闭	用材、水源涵养和薪炭	宜在海拔1700~2700m营造，适宜红壤、黄红壤、暗红壤、喜深厚、疏松的酸性沙质土上生长较好，喜温暖，空气湿润的气候
经济林 —— 油棕	纯林	植苗 —— 雨季	4×5	500	块状 100×100	块状 80×80×60	造林后每年抚育2次并施肥	经济，果榨油，油棕油精炼后可食用，可制肥皂等	宜在海拔800m以下营造，可全面整地，适宜砖红壤，喜深厚、疏松、肥沃、排水良好的土壤，在冲积土上生长最好；喜光、喜温暖、空气湿润、无明显的旱季、月降雨量不低于蒸发量的气候
经济林 —— 油茶	纯林	植苗 —— 雨季	3×3	1111	带状宽200 带距100	带状200 深20~25 植树坑 50×50×40	造林后次年雨季补植，以后每年进行除草、松土、施肥	种子榨油	宜在海拔1500~2000m，坡度级Ⅲ级以下营造，黄壤和红壤，以深厚、疏松、排水良好，较肥沃的沙质壤土最好，喜温暖，空气湿润的气候，不适于春旱严重地区栽种

（续）

林　种	混交方式（混交比）	造林方式 造林季节	行株距（m）	每公顷用种用苗量（株）	清理方式及规格（cm）	整地方式及规格（cm）	幼林抚育	用　途	备　注
经济林 —— 板栗	纯林	植苗 —— 雨季	5×6 或 5×5 或 8×8	333 或 400 或 156	块状 80×80 或 全面清理	块状 60×60×50 或 全面整地深 20~25 植树坑 60×60×50	造林后次年雨季补植，以后每年松土、除草、施肥1次，或以耕带抚，结果后进行适当修剪整枝行工作	坚果可食用	宜在海拔 1400~2500m 营造，可间种农作物。适宜红壤、黄红壤，对土壤要求不严，但在深厚、湿润、排水良好的微酸性土上生长较好，喜光、喜温暖、空气湿润的气候
经济林 —— 杧果	纯林	植苗 —— 雨季	5×6	333	全面清理	全面整地深 20~25 植树坑 60×60×50	造林后当年10月除草、松土1次，次年雨季补植，以后每年抚育2次或以耕代抚，适时追肥，适时整枝修剪	用材，热带水果，果核、叶入药；庭荫树、行道树	宜在海拔 400~800m 以下的Ⅲ坡度级以下营造。适宜赤红壤、砖红壤，喜深厚、疏松的沙壤土；喜光，幼年稍耐阴，后面生长喜光，喜高温，不耐低温，忌霜冻

本章小结

水源涵养林是指在江河源区及湖泊、水库、河流岸边发挥水源涵养与水土保持作用的森林。水源涵养林的主要功能应当包括水源涵养、水土保持、水质改善三部分内容，水源涵养林体系应该是一种以水源涵养、水土保持为核心的防护林体系。它是由多种工程（或林种）组成的，水源涵养林业生态工程的目标就是人工设计建造以木本植物群落为主体的优质、高效、稳定的复合生态系统。本章首先总体介绍了水源涵养林的概念及功能区划，重点介绍南方地区水源涵养林的营造技术，从树种选择、林分类型选取、造林密度设置、整地方法、结构配置和抚育管理六个方面进行了详细介绍，最后各举出具体案例以南方地区和长江、珠江中上游水源涵养林业生态工程的建设情况进行了分析。

思考题

1. 什么是水源涵养林？对哪些森林可以划分为水源涵养林？
2. 森林发挥水源涵养作用的机理有哪些？
3. 我国以什么为依据将全国水源涵养林区划为哪几个区域？
4. 水源涵养林业生态工程体系主要包括哪些工程？
5. 选择水源涵养林营造树种时应遵循哪些原则？

本章推荐阅读书目

陈永富，刘华，孟献策. 2011. 国家重点林业生态工程监测与管理系统[M]. 北京：中国林业出版社.
姜凤岐. 2011. 林业生态工程：构建与管理[M]. 沈阳：辽宁科学技术出版社.
王百田. 2010. 林业生态工程学（第3版）[M]. 北京：中国林业出版社.
王礼先. 2000. 林业生态工程技术[M]. 郑州：河南科学技术出版社.
王治国. 2000. 林业生态工程学：林草植被建设的理论与实践[M]. 北京：中国林业出版社.
银春台，陈国春. 1990. 中国长江中上游防护林体系[M]. 成都：四川科学技术出版社.
张志达. 1997. 全国十大林业生态建设工程[M]. 北京：中国林业出版社.

本章参考文献

王百田. 2010. 林业生态工程学（第3版）[M]. 北京：中国林业出版社.
王永安. 1989. 论我国水源涵养林建设中的几个问题[J]. 水土保持学报，3（4）：74-82.
王治国. 2000. 林业生态工程学：林草植被建设的理论与实践[M]. 北京：中国林业出版社.
中华人民共和国国家标准.《水源涵养林工程设计规范》[S][D] GB/T 50885-2013.
中华人民共和国国家标准.《水源涵养林建设规范》[S][D] GB/T 26903-2011.

第8章·山丘区林业生态工程

水土流失是我国头号环境问题，我国山丘区面积大，生态环境比较脆弱，人类不合理的经济活动，致使水土流失严重，尤其是南方土石山区，降雨分布不均，地理条件特殊，林业生态工程措施对于防止水土流失更显重要，山丘区林业生态工程建设主要体现为水土保持林体系建设。在山区和丘陵区，不论从水土保持林占地面积和空间，从发挥其控制水土流失、调节河川径流，还是为开发山区、发展多种经营、形成林业产业进而提供经济发展的物质基础等方面，水土保持林均占有极其重要的地位。在水土流失的山区、丘陵区，林地上如不切实搞好保水、保土，创造良好的生产条件，欲得到预期的经济效益是不可能的。因此，在流域范围内的水土保持林体系应由所有以木本植物为主的植物群体所组成。

8.1 山丘区林业生态工程体系

8.1.1 概述

生态环境建设中最具有突破性的应该是林业生态的建设。林业生态也是一个生态系统，如果从生物的角度上看，地球所面对的问题跟林业生态系统所面对的问题大同小异，其基本性质是相同的。对此，应该有一种大事化小的思维，仔细研究其发展策略，对大环境下的问题提供一个映射和发展的方向。

防护林体系同单一的防护林种不同，它是根据区域自然历史条件和防灾、生态建设的需要，将多功能多效益的各个林种结合在一起，形成一个区域性、多树种、高效益的有机结合的防护整体。这种防护体系的营造和形成，往往构成区域生态建设的主体和骨架，发挥着主导的生态功能与作用。

应该指出，防护林体系的形成除历史条件和生产基础外，还有与之相适应的科学和理论的基础。20世纪70年代末，北京林业大学关君蔚教授总结了20世纪50年代以来三北地区营造防护林的生产经验，指出了防护林的基本林种，在此基础上提出了防护林体系简表，比较完整地表述了目前我国防护林体系的类型、林种组成等。这一防护林体系概念的提出，很快为1978年兴建的三北防护林体系建设工程采用。此后，长江中上游防护林体系建设工程、沿海防护林体系建设工程等也相应采用。三北防护林体系第一期、第二期工程顺利完成，工程取得了巨大的成就。林业部总结研究了三北防护林体系建设工程的经验、教训，明确提出要从理论上和技术上探索生态经济型防护林体系的问题。1992年中国林学会水土保持专业委员会学术会议上正式提出比较全面、深刻的关于生态经济型防护林体系的定义："生态经济型防护林体系是区域（或流域）人工生态系统的主体和其有机组成部分。以防护林为主体，用材林、经济林、薪炭林和特用林等科学布局，实行组成防护林体系各林种、树种的合理配置与组成，充分发挥多林种、多树种、生物群体的多种功能与效益，形成功能完善、生物学稳定、生态经济高效的防护林体系建设模式。"

林业生态工程技术体系旨在为我国林业生态工程顺利建设和稳定高效发挥生态防护功能提供一系列关键技术，构成保障我国林业生态工程可持续经营的重大技术支撑。林业生态工程技术体系旨在解决我国重点林业生态工程顺利建设和稳定高效发挥生态防护功能的一系列关键技术，构成保障我国林业生态工程可持续经营的重大技术支撑体系。

水土保持林业生态工程体系实际上就是以防治水土流失为主要目的，在大中流域总体规划指导下，以小流域为基本治理单元，合理配置的呈带、网、片、块分布的，以水土保持林业生态工程为主体的，各种林业生态工程有机的结合体系。水土保持林是指配置在水土流失地区不同地形地貌部位上，以水土流失控制、水源保护为主要目的的防护林。水土保持林对山丘区、特别是无林少林的水土流失地区的作用主要体现在两个方面：一是林业措施占据流域较大的空间，具有林业特有的生态屏障功能；二是林业作为山丘区一项骨干产业应可以为当地提供多种林产品，包括木材、燃料、饲料、干鲜果品及其他林特产品，具有多种社会经济功能。

本教材在以王百田（2010）提出的我国黄土高原和北方石质山区水土保持林体系简图的基础上，针对南方山丘区的特点，提出水土保持林体系，作为示例参考（图8-1）。

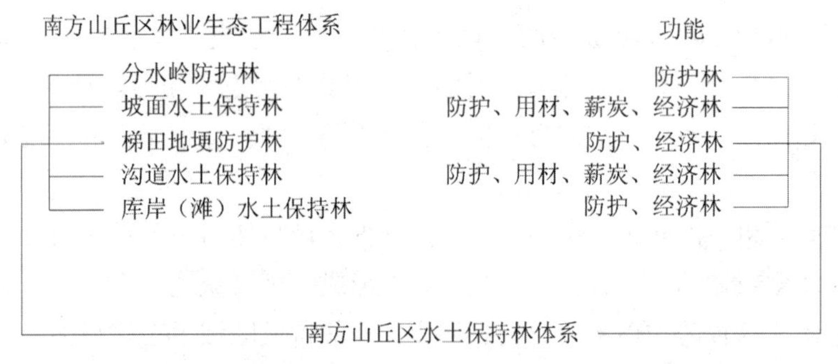

图8-1 南方山丘区林业生态工程体系简图

针对我国南方水土保持的科学研究和生产实践，以地形或小地貌为主要依据，结合土地利用类型，提出南方山丘区水土保持林业生态工程体系的建设布局，见表8-1。

表8-1 南方山丘区水土保持林业生态工程体系建设布局

体系类型	功 能	地形或小地貌	土地利用类型	防护对象与目的
分水岭防护林	防护林	流域分水岭	荒地、荒草地、稀树灌草地、覆盖度低的灌木林地或疏林地、坡耕地	坡面侵蚀

（续）

体系类型	功　能	地形或小地貌	土地利用类型	防护对象与目的
坡面水土保持林	防护林	山丘区沟坡或陡坡面	荒地、荒草地、稀树灌草地、覆盖度低的灌木林地或疏林地	坡面侵蚀
	用材林	坡麓、沟塌地、平缓坡面	荒地、荒草地、稀树灌草地、覆盖度低的灌木林地或疏林地、弃耕或退耕地	坡面侵蚀
	薪炭林	较缓坡面或沟坡	荒地、荒草地、稀树灌草地、覆盖度低的灌木林地或疏林地	坡面侵蚀
	经济林	平缓坡面	弃耕或退耕地、盖度高的荒草地	坡面侵蚀
梯田地埂防护林	防护林	山坡坡面	土埂或石埂梯田	田坎（埂）侵蚀
	经济林	山坡坡面	土埂或石埂梯田	田坎（埂）侵蚀
沟道水土保持林	防护林	沟川或坝地、沟底、沟头	荒地、荒草地、稀树灌草地	水蚀与重力侵蚀
	用材林	沟台地、山前阶地、沟道淤地坝	荒地、荒草地、稀树灌草地	水蚀与重力侵蚀
	薪炭林	沟台地、山前阶地边	荒地、荒草地、稀树灌草地	水蚀与重力侵蚀
	经济林	沟边、沟台地、山前阶地、沟道淤地坝	荒地、荒草地、稀树灌草地	水蚀与重力侵蚀
库岸（滩）水土保持林	水库防护林	库坝、库坡及周边	荒地、水域	水流冲刷、库岸坍塌
	护岸防护林	河岸	荒地、水域或两岸农田	水流冲刷、库岸坍塌
	河滩防护林、经济林	河滩	荒地、水域或两岸农田	水流冲刷

8.1.2　水土保持林体系的配置模式

水土保持林的配置是指在不同的地形地貌部位上，根据水土流失的形式、强度与产生方式，在适地适树基础上安排不同结构的林分，使其在流域空间内形成合理的布局，达到水土保持与经济目的。水土保持林体系配置的组成和内涵，其主要基础是做好各个林种在流域内的水平配置和立体配置。

在山丘区内，水土保持林体系的合理配置，要体现各个林种具有生物学的稳定性，显示其最佳的生态经济效益，从而达到流域治理持续、稳定、高效人工生态系统建设目标的主要作用。

上述水土保持林体系配置的组成和内涵，其主要基础是做好各个林种在流域内的水平配置和立体配置。所谓“水平配置”是指水土保持林体系内各个林种在流域范围内的平面布局和合理规划。对具体的中、小流域应以其山系、水系、主要道路网的分布，以及土地利用规划为基础，根据当地发展林业产业和人民生活的需要，根据当地水土流失的特点，水源涵养、水土保持等防灾和改善各种生产用地水土条件的需要，进行各个水土保持林种合理布局和配置，在规划中要贯彻“因害设防，因地制宜”“生物措施和工程措施相结合”的原则，在林种配置的形式上，在与农田、牧场及其他水土保持设计的结合上，兼顾流域水系上、中、下游，流域山系的坡、沟、川，左、右岸之间的相互关系，同时，应考虑林种占地面积在流域范围内的均匀分布和达到一定林地覆盖率的问题。我国大部分山区、丘陵区土地利用中林业用地面积大致要占到流域总面积的30% ~70%，因此，中小流域水土保持林体系的林地覆盖率可在30% ~50%。

所谓林种的“立体配置”是指某一林种组成的树种或植物种的选择和林分立体结构的配合形成。根据林种的经营目的，要确定林种内树种、其他植物种及其混交搭配，形成林分合理结构，以加强林分生物学稳定性和形成开发利用其短、中、长期经济效益的条件。根据防止水土流失和改善生产条件，以及经济开发需要和土地质量、植物特性等，林种内植物种立体结构可考虑引入乔木、灌木、草类、药用植物、其他经济植物等，其中，要注意当地适生的植物种的多样性及其经济开发的价值。“立体配置”除了上述林种内的植物选择、立体配置之外，还应注意在水土保持与农牧用地，河川、道路、四旁、庭园、水利设施等结合中的植物种的立体配置。

总之，要考虑通过体系内各个林种的合理的水平配置和布局，达到与土地利用等的合理结合，分布均匀，有一定的林木覆盖率，各林种间生态效益互补，形成完整的防护林体系，充分发挥其改善生态环境和水土保持的功能；同时，通过体系内各个林种的立体配置，形成良好的林分结构，具有生物学上的稳定性，达到加强水土保持林体系生态效益和充分发挥其生物群体的生产力，以创造持续、稳定、高效的林业生态经济功能。

8.1.3 林种配置及树种选择的原则

(1) 安排林种的原则

以土地的适宜性和限制性为原则，根据水土流失特点与土地利用方向安排水土保持林林种。

① 以小流域为基本单元；

② 全面规划，长短结合；

③ 考虑林种的特性，地形条件，水土流失特点；

④ 形成完整的水土保护体系与可持续的产业体系。

(2) 林种划分的依据

主要依据：地貌部位（或地形或土地类型）、生产目的、防护性能。

（3）树种选择依据

① 适应性强，能适应不同类型水土保持林的特殊环境。

② 生长迅速，枝叶发达，树冠浓密，能形成良好的枯枝落叶层，以截拦雨滴直接冲打地面，保护地表，减少冲刷。

③ 根系发达，特别是须根发达，能笼络土壤，在表土疏松、侵蚀作用强烈的地方，选择根蘖性强的树种（如刺槐、卫矛、旱冬瓜等）或蔓生树种（如葛藤）。

④ 树冠浓密，落叶丰富且易分解，具有土壤改良性能（如刺槐、沙棘、紫穗槐、胡枝子、胡颓子等），能提高土壤的保水保肥能力。

⑤ 一般要注重选用乡土优良树种，也可采用引种后表现良好的树种。在适应立地条件和符合造林目的的前提下，尽量选用经济价值和生态、社会效益较高，又容易营造的树种。同时，注意选用种苗来源充足、抗病虫害性能强的树种。

山丘区水土保持林体系的营造主要从树种选择、造林密度、结构配置和抚育管理方面进行介绍，包括分水岭防护林、坡面水土保持林、梯田地埂防护林、沟道水土保持林和库岸（滩）水土保持林。

8.2　分水岭防护林

8.2.1　功能

分水岭是指分隔相邻两个流域的山岭或高地。在自然界中，分水岭较多的是山岭、高原。分水岭的脊线叫分水线，是相邻流域的界线，一般为分水岭最高点的连线。土石质山的梁岗分水岭，石多、土薄、水土流失严重，是产生径流的起点，应当营造分水岭防护林，用以涵养水源、固结和改良土壤。

8.2.2　营造技术

8.2.2.1　树种选择

营造分水岭水土保持林，必须综合考虑地形因素的坡度、坡向，气候因素和植被因素，甚至社会经济因素，对山、水、田、林、路进行综合治理，贯彻工程措施与生物措施相结合，以生物措施为主的原则。要选择适合当地气候、土壤条件的生长迅速、寿命长、根系发达的树种。

根据南方地区小流域综合治理和生产实践总结得到分水岭防护林常用的主要树（草）种，主要包括：乔木有云南松、华山松、桤木、光皮桦、木荷、檬桉、大叶相思、马占相思、绢毛相思、铁刀木、黄槐、灰木莲等；灌木树种有紫穗槐、胡枝子、马桑、紫薇、六月雪、黄荆条、黄檀、刺蔷薇、芦竹等；草本有狗牙根、三节芒、野艾篙、火棘、葛藤、常春藤、光叶含羞草等。

8.2.2.2　配置与设计

分水岭防护林的配置树种应以灌木为主，实行乔灌结合，可选用表 8-2 所列树（草）

种，栽植成疏透结构的林带。

（1）高山、远山的分水岭地带，可封山育林育草，也可在完成工程措施后全部造林或带状造林。

（2）丘陵、漫岗分水岭的立地条件较好，应以乔木为主，适当混交灌木。

（3）林带设置。沿岭脊设置林带，带宽 10～20m，选择生长迅速而抗风、耐旱的树种。栽植采用三角形配置，乔木株行距为 1m×1.5m，灌木为 0.5m×1m。

（4）整地方式。在水土流失地区，根据坡度大小和坡面破碎程度等，因地制宜地采用水平沟、反坡阶等整地措施，以有效地拦截地表径流，改变地形，防止土壤冲刷，并为苗木成活和幼林生长创造良好条件。

（5）复层混交。混交林不仅能合理利用土地而且生长稳定，有利于改良土壤、拦蓄径流，在立地条件较差，水土流失严重的地方，应增加落叶丰富、具有阻水吸水和改良土壤能力的灌木比例。

8.2.2.3　抚育管理

采用抚育保护方式。为迅速增加植被、保护幼林，应强调封山育林，严禁人畜破坏。林分过密影响生长时，可适当间伐，但以不破坏水土保持林的防护效益为原则，灌木平茬亦应轮流隔行或隔株进行。

8.3　坡面水土保持林

8.3.1　功能

坡面既是山区丘陵区的农林牧业生产利用土地，又是径流和泥沙的策源地。坡面土地利用、水土流失及其治理状况，不仅影响坡面本身生产利用方向，而且也直接影响到土地生产力。山丘坡面大、坡度陡的沟状水土流失区，常受洪水或干旱的危害，应实行生物措施与工程措施相结合，营造护坡林。

在大多数山区和丘陵区，就土地利用分布特点而言，坡面除一部分暂难利用的裸岩、裸地（主要是北方的红黏土、南方崩岗）、陡崖峭壁外，多是林牧业用地，包括荒地、荒草地、稀疏灌草地、灌木林地、疏林地、弃耕地和退耕地等，统称为荒地或宜林宜牧地，以及原有的天然林、天然次生林和人工林。后者属于森林经营的范畴，前者才是水土流失地区主要的水土保持林用地，主要任务是控制坡面径流泥沙、保持水土、改善农业生产环境，在坡面荒地上建设水土保持林业生态工程。由于山区丘陵区坡面荒地常与坡耕地或梯田相间分布，因此，就局部地形而言，各种林业生态工程在流域内呈不整齐的片状、块状或短带状的分散分布。但就整体而言，它在地貌部位上的分布还是有一定的规律的，它的各个地段连接起来，基本上还是呈不整齐而有规律的带状分布，这也是由地貌分异得有规律性决定的。

坡面水土保持林按照防护功能和生产性可分为：防护林、用材林、薪炭林和经济林。其中经济林内容见本章 8.7 经济林部分。

8.3.1.1 防护林

在山区和丘陵区，不论从水土保持林占地面积和空间，从发挥其控制水土流失，调节河川径流，还是为开发山区，发展多种经营，形成林业产业进而提供经济发展的物质基础等方面，水土保持林均占有极其重要的地位。根据区域自然环境条件，以防风固沙、水土保持、水源涵养等林种为主体，因害设防、因地制宜的片、带、网相结合所形成的综合森林防护体系。

由于山地道路、水利工程或山区矿山开发而再现的大面积坡面裸露的地方，往往是水土流失严重，容易引发山地滑坡、泥石流等灾害的策源地，配合必要的工程护坡措施和人工营造水土保持护坡林可收到良好的护坡效果。

8.3.1.2 用材林

用材林是以生产各种木材为主的森林。由于生长在不同地区的用材林，不仅可以使人们获取所需各种规格的木材，而且在其生长期间同时又具有多种生态防护功能，它们也是当地森林的重要组成部分，对提高区域森林覆盖率、改善生态环境有着不可替代的作用。

由于过度放牧、樵采等而使原有植被遭到严重破坏，覆盖度很低，而引起严重水土流失的山地坡面，需人工营造水土保持林防止坡面进一步侵蚀，在增加坡面稳定性的同时，争取获得一些小径用材。

在小流域的高山远山的水源地区，山地坡面由于不合理的利用，植被状况恶化而引起坡面水土流失和水文状况恶化。这样的山地坡面，依托残存的次生林或草灌植物等，通过封山育林，逐步恢复植被，形成目的树种占优势的林分结构，以发挥较好的调节坡面径流、防止土壤侵蚀、涵养水源和生产木材的作用。

由于我国人口众多，木材需求量大，但森林资源不足，对天然林进行分类经营，加速用材林基地建设，特别是人工速生丰产林基地的建设，减少采伐天然林，保护天然林，对于我国具有十分重要的意义，也是我国林业生产中的一项重要任务，山丘区水土保持林营造的目的是为防止沟坡水土流失，同时部分较好立地条件营造用材林，管理得当既能满足防治坡面侵蚀发生，同时又满足木材的使用。用材林也是一种生态经济型林业生态工程，所谓经济就是指其定向培育目标是商品用材，并要求高的经济效益；生态就是用材林生长期间有高的生态效益。因此，必须在采取综合措施，合理规划布局、营建水土保持林的同时，也加快速生丰产林技术的研究，提高造林质量，发展高产优质的用材林及发挥水土保持功能。

8.3.1.3 薪炭林

发展护坡薪炭林的目的主要在于解决农村生活用能源的同时，控制坡面的水土流失。

据统计，我国8亿农村人口中，薪炭能源可以基本自给者仅占7.8%，其余一般多缺柴4~6个月。这里所谓的“自给”是指在各地燃料构成中包括了一些不应作为薪材的成分，如作物的秸秆、根茬、饲草，甚至牛粪等，如果剔除了应该合理用作饲料、肥料的部分，燃料短缺的情况严重。

在全球发展中国家，有15亿人至少是从木材或木炭中得到他们所需能源的90%，另外有10亿人所需能源的50%来自于木材或木炭。据统计，世界木材生产总量中有一半用作薪炭材，我国的情况也大致如此。同我国的一些严重缺乏燃料的地区一样，热带、亚热带的一些非洲国家，中近东国家如巴基斯坦、阿富汗、孟加拉国和印度等，由于薪炭严重短缺，差不多把牛羊粪作为传统的农村燃料。由于农村能源的严重短缺，深刻地影响到农村生活的各个方面，特别是对水土、植物资源的破坏，所引发的干旱、水土流失等。我国政府已把解决农村能源纳入国家能源问题的主要组成部分，竭力从制定政策、开源节流、科学研究等方面寻求有效的解决途径。

在基本采取"多能互补"和开发多种渠道解决农村能源短缺的原则下，对于农村经济条件薄弱、范围广阔、分散的广大地区而言，发展薪炭林是最有效而实际的途径。不同类型区，发展、营造薪炭林，首先应该正确选择树种，应特别注重那些速生、丰产、热值高、萌芽力强和多用途的乔、灌木树种，其中当地传统的优良薪材树种更应优先考虑。

发展薪炭林解决农村生活用能源比起其他常规能源有其独特的特点，如薪炭林营造投资少、见效快、生产周期短；薪炭林作为燃料不污染环境；良好的薪炭林，其水土保持及其他综合经济效益，也是一个不容忽视的重要方面。

8.3.2 营造技术

8.3.2.1 树种选择

（1）防护林树种选择

坡面防护林应由所有以木本植物为主的植物群体所组成，南方地区常见的主要乔木树种有柏木、马尾松、湿地松、云南松、华山松、桤木、光皮桦、木荷、麻栎、栓皮栎、槲栎、墨西哥柏、枣、刺槐、油桐、乌桕、桉、大叶相思、马占相思、绢毛相思、铁刀木、黄槐、灰木莲等；主要灌木树种包括紫穗槐、胡枝子、马桑、紫薇、六月雪、黄荆条、黄檀、刺蔷薇、芦竹等；草本主要包括狗牙根、三节芒、野艾篙、火棘、葛藤、常春藤等。

此外，长江中上游的树种选择主要以气候区和立地条件为依据，土层厚度是划分立地类型的一项重要因子；其次，海拔高度相差悬殊、特别是金沙江高山峡谷地区，海拔325~4000m，气候带从南亚热带至寒带，是又一个重要因素；三是地貌不同，有中山、低山、高丘、低丘等，部位有山顶、阴坡、阳坡、山洼之别；四是除南方的酸性土外，还有很大一部分为钙质土，并有粗骨土、裸岩等特殊立地类型。表8-2为长江中上游四片重点水土流失区的主要立地类型及坡面防护林适宜树种。

（2）用材林树种选择

要培育速生丰产用材林，必须选择良好的立地条件，水土流失轻微的造林地，如退耕地、弃耕地和坡度缓、土层厚、草被覆盖好的坡面。有好的速生树种，而没有好的立地条件，也是不能达到速生丰产效果。树种必须符合速生、丰产、优质、抗性强四个方面。

表8-2　长江中上游四片重点水土流失区的主要立地类型及适生树种

类型区	立地类型	适生树种
四川盆地丘陵（海拔200~500m，钙质紫色土）	丘顶薄层紫色土、粗骨土	马桑
	丘坡薄层紫色土	马桑、桤木、黄荆、乌柏
	丘坡中、厚层紫色土	恺木、柏林、马桑、刺槐
	低山阴坡中、厚层黄壤、紫色土	柏木、桤木、麻栎、枫香
	低山阳坡薄层黄壤、紫色土	黄荆、马桑、桤木、乌柏
贵州高原西北部中山、低山（海拔900~1500m）	低山、土薄、中层酸性紫色土	光皮桦、栓皮栎、麻栎、枫香、响叶杨、蒙自桤木、毛桤木、马尾松、茅栗、山苍子、胡枝子、其他灌木类
	山坡薄层钙质土及半裸岩石灰岩山地	马桑、月月青、小果蔷薇、悬钩子、化香、朴树、灯台树、响叶杨、黄连木
四川、云南金沙江高山峡谷区	干热河谷荒坡，海拔325~1000m，南亚热带半干旱气候	坡柳、余甘子、山毛豆、木豆、小铜子、新银合欢、赤桉、台湾相思、木棉
	低山山坡，海拔1000~1500m，北亚热带半湿润气候	蒙自桤木、刺槐、马桑、余甘子、乌柏、栓皮栎、麻栎、滇青冈、化香
	低中山山坡，海拔1500~2500m，北亚热带湿润气候	蒙自桤木、华山松、云南松、刺槐、马桑、栓皮栎、麻栎
	中山山坡，海拔2000~2500m，暖温带湿润气候	云南松、华山松、山杨、灯台树、高山栲、苦槠、丝栗栲、野核桃、山苍子、石栎类
	高中山山坡，海拔2500~3200m，温带湿润气候	云南松、华山松、高山栎、红桦、箭竹
湖南衡阳盆地丘陵	丘陵、低山红壤（一般土层深厚）	马尾松、湿地松、枫香、木荷、栓皮栎、麻栎、苦槠、米槠、白栎、盐肤木、杨梅、山茶、胡枝子、其他灌木类
	低丘钙质紫色土（主要为薄层土）	草木犀（先锋草本）、酸枣、黄荆、六月雪、乌柏、白花刺、小叶紫薇、马桑（试种）；个别厚层土处：柏木、刺槐、黄连木、黄檀

我国南方在人工速生丰产用材林培育中积累了不少经验，也创造了不少典型，如杉木、马尾松、桉树、湿地松等；西南地区可选择柳杉、华山松；华中平原地区的杨树、泡桐，都创造过10~20m^3/hm^2甚至30~40m^3/hm^2的高产记录，比一般天然林高出几倍到几十倍。但与国外类似地区类似树种的高产记录相比，有的比较接近，有的还有很大的差

距，如国外杨树的最高记录是 53.3m^3/hm^2（意大利），我国最高的 48.9m^3/hm^2（山东），说明速生丰产林还具有很大的潜力。国家根据全国速生丰产林的调查，制定了主要树种速生丰产林的生长量标准，这对全国速生丰产用材林建设，具有重要的指导意义，南方地区主要用材林树种速生丰产标准见表 8-3。

表 8-3 南方地区主要用材林树种速生丰产生长量标准

树 种	栽培区类别	年均生长量（m^3/hm^2）	目的材种	轮伐期（年）
杉 木	Ⅰ	10.5 以上	中径材	20~30
	Ⅱ	9 以上	中、小径材	20~25
马尾松	Ⅰ	10.5 以上	中径材	20~30
	Ⅱ	9 以上	中、小径材	20~30
湿地松	Ⅰ	10.5 以上	中径材	20~25
	Ⅱ	9.8 以上	中径材	20~25
水 杉	Ⅰ	11.7 以上	中径材	15~20
	Ⅱ	10.5 以上	中、小径材	20~25
柠檬桉	Ⅰ	12 以上	中径材	16
	Ⅱ	9.75 以上	中径材	20

Ⅰ为最适宜区；Ⅱ为较适宜区。

（3）薪炭林树种选择

树种选择，一般应选择适应于瘠薄立地，再生能力较强，耐平茬，生物产量高，并且有较高热值的乔、灌木树种。

热值是评价薪炭林树种能源价值高低的重要指标，不同树种木质材料的热值不同（燃烧值），同一树种材料的热值又因产地和木质水分含量不同而影响热值的变化。热值的定义是指树种所贮存的大量化学能，在供氧充足的条件下，将树木各木质完全燃烧时所释放的热量（kJ/g）。因此，对不同的薪材树种，评价其价值时，多在风干状态下，以其热值的大小进行比较。

据《全国薪炭材区划和技术政策研究》，提出我国南方地区适宜的薪材树种如表 8-4。我国南方适宜的、传统薪材树种包括各类栎类、各类桉类［生长量 10290kg/（hm^2·a）］、马尾松、大叶相思、银桦、铁刀木等。南方薪炭林树种一般产量在 15000~25500kg/（hm^2·a）。

表 8-4 南方地区适宜采用的薪炭林树种

主要薪炭林树种
火炬松、栓皮栎、马尾松、麻栎、黑松、白栎、窿缘桉、辽东栎、赤桉、刺楞、直干蓝桉、南酸枣、大叶桉、余甘子、蓝桉、刚果 12 号桉、蒿柳、尾叶桉、松江柳、雷林 1 号桉、枫香树、北沙柳、化香树、火炬树、木荷、木麻花、紫穗槐、铁刀木、翅荚木、耳叶相思、马占相思、台湾相思、朱缨花、银荆、马桑、光皮桦、慈竹、桤木、芒、大叶栎等

8.3.2.2 配置与设计

坡面水土保持林业生态工程配置的总原则是：沿等高线布设，与径流中线垂直；选择良种壮苗；尽可能做到乔、灌相结合；以相对较大的密度，用“品”字形配置种植点；精心栽植，把保证成活放在首位，在立地条件极端恶劣的条件下，可营造纯灌木林。

（1）防护林配置技术

配置防护林，首先考虑的是坡度，然后考虑地貌部位。一般配置在坡脚以上至陡坡全长 2/3 为止，因为陡坡上部多为陡立的沟崖（50°以上）。如果这类沟坡已经基本稳定，应避免因造林而引起其他的人工破坏。在沟坡造林的上缘可选择一些萌蘖性强的树种，使其茂密生长，再略加人工促进，让其自然蔓延滋生，从而达到进一步稳固沟坡陡崖的效果。在沟坡陡崖条件较好的地方也可考虑撒播一些乔灌木树种的种子（表 8-3），让其自然生长。

沟床强烈下切，重力侵蚀十分活跃的沟坡，只要首先采用相应的沟床防冲生物工程，固定沟床，当林木生长起来以后，重力侵蚀的堆积物将稳定在沟床两侧，在此条件下，由于沟床流水无力将这些泥沙堆积物携带走，逐渐形成稳定的天然安息角，其上的崩塌落物也将逐渐减少。在这种比较稳定的坡脚（约在坡长 1/3 或 1/4 的坡脚部分），建议首先栽植根蘖性强的树种，在其成活后，可采取平茬、松土（上坡方向松土）等促进措施，使其向上坡逐步发展，虽然它可能被后续的崩落物或泻溜所埋压，但是依靠这些树木强大的生命力，坡面会很快被树木覆盖。如此，几经反复，泻溜面或其他不稳定的坡面侵蚀最终将被固定。

沟坡较缓时（30°~50°），可以全部造林和带状造林，可选择根系发达，萌蘖性强，枝叶茂密，固土作用大的树种。

种植行的方向要与径流线相垂直，水土保持效果最好，行状配置有长方形、正方形和三角形三种。造林前先修筑等高反坡沟、水平沟，借以保土蓄水，改善坡面土壤水分状况。然后，造林紧紧跟上，做到以工程促生物，以生物保工程。土层薄、坡度陡、立地条件差的坡面，应先栽灌木，待其成林后再栽乔木。

片状水土流失的缓坡（15°以下），一般植被尚好，土层稍厚，可直接造林。为减免幼树被草欺，造林前应锄草，人工挖小穴整地。

（2）用材林配置技术

① 人工营造法。以培育小径材为主要目的的护坡用材林，应通过树种选择、混交配置或其他经营技术措施来达到经营目的。一是要保障和增加目的树种的生长速度和生长量；二是要力求长短结合，及早获得其他经济收益（薪炭、家具、纺织材料，或其他林粮间作收益）。

这类造林地，一般造林地条件较差（如水土流失、干旱、风大、霜冻等），应通过坡面林地上水土保持造林整地工程，如水平阶、反坡梯田或鱼鳞坑等整地形式，关键在于适当确定整地季节、时间和整地深度，以达到细致整地、人工改善幼树成活生长条件。树种选择搭配，一般应采用乔灌混交型的复层林，使幼林在成活、发育过程中发挥生物群体相互有利影响，为提高主要树种生长及其稳定性创造有利条件；同时，采用混交、可调节、缩小主栽乔木树种的密度，有利于林分尽快郁闭，形成较好的林地枯枝落叶层，发挥其涵养水源、调节坡面径流、固持坡面土体的作用。

水土保持用材林可采用以下形式：

（i）主要乔木树种与灌木带的水平带状混交。沿坡面等高线，结合水土保持整地措施，先造成灌木带（南方有些地方采用马桑等。每带由2~3行组成，行距1.5~2m），带间距4~6m，等灌木成活，经第一次平茬后，再在带间栽植乔木树种1~2行，行距2~3m。

（ii）乔、灌木隔行混交。乔、灌木同时栽植造林，采用乔、灌木行间混交（行距2~3m）。

（iii）结合农林间作，用乔木或灌木带带间间作农作物形式，由于农作物间作是短期的（2~3年），对乔木或灌木树种的选择和预期经济效益应给予足够重视，因为一旦乔木或灌木纯林达到树冠郁闭，间作作物即告停止。生产上，由于种苗准备、劳力组织和群众形成的多年造林习惯等原因，比较多地采用营造乔木纯林的方式，如果培育、经营措施得当，也可获得良好的营林效果。营造林带时，结合窄带反坡梯田或水平沟等整地措施，在幼林初期，行间间作一些农作物，既可取得一些农产品（豆类、块根、块茎作物等），又可以耕代抚，保水保土，改善和促进林木生长。

② 封山育林法。在这类山地依托残存的次生林，或草、灌等植物，采用封山育林以达到恢复并形成稳定林分的目的。

在此类坡面上尽管已形成了水土流失和环境恶化的趋势，但是，由于尚保留着质量较好的立地和乔、灌、草植物等优越条件，只要采用的封山育林措施合理，再加上森林自然恢复过程中给予必要的人工干预，可较快地达到恢复和形成森林的效果，这在我国南北各地封山育林实践中均得到了证明。

（3）薪炭林配置技术

① 立地类型。坡面水土保持林体系的薪炭林也称为护坡薪炭林，在规划中，可选择距村庄（居民点）较近、交通便利而又不适于高经济利用（如农业、经济林、用材林、草场）的较缓坡面或沟坡，或水土流失严重的坡地作为人工营造护坡薪炭林的土地。

② 技术要点。薪炭林的整地、种植等造林技术与一般的造林大致相同，只是由于立地条件差，整地、种植要求更细。在造林密度上，由于薪炭林要求轮伐期短、产量高、见效快，适当密植是一个重要措施。从南方各地的试验结果看，南方因雨量大，一些短轮伐期的树种，为使林分迅速郁闭，及早发挥水土保持作用，应根据树种的生物学特性适当密植，增强涵蓄水分能力，密度可以密植，株行距为0.5m×1m，密度为20000株/hm^2，如台湾相思、大叶相思、尾叶桉、木荷等；其他根据情况乔木树种可采用1m×2m或2m×2m，密度为5000~10000株/hm^2。

8.3.2.3 抚育管理

对于坡面水土保持林的抚育管理技术，根据不同造林方法而营建的林型采用相应的方法进行林地的抚育和管理。但在水土流失地区，需要根据坡度大小和坡面破碎程度等，采取细致整地的方式，同时实施抚育保护措施。

8.4　梯田地埂防护林

8.4.1　功能

梯田地埂防护林根据其功能类型分为防护林和经济林，主要是针对土埂和石埂梯田，为防治田坎或田埂侵蚀而设置的水土保持林体系。

在梯田地埂上造林，既能延长工程寿命，还具有保水固埂提高产量的作用，提高拦泥蓄水能力，还能改善小气候，提高粮食产量和副业收入。在梯田地埂上造林，不但不占用农业耕地，而且能增加林地面积，实现梯田地埂林网化；既提升了生态景观，又增加了森林资源总量，是增加控制水土流失，实现村庄、梯田林网化的有效途径。

8.4.2　营造技术

8.4.2.1　树种选择

梯田地埂坡度陡，干土层厚，水肥条件差，选择梯田造林树种时，因各地情况有别，树种则不一，所以要掌握“适地适树，因地制宜”的原则。选择树种的一般标准为：适应性强、耐旱耐瘠薄、萌生能力强、速生能力好、耐平茬、根系发达、生物量大、热值高。一般可选择紫穗槐、胡枝子等灌木树种和桑、枣、茶、花椒等经济林树种。

8.4.2.2　配置与设计

梯田地埂的侧坡一般较陡，造林以插条、压条为主，不易插条和压条的树种可采用植苗或直播造林。

(1) 水平梯田地坎造林

① 选择造林点的位置。选择梯田地坎造林点时，既要考虑到将串根和遮阴的影响调节到最小限度，又要考虑耕作和采条的方便，这就应根据具体情况而定。一般在地坎外坡的 1/2 或 1/3 处造林，这样可使树冠投影绝大部分控制在地坎上，根系几乎全部分布在田坎的土层中，也有利于采条和耕作。

当地坎较矮，坎高 1m 左右且较陡时，应在上部或中部造林，也就是离地坎顶 1/3 或 1/2 处，可采用单行密植，株距为 0.5m。采取这种形式造林，灌木生长较快，能迅速起到防风阻拦地表径流的作用。

当地坎较高，大于 2m 以上且较陡时，应在中部或下部造林，可栽植 2~3 行灌木，株行距离应为 0.5m×0.8m，成“品”字形排列。

地坎不太高，坡度较缓时可在中上部或中部造林，栽植 2~3 行灌木，株行距离为 0.5m×0.6m，成“品”字形排列。

总之在地坎营造灌木林，株距不宜超过 0.5m，行距一般视坎埂高度而定，高者宜宽，矮者宜窄，一般为 0.5m，最大也不应超过 0.8m。

② 地坎插条、压条造林。地坎插条造林，可在春、秋两季进行，以秋季较好。秋季

温度低、风较小、雨水多、墒情好，枝条处于休眠状态，埋入土中，有利于发芽生根。要选取1~3年生0.5~2cm粗的健壮枝条，截成30~40cm的插穗，造林株行距一般为0.5m×1m，栽植时顺地坎斜坡垂线和重力垂线夹角的分角线方向插入，梢头少露，踩实即可。若土壤干燥，插穗要适当加长，一般为50~60cm。这种造林方法，最好在修筑地埂坎的过程中，将插穗压在地埂中，既省力，成活率也高。

③ 地坎植苗造林。植苗造林的树种有紫穗槐、胡枝子、桑树等，造林方法有以下几种。

（i）压苗造林。修地埂时，在地埂外侧基部水平状按株距50cm摆一行树苗，埋苗深度应为苗木根际以上4cm，以免风干，随培土随夯实，然后再按50~70cm的行距摆第二行苗，使两行苗木成“品”字形排列，继续培土夯实，使土坎外坡造成60°的斜坡。一般地坎埂可压1~2行，最上一行苗距地坎顶部30cm为宜。

（ii）插孔造林。用削尖的3~4cm粗的木棍，按与上法相同的株行距，在地坎外侧斜坡上插孔，插孔深度比树苗根际稍深4~5cm，放入树苗，然后在树苗孔上方5~8cm处再插入木棍，木棍外端稍向下压，使苗孔密实，最后用湿土将孔填好踩实。此法比常规造林快5倍以上。

（iii）刨坑、扒缝造林。在埂坎外坡，采用与上法相同的株行距离，用铁锨挖成长、宽、深各30~35cm的小坑，或直接用铁锨插入土中深30~35cm，上下摇动成一缝隙，将苗木放入坑内或缝里，使树苗紧贴坑壁，然后填上湿土踩实。

（iv）地坎直播造林。具体方法是在地坎外坡面上，仍按照以上株行距离，挖长、宽、深各10~15cm的反坡坑，然后播种覆土压实。

除以上营造灌木外，有些地区，在保证农业生产的前提下，可栽植一些干鲜果等经济价值较高的树种。例如南方不少地区利用梯田地埂和梯田栽植茶树，保持水土效果也很好。栽植经济林时，可在地埂坎中下部采取小坎式栽植，株行距采用4~5m为宜。

（2）坡式梯田地坎造林

由于坡式梯田地坎高差较小，可在地坎上营造1~2行灌木林带，株行距可采用0.7m×0.7m或0.6m×1m，成“品”字形排列。这种造林方式，每年应进行起高垫低、里切外垫的方法加高地坎，通过人工培土和灌木本身的拦截泥沙作用，使坡式梯田逐年变成水平梯田。

（3）坡地生物地坎造林

在人少地多的地区，可在坡地沿等高水平方向营造2~4行灌木型地坎林。采取这种营林方法，通过灌木茂密枝条的拦泥作用，以及平茬后的人工培土，逐年形成梯田。待灌木长起后，最好在梯田地坎内侧50cm处，挖30~40cm深、宽的地坎沟，防止灌木串根，影响农作物生长发育。

（4）坡地石埂地坎造林

这种石埂地坎造林方法，适用于石质山区取石方便的坡地，造林方法基本同地坎插条、压条造林。在修筑石坎时，按照以上株行距离选好造林位置，留下碗口大的洞，采用

60~70cm长的插条插入洞口里，用湿土填好砸实，然后继续筑埂。这种石坎造林方法，灌木越长，基茎越粗，根系越多，并钻进石缝中盘绕挤压，使石坎更为牢固。在利用旧石埂造林时，可将处在适当部位的小石块捅碎掏洞插条，然后用湿土填实。

8.4.2.3　抚育管理

新造地埂幼林地要封闭式保护管理，及时检查成活率，对缺株断行的应在下一季造林时及时补植，补植树种须与原规划树种种类、规格相同；成活率在40%以下的造林地要重新整地造林。及时防治病虫鼠害，统一组织农户清理地埂杂草，防止对幼树造成破坏。对栽植的经济林树种要注意树形修剪，灌木树种根据生长情况每3~5年进行平茬利用，促进林木更新复壮。

8.5　沟道水土保持林

8.5.1　功能

沟道水土保持林的建设目的在于充分发挥沟道地区水土资源的生态效益、经济效益和社会效益，改善当地农业生态环境，为发展山丘区、风沙区的生产和建设，整治国土，治理江河，减少水、旱、风沙灾害等服务。沟道水土保持林在改善生态环境的作用中处于重要的地位。水土保持林具有很强的保水能力，它能促进天上水、地表水和地下水的正常循环，是天然的“绿色水库”；水土保持林草达到一定数量后能降低风速，提高地面温度、湿度，减轻霜冻、干旱等，能改善该地小气候；水土保持林的枯枝落叶层能增加土壤中的含氮量、有机质，改善土壤的物理性质。因此，水土保持林的营造对沟道治理显得越来越重要。

南方土石山丘地区的沟道水土保持林根据地形、地貌、地质条件分为两类，分别为土质沟道和和石质沟道，其水土保持林业生态工程体系主要是针对这两种沟道进行建设，根据沟道的具体特点设置防护林、用材林、薪炭林和经济林。

土质沟道系统具有深厚“土层”的沿河阶地、山麓坡积或冲洪积扇等地貌上所冲刷形成的现代侵蚀沟系。土质沟道系统的水土保持林，其目的为：结合土质沟道、沟底、沟坡防蚀的需要。

土质侵蚀沟道的水土保持林工程的目的和意义在于获得林业收益的同时发挥保障沟道生产持续、高效的利用；稳定沟坡，控制沟头前进、沟底下切和沟岸扩张的目的，从而为沟道全面合理的利用、提高土地生产力创造条件。在石质山地和土石山地通过沟道水土保持林的配置，以分散调节地表径流，固持土壤，同时增加林草覆盖，提高农业生产力，增加林副产品收入。在发挥其防护作用的基础上争取获得一定量的经济收益。

侵蚀沟的形成和发展受侵蚀基准面的控制，有其自身的发展规律。一般可以将其发育分为四个阶段，如表8-5所示。

表 8-5 土质沟道的侵蚀特征及治理措施

时 期	侵蚀特征	治理措施
第一阶段	①向源侵蚀 ②下切速度快 ③沟深 0.5~1.0m	农业措施径流比较大时，修筑梯田吸收径流
第二阶段	①沟顶有明显滴水，下切、扩张、前进剧烈，以向深发展为主 ②侵蚀沟断面呈现“V”字形沟底水路合一 ③沟底纵坡大，开始形成支沟	①远离居民点时封沟，全面造林、种草 ②离居民点较近、对交通、村镇、农田等构成威胁时，要采取工程与生物相结合的治理措施，防止沟头前进，沟底下切
第三阶段	①上游沟顶前进减弱，沟顶分叉较多 ②中游沟底与水路分开，沟底呈“U”形 ③下游沟底宽度较大，局部有崩塌发生	生物与工程措施相结合，沟头、沟底、沟岸要进行全面治理
第四阶段	①沟顶接近分水岭 ②沟底接近邻近侵蚀曲线 ③沟岸扩张已经接近自然倾斜角或成为稳定的立壁	①进行农业、牧业、林业利用 ②防止新一轮侵蚀开始

石质沟道多处在海拔高、纬度相对较低的地区。降水量较大，自然植被覆盖度高，石质沟道具有坡度大，径流易集中；漏斗形集水区；沟道的底部为基岩，基岩呈风化状态、沟道有疏松堆积物时，易暴发泥石流；土层薄，水土流失的潜在危害性大；灾害性水土流失是洪水、泥石流的特点。石多土少，植被一旦遭到破坏，水土流失加剧，土壤冲刷严重，土地生产力减退迅速，甚至不可逆转地形成裸岩，完全失去了生产基础。石质沟道水土保持林在石质山地和土石沟道通过沟道防护林的配置，以控制水土流失，充分发挥生产潜力，防治滑坡泥石流，稳定治沟工程和保持沟道土地的持续利用。

8.5.2 营造技术

8.5.2.1 树种选择

(1) 土质沟道水土保持林树种选择

土质沟道的沟底的防护林应选择耐湿、抗冲、根蘖性强的速生树种，以湿地松、桤木为常见，还可选择柏木、马尾松、云南松、华山松、光皮桦、木荷、麻栎、栓皮栎、槲栎、墨西哥柏、枣、刺槐、油桐、乌桕、桉、大叶相思、马占相思、绢毛相思、铁刀木、黄槐、灰木莲等。

沟坡防蚀林应选择抗蚀性强，固土作用大的深根性树种，乔木树种主要有湿地松、桤木、柏木、马尾松、云南松、华山松、光皮桦、木荷、麻栎等；灌木可以选择紫穗槐、马桑、刺蔷薇等；条件好的地方，可以考虑种植经济树种，如桑、枣、板栗、茶、核桃等。

(2) 石质沟道水土保持林树种选择

① 南方山地一般沟道防护林树种：杉木、马尾松、栎类、樟、楠、檫等。

② 喀斯特山地沟道防护林树种：柏木、刺槐、苦楝、柏榆等。

③ 稳定沟道树种：沟道发展到后期，沟道中（特别是在森林草原地带）应选择水肥条件较好，沟道宽阔的地段，营造速生丰产用材林。速生丰产林主要配置在开阔沟滩（兼具护滩林的作用），或经沟道治理、淤滩造地形成土层较薄、不宜作为农田或产量较低的地段，必要情况下可选择耕地作为造林地。南方地区沟道内的速生丰产用材林树种可选择杉木、桉树（如柳桉、柠檬桉、巨叶桉等）、湿地松、马尾松等。

④ 河川地、山前阶台地、沟台地经济林栽培。宽敞河川地或背风向阳的沟台地，各种条件良好，适宜建设经济林栽培园。主选树种有：桃、葡萄等；在水源条件不具备情况下，可建立干果经济林，如核桃、柿、板栗、枣等。

⑤ 沟川台（阶）地农林复合生态工程。沟川台（阶）地具备建设农林符合生态工程的各项条件，如果园间种绿肥、豆科作物，丰产林地间种牧草，农作物地间种林果等，经济林地间种蔬菜、药材等。

8.5.2.2 配置与设计

(1) 土质沟道水土保持林配置与设计

土质沟道根据不同发育特点，采用相应的配置。

稳定的沟道，沟道农业利用较好。沟道采用了打坝淤地等措施稳定沟道纵坡、抬高侵蚀基点的地区。选择水肥条件较好、沟道宽阔的地段，发展速生丰产用材林。还可以利用坡缓、土厚、向阳的沟坡，建设果园。造林地的位置可选在坡脚以上沟坡全长的2/3处。

沟道的中、下游侵蚀发展基本停止，沟系上游侵蚀发展较活跃，沟道内进行了部分利用。在有条件的沟道打坝淤地、修筑沟壑川台地、建设基本农田；沟头防护工程与林业措施的结合，如配置编篱柳谷坊、土柳谷坊，修筑谷坊群等；在已停止下切的沟壑，如不宜于农业利用时，最好进行高插柳的栅状造林。

沟道的整体侵蚀发展都很活跃，整个沟道均不能进行合理的利用。对这类沟系的治理可从两方面进行：一是距居民点较远又无力治理，采用封禁的办法；二是距居民点较近处，在沟底设置谷坊群，固定沟顶、沟床的工程措施并结合生物措施。

① 进水凹地、沟头防护林配置方式。可根据集水面积大小进行配置：集水面积小、来水量小时在沟头修筑涝池，全面造林；集水面积极小时，把沟头集水区修成小块梯田，在梯田上造林；集水区比较大、来水量比较多时，要在沟头修筑一道至数道封沟埂，在埂的周围全面造林；在集水面积大、来水量多时，修数道封沟埂，在垂直水流方向营造密集的灌木林带。

可采用编篱柳谷坊和土柳谷坊对进水凹地、沟头进行防护，具体配置见以下内容。

编篱柳谷坊 在沟顶基部一定距离（1~2倍沟顶高度）内配置的一种森林工程，它是在预定修建谷坊的沟底按0.5m株距，1~2m行距，沿水流方向垂直平行打入2行1.5~2m长的柳桩，然后用活的细柳枝分别对2行柳桩进行缩篱到顶，在两篱之间用湿土夯实到顶，编篱坝向沟顶一侧也同样堆湿土夯实形成的迎水的缓坡。如图8-2所示。

土柳谷坊 在谷坊施工分层夯实时，在其背水一面卧入长为90~200cm的2~3年生的

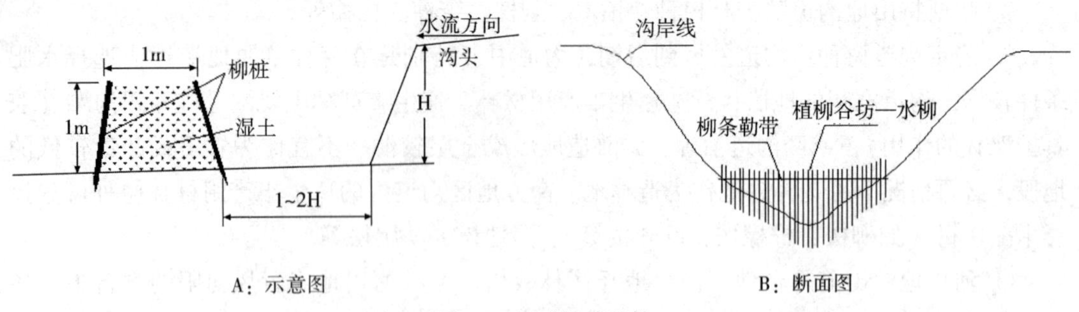

图 8-2 沟头编篱谷坊

活柳枝，或是结合谷坊两侧进行高杆插柳。

② 沟底谷坊工程。在比降大、水流急、冲刷下切严重的沟底，必须要结合谷坊工程造林形成的森林工程体系，主要形式有柳谷坊（可在局部缓流外设置）、土柳谷坊、编篱柳谷坊和柳礓石谷坊。沟底谷坊工程的作用是可以抬高侵蚀基准，防治沟道下切；需遵循顶底相照的原则，即：

$$I = h / (i - i_c)$$

式中：I——两谷坊之间的距离（m）；

h——上下两谷坊之间的有效高度（m）；

i——沟底比降（%）；

i_c——两谷坊之间淤积面积应保持的不致引起冲刷的允许比降（%）（即平衡剖面时的比降）。

同时，谷坊工程在位置的选择上应遵循先支后干、肚大脖细、地基坚实且离开弯道的原则，在数量上也需根据沟道长度和谷坊高度决定。如图 8-3 所示。

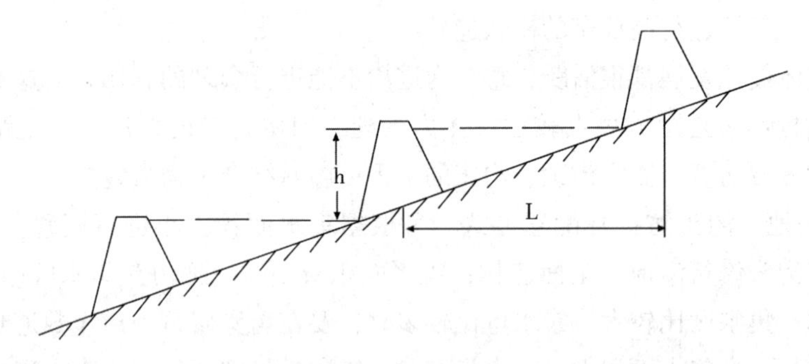

图 8-3 谷坊设置

③ 沟底防护林配置方式。为了拦蓄沟底径流，防止沟道下切，缓流挂淤，在水流缓、来水面不大的沟底，可全面造林或栅状造林；在水流急、来水面大的沟底中间留出水路，两旁全面或雁翅状造林。

沟底栅状或雁翅状造林　此方法适用于比降小，水流较缓（或无长流水）冲刷下切不严重的支毛沟，或坡度较缓的中下游沟道，一般每隔 50~80m 横向栽植 3~5 行树木，采用紧密结构。如图 8-4 所示。

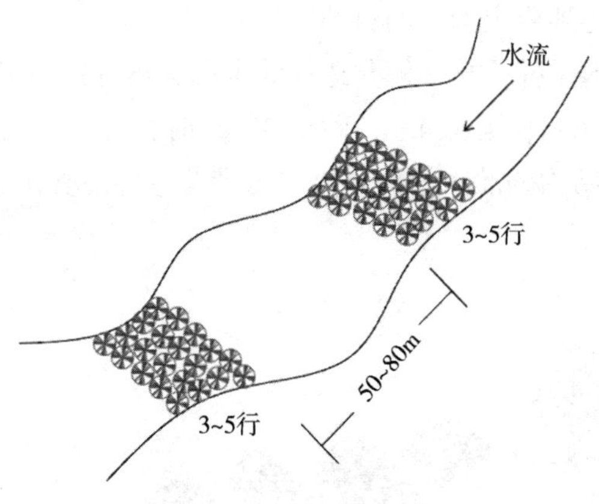

图8-4　栅状造林示意

全面造林　一般是在支毛沟上游，冲刷下切强烈，河床变动较大，沟底坡度>5%时，结合土柳谷坊，全面造林，造林时注意留出水路。株行距一般为1m×1m，多采用插柳造林，也可用其他树种。

④ 沟坡防蚀林配置方式。沟坡防护林主要是稳定沟坡，防止扩展，充分利用土地，发展林业生产。

造林时，先在沟坡中下部较缓处开始，然后再在沟坡上部造林。一般来说，坡脚处是沟坡崩塌堆积物的所在地，土壤疏松，水分条件比较好，可栽植经济林。一般在坡脚1/3~1/2处，造片林，如图8-5所示。为提高造林成活率，坡度过陡或正在扩展，比较干旱的沟坡，要在秋季，先削成35°坡，并进行鱼鳞坑或穴状整地，也可梯台整地，翌年春季实施造林。

⑤ 沟沿防护林配置方式。沟沿防护林应与沟边线的防护工程结合起来，在修建有沟边埂的沟边，且埂外有相当宽的地带，可将林带配置在埂外，如果埂外地带较狭小，可结合边埂，在内外侧配置，如果没有边埂则可直接在沟边线附近配置。沟沿防蚀林工程是防

图8-5　沟坡防蚀林示意

止径流冲刷造成崩岸，达到稳定沟岸的目的。

在沟沿造深根性灌木树种，靠外侧营造乔灌木混交林带；如果沟坡没有到自然倾斜角（黄土65°~80°、黄黏土65°、壤土45°、砂土33°）时，可以预留崩塌线。造林结构可以靠沟沿栽植3~5行紧密结构的灌木带，紧靠灌木带营造乔灌异龄、复层混交林。如图8-6所示。

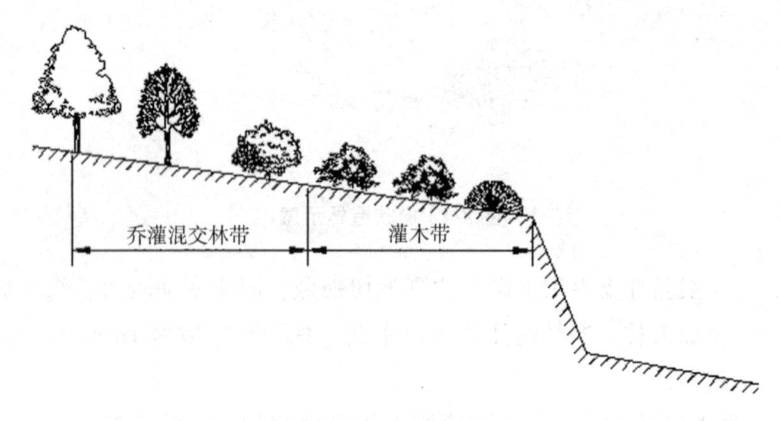

图8-6 沟沿防蚀林示意

（2）石质沟道水土保持林配置与设计

具体的配置要点包括以下六点：①高中山水源涵养林，中低山和丘陵山地水土保持林；②集水区全面造林，乔灌混交林、异龄复层林；③侵蚀严重的荒坡封山育林；④主伐时分区更新轮伐；⑤配合林草措施，建立沟道谷坊群（集中使用）、骨干控制工程；⑥在地形开阔、土层较厚的坡脚农林牧综合利用。

在山地坡面得到治理的条件下，在主沟沟道可适当进行农业经济林利用；在一级支沟或二级支沟的沟底有规划地设计沟道工程；在沟道下游或接近沟道出口处，在沟道水路两侧多修筑成石坎梯田或坝地，并在坎边适当稀植一些经济林树种和用材林树种。

为防治山地泥石流，坡面营造水土保持林时，在树种选择和林分配置上应使之形成由深根性和浅根性树种混交异龄的复层林。成林的郁闭度应达到0.6以上。并注意采取适合当地条件的山地造林坡面整地工程（如反坡阶、水平沟、反坡梯田等）。

稳定的沟道中应选择水肥条件较好、沟道宽阔的地段，营造速生丰产用材林。要求稀植，密度应小于1650株/hm^2（短轮伐期用材林除外），采用大苗、大坑造林。沟道有水源保证的可引水灌溉，生长期要加强抚育管理。

宽敞河川地或背风向阳的沟台地，各种条件良好，适宜建设经济林栽培园。

沟川台（阶）地具备建设农林符合生态工程的各项条件，如果园间种绿肥、豆科作物，丰产林地间种牧草，农作物地间种林果等，经济林地间种蔬菜、药材等。

8.5.2.3 抚育管理

对于沟道水土保持林的抚育管理技术，可采用第五章内容，根据不同造林方法而营建的林型采用相应的方法进行林地的抚育和管理。此外，由于沟道内土淤积快，土层深厚，土体相对黏重，土壤水充足，其他草本植物生长迅速。抚育管理的关键是松土和除草，包括除草松土、正苗、除藤蔓植物，以及对分枝性强的树种进行幼林保护等。除此之外，还要根据具体树种、造林密度和经营强度等具体情况而定。

8.6　水库、河岸（滩）水土保持林

8.6.1　功能

水库、河岸（滩）水土保持林包括水库防护林和护岸护滩林。水库防护林主要是在水库潜岸周围建造防护林是为了固定库岸、防止波浪冲淘破坏、拦截并减少进入库区的泥沙，使防护林起到过滤作用，减少水面蒸发，延长水库的使用寿命。另一方面，水库周围营造的多树种多层次的防护林，人们可利用其作为夏季游憩场所，同时还有美化景观的作用。

护岸护滩林生长在有水流动的河滩漫地与无水流动的广阔沿岸地带的植物群体，是组成沿岸群落的林分。护岸（堤、滩）林是沿江河岸边或河堤配置的绿化措施，用以调节地水流流向，抵御波浪、水流侵袭与淘刷的水土保持技术。其一般包括护岸林、护堤林和护滩林。

水库、河岸（滩）水土保持林的适用范围主要是水库周边、无堤防的河流、有堤防的河流、河漫滩发育较大的河流。

（1）水库防护林

水库运行中存在的最大问题是泥沙淤积、库岸坍塌、水面蒸发及坝下游低湿地。特别是泥沙淤积是影响水库使用价值和其寿命的主要因素。水库泥沙主要来源有：一是因流域汇流区的水土流失由沟谷系统流入库区的泥沙；二是因水库蓄水对库岸冲淘，引起的库岸坍塌。为了防止池塘水库的泥沙淤积等问题，必须在其流域范围内，积极采取综合性的水土保持措施，因地制宜因害设防的配置，由坡到沟、由沟系到库区的林业生态工程。

水库林业生态工程配置的原则以拦泥挂淤、护岸（库岸）护坡（库岸坡）、延长水库寿命为主要目的，把水库绿化与水上景观旅游建设结合起来。

水库林业生态工程主要包括：① 修筑水库形成的废弃地（弃土弃渣场、取土取石场、配料场等）；② 坝头两端及溢洪道周边的绿化；③水库库岸及周边防护林；④坝下游低湿地绿化、回水线上游沟道防护林；⑤水库管理局绿化。

（2）河岸（滩）水土保持林

天然河川形成原因很复杂，按其地理环境和演变的过程，可分为河源、上游、中游、下游和河口；按河谷结构可分为河床、河漫滩、谷坡、阶地。在一般情况下，河川的侵蚀从河源到河口是逐渐减轻的。由于河谷的土壤地质条件不同，河川侵蚀的程度不同，河川的侵蚀和其流域范围内的土壤侵蚀一样，是在古代侵蚀的基础上发展起来的，因此，河川侵蚀的过程和该流域地区上游土壤侵蚀过程是联系在一起的，可以说，河川侵蚀是土壤侵蚀的一部分，是其流域地区土壤侵蚀的继续。由于曲流作用的影响，冲淘与淤积成为河川

侵蚀的主要形式。河川侵蚀使阶地上的农田、工农业设施、厂矿企业等不断受到冲淘的危害。上游的水土流失则导致河床抬高，洪水泛滥成灾。

因此，治河、治滩就成为山区和平原区一项重要的任务，其基本原则是：全面规划，综合治理，从流域的全局出发，考虑到上下游、左右岸，考虑到水资源的合理开发、分配和利用，应由流域的专管机构统一规划、布置进行的。河滩治理的基本任务在于：护滩、护岸、束水归槽，归整流路，保障河川两岸肥沃土地的安全生产。有条件的河段，根据河川运行规律，科学地治河治滩，与河争地，扩大利用面积。这种情况下的河滩治理，必须采取工程措施与生物措施相结合，以期发挥最大的防护和经济效益。

护岸护滩一般是“护岸必先护滩”，当然，具体工作中，还应考虑具体河段的特点，确定治理顺序。为了防止河岸的破坏，护岸林必须和护滩林密切地结合起来，只有在河岸滩地营造起森林的条件下方能减弱水浪对河岸的冲淘和侵蚀。因为林木的强大根系，一方面能固持岸堤的土壤；另一方面根系本身就起减缓水浪的冲击作用。同时也应注意，森林固持河岸的作用是有限的，当洪水的冲淘作用特别大时，护岸应以水利工程为主，最好修筑永久性水利工程，如防堤、护岸、丁坝等水利工程。但是，绝不能忽视造林工作的重要性。在江河提岸造林，尤其在堤外滩地造林有很大的意义，它不仅能护滩护堤岸，而且在成林后还能供应修筑堤坝和防洪抢险所需的木材，因此应尽可能地布设护岸护滩森林（生物）工程。

8.6.2 营造技术

8.6.2.1 树种选择

在水库防护林和护岸（堤、滩）林业生态工程的设计中，选择造林树种是一项十分重要的内容，与其他林种比较，其对造林树种的要求有较大的差异。水库、护岸（堤、滩）林带的造林树种应具有耐水淹、淤埋、生长迅速、根系发达、萌芽力强、易繁殖、耐旱、耐瘠薄等特性。另外，应考虑树种的经济价值及兼用性。南方地区的水库、河岸（滩）林主要适宜树种见表8-6。

表8-6 南方地区的水库、河岸（滩）水土保持林主要适宜树种表

区 域	主要植树造林树种
长江 上中游地区	柳杉、水杉、池杉、欧美杨、响叶杨、滇杨、柳树、樟树、楠木、刺槐、乌桕、桉树、丛生竹、枫杨
中南华东 （南方）地区	金钱松、水杉、池杉、落羽杉、欧美样、毛白杨、楸树、薄壳山核桃、枫杨、苦楝、白榆、国槐、乌桕、黄连木、檫木、栾树、梧桐、泡桐、枣树、喜树、香樟、榉树、垂柳、旱柳、柳树、银杏、杜仲、毛竹、刚竹、淡竹、木麻黄、窿缘桉、杞柳、合欢
东南沿海及 热带地区	湿地松、加勒比松、黑松、木麻黄、窿缘桉、巨尾桉、尾叶桉、赤桉、刚果桉、台湾相思、大叶相思、马占相思、粗果相思、银合欢、勒仔树、露兜类、红树类

注：引自《生态公益林建设技术规程》GB/T 1833（7）3-2001。

关于选择接近水面或可能浸水地的造林树种的耐水浸能力，江西农业大学林学系杜天真等（1991）于鄱阳湖测定：金樱子、丝棉木、柞树、狭叶山胡椒、黄栀子、杞柳可耐水浸 90~120 天；乌桕、垂柳、旱柳、池杉、加杨、桑树、三角枫等耐水浸 60~70 天；而樟树、枫香、苦橡、枫杨、紫穗槐、悬铃木、水杉等水淹至根颈部位不至造成死亡（一般可耐水浸 30 天左右）。同一树种耐水淹性能的强弱还与立地条件、本身的生长发育情况、年龄、水淹季节等有关，坡面形态和其地质状况不同，应根据实际情况选择。

8.6.2.2　配置与设计

（1）水库防护林配置技术

① 废弃地整治绿化与库区管理区绿化。由于水工程的废弃地整治后有良好的灌溉水源，应根据条件营建果园、经济林等有较高经济效益的绿色工程；也可结合水上旅游进行园林式规划设计。水库管理区绿化实际上也属于园林绿化规划设计的范畴。废弃地整治绿化参见有关规范和书籍。

② 坝肩、溢洪道周边绿化。坝肩和溢洪道绿化应密切结合水上旅游规划设计进行，宜乔、灌、草、花、草坪相结合，点、线、面相结合，绿化、园林相结合；充分利用和巧借坝肩和溢洪道周边的山形地势，创造美丽宜人的环境。

③ 水库库岸及其周边防护林。水库库岸及其周边防护林，包括水库防浪灌木林和库岸高水位线以上的岸坡防风防蚀林。如果库岸为陡峭基岩构造类型，无需布设防浪林，视条件可在陡岸边一定距离布设防风林或种植攀缘植物，以加大绿化面积。因此，库岸防护绿化的重点应放在由疏松母质组成和具有一定坡度（30°以下）的库岸类型。在设计水库沿岸防护林时，应该具体分析研究水库各个地位等持续的时间和出现的频率、主风方向、泥沙淤积特点等，然后根据实际情况和存在的问题分地段进行设计，不能无区别地拘泥于某一种规格或形式。即使同一个水库，沿岸各水地段防护林带的宽度也是不相同的。当沿岸为缓坡且侵蚀作用不堪激烈时，林带宽度可为 30~40m；而当坡度较大，水土流失严重时，其宽度应不小于 50~60m，有时可达 100m 以上。

防浪灌木林　一般从正常水位略低的位置开始布置，以耐水湿灌木为主，如灌木柳，因为其具有较强的弹性，能很好地削弱波浪的冲击力量。同时，借助于其旺盛发达的根系也可固持岸坡土壤，增强其抗蚀能力。这种防浪林带愈宽、栽植密度越大，其防护作用也愈大。布设宽度，应根据水面起浪高度计算确定。据观察 15~20 行的灌木柳防浪林可以削弱高达 1~1.3m 的浪头而保护岸坡免于其冲淘破坏。对于护岸防浪林，灌木柳可以适当密植，其株行距多采用 1m×1.5m 或 1.5m×2m。

防风防蚀林　除防风控制起浪、控制蒸发外，还应与周边水上旅游规划结合起来，构成环库绿化美化景观。林带宽度应根据水库的大小、土壤侵蚀状况等确定，同一水库各地段也可采取不同的宽度，从 10m 到数十米不等。林带结构可根据情况确定为紧密结构或疏透结构。乔木树种株行距为 2m×2m 或 3m×3m。距离库岸较近的可选择旱柳、垂柳等耐不蚀的树种。距水面越远，水分条件越差，应根据立地条件，选择较为耐旱的树种如松属、柏属的树种等。

④ 坝前低湿地造林。坝前低湿地水分条件较好，可选择耐水湿的树种如垂柳、旱柳、杨、丝棉木、三角枫、桑、池杉、乌桕、枫杨等营造速生丰产林。造林时应注意离坝脚8~10m，以避免根系横穿坝基。遇有可蓄水的坑塘，可整治蓄水养鱼、种藕，布局上应与塘岸边整治统一协调，形成林水复合生态工程。

⑤ 回水线上游沟道拦泥挂淤林。回水线上游沟道应营造拦泥挂淤林，并与沟道拦泥工程相结合，如土柳谷坊、石柳谷坊，还应与当地流域综合治理相结合。

（2）河岸（滩）水土保持林配置技术

① 护岸林。当河身稳定，有固定河床时，护岸林可靠近岸边进行造林；河身不稳定时，河水经常冲击滩地，可在常水位线以上营造乔木林，枯水位线以上营造乔灌混交林；河流两岸有陡岸不断向外扩展时，可先作护岸工程，然后再在岸边进行造林，或者在岸边留出与岸高等宽的地方进行造林。

护岸林的宽度主要根据水流的速度，宽度一般为10~60m，采用（0.75~1.0）m×（1.0~1.5）m的株行距。林带宜采用混交复层林，在靠近水流的3~5行应选用耐水湿的灌木，其他的可采用乔灌木混交类型。

② 护堤林。靠近河身的堤防，应将乔木林带栽植于堤防外平台上。在堤顶和内外坡上不可栽植乔木，只能营造灌木，充分利用灌木稠密的枝条和庞大的根系来保护和固持土壤。

护堤林带应距堤防坡脚5m以外，防止根系穿堤，株行距宜为（0.75~1.0）m×（1.0~1.5）m。当堤防与河身有一定距离时，在堤外的河滩上，距堤脚5m以外，营造10~30m平行于堤防的护堤林带，在靠近河身一侧，可栽植几行灌木，以缓流拦沙，防止破坏林带和堤防，条件允许时，在堤防内侧平台栽植10~20m宽的林带，护堤林带应采用乔灌木混交的复层林。

③ 护滩林。一般应采用耐水湿的乔灌木，垂直于水流方向成行密植，可营造雁翅式防护林（图8-7）。在河床两侧或一侧营造柳树雁翅形丛状林带。多采用插条造林方法，丛状栽植，栽植行方向要顺着规整流路所要求的导线方向，林带与水流方向构成30°~45°角，行距2m，丛距1m，每丛插条3根，一般多采用1~2年生枝条，长30~40cm，直径1.5~2.0cm。为了预防水冲、水淹、沙压和提高造林成活率，可采取深栽高杆扬、柳树。

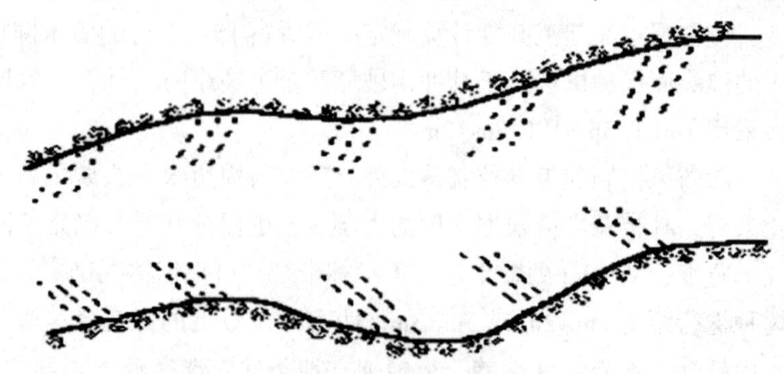

图8-7 雁翅形护滩林配置

栽植深度：林缘、浅水区为 80cm，林内 60cm，滩地 50cm。地面保留主杆高度一般为 50～150cm。插条多采用 1～2 年生，长 1～2m 的嫩枝，平均用条量 3000～4500kg/hm^2，最多达 12000kg/hm^2。丛状造林从第 3 年起，每年初冬或早春，结合提供造林条源对丛状林分普遍进行一次平茬，诱发萌蘖，增加立木密度，增强林分缓流落淤能力。到了汛期，应及时清理浮柴和扶正被种林木、泥沙压埋的树丛，为林分正常生长发育创造条件。

8.6.2.3　抚育管理

对于水库、河岸（滩）水土保持林的抚育管理技术，可采用第五章内容，根据不同造林方法而营建的林型采用相应的方法进行林地的抚育和管理。

制定水库、河岸（滩）水土保持林营造、管理、更新的发展规划，在确保防护功能的基础上，提高经济效益。要建立管理专业队伍，苗木选育、栽培、抚育、更新、采伐、加工等要全程管理。造林树种在保证防护效果的前提下，选用经济价值高的树种，提倡营建混交林，特别在不淹水的大堤背水面可丰富造林树种，保持水库、河岸（滩）水土保持林持续稳定的综合效益。

8.7　经济林

8.7.1　功能及分区

经济林是以生产果品，实用油料、饮料、调料、工业原料和药材等为主要目的的林木。水土保持经济林（又称水土保持经果林）是指在水土流失地类采用水土保持技术措施营造的可有效控制水土流失并生产果品、油料、饮料、调料、工业原料和药材等林特产品的经济林木。

水土保持经济林是配置在水土流失地区合适的地形部位，如山区丘陵区的坡面、山脚等，以获得林果产品和取得一定经济收益为目的，并通过经济林建设过程中高标准、高质量整地工程，以蓄水保土，提高土壤肥力；同时本身也能覆盖地表，截留降水，防止击溅侵蚀，在一定程度上具有其他水土保持林类似的防护效益。水土保持经济林具有显著的经济效益、生态效益和社会效益，其屏障作用和产业作用并存且不可替代。发展经济林是我国山区改善生态环境、林业中综合开发、林农脱贫致富的重要途径。经济林树种具有“一年种植多年收益”的特点，可为农民群众提供可靠的经济来源。通过营造水土保持经济林可以说既有生态效益，又有经济效益，是具有生态、经济双重功能的水土保持林种。

根据何方（1999 年）对于我国经济林栽培的区划结果，摘选了其中南方经济林的区划结果。具体南方的经济林栽培分区见表 8-7。

表 8-7 南方经济林栽培区化及栽培品种

Ⅳ 北亚热带

$Ⅳ_1$ 四川盆地北缘山地工业原料亚区 落叶栎类、栓皮栎、漆树、油桐、核桃、板栗、茶等

$Ⅳ_2$ 甘肃南端丘陵山地木本油料亚区 油桐、乌桕、栓皮栎、棕榈、杜仲、柿、茶树、花椒、枣、核桃、漆树。天然竹类有淡竹、慈竹。曾引种油橄榄、毛竹。局部地区还可以栽培柑橘

$Ⅳ_3$ 陕南秦巴山地木本油料及工业原料亚区 核桃、普通油茶、油橄榄、黄连木、水冬瓜、乌桕、油桐、板栗、柿、漆树

$Ⅳ_4$ 湖北木本油料及干鲜果亚区 油茶、油桐、乌桕、板栗、柿、杜仲、厚朴、银杏、柑橘、桃、李、茶、蚕桑等。安陆银杏、罗田甜柿、板栗全国著名

$Ⅳ_5$ 豫南低山丘陵干鲜果品亚区 油茶、油桐、板栗、枣、厚朴、杜仲、苹果、梨、桃、李等

$Ⅳ_6$ 皖中丘陵平原干鲜果品亚区 油茶、油桐、乌桕、桑、杜仲、厚朴、板栗、青檀、山苍子、茶等。金寨板栗，六安茶全国有名

$Ⅳ_7$ 苏中低丘平原干鲜果品亚区 主要是生态防护林

Ⅴ 中亚热带

$Ⅴ_1$ 苏南宜溧低山丘陵鲜干果桑茶亚区 枇杷、杨梅、柑橘、板栗、银杏、桑、茶。油桐、毛竹、美国山核桃、乌桕

$Ⅴ_2$ 皖南山地丘陵干鲜果桑茶亚区 青檀、板栗、山核桃、茶、桑蚕、油茶、油桐、乌桕、银杏、棕榈、山苍子、杜仲、厚朴、三桠、枇杷、猕猴桃等

$Ⅴ_3$ 浙江鲜干果桑茶亚区 油茶、油桐、乌桕、枇杷、杨梅、厚朴、柑橘、香榧、山茱萸、棕榈、银杏、漆树、山核桃等

$Ⅴ_4$ 闽中—闽北干鲜果茶与木本油料亚区 油茶、油桐、油橄榄、乌桕、板栗、锥栗、厚朴、漆树等

$Ⅴ_5$ 鄂东南低山丘陵木本油料及果茶亚区 油茶、油桐、板栗、银杏、杜仲、柑橘、桑、茶等

$Ⅴ_6$ 江西木本油料、茶及果茶亚区 油茶、油桐、千年桐、乌桕、板栗、樟树、竹类等

$Ⅴ_7$ 湖南木本油料及干鲜果亚区 油茶、油桐、乌桕、湖南山核桃、板栗、枣树、银杏、杜仲、厚朴、毛竹、水竹、茶等

$Ⅴ_8$ 粤北山地丘陵木本油料、果茶亚区 油茶、油桐、千年桐、山苍子、松脂、板栗、南华李、枣树、茶、蚕桑等

$Ⅴ_9$ 桂北低山丘陵木本油料、果茶亚区 油茶、油桐、银杏、柑橘、柚、板栗等

$Ⅴ_{10}$ 贵州木本油料及工业原料林亚区 油桐、油茶、核桃、乌桕、木姜子、山苍子、板栗、柿、漆树、五倍子、栓皮栎、棕榈、杜仲等

$Ⅴ_{11}$ 云南（中亚热带）木本油料、果、茶及工业原料林亚区 核桃、野核桃、油桐、油茶、乌桕、漆树、松脂、竹类、板栗等

$Ⅴ_{12}$ 四川木本油料、果、茶及工业原料林亚区 油桐、白蜡、花椒、咖啡、紫胶等

Ⅵ 南亚热带

$Ⅵ_1$ 闽东南沿海丘陵果、茶亚区 香蕉、荔枝、龙眼、柑橘等

$Ⅵ_2$ 台北台中低山丘陵果、茶亚区 柑橘、香蕉等

$Ⅵ_3$ 粤中丘陵台地果、茶、桑亚区 柑橘、橙、荔枝、龙眼、香蕉、番石榴、杨桃、木瓜、杧果等

（续）

Ⅵ　南亚热带

Ⅵ$_4$　桂中低山丘陵木本油料、干鲜果、茶亚区　油桐、油茶、山苍子、柑橘、柚、橙、猕猴桃、板栗等

Ⅵ$_5$　桂南丘陵台地鲜果、香料亚区　荔枝、龙眼、香蕉、杧果、黄皮果、柑橘、八角、肉桂等

Ⅵ$_6$　滇中南低山丘陵果、茶及工业原料林亚区　香蕉、茶、八角、紫胶等

Ⅶ　北热带

Ⅶ$_1$　台南丘陵台地果、茶亚区　香蕉、龙眼、杧果、木瓜、咖啡、胡椒、山地茶叶等

Ⅶ$_2$　雷州低丘台地果、胶、香料亚区　桉树、香蕉、椰子、咖啡、龙眼、杧果、荔枝、大蕉、木菠萝等

Ⅶ$_3$　琼北低丘台地橡胶、果及饮料亚区　橡胶、椰子、胡椒、香蕉、龙眼、杧果、咖啡等

Ⅶ$_4$　滇南中地山台地胶、果亚区　橡胶、咖啡、槟榔、木菠萝、红毛丹、香蕉、荔枝、龙眼、杧果、版纳柚、茶等

Ⅷ　中热带

Ⅷ$_1$　琼南台陵台地胶、油料、果亚区　橡胶、槟榔、腰果、椰子、油棕、胡椒、香蕉、龙眼等

Ⅷ$_2$　东沙、中沙、西沙群岛亚区难以发展经济林

注：节选自何方著《中国经济林栽培区划》。

8.7.2　营造技术

8.7.2.1　配置与设计

（1）原则

① 因地制宜，适地适树；② 以乡土树种为主，引进品种为辅，以灌木为主，乔木为辅；③ 根据当地的立地条件和技术经济要求，选用合理的整地方式，减少对原生地貌的扰动。

（2）树种选择

坚持造林立地条件与树种的生物学特性和生态性相一致的原则。选择多树种造林，防止树种单一化；因地制宜地确定树种的合理比例；适地适树，充分利用乡土树种，选择稳定性好，抗旱、抗病虫害能力强的树种。

（3）整地方式

南方地区经济林可采用穴状和水平阶整地。穴状整地，适于地形破碎的坡面和沟底，穴径 0.40m，穴深 0.40m。水平阶整地适用于坡面比较完整、土层较厚的坡面，阶面宽1～1.50m，具有 3°～5°反坡或阶边设埂，上下两阶的水平距离以设计的造林行距控制。为熟化土壤、改善土壤结构、蓄水保墒、提高造林成活率，整地应在造林前一年秋季为好。

8.7.2.2　抚育管理

造林后应及时进行松土锄草，做到除早、除小、除了，对穴外影响幼树生长的高密杂草要及时割除，连续进行 3～5 年，每年 1～3 次。松土锄草应做到里浅外深，不伤害苗木根系，深度一般为 5～10cm。对造林成活率不合格的林地，应及时进行补植。

8.8 案例

8.8.1 案例一

徐红梅、唐万鹏、潘磊等，在《三峡库区低山丘陵区水土保持型植被建设模式研究》中对山丘区水土保持林营建技术进行了论述，主要包括三方面内容。

8.8.1.1 树种选择

树种选择是植被建设的基础。目前在植被建设实践中，水土保持型树种选择多依据树种选择原则、林种规划、造林技术与经验定性选择，少部分依据树种水土保持效益和抗性实验定量筛选。这些方法普遍存在片面性和科学系统性不强等缺点。唐万鹏等（2010）针对三峡库区的自然、社会和生态条件，构建了水土保持树种选择综合评价指标体系，提出了研究区水土保持树种选择数量化评价模型。并对48个参选树种进行了综合评价，分成三个等级，为合理选择三峡库区植被恢复材料提供了定量参考依据。

8.8.1.2 结构配置

纯人工林防治水土流失作用十分有限，特别是林相单一的人工阔叶林。从森林保持水土机理而言，以木本植物为主体的生物群体及其环境综合体涵养水源作用最大。因此，要想充分发挥植被保持水土效应，必须营造乔、灌、草相结合的多树种、多层次的异龄混交林。群落结构配置采用的主要技术措施有树种搭配、混交林营建、农林复合与坡地生物篱和自然植被模拟技术等。

8.8.1.3 近江景观防护林模式

三峡库区低山丘陵区中海拔在175～300m的地区确定为近江景观防护林，柳杉、枫香、栗树、刺桐、樟树、南酸枣、棕榈、刺槐、旱柳和毛黄护等树种不仅树姿优美，而且具备一定的生态、经济价值，为该区优选树种；雷竹、慈竹、茶树、柑橘、脐橙等经济价值、观赏价值均较高，可适当在该区选择用于营建生态茶（果、竹）园。

（1）沟道防护林模式

该模式适用于库区沟道两侧，主要目的是稳定沟道，防止沟道向长、宽、深发展，使上游冲刷下来的泥沙淤积在沟道中，淤地造田，避免对沟道下游的农田、水利设施造成严重的危害。选择耐水湿能力强，符合百姓种植习惯的树种如枫杨、香椿、喜树、桤木、樟树等，双侧单行配置，小穴整地，规格为穴径为0.6m，深度为0.5m，株距为2.5m。

（2）景观护路林模式

该模式适用于库区道路两侧，主要功能一方面是保障道路安全，包括路况良好、路基及边坡稳定，防止出现大面积边坡裸露区域；另一方面则是自然景观功能，增强库区植被的景观效益。

① 樟+紫穗槐模式。樟树双侧单行配置，大穴整地，规格为0.6m×0.5m×0.5m，株距为4.0m；紫穗槐双行带状配置，水平沟整地，规格为带宽0.5m，深0.5m，种植间距为

3.0m×0.4m。

② 针阔混交模式。阔叶树种选择枫香、乌桕和漆树等，这类植物秋季叶色变红、变黄和马尾松、柏木等常绿针叶树种混交，穴状整地，规格为 0.7m×0.7m×0.7m，株间混交，以落叶树种为主，常绿和落叶树种混交比例为 1∶3。

③ 观光果园模式。选择经济价值高，春季开花或秋季结果有观赏价值的果树品种，包括板栗、油桃、脐橙和甜柿等，在库区主干道两侧开阔地营建观光果园。注重选择优良品系和经营管理，穴状整地，规格一般为 0.5m×0.5m×0.5m，种植间距一般为 4.0m×4.0m。

④ 护岸林模式。该模式主要选择具有一定景观价值和经济价值且根系发达（尤其是须根发达）的树种如枫杨、樟树、雷竹和柑橘等。枫杨、樟树双行带状配置，大穴整地，规格为 0.8m×0.4m×0.4m，株行距 3.0m×4.0m；雷竹、柑橘 5 行带状配置，大穴整地，规格为 0.8m×0.6m×0.6m，株行距 3.0m×4.0m。

8.8.2　案例二

膏桐（*Jatropha curcas* L.）又名麻疯树、小桐子（四川）、臭桐树（贵州）、黄肿树（广东）、芙蓉树、假花生（广西），为大戟科麻疯树属半肉质落叶小乔木或大灌木。多为药用栽培植物。原产于美洲，现广泛分布于亚热带及干热河谷地区，我国主要分布在南方的云南、四川、贵州、广东、广西、福建、海南及重庆。一般生长在干热河谷的路边、田舍边、江河边或山坡草地处。

8.8.2.1　苗木管理

（1）实生繁殖

种子选择　育苗用的种子应选择处于结实盛期、产量高、含油率高的母树采种，育苗种子应在果实充分成熟时采集，最佳采集时间为果实黄熟且开始变硬、变褐时。

圃地选择及整理　苗圃地应选择地势平坦、交通便利、排灌方便的地方，并根据地势和水源情况整理成高床、平床、低床三种，一般苗床宽度为 1.0~1.2m，长度依实际地形而定。播种前每平方米床面施用经混合均匀的复合肥 25~80g、多菌灵 5~30g、呋喃丹10~20g，并翻拌均匀，深度约为 10cm，然后平整好床面。

种子处理　选择粒大、饱满、净度高的种子，为提高种子的出芽率，可将种子放入 40℃温水中浸泡 24~48h，在播种前用 0.5%的高锰酸钾水溶液或 50%的多菌灵 500 倍液浸泡 20~30min 进行浸泡消毒处理。

播种方式　点播株行距 10cm×15cm，深度 2~3cm，点播后覆土厚度为种子直径的 2 倍左右；条播行距 10cm×15cm，粒距 5~7cm，深度为种子直径的 2~3 倍，播后覆盖细土；撒播直接在已整平的苗床上均匀撒播种子，播后覆盖细土，覆土厚度为种子直径的 2 倍左右。

播种时间　根据当地的气候条件确定播种期，麻疯树种子成熟时间不同，在亚热带干热河谷地带其播种时间不受季节限制，可采取随采随播的方式。

播种量 300~450kg/hm²，为保证苗木质量，以300kg/hm²为宜。

田间管理 播种后要及时浇水，并在苗床上覆草或塑料薄膜保湿。经5~10天后种子即可发芽。幼苗出土后，要及时撤除覆盖物，以免妨碍苗木生长。出土幼苗生长极为迅速。这期间应注意及时施肥，但一定得遵循薄施勤施的原则，以施复合肥及尿素为主。一般施肥以1次/月为宜，施肥的时间尽量选择在阴天或晴天傍晚的时候进行，每次施肥后及时用清水浇苗，以免苗木遭受肥害。叶面喷肥则以晴天无雨的傍晚为宜，且需于次日清晨用清水浇苗。苗期还应及时除草，应做到除早、除小和除净，以保证幼苗的正常生长不受影响。

（2）扦插繁殖

插穗采集 扦插的插穗应在良种采穗圃采集，如无专门的采穗圃，则一定要选择生长健壮、无病虫害、产量高、含油率高的作为采穗母树。在采穗母树上选择当年生的已半木质化枝条或直径1cm的1~2年生硬枝，要求生长健壮且无病虫害。

插穗处理 将采集的枝条剪成15~20cm长的插穗，在干旱地区或疏松土壤插穗宜长，湿润地区或土壤较黏重插穗宜短。此外，粗壮枝条可短些，细弱枝条可长些。插穗上端切面要剪成平口，并用熔蜡涂封，下端剪成斜面，制穗用的刀具一定要锋利，要求切口平滑、不劈裂。尽量做到随采条、随制穗、随扦插，如制备好的穗条不能及时扦插，应注意穗条保湿。扦插前可用50%多菌灵800倍液浸泡水消毒10min，捞起晾干后再放置于100~200ppm的生根粉或萘乙酸溶液中浸泡2h，待用。麻疯树扦插容易成活，插穗也可不用药剂处理，但必须消毒。

扦插时间 不同时期扦插成活率差异较大，最适宜的扦插时期为每年的湿热季节，一般可在每年的7~8月份扦插。

扦插方法 插苗时，可采用直插或斜插方式进行扦插，插入深度为穗条长度的1/3~1/2左右，穗条地上部分一般保留2~3个芽，株行距为15cm×20cm。扦插时要把土压实，使土壤与插穗入土部分紧密接触，插完后及时浇水淋透苗床土层，并在苗床上搭建拱棚以保温保湿。

田间管理 扦插后未生根前，视天气情况每隔一定时间要对苗床喷水，使苗床土壤始终保持湿润状态，棚内湿度应保持在80%~85%左右，喷水后将拱棚压盖严实，并适度遮光，一般用70%左右的遮光网即可。棚内温度控制在20~35℃，最高不超过35℃，若超过35℃，应揭膜通风透气降低温度。待插条生根后，可逐步去除遮光网，增加光照时间。同时注意及时排涝、除草和病虫害防治。扦插苗长出2~3片小叶后，每隔10~15天可用0.1%~0.2%的尿素喷施1次，移植前还可用0.2%左右的磷酸二氢钾水溶液进行根外追肥，移植前10天左右开始控苗炼苗。

8.8.2.2 建园及管理

林地选择 适宜种植于年均温16℃以上，≥10℃的有效积温在5000日度以上，最低气温不低于-4℃，年日照时数在2200h以上，海拔1800m以下，土层厚度30cm以上，土质疏松、排水性、透气性良好的土壤。

整地　通常种植于次生林地、荒山荒坡及其他条件较差的不能种植作物的地块，造林前要对林地的杂草灌木进行必要的清理，林地清理通常采用以种植穴为中心的块状清理和水平带状清理。整地通常可采用鱼鳞坑、反坡水平开带、等高水平沟和种植塘等四种整地方式。整地时间宜在头年的雨季初期进行，一般为 10 月至次年 4 月期间，其中以 10~12 月最为适宜，种植穴规格通常为 40cm×40cm×40cm、50cm×50cm×50cm、60cm×60cm×60cm。

苗木定植　选择在雨季造林，一般以 6 月前后为宜，但各地因雨季时间有差异，特别是干旱地区，如雨势河谷地区则可适当推迟，待进入雨季且雨下透后即可开始栽植。而在亚热带以南地区不受季节限制，幼苗移植造林全年均可进行。定植时如遇晴天，应在早上或下午比较凉爽时进行栽植。

幼林期抚育管理　幼林地一般需要抚育 3 年，每年抚育 1~2 次，主要是进行补植、松土、除草、施肥、定干和除萌抹芽。苗木定植后应及时检查成活并进行补植；在定植当年雨季结束时和次年雨季前后各进行 1 次松土和除草；在定植次年雨季前后各进行 1 次施肥，雨季前株施 20~40g 氮肥，雨季后株施 100~500g 复合肥；待麻疯树长至近 1m 时，在离地约 60cm 处截干，并及时抹除树干基部的萌芽，在树干 0.4~0.6m 的高度范围内保留 3~5 个生长健壮的饱满芽即可。

成林期管理　① 肥水管理：在干旱季节或地区，应根据具体情况适时灌溉。但在春梢停长后到秋梢停长前要注意控水，以控制新梢后期的生长。雨季则应注意及时排涝。麻疯树成林地每年需抚育 2 次，6 月底至 7 月中旬进行第 1 次，主要是除草和松土，在除草松土时深度不超过 8cm。12 月底到次年 1 月进行第 2 次，主要是中耕松土，以不伤害苗木根系，挖翻深度 20~25cm 左右，第 2 次宜结合施肥进行抚育，每株施用农家肥 20~25kg，或复合肥 1.0~1.5kg。另外，每年 4 月中下旬至 5 月应追施花果肥，株施氮肥 100~200g、过磷酸钙 300~400g、采果后株施 100~200g 三元复合肥。② 整形修剪：苗木定植后头 3 年是培养树形的关键时期，修剪时间宜在早春萌芽时进行，也可在冬季进行。定干后要培养 3~5 个主枝，并在选留的上一级次枝条 0.4~0.6m 处通过截枝培养二级、三级分枝，在三级分枝上 0.4~0.6m 处再进行截枝，诱导生成结果枝，树形宜采用自然心形。

采收与贮藏　① 采收：麻疯树有边开花边结果的特性，从开花到种子成熟约需 3 个月，生产中应根据果实的成熟情况分批适时采收。当果实外部经黄熟渐变为黑褐色时即达到最佳采收期，此时采收的种子含油率最高。采收时对结果部分比较低的可进行手工采摘，而对于结果部分比较高的则可借助高枝剪等工具采摘，或用木棒打落后收捡，成熟果和干果要分开装。采摘果实时应尽量避免损伤树体，并加强自身防护，以免麻疯树的汁液对皮肤和眼睛等造成刺激和伤害。果实采收后，应及时晾晒或烘干，然后脱壳、去除杂质。② 贮藏：经脱壳、除杂等处理的种子应于阴凉、通风、干燥的地方贮藏。贮藏过程中应注意防止种子受潮霉变及防止虫害、鼠害的发生。不同批次及不同产地的种子应分别存放，育苗用的种子贮藏时间不宜超过 1 年。

本章小结

水土保持林是人类改造大自然的伟大工程之一，它对社会及生态环境有多方面的影响。山丘区水土保持林业生态工程的实施具有重大的现实意义。从全方位的角度进行分析，考虑水土保持林对生态系统中其他因子的关系，才能形成完整的森林防护体系。本章系统地讲述了南方山丘区林业生态工程的体系，并且对体系内分水岭防护林、坡面水土保持林、梯田地埂防护林、沟道水土保持林和水库河岸（滩）水土保持林的防护、用材、薪炭、经济林功能及其营造技术（从树种选择、配置技术要点和抚育管理）进行了详细的介绍，最后以具体案例进行了佐证。

思考题

1. 什么是水土保持林业生态工程？
2. 坡面水土保持林业生态工程配置的总原则？
3. 护坡薪炭林树种选择有哪些特点？
4. 什么是护岸护滩林？
5. 护岸护滩林的功能是什么？
6. 河川护滩林的配置特点是什么？
7. 河川护岸林的配置特点有哪些？
8. 营造水库防护林的目的是什么？
9. 水库防护林的配置包括哪些部分？
10. 经济林的概念是什么？
11. 我国经济林的营造技术要点是什么？

本章推荐阅读书目

王百田. 2010. 林业生态工程学（第3版）[M]. 北京：中国林业出版社.

王礼先. 2000. 林业生态工程学[M]. 北京：中国林业出版社.

王治国，张云龙，刘徐师. 2000. 林业生态工程学：林草植被建设的理论与实践[M]. 北京：中国林业出版社.

肖文发，李建文，于长青. 2000. 长江三峡库区陆生动植物生态[M]. 重庆：西南师范大学出版社.

本章参考文献

杜天真. 论鄱阳湖区防护林体系建设[J]. 江西林业科技. 1991. 3：27-30.

王百田. 2010. 林业生态工程学（第3版）[M]. 北京：中国林业出版社.

王礼先. 2000. 林业生态工程学[M]. 北京：中国林业出版社.

王治国，张云龙，刘徐师. 2000. 林业生态工程学：林草植被建设的理论与实践[M]. 北京：中国林业出版社.

徐红梅，唐万鹏，潘磊，等. 2010. 三峡库区低山丘陵区水土保持型植被建设[J]. 湖北林业科技 2010（02）：2.

张廓玉，周晓林. 1999. 怎样营造梯田地坎防护林[J]. 林业科技通讯，10：26-30.

中华人民共和国国家标准.《生态公益林建设技术规程》GB/T 1833（7）3-2001.

周春来. 2013. 山丘区及坡面水土保持林体系及其配置模式[J]. 民营科技，(4)：106.

第9章·南方典型区域林业生态工程

9.1 沿海防护林

我国历来十分重视沿海防护林建设工作，早在20世纪50年代初期我国沿海各省份（北至辽东半岛，南达海南岛）相继开展沿海防护林造林绿化技术的试验研究工作。经过几十年的发展，沿海防护林的功能、结构、规模和科技创新都得到不断发展。从单林种向复合型多林种防护林体系发展，从单一生态型防护林向多功能型综合防护林体系发展，从纯林向多树种多层次的复层混交林发展，从纯林业模式向林、农、牧、渔相结合的综合治理模式发展。

9.1.1 沿海防护林的概念和类型

（1）概念

防护林体系是指在一个自然地理单元（或一个行政单元）或一个流域、水系、山脉范围内，结合当地地形条件、土地利用情况，根据影响当地生产生活条件的主要灾害特点，所规划营造的以防护林为主体的和与其他林种相结合的总体。防护林是以防御自然灾害、维护基础设施、保护生产、改善环境和维持生态平衡等主要目的的森林群落。沿海防护林，简称“海防林”，是指沿海以防护为主要目的的森林、林木和灌木林。其中，沿海基干林带，即沿海国家特殊保护林带，具体划定为：沙岸200m、泥岸100m、岩岸临海一面坡面。

目前沿海防护林体系是建立一个符合沿海地区自然条件和经济规律，集生态、经济和社会效益为一体，自然和人工相结合，以木本植物为主体的生物群体。这个群体的结构，其外延包括农、林、牧、渔各业之间的相互地位、相互关系，即相互协调与合理布局；其内涵包括内部各组成要素的相互连接和相互作用，即体系自身的格局、结构和效益，做到防护林与用材林、经济林等多林种布局，带、片、网等多种模式配置，乔、灌、草等多树种结合，从整体上形成一个因害设防、因地制宜的综合防护林体系。

（2）类型

具体来说，依据防护目的与造林形成分类，典型的沿海防护林体系由具有以下空间结构所组成：①前缘促淤造陆消浪林。在潮上带和潮间带营造耐盐、耐湿、耐瘠薄的先锋植物，目的是为了消浪、促淤、造陆、保堤。②海堤基干林。海堤基干林带是沿海防护林体系的主体，其目的是固土护堤、防潮抗灾，同时兼有防风、防飞盐、防雾、护鱼、避灾功能。③片林。海堤向内陆部分垦区，营造速生丰产林、果园、银杏园等商品林，不仅具有很高的经济效益，而且具有区域性的防风、防飞盐、防雾、保健等功能。④农田林网。可以改善农田生态环境，保障农作物丰产稳收。⑤围村林。在居民点的房前屋后植树造林形成围村林，具有保护人民生命财产安全和生活安定的功能。

沿海防护林除了按照海岸类型规划以外，也可以按照不同的林种来分类，不同林种的林带结构与配置特点也有所不同。沿海防护林常见的林种主要有：防浪林林带、沿海水源涵养林、水土保持林、沿海农田防护林和沿海四旁绿化林等。

9.1.2 功能

沿海防护林是符合沿海地区自然条件，集生态、经济和社会效益为一体的自然林和人工林。防护林如同一道道绿色屏障对国家生态安全起到至关重要的作用，沿海防护林体系具有保持水土，涵养水源，改良土壤质量，抵御台风、干冷风、干旱、海啸、风暴潮等自然灾害，保障沿海地区工农业稳产高产等功能。

（1）防御海啸和风暴潮等自然灾害

2004 年 12 月 26 日，发生在印度洋的海啸灾难，举世震惊，短短数小时内所造成的巨大损失，发人深省。这场灾难引起了世界范围内关于防御海洋自然灾害的广泛讨论。起初，人们的注意力主要集中在地震预报、海啸预警、海防设施建设等工程措施上，但随着对这次海啸教训的深入探寻，人们发现沿海森林植被以及它们的好坏，对降低海啸的破坏力起到了至关重要的作用。泰国拉廊红树林自然保护区在广袤的红树林保护之下，岸边房屋完好无损，居民生活未受大的影响，而与它相距仅 70km、没有红树林保护的地区，村庄、民宅被夷为平地，70%的居民遇难。印度南部的泰米尔那都邦是海啸的重灾区，而其中的瑟纳尔索普等 4 个村子，由于海边有茂密的红树林，400 多个家庭安然无恙。灾区中 8 块国际重要湿地反馈的信息表明，海啸的能量经过湿地中红树林、珊瑚礁等的消耗后，进入村庄的海水只是缓缓上涨，随后徐徐退却，这与瞬间席卷无数村庄的凶猛海啸形成鲜明对比。这样的例子，在我国过去发生的台风等自然灾害中也很多。

（2）保持水土、涵养水源

水土流失是破坏森林导致的最直接的严重后果。沿海防护林的林冠层、枯枝落叶层、土壤根系层，能够有效地截流降水、增加入渗、减少地表径流、降低流速、保持水土。据测定，在降雨 340mm 的情况下，每公顷林地的土壤冲刷量仅为 60kg，而裸地高达 6750kg，流失量比有林地高出 110 倍。在自然力作用下，形成 1cm 的土壤需要 100~400 年的时间。肥沃的土壤不断流失，会丧失农业生产之基、人类生存之本，对人类长期生存危害深重。同时，森林是“绿色水库”，凭借它庞大的林冠、深厚的枯枝落叶层和发达的根系，能够起到良好的蓄水保土、减轻地表侵蚀的作用，从而有较强的调节降水分配和径流过程的作用，维持大气中水分、地表水和地下水的正常循环。据测定，在年降水量 340mm 的情况下，只要地表有 1cm 厚的枯枝落叶层，就可以把地表径流减少到裸地 1/4 以下，泥沙减少到裸地的 7%以下；林地土壤的渗透力更强，一般为每小时 250mm，超过了一般降水的强度。一场暴雨，一般可被森林完全吸收。在没有森林的情况下，降水会通过江河很快流走。每公顷森林可以涵蓄降水约 1000m，1 万 hm^2森林的蓄水量相当于 1000 万 m^3的水库。

(3) 防风固沙、保护农田

森林植被可以增加地表空气阻力，降低风速、改变局部的风向，林木根系具有明显的固土和改土作用。二者综合作用可减轻气流对表土的吹蚀，起到明显的防风固沙作用。大范围的防护林能改变风沙流动的动力结构，使风速降低 20%~50%，林网内沙尘减少 80%，大气混浊度降低 35%以上。同时，农田防护林具有防风固沙、降低风速、提高湿度、调节气温的功能，可以有效地改善农田小气候，创造适合于农作物生长的气候条件，对防止自然灾害，保障农业稳产高产具有不可替代的作用。通过实地观测，在农田林网内，一般可减缓风速 30%~40%，提高相对湿度 5%~15%，粮食亩①产增加 10%~20%。

(4) 吸储温室气体、减轻城市污染

温室效应致使气候变暖，主要原因是大气中的二氧化碳等温室气体增加。森林能吸收二氧化碳，每公顷森林平均每生产 10t 干物质，可吸收 16t 二氧化碳，释放 12t 氧气；破坏森林则释放二氧化碳，目前由于森林破坏造成的碳排放仅次于石化燃料造成的碳排放，居第二位。温室效应已对人类造成了严重危害。美国公共利益研究集团 2004 年 4 月 6 日发表的一份研究报告说，过去 10 年地球变暖导致的严重生态灾害比 20 世纪 50 年代多 4 倍，造成的实际经济损失也多 9 倍，造成经济损失达 6252 亿美元，相当于此前 40 年损失的总和。同时，许多树种都具有很强的抗污染能力，据测定，每公顷森林每天可吸收二氧化碳 1000kg，柳杉等树木每公顷每月可吸收二氧化硫 60kg，大叶黄杨、海桐、女贞等许多树种还可吸收氢化物、氯化物等有害物质和杀菌、消尘等功效，可以说，森林和滨海湿地对直接治理污染具有重要的作用。

9.1.3　结构与配置

林带结构决定着林带的生态稳定性及功能性。防护林的结构性常用疏透度作为区别结构优劣的重要标志之一。围绕着最适疏透度，国内外学者利用林带、野外模型和风洞等条件进行了大量的研究。结果表明，具有最适疏透度的疏透结构林带往往具有较为理想的防护效益。

9.1.3.1　防浪林林带结构与配置

防浪林是指在潮间带的盐渍滩涂上造林种草，以达到防浪护堤和促淤为主要目的的一个特殊的林种，同时兼有防风、防飞盐、防雾、护鱼、避灾等功能。适宜在盐渍滩涂上生长的树种或草本，可用于营造防浪林。

在海岸线以下植树种草，在涨潮涌浪时，由于林冠的阻挡，可防御海浪冲毁堤坝，同时也可以促使淤泥在林下淤积。我国暖温带至亚热带沿海地区主要是在潮间带种植大米草，热带和南亚热带沿海的潮间带，则以营造红树林为主，在广东、海南沿海也有水

---

① 注：1 亩 = 1/15hm^2，下同。

松林。

防浪林的宽度一般均在百米至千余米以上，应根据海岸线以下适宜造林种草的宽度和防浪护堤的需要而定。水松林一般营造在高潮位线与海岸线之间。

9.1.3.2 沿海水源涵养林和水土保持林林带结构与配置

我国沿海地区丘陵山地和海洋岛屿，由于坡度普遍较大，土壤比较干燥，以及易降暴雨等原因，水土流失比较严重，根据有关部门统计，平均每年每平方千米水土流失约为3000t。又由于沿海地区人口密度大、人为活动频繁、植被稀少、城市集中、工业发达、经济繁荣，所以淡水资源普遍比较短缺。一些沿海城市和海岛上的居民，饮水也十分困难。因此，搞好沿海山丘坡地的绿化是沿海防护林体系建设的重要内容。

营造水源涵养林和水土保持林的树种，应选择根系发达、树冠繁茂，较耐干旱瘠薄的树种。其整地方式一般以采用块状整地比较好，原有植被尽可能保留，造林密度要求适当大一些。造林后要加强幼林的管护，促使提早郁闭成林。适宜撒播造林的树种，则采用撒播造林为好，可减少因整地造林对植被的破坏。

9.1.3.3 沿海农田防护林林带结构与配置

对于沿海农田防护林结构的研究，目的在于探求并建立合理的林分组成和搭配方式，以发挥其最大的防护效益，保护农作物稳产、高产，即充分发挥其生态效益和经济效益。营造沿海农田防护林应该根据当地自然条件、灾害情况来考虑，同农田水利基本建设、交通道路建设、村镇建设规划同步进行，在江南沿海水网平原地区，一般可沿江、河、渠、堤、路及村庄农舍来规划设计营造农田防护林。做到既绿化了“四旁”，又不占或少占耕地，并起到较好的防护作用。康立新等（1997）在5种密度林农复合模式中发现，以农林比例5：1，株行距采用小株距、大行距（4m×12m）配置形式的综合经济效益最高。

沿海农田防护林规划同一般的农田防护林规划设计内容相同，也包括林带方向、带间距离、林带宽度、林带结构、树种选择及配置等，但在具体的设计上有所不同。

（1）林带方向

林带方向也叫林带走向，一般主林带的走向与当地主风方向的夹角越大，其防护效能也越佳，从理论上来说，主林带走向应与主风方向相垂直，其防风效果最佳。但是沿海平原地区的主风方向往往不是固定不变的，尤其是在台风的主风方向是呈旋转性的。干冷风的主风方向是从西北、偏北至东北，大致呈90°夹角。所以林带走向如果同西北风方向相垂直，那么同东北风方向就是相平行了。而夏、秋季节的主风方向则往往是从东南至西南，也大致呈90°角旋转。所以沿海地区的主风方向比较难以确定。因此，还要根据防护区内主要作物的种类来考虑林带的走向。一般作物的花期和果熟期最容易遭受风害，所以必须了解花期和果熟期的主风方向来确定林带的方向。

如上所述，沿海平原地区的主风方向不确定，不同季节有不同的主风方向，同一季节其主风方向也是变化不定的。所以林带一般可沿路、河、沟、堤、渠设计，既可做到少占耕地，又达到绿化“四旁”的目的。

林网最好采用1∶1正方形，也可根据实际需要扩大为1∶2或1∶3等长方形网络。

(2) 带间距离

带间距离就是农田防护林网中相平行两条林带之间的垂直距离。带间距离的大小直接关系到防护效能的发挥和对耕地的影响。带间距离要根据林带的有效防护距离来确定。林带的主要树种壮龄时的平均树高称作林带高度，林带高度减去保护区内农作物（或果树）的平均树高即为林带有效高度。主林带的带间距离一般为林带有效高度的15~20倍，副林带的带间距离为林带有效距离的20~30倍。例如，浙江省玉环县沿海平原的文旦防护林，其主要树种是木麻黄，设计林带平均树高为15m，文旦树高为3m，那么林带有效高度为12m。由于文旦需要防冬季的干冷风，更主要是防御台风，所以主风方向难以确定。林网设计部分主林带与副林带，带间距离确定为林带有效高度的15倍，那么带间距离为12m×15倍，即180m。如果保护区内的农作物为水稻，水稻高度为1m，木麻黄林带的有效高度就是14m，带间距离确定为林带有效高度的20倍，那么水稻区的带间距离就是280m。

(3) 林带宽度

林带两侧边行之间的距离再加每边各1m的林缘称作林带宽度。合理的林带宽度就是要求在能够最大限度地发挥林带防护效果的前提下，尽可能少占用土地。根据各地的经验，以窄带小网络的农田防护林网的防护效果较为理想，林带占地比较少。如玉环县解放塘农场四分厂的文旦防护林，主副林带均由2行木麻黄组成，行距1~1.5m，株距1.5~2m，即林带宽度为3~3.5m。一般沿路、河配置，即种植在河岸及路旁，林带基本上不占耕地，而且胁地少，又可起到护岸、护路及行道树的作用，而且防护效果较理想，林网内的风速降低率达到50%以上。

常受强风袭击的滨海外缘基干林带立地条件特殊，当台风侵袭时，还受浪潮冲击，致使沙土流失，威胁林带本身的巩固。外缘基干林带一般宽30~70m，复杂地段可宽到50~100m以上而且要密植造林，植距1.0~1.5m。林地宽度永久性主林带的宽度需要植树6~8行，副林带不少于4行，以保证林带能够抗击台风和维持林带的稳定性。

(4) 造林密度及种植点配置

林带的造林密度应根据林带宽度、树种和立地条件来确定。在路、河、渠、沟、堤旁营造防护林带，一般可利用路旁及河、沟、渠、堤旁的斜坡来配置林带，可以不占用耕地和极少占用耕地。造林密度要根据斜坡的宽度来确定。一般斜坡较窄的可设计窄林带，即在斜坡的上侧及距下侧0.5m左右的地方各种植一行，行距一般为0.5~1.5m，株距1.5~2m，种植呈三角形配置。如果斜坡宽度不足1m的，只宜种植一行乔木，株距1~1.5m即可。如果林带宽度在3行以上，即行距一般为1.5~2m，株距可与行距相同，也可大于或小于行距，应根据不同树种而定。种植点呈三角形配置为好。

(5) 林带树种选择

选择农田防护林树种，不仅要考虑林带的防护作用，而且必须同时考虑树种的生物学特征和经济价值。所以，农田防护林树种必须选择速生高大，树冠较窄而浓密，寿命长，抗风力强，不易风折和风倒，主根深长，侧根不远深，能适应当地的土壤和气候条件，并具有较高经济利用价值的树种。

在沿海盐碱土、潮土地带，宜选择木麻黄、桉树、白榆、落羽杉、水松、杂交柳、杂交杨、女贞、柏木、乌桕、棕榈、刺槐、绒毛白蜡、紫穗槐等。

平原农区可选择荔枝、蒲葵、柑橘、柿、梨、桑、文旦、苹果等果树，可极大地提高防护林的经济效益，减少林、农争地的矛盾。由于果树的经济效益比一般的农作物高，可以得到农户的精细管护，生长良好，也就可以更好地发挥防护效益。

(6) 林带结构

林带结构是由林带宽度、林带断面形状、造林密度、树种、种植点配置和管护措施来决定的。主要有紧密结构林带、透风结构林带和疏透结构林带。从防护作用来看，一般以疏透结构林带较为理想。

农田防护林一般以窄带小网络为好，林带较窄，透风系数就较高，所以应该适当提高造林密度，栽植点呈三角形配置，可以提高防护效能。而且农田林网主体带完整度越高，抗灾效果越大，以主林带无断带，林木保存率大于90%的林网抗倒能力最大，水稻倒伏率及倒伏减产率最小，修复技术主要是植苗补植和林带自株移植。

根据“因害设防，因地制宜”的原则，在沿海受台风危害且树木易破坏的地区，考虑到台风路径多、风向旋转和风力大等因素，防风林特别是海堤基干林带宜营造单株树受风压最小的林带（如屋脊形）；在强风发生较少地区，宜多营造通风而低矮的梯形断面林带。改变林带断面形状是提高基干林带防风效应的有效途径。

9.1.3.4 沿海四旁绿化林带结构与配置

随着经济、社会的发展，平原四旁绿化越来越显得重要。搞好平原及四旁绿化，不仅可以起到护路、护岸、护渠、护堤的作用，而且可以改善生态、美化环境。尤其是经济比较发达的沿海平原地区，与城市一样面临着生态环境日益恶化的现实问题。有一定规模的乡镇企业和农村集镇，更需要有一个优美、舒适的工作和生活环境。

四旁绿化是沿海防护林体系的重要组成部分，不但要以绿起来为目的，而且要求达到绿和美的统一，既要绿化，又要求达到美化；既要有较好的生态效益，也要有较好的社会效益和一定的经济效益。

9.1.4 营造技术

沿海地区自然环境和立地条件繁杂多样，因此，必须全面灵活地应用森林培育的原理和方法，因地制宜多林种、多树种造林，育林方法并举，造、封、管、护并举，才能保证造林成功，并获得良好效果。

9.1.4.1 沿海沙地特性与树种选择

不同地区的沿海沙地种类和性质不尽相同，以下根据距海远近、风和海水等作用的情况，将沙地分为潮积滨海沙土、风积滨海沙土和残积滨海沙土等类型。

(1) 潮积滨海沙土与树种选择

潮积滨海沙土主要分布在海滩的高潮线以外和潮水沟两侧，范围不宽，一般100m至数百米。这种沙土母质是靠潮水涨落的力差带来的矿物质粒（主要为石英砂）和海生动物残体（如破碎的贝壳）所组成。由于长期受潮水的侵袭影响，土壤含盐量高，一般在 0.2%以上，局部高达 0.6%~1.2%，土壤呈碱性，pH 值 7.5~9.0，按土壤分，可分沙质滩涂和泥质滩涂。沙质滩涂的土壤质地较疏松，由于含沙量较多，透气透水性能较好，土壤含盐量也较少；泥质滩涂，其土壤淤泥黏性大，透水性差，易板结，不易脱盐，土壤含盐量比沙质滩涂高，碱性强。宜选择适应盐碱沙地生长的抗风、固沙、耐旱、耐贫瘠、耐潮汐盐渍的树种，如木麻黄、相思树、黑松、刺槐、垂柳、旱柳、臭椿、苦楝、毛白杨、白榆、桑、梨、杏、紫穗槐、柽柳、红树等。

（2）风积滨海沙土与树种选择

风积滨海沙土是潮积滨海沙土形成后的延续产物。由于潮水涨落差的连续作用和夏季风向吹扬，在海滩的内缘地带重新堆积而形成的风积沙土，其地貌有沙丘、垅岗状沙丘、丘间低地、平沙地、沙堆、沙滩、沙堤等。各类风积滨海沙土质地粗细不一，肥力也不同，宜选择不同的造林树种、草种。如沿岸沙丘和沙滩，宜选择抗风蚀，耐刈割、沙埋，耐海水浸渍的木麻黄、湿地松、桉树、大叶合欢、露兜、夹竹桃、黄槿、柽柳等，或采用桉树×木麻黄、大叶合欢×木麻黄等；在山东、河北及辽西的风积滨海沙土区以刺槐、紫穗槐最适宜。福建沿海常用大叶合欢、刺桐、麻疯树、黄槿、苦楝、台湾相思等树种。

（3）残积滨海沙土与树种选择

残积滨海沙土的特点是上层为沙，下层为母岩，此类沙土面积不大。由玄武岩残积的沙土多数已改良开垦为农业用地，质地较细，较肥沃。可选择抗风、固沙的湿地松、桉树、相思树、大叶合欢、麻疯树、龙眼、荔枝、苹果、梨等树种。

9.1.4.2　造林技术

（1）整地

① 沙荒地。整地时间不宜提前，可随造林随整地。流动沙地、沙丘、沙堤等，植穴宜小，避免风蚀；固定沙地，可进行带状或大穴整地；地下水位过高时，要深翻沙土，开沟排水，堆沙起垄，进行高垄、高台整地。结合整地可客土施肥，改良土壤肥力。

② 滩涂地。为了降低土壤盐分，应适当提早整地，一般在造林前一年的秋冬季完成，有利于土壤经过一段时间的风化、雨淋，降低土壤中含盐量。常用的整地方法有：全面翻犁或隔行翻犁，在平坦有机耕条件的地区，可全面翻犁作畦或隔行 1~2m 翻犁作畦，畦宽 1.4m，畦高 50cm 左右；筑大畦高垄，适宜在低洼地，畦宽 2.4m，畦高 60~70cm；筑堆，一般堆高 70~80cm，堆径 100~140cm，每公顷 4.5×10^3 堆。上述各种方法，挖穴都宜浅（一般 20cm 左右），结合整地应施足基肥。

③ 侵蚀丘陵山地。根据山地坡度、土壤侵蚀、造林目的等来选择。整地方法主要有：水平带状整地和水平阶整地，适宜坡度较小，土壤侵蚀程度轻，营造果树、速丰林、经济林等；鱼鳞坑整地，适宜水土流失严重、坡度较大的山地。筑鱼鳞坑时，先把生土培埂，熟土回坑，筑成半圆形坑穴和土埂，埂面宽 20~30cm，坑距 2m×2m、1m×1m，成“品”字形排列；水平沟整地，适宜在土壤侵蚀严重的山地，如切沟侵蚀。水平沟一般深度 50~60cm，

外筑地埂，在沟间每隔 30~50m 修一个土墩，以防止水土流失。

（2）造林密度

① 沙荒地、风口地段。应合理密植，加大造林密度，据不同树种、不同立地科学确定。一般株行距 1.5m×1m、1m×1m、0.5m×1m，每公顷种植 6000~20000 株。

② 滩涂地。据不同树种科学确定，株行距为 2.0m×1m、1m×1m，每公顷种植 5000~10000 株。

③ 侵蚀丘陵山地。据侵蚀程度和树种、坡度等不同科学确定，株行距 2m×1m、1m×1m、0.5m×1m，每公顷种植 5000~20000 株。

（3）栽植技术

① 沙荒片林栽植技术。选择春、夏雨季造林。选用优良品种，Ⅰ、Ⅱ级壮苗或容器苗、大苗作为造林材料。如木麻黄裸根苗要求苗高 80~100cm，地径 1cm，根系完整，侧须根发达。造林方法可采用植苗造林、截干造林、扦插造林等。栽植时可合理修剪苗木枝条和根系，以减少水分蒸腾，施足基肥，并适当深栽（比原根际高出 15cm），踩实踏紧。

② 沙荒风口地段造林技术。沙荒风口特指沙质海岸线上风沙、海潮危害严重地段形成的治理十分困难的缺口。沿海地区人民经过长期探索，采取工程措施和生物措施相结合的综合治理办法，如设置挡风竹篱为主的综合治理方法、设置挡风石墙为主的综合治理方法、以先种草固沙为主的综合治理方法、以筑石堤为主的综合治理方法等。造林苗木应选用容器苗或大土球苗，选择雨季，适当密植，施足基肥，深栽踏实，搞好防护，做到 1 年造，2~3 年补植，4 年见成效。

③ 滩涂地防护林栽植技术。据不同地类合理确定栽植深度。在陆地、堤岸或浅滩沙地，栽植宜深些，一般比原土痕深 10~15cm；在泥质海涂地栽植，则宜浅栽培土，一般比原土痕高 1~2cm。造林苗木选用优良品种容器苗、大苗，以植苗穴植为主，施足基肥，分层踩实踏紧。选择春、夏雨季，阴天进行。

（4）营造混交林

长期以来我国沿海防护林普遍存在着树种单一、结构简单的问题，很多海岸基干林带、农田防护林网，都是单一树种的纯林，没有形成多树种、多林种的林分结构，生态系统稳定性差，致使防护功能先天不足。为提高沿海防护林的防护效能，实现从一般性生态防护功能，向以应对海啸和风暴潮等突发性生态灾难为重点的综合防护功能的扩展，应从沿海的实际情况出发，合理安排好林种布局，提倡营造多林种、多树种、多层次、多功能的混交林。

① 混交树种。各地可根据适地适树和造林目的的要求合理选择混交树种。如福建沿海地区海岸基干林带以木麻黄为主要树种，选择大叶相思、大叶合欢、湿地松、窿缘桉、柠檬桉、黑松等为混交树种。

② 混交方法。沿海防护林常用带状混交、块状混交、株间混交、林网网格混交等。林网网格混交是以防护树种营造成防护网格，并在网格间的空地上种植各类经济树种。

③ 混交比例。可据树种、立地条件、混交方法等合理确定，一般混交树种的比例应比主要树种小。

9.1.5　案例分析——沿海生态防护林结构与构建技术

9.1.5.1　区域概况

研究地沿海生态防护林位于浙江省余姚市约3.5km的地段。余姚市地处宁绍平原中心，总体地貌呈南部低山丘陵，中部水网平原和北部滨海平原分布。全市林地面积60470hm^2，占土地总面积的46.54%，森林覆盖率45.05%，其中生态公益林面积22628hm^2，商品林面积37841hm^2。主要植被类型为亚热带针叶林、亚热带竹林、常绿落叶阔叶林、灌木草丛等，主要经济林种类有杨梅、茶、葡萄和绿化苗木等。气候属于北亚热带季风气候区，四季分明，年平均气温16.2℃，日照1792h，相对湿度78%，全年无霜期230天，初霜从11月中旬开始。终霜在3月下旬，年平均年降水量1425mm。沿海地土壤属于强碱性土（pH值平均为8.61），含盐量较高平均达0.46%，土壤质地为砂土（砂粒含量为91%）。根据全国第二次土壤普查土壤养分分级标准，试验点土壤有机质、全氮、全磷和全钾含量低，均处于5级水平。周边土地利用方式主要为农业用地，以渔业和种植业（榨菜）为主，其余为荒地。

9.1.5.2　沿海防护林结构配置

（1）树种选择

乔木为意杨，胸径3cm；栾树，胸径3cm；国槐，胸径3cm；女贞，胸径3cm；无患子，胸径4cm；绒毛白蜡，胸径3cm；金丝垂柳，胸径4cm；中山杉，胸径3cm；红叶石楠，地径3cm；珊瑚朴，胸径6cm。灌木为夹竹桃，株高150cm，三分叉；海滨木槿，地径3cm。

（2）配置模式

树种配置模式整体为多树种混交，多层次复合，以乔木为主体搭配灌草，注重考虑生物多样性和结构完整性，兼顾生态功能和景观功能。主要采用的配置模式：

配置模式1　意杨（2行）、栾树（2行）、国槐（2行）、女贞（2行）、意杨（2行）、夹竹桃（1行），株距2.0m，行距2.5m。

配置模式2　夹竹桃（1行）、意杨（4行）、女贞（2行）、栾树（2行）、女贞（2行）、栾树（2行）、意杨（2行）、金丝垂柳（1行）、夹竹桃（1行），株距2.0m，行距2.5m。

配置模式3　夹竹桃（1行）、意杨（1行）、女贞（2行）、无患子（2行）、绒毛白蜡（2行）、女贞（2行）、中山杉（2行）、意杨（2行），株距2.0m，行距2.5m。

配置模式4　夹竹桃（1行）、栾树（1行）、意杨（1行）、女贞（1行）、意杨（1行）、女贞（2行）、栾树（2行）、无患子（2行）、意杨（4行），株距2.0m，行距2.5m。

配置模式5　红叶石楠（4行）、珊瑚朴（4行）、海滨木槿（2行）、夹竹桃（1行），株距1.5m，行距1.5m。

配置模式 6 夹竹桃（2 行）、红叶石楠（6 行）、夹竹桃（2 行），株距 1.5m，行距 1.5m。

9.1.5.3 沿海防护林构建技术

（1）土壤改良（整地）技术

物理改良 合理布局沟渠，填洼抬地，降低地下水位，以利于洗盐和排盐，快速降低土壤含盐量。沟渠设计标准和参数：以每 100m 为一个标准段，每 5m 横向设置一条二级排水沟，规格为上宽×深×下宽=40cm×30cm×30cm；每间隔 100m 纵向开一条一级排水沟，规格为上宽×深×下宽=80cm×60cm×40cm。地形处理：在地垄（规格长 100m×宽 5m）上除草和整地，将清理后的杂草翻入底层作为阻隔层防止返盐。同时根据实际地形进行土地平整，利用开沟的土方在每一块种植地因势造型做成龟背状以利排水。客土改良，利用邻近 329 国道复线工程中的农耕地表土进行造林地客土改良。

化学改良 施用化学酸性肥料如过磷酸钙和磷酸二氢钾以活化和提高土壤中的钙质，降低土壤的 pH 值。

生物改良 套种绿肥如田菁、大麦、野豌豆或天蓝苜蓿等以培肥土壤，绿肥在土壤中的降解过程可有效降低造林地土壤的碱性。种植穴内施用腐熟有机肥或砻糠作为底肥兼作隔离层。

（2）苗木定植技术

挖穴和施肥 种植穴规格，乔木为 50cm×50cm×50cm，灌木为 40cm×40cm×40cm。种植穴改土，种植穴底部施入砻糠（2.5kg/穴）或有机肥（乔木为 5kg/穴，灌木为 2.5kg/穴），同时注意有机肥与植物根部定植时不能直接接触。种植穴适当客土（土壤资源来源于其他工程用地表土）。

苗木定植 适时造林，分别在 2008 年和 2009 年的秋冬季（11 月以后）和早春（4 月以前）营造防护林。苗木修剪，苗木定植前，一律进行疏枝摘叶，截干处理，以减少水分蒸发。适当密植，乔木树种密度（株行距）为 2.5m×2.0m，灌木树种密度为 1.0m×1.0m。适当浅栽，定植时根球上沿与地相平以避免过深遭受盐害，根部用客土堆起高出地面 10cm 左右，压实。支架支撑，先用竹竿在迎风向斜插入泥土中 1.0m 深，然后用布条或细麻绳绑紧，使树木不能晃动，再在树林的纵向和横向用竹竿连成一个整体，以增强抗风能力。

抚育管理 地面覆盖，初期利用砻糠和秸秆直接覆盖。中后期利用地被植物（天蓝苜蓿、田菁、狗牙根或芦苇等）的刈割残体进行地面覆盖，以保墒增湿，提高树木的成活率。每年刈割杂草 3~4 次，并及时松土，补施有机肥或生理酸性肥料如过磷酸钙或磷酸二氢钾，定期进行病虫害检查和防治等。做好特殊时期的管理维护工作，如雨季及时排水。旱季及时浇水灌溉，台风季节支撑架加固等。

总的来看，浙江沿海土壤属于砂土，强碱性，土壤水肥缓冲能力弱，养分贫瘠，造林难度大，成本高，对造林所用苗木的规格以及环境适应性提出了较高的要求。在防护林构建的实践中发现，夹竹桃、绒毛白蜡、中山杉和金丝垂柳耐盐性高，对盐碱地环境的适应性高，在盐碱地的生态修复和高效利用中有较大的利用价值；而栾树、女贞和无患子当年存活率很高。但树高和胸径年生长率低，表明栾树、女贞和无患子为很强的抗逆树种。栾树、女贞、无患子和国槐等虽然都是有针对性选择的抗逆树种，但移栽过程对盐碱环境的适应性较弱，容易导致移栽成活或成林率低。

植物对生长环境具有适应性，植物移栽过程中对新环境的适应过程越快和能力越强，移栽的成活或成林率就越高。提高植物对新环境适应性的措施有：①植物带土球移栽、截干处理、地表覆盖、穴土改良和固定支撑等；②开展造林地原地或邻近地育苗。因此，为增强树种对滩涂盐碱环境的适应性，提高移栽成活率，建议除了采取常规造林技术外，积极开展造林地原地或邻近地育苗。

9.2　石漠化地区林业生态工程

9.2.1　概况

石漠化是“石质荒漠化”的简称，是指在热带、亚热带湿润、半湿润气候条件和岩溶极其发育的自然背景下，受人为活动干扰，使地表植被遭受破坏，导致土壤严重流失，土地生产力衰退或丧失，基岩大面积裸露或砾石堆积的土地退化现象，是荒漠化的一种特殊形式。石漠化已经成为我国现阶段突出的生态环境问题之一，是西南岩溶地区的灾害之源、贫困之因、落后之根，严重制约着石漠化地区的经济社会发展。我国是全球三大岩溶集中分布区之一，面积达到54万km^2，居住人口约1亿，其中滇、黔、桂、湘碳酸盐岩出露面积37万km^2，占该区总面积的36%。截至2003年年底，我国已有7万km^2土地出现严重石漠化，泥石流等灾害频繁发生，石漠化治理已成为这些地区生态环境建设和经济发展的亟待解决的重要难题。

云南省是我国石漠化的主要分布区之一，石漠化导致水土流失加重，耕地减少，植被覆盖率和土壤涵养水源能力降低，生态环境恶化，同时，给当地人民的生产、生活及经济发展带来了严重的影响。2005年以来，云南省通过综合治理，将生物措施、工程措施、农业技术措施等综合运用于云南省的石漠化治理，使土地植被覆盖率增加，水土流失减少，生态环境变好，经济得到发展，促进了当地的经济、社会、环境的可持续发展。

从前人的研究来看，石漠化的产生与发展主要是自然因素和人为因素共同影响所致。岩溶地区的碳酸盐岩易淋溶、成土慢、出露广泛、抗侵蚀能力低是石漠化产生的主要自然因素；人类对生态的破坏和土地的不合理利用，如过度樵采、不合理耕作、过度开垦、乱砍滥伐、过度放牧等，成为石漠化形成过程中的主要人为因素。

9.2.2　功能

石漠化林业工程一般分为人工造林和封山育林工程，封山育林是培育森林资源的一种重要营林方式，具有用工少、成本低、见效快、效益高等特点，疏林地、灌丛地、灌木林地、具备封育条件的荒山荒地等经过5~10年的封育，大多成为了有林地，封育起来的林分，植被种类丰富，对涵养水源、改良土壤、水土保持的功能大大增强，为改善工农业生产条件起到了重要的作用，使粮食产量和农业产值得到稳步提高。实施石漠化林业生态工程可以使石漠化面积减少、程度减轻；增加区域林草植被盖度，改善生态状况；增强固土保水功能，减少水土流失。

9.2.3　结构

石漠化地区林业生态工程配置模式主要包括单物种治理模式、乔木与灌木配置模式、灌木与草本植物配置模式、灌木与藤本植物配置模式、多种植物配置等。

（1）单物种治理模式

贵州省关岭县碳酸盐分布广泛，岩溶发育，主要成土母岩为白云岩和石灰岩，主要土壤为石灰土，山高坡陡，基岩裸露度达60%~90%，石漠化程度深，水土流失严重，生态环境十分恶劣。喜树属岩溶地区的适生树种，为落叶乔木、深根性强，适应性强，生长迅速，外表美观，能加速石漠化土地的恢复，是集生态、经济效益于一体的生态经济型模式，通常营造纯林。该模式适合在亚热带石漠化地区推广。

云贵高原向广西低山丘陵过渡的斜坡地带，年均气温16~22℃，最冷月均气温10~14℃，最热月均气温28~29℃，年均降水量1300mm，土壤为山地黄壤、黄棕壤、红壤，呈中性至微酸性，以岩溶山地为主，石漠化分布较广。任豆是落叶大乔木，耐干旱、贫瘠，生长迅速、根系穿透力强，具根瘤，易萌蘖，故又名"砍头树"，大面积推广任豆树可加快石漠化地区植被恢复进程。同时任豆叶可作饲料、绿肥，树干可作人造板和家具用材，同时具有一定的经济效益。该模式适合在珠江流域的岩溶山地河谷地带推广。

广东省罗定市东部属典型的岩溶地貌，峰林耸立，溶洞分布，石漠化较为严重。属南亚热带季风气候区，夏长无严冬，气温偏高，热量丰富，春秋暖和，雨量变幅大，年均气温在18.3~22.1℃，年均降水量在1260~1600mm。赤桉适应性强，适宜在石漠化区域生长，且生长速度，郁闭成林早，树干干形好，既能做工业原料林，并具有很强的萌芽更新能力，又是优良的薪柴。该模式适宜在年均气温在18℃以上，降水充沛的热带、南亚热带泥质石漠化区域推广。

云南省红河州建水县面甸镇红田村属南亚热带季风半干旱气候，年降水量约为800mm，年蒸发量2400mm；成土母岩为石灰岩，基岩裸露度为30%~70%，植被盖度低，水土流失严重，土壤为红色石灰土，石漠化现象突出。遵循因地制宜，适地适树的原则，利用基岩裸露较少的石漠化荒山荒地山脚与低洼地、部分无灌溉条件的低产石旮旯地，营造小径材短轮伐期桉树林，此模式适宜在滇东南半干旱石漠化地区推广。

（2）乔木与灌木配置模式

云南省易门县境内，属中山山地，沟谷错落，山高坡陡，岩溶地貌典型，基岩裸露度大，石漠化土地分布广，石漠化与非石漠化土地交错分布；土壤多为山地红壤，地表植被稀少，水土流失严重；属亚热带季风气候，年均降水量800mm，年均气温16.8℃，雨热同期，季节性缺水突出。选择石漠化地区适生的圆柏与车桑子。车桑子生长迅速，能较快覆盖地表，防止水土流失；圆柏早期生长较慢，耐干旱贫瘠，圆柏、车桑子能相互促进，较快形成稳定乔灌、针阔混交林，促进岩溶生态系统修复。本模式适宜在滇中乃至云南大部分干旱地区中度及以上石漠化区域推广。

大阱流域位于云南省易门县龙泉镇，地处易门县中部，地貌多为中山山地，沟谷错落，相对高差大，石漠化土地分布广，各程度石漠化交错分布，土壤多为山地红壤，地表植被稀少，水土流失严重。属亚热带气候，年均降水量800mm，年均气温16.8℃。以影响生态环境的石漠化土地为治理重点，选择适宜岩溶环境、速生的旱冬瓜与车桑子树种，对潜在石漠化和轻度石漠化土地实行“造、管”并举，不断扩大森林植被面积，遏制水土流失和石漠化扩展，实现生态、经济、社会效益统一协调发展。该模式适宜在滇中乃至云南大部分潜在石漠化和轻度石漠化山地、重要水源涵养林地推广。

云贵高原南部边缘地带凤山县地势由西北向东南倾斜，山多地少，属典型的喀斯特岩溶地貌，基岩裸露率在30%~70%，石漠化分布广，以轻度、中度石漠化宜林地、无立木林地及旱地为主，生态环境脆弱。木豆是木质化多年生常绿灌木，生长快，当年可成材，且根系发达，根瘤又能固氮，增加土壤肥力，是一种生态经济型木本粮食植物。核桃耐干旱瘠薄、喜钙质土壤，进行混交可形成复层混交林，能提高森林涵养水源、保持水土功能。该模式适宜在南、北盘江河谷地带沙漠化土地上推广。

四川省宁南县东南部的大同乡，为金沙江干热河谷典型区域，属亚热带季风气候，旱、雨季分明，年均降水量不足900mm，年均蒸发量大于1600mm，区域内海拔高差大，海拔处于680~2250m，气候垂直递变规律明显。岩溶地貌典型，石灰岩遍布，基岩裸露率高，水土流失严重，石漠化比重高。根据模式区自然生态环境，以人工造林为核心，“造、封、管”多措并举，尽快提高林草覆盖度，遏制水土流失和石漠化。选择耐干旱、耐瘠薄、根系发达、能养力强、生长快，具有一定经济效益的新银合欢、余甘子等树种造林。该模式适宜在金沙江干热河谷地区推广。

湖北丹江库区石灰岩山地的原生植被破坏后，基岩（地表）裸露，水土流失加剧，土层逐年变薄，普遍为茅草覆盖，杂灌难以生存，属生态系统十分脆弱的重度、极重度石漠化区域。针对当地土层浅薄、基岩裸露度大的实际，选用适宜当地生长的川柏造林，尽量保存林下原有灌木和草本或适当栽植灌木，恢复植被，并形成复层林相，提高防护效益，改善生态环境。本模式适宜在丹江库区上游的汉江两岸以及石灰岩山地类似立地类型推广。

（3）灌木与草本植物配置模式

贵州省兴义市北盘江河谷海拔600m以下地段，年均温18℃左右，年均降水量800mm左右，生长期270天以上，属典型的干热河谷气候。石漠化土地分布集中，成土母岩多为纯灰岩，以石灰土为主，基岩裸露率高，土被破碎。针对该地段的恶劣生态环境，造林非常困难的实际，以先绿化后提高为指导思想，通过选择耐干旱瘠薄的车桑子、金银花，增加地表盖度，逐步改变小生境，同时可为农户解决薪材，依托药材实现农民增收。本模式适宜在车桑子、金银花适生的干热河谷区域推广。

(4) 灌木与藤本植物配置模式

湖南省隆回县北部高海拔山区，涉及小沙江、虎形山、麻塘山、大水田、金石桥、司门前、白马山、望云山、大东山等乡（镇、场）。成土母岩为石灰岩、白云岩等碳酸岩类，基岩裸露较高，石漠化以中度、重度石漠化为主，生态环境极为恶劣；土壤为红壤或石灰土，土层瘠薄。金银花属藤本植物，除能绿化和减少水土流失外，金银花还是一种中药材，市场前景良好，与灌木树种混交，能充分利用光热条件，快速实现地表覆盖，具有较好的生态效益，还兼顾到经济与社会效益。结合当地产业结构调整，可发展成优势产业。该模式适宜在湖南、贵州等高海拔地区石漠化土地中推广应用。

广西，年均气温在22℃左右，年均降水量1100~1600mm，最热月平均气温28℃左右，最冷月平均气温12℃左右，绝对低温-4℃，岩溶山地的中、下部土层深厚的轻度、中度石漠化宜林地、无立木林地及旱地。任豆树是落叶高大乔木，耐干旱瘠薄，生长迅速，根系穿透力强，萌芽更新能力强，是石漠化地区速生优良树种。吊丝竹是石灰岩地区造林绿化最好的竹类品种之一，为丛生竹，适合土窝生长。充分利用本地的水热条件，通过“见缝插针”的办法种植在任豆和吊丝竹，形成混交林，加速岩溶山地植被恢复。该模式适宜在南亚热点岩溶洼地区域推广。

(5) 多种植物配置

湖南省慈利县中部零阳镇夜叉全流域，属澧水一级小流域。属亚热带湿润季风气候区，年降水量1390.5mm，年均蒸发量1410.7mm。海拔在90~1050m，成土母岩为石灰岩，土壤为石灰土。基岩裸露程度大，石漠化现象严重，植被群落结构简单，森林覆盖率低。根据石漠化土地特性，选择对土壤要求不严、能相互促进的马尾松、枫香形成针阔混交林，实现地表较早覆盖，形成相对稳定的岩溶生态系统。该模式适宜在湖南省以石灰岩为主的地区推广。

湖南省桑植北部苦竹坪乡，境内山脉连绵，山高谷深。一般海拔500~1000m，成土母岩有板页岩、石灰岩，石漠化土地交错分布，生态环境脆弱。年均气温从河谷17℃向山地递减到14℃，无霜期由240~200天左右，年均降水量1800mm。石灰岩发育的土壤透水性差、土质黏重、易板结，造林绿化属于“三难地”地段。柏木、枫香、马尾松等树种，耐干旱瘠薄，适应性广，天然更新快，在基岩裸露的石缝里都能生长。枫香、马尾松喜光，柏木幼龄耐荫蔽，三个树种具有互补性，有利于林木生长和林分稳定。该模式适宜在湖南省岩溶地区石漠化地区推广。

湖北省咸丰县低山龙潭河河谷地区，兼有北亚热带季风气候和南温带季风气候特征，沟壑纵横，基岩裸露率高，石漠化地广泛分布，生态环境脆弱。杜仲是一种经济价值较高的中药材，对土壤的要求不太高；柏树耐干旱瘠薄，成活率、保存率高，是治理石漠化土地的先锋树种，两者混交种植具有较强的互补性。适宜在海拔500m以下的低山河谷地段，水热相对充足，基岩裸露率50%以下的中度、重度石漠化地区推广。

9.2.4 技术措施

9.2.4.1 林业技术措施

加强林草植被保护与恢复是石漠化治理的核心，是区域生态安全保障的根基。采取封山育林育草、人工造林、退耕还林还草、森林抚育等多种措施，能够加强岩溶地区林草植被的保护与恢复，提高林草植被盖度与生物多样性，促进岩溶地区生态系统的修复，防治土地石漠化。石漠化地区良种壮苗繁育基地建设，开展石漠化治理的优良树种、林种配比结构、困难立地造林技术集成、生态经济型修复等综合治理模式的研究、试验、示范与推广也是重要的措施。

（1）封山育林育草

封山育林育草是充分利用植被自然恢复能力，以封禁为基本手段，辅以人工措施促进林草植被恢复的措施，具有投资小、见效快的特点。对具有一定自然恢复能力，人迹不易到达的深山、远山和中度以上石漠化区域划定封育区，辅以“见缝插针”方式补植补播目的树种，促进石漠化区域林草植被正向演替，增强生态系统的稳定性。植被综合盖度在70%以下的低质低效林、灌木林等石漠化与潜在石漠化土地均可纳入封山育林范围，原则上单个封育区面积不小于10hm^2。主要建设内容包括：划定管护责任范围，设立封山育林育草标志、标牌，落实管护人员和管护措施；采取补植补播、松土等有效的人工促进植被修复措施。

（2）人工造林

科学的植树造林是岩溶生态系统恢复的最直接、最有效、最快速的措施。依据国务院批准的新一轮退耕还林还草总体方案，摸清符合退耕还林还草条件的石漠化土地面积与空间分布状况，将岩溶地区25°以上坡耕地和重要水源地15°~25°坡耕地纳入退耕还林还草工程之中，加快转变石漠化区域的生产方式。根据不同的生态区位条件，结合地貌、土壤、气候和技术条件，针对轻度、中度石漠化土地上的宜林荒山荒地、无立木林地、疏林地、未利用地、部分以杂草为主的灌丛地及种植条件相对较差的坡耕旱地、石旮旯地，因地制宜地选择岩溶地区乡土先锋树种，科学营造水源涵养、水土保持等防护林。根据市场需要和当地实际，选用“名、特、优”经济林品种，积极发展特色经果、林草、林药、林畜、林禽等特色生态经济型产业，开展林下种养业，延长产业链。根据农村能源需要，选择萌芽能力强、耐采伐的乔灌木树种，适度发展薪炭林。

（3）森林抚育

森林抚育是森林经营的重要内容，是指从幼林郁闭成林到林分成熟前根据培育目标所采取的各种营林措施的总称，包括抚育采伐、补植、修枝、浇水、施肥、人工促进天然更新以及视情况进行的割灌、割藤、除草等辅助作业活动。通过调整树种组成、林分密度、年龄和空间结构，平衡土壤养分与水分循环，改善林木生长发育的生态条件，缩短森林培育周期，提高木材质量和工艺价值，发挥森林多种功能。对幼龄林采取割灌修枝、透光伐措施；对中龄林采取生长伐措施；对受害木数量较多的林分采取卫生伐措施；对防护林和特用林采取生态疏伐、景观疏伐措施；对低质低效林采取树种更新等改造措施，确保实施森林抚育后能提高森林质量与生态功能，构建健康稳定、优质高效的森林生态系统。

9.2.4.2 草业技术措施

发展草食畜牧业是兼顾生态治理、农村扶贫和调整农业产业结构，促进农业产业化发展的重要举措。岩溶地区整体气候湿润，降雨充沛，雨热同季，黑山羊、黄牛等牲畜培育历史悠久，且部分中高山地区及土层瘠薄地区仅适合于草本植物营养体的生长与繁衍，通过因地制宜地开展草地改良、人工种草等措施恢复植被，提高草地生产力；按照草畜平衡的原则，充分利用草地资源以及农作物秸秆资源，合理安排载畜量，加强饲料贮藏基础设施建设，改变传统放养方式，发展草食畜牧业。

（1）草地建设

主要包括人工种草、改良草地。对中度和轻度石漠化土地上的原有天然草地植被，通过草地除杂、补播、施肥、围栏、禁牧等措施，使天然低产劣质退化草地更新为优质高产草地，逐渐提高草地生产力。同时，根据市场需求和土地资源条件，依托退耕还林还草工程、退化草地及林下空地，科学选择多年生优良草种，合理发展林下种草或实施耕地套种牧草，建设高效人工草场，为草食畜牧业发展提供优质牧草资源。

（2）草种基地建设

草种是石漠化地区草地恢复的重要保障，对于提高草地质量、改善石漠化地区植被状况具有重要作用。建设草种基地，可提供草地建设需要的优质草种，提升草场生产水平，为草食畜牧业发展提供保障。按照石漠化地区草场建设实际情况，选择适宜地区开展草种基地建设，为草地建设提供种子资源。

（3）青贮窖建设

青贮是复杂的微生物发酵的生理生化过程，依托其自身存在的乳酸菌进行发酵，产生酸性环境，使青贮饲料中所有微生物都处于被抑制状态，从而达到保存饲料的目的。青贮饲料可保持青绿多汁的特点。为充分发挥高产饲料作物的潜力，做到全年相对均衡地饲喂家畜，保证饲料质量且避免草料损失，根据草地建设规模与生物量、养殖的牲畜种类及数量、青草剩余量等科学测定青贮窖的规模，确保青贮窖使用率。棚圈有利于石漠化地区牲畜越冬，改善饲养条件，各地可结合其他专项资金积极推进建设。

9.2.4.3 农业技术措施

根据区域粮食供给状况，针对轻、中度石漠化旱地（坡耕地或石旮旯地）适度开展以坡改梯为重点的土地整治，降低耕作面坡度，改善土壤肥力，建设坡面水系、水利水保、生物篱等综合配套措施，减少水土流失，实现耕地蓄水保土，建设高效稳产耕地，保障区域粮食供给。

（1）坡改梯

针对坡度平缓、石漠化程度较轻、人多地少矛盾突出的村寨周边，选择近村、近路、近水的地块实施以坡改梯工程为重点的土地整治，通过砌石筑坎，平整土地，降缓耕作面坡度；实施客土改良，增加土壤厚度，提高耕地生产力；加强坡改梯后耕地地埂绿篱或生态防护林带建设，提高林草植被盖度，改善耕地生态环境，保证坡改梯后土地承载能力的提升。

(2) 小型水利水保配套工程

根据坡改梯区域实际地形、水源分布与自然灾害特点，合理配套建设引水渠、排涝渠、拦沙谷坊坝、沉沙池、蓄水池等坡面及沟道水土保持设施，拦截水土，改善农业耕作条件，提升耕地的保土蓄水功能，将低质低效石漠化旱地建成高效稳定的优质耕地。

此外，各地还可结合其他专项资金积极推进石漠化地区植被管护等建设内容。

9. 2. 5　案例分析——滇池流域石漠化地区植被恢复技术研究

9. 2. 5. 1　滇池流域石漠化现状及自然概况

滇池流域岩溶地面积 105999. 5hm^2，占流域面积的 36. 30%。其中石漠化土地面积 13130hm^2，占流域岩溶区土地面积的 12. 39%，潜在石漠化面积 7281. 7hm^2，占流域岩溶区土地面积的 6. 87%。

滇池流域自然地貌从外到内依次为中山山地、丘陵、淤积平原和滇池水域四个层次。滇池流域属亚热带低纬高原山地季风气候，多年年平均气温 14. 7℃，极端最高气温 31. 5℃，极端最低气温-7. 8℃；年温差小，昼夜温差大，一天内昼夜温差可达 20. 0℃；冬季霜冻较严重，全年平均无霜期 285 天；年平均降水量 953mm，蒸发量达到 1409~2088mm。主要土壤类型有山地红壤、紫色土等。原生植被主要为中亚热带半湿润常绿阔叶林，地带性植被类型有元江栲、高山栲、滇青冈、黄毛青冈等乔木林群落。在长期人类活动影响下，原生植被基本上已经受到破坏，发育成为以云南松和稀疏灌草丛为主的次生植被类型，代表植物有小铁仔灌丛、火棘灌丛、杜鹃花灌丛；旱茅、白茅、扭黄茅、火绒草等草丛，盖度小于 25%。

9. 2. 5. 2　植被恢复技术

滇池流域岩溶区原生植被破坏严重，植被类型已退化呈现矮灌、草本植物，由于流域特殊的气候条件，植被自然恢复能力极弱，采取人工造林措施是恢复该区域植被最有效、最快的途径，选择适宜的造林树种及造林技术措施是造林成功的前提与关键。

(1) 造林树种选择

树种选择的原则应注意以下几个方面：①以乡土树种为主，适当选用外来树种；②生态效益与景观效益兼顾；③植被恢复与绿化景观协调；④多树种不规则近自然混交，丰富植物多样性。

在选择该区域造林树种时，应具备以下生态习性：①喜钙性。滇池流域岩溶山地土壤含钙较高，且土壤大多属中性偏碱（土壤 pH6. 5~7. 5），因此，所选造林树种应当具有适应钙质或偏碱性土壤生长的生态特性。②耐旱性。滇池流域干湿季分明，雨季集中于 6~10 月，降雨时空分布不均，且雨季间隙性干旱严重，同时由于植被破坏严重，地表覆盖物少，土壤水分蒸发较强，小环境常常处于干旱缺水的状态。因此，所选的造林树种耐旱性相对较强。③生长迅速，根系发达，渗透力强。岩溶地土层浅薄，只有具备发达根系、渗透力强、生长迅速的树种才能从土壤中吸收水分和养分，促进其生长及提高抗性。④抗逆性强，耐低温霜冻。滇池流域地质地貌复杂多样，不同地貌类型其小气候差异较大，所选树种应具有较强的抗逆性。

该区域主要造林树种包括：乔木树种有云南松、华山松、云南油杉、旱冬瓜、川滇桤木、滇青冈、麻栎、藏柏、冬樱花、球花石楠、黄连木、三角枫、墨西哥柏、滇合欢、刺槐。灌木树种有清香木、火棘、车桑子、马桑、苦刺等。藤本植物有金银花、地石榴、野蔷薇等。

（2）造林配置模式

在树种配置方面，选择多树种、不同季相树种，以不规则点状混交模式配置。该混交模式有利于形成近自然森林、促进生物多样性，特别是近几年滇中持续干旱、霜冻、低温等自然灾害频发，部分适应性强的乡土树种也出现受灾死亡等现象，多树种不规则点状混交不易因林木成片死亡而导致大面积林窗。造林时根据土层深浅及岩石裸露情况，宜乔则乔、宜灌则灌、宜藤则藤，形成乔、灌、藤复层林分。

针阔混交　云南松、华山松、墨西哥柏、藏柏等针叶树与川滇桤木、旱冬瓜、冬樱花、滇合欢、球花石楠、麻栎、滇青冈等阔叶树混交。

阔阔混交　川滇桤木、旱冬瓜、冬樱花、滇合欢、球花石楠、麻栎、滇青冈、黄连木等阔叶树间混交。

乔灌混交　云南松、墨西哥柏、藏柏、川滇桤木、冬樱花、滇合欢、球花石楠等乔木与清香木、车桑子、火棘、马桑、苦刺等灌木混交。

乔、灌、藤混交　墨西哥柏、川滇桤木、冬樱花、滇合欢、球花石楠、麻栎、滇青冈、黄连木等乔木与清香木、火棘、马桑、苦刺、金银花、野蔷薇等灌木、藤本植物混交。

（3）主要造林技术措施

① 造林密度。根据多年来在滇池流域岩溶山地及其他岩溶区造林的成功经验，在岩溶山地造林应充分利用石沟、石缝、石槽和石坑中残存的土壤，按2500～4400株/hm^2的造林密度，“见缝插针”式适当密植，形成林木间竞争优势促进生长，尽早郁闭。

② 林地清理。岩溶山地植被恢复困难，原生植被稀少，清理林地时切忌大面积清除杂草、灌木以及火烧清林的方法，应充分保留原生植被，仅将定植点周边1m^2左右的杂草进行小面积清理，避免造成水土流失，所保留的杂灌草还可为新造林提供遮阴、减少土壤水分蒸发，增加区域生物多样性。

③ 造林整地。滇池流域间隙性干旱严重，整地方式宜以穴状为主，陡坡地按鱼鳞坑“品”字形整地，塘穴规格根据土层深浅，宜深则深，宜浅则浅，一般为60cm×60cm×50cm或50cm×50cm×50cm，采取大塘种植，深栽浅埋，可有效增加雨水汇集存储，提高造林成活率，促进幼林生长。

④ 苗木标准。岩溶山地造林对苗木质量要求较高，壮苗有利于提高造林成活率，增强苗木对恶劣立地条件和气候环境的抵抗能力。在苗木质量选择方面，苗龄太小，苗木过于幼嫩，木质化程度低，抵御恶劣环境能力差，造林成活率不高；苗龄太大，苗木过于高大，起苗根系损伤严重，且苗木冠幅大致蒸腾作用加大，导致成活率不高，同时苗木根系恢复较慢。通过对1年苗龄、2年苗龄及3年以上苗龄3种不同苗龄的容器苗造林成活率、3年后的保存率和生长量调查分析，2年苗龄苗木的保存率、树高及径生长量均显著高于1年生苗木和3年以上苗龄苗木，同时从造林经济成本核算综合评价，确定2年苗龄、容器规格15cm×18cm的容器苗木最适宜滇池流域岩溶地区造林使用。

⑤ 保水技术。缺水是岩溶地区植被恢复的瓶颈，特别是滇中地区冬春干旱严重，降雨时空分布不均，采用保水技术及措施增加定植坑内土壤水分，提高其保水性，减少土壤水分蒸发十分重要。主要的保水技术措施如下：

营林技术 大塘深栽预留苗池，扩大雨水汇集区域，增加雨季降水收储，提高种植坑内水分存贮量；同时尽量保留原生杂灌草对幼苗遮阴，对降低地表温度效果明显。

简易滴灌 旱季3~5月选用市售5kg塑料袋装水5L，用细针刺一微孔，微孔眼正对树根，以200mL/h流量作简易滴灌或将袋装水半埋于土表降低地温；实施1次滴灌对造林保存率和生长量影响不明显；而间隔20天后实施2次滴灌可显著提高造林保存率和生长量。

施用保水剂 造林时将保水剂按每株50g剂量，充分吸湿后埋于苗木根区周围，对提高幼苗保存率和生长量有一定效果。

建简易蓄水池 在有条件的造林地修建简易蓄水池，雨季收集雨水，在冬春干旱期用于节水微灌。

疏枝摘叶 春旱期适当修枝、摘叶，减少枝叶水分蒸腾，同时在树盘周围覆盖杂草、石块等遮盖物，降低地表温度，减少土壤水分蒸发。

树盘覆盖 春旱期浇水后，覆盖地膜保湿，对保持土壤水分、减少蒸腾效果明显。苗木定植后，在坑面上盖上杂草等遮挡物，降低地温，减少土壤水分蒸发，可提高造林成活率和保存率。

(4) 客土造林

对土壤稀少的局部区域，为保证幼林成活和正常生长对土壤、水分需要，采取必要的客土造林措施。其方法是挖坑、用石块堆砌围成穴状，大小规格与种植塘相同，回填肥土，然后将幼苗植入穴中。

(5) 造林时间

滇中地区以雨季造林为主，一般6~7月造林，最好是雨季来临雨水下透后及时造林，造林30天后检查成活情况，如达不到要求及时进行补植。

(6) 造林方法

以植苗造林为主，定植时去掉塑料容器，忌将袋土弄散，苗木栽植后用脚将土踩实，再覆上一层松土。造林1个月后7~8月沿塘周边环施复合肥50~100g/株，施肥后盖一层土，并覆盖杂草、石块，提高抗旱保水效果。为提高造林成效，在部分造林困难地雨季可结合造林点播滇合欢、冬樱花、车桑子、马桑、苦刺种子。

（7）幼林抚育、施肥

造林后连续抚育3年，每年5~6月抚育除草一次，改善土壤通透性，避免杂草与幼林争水、争肥、争光。同时结合除草、松土，施肥一次，施肥时沿幼树周围挖10cm左右的环状沟，坡地沿坡上缘开沟，将肥料均匀施在沟内。追肥以速效复合肥和缓施肥混合施用，50~100g/（株·次），施肥后盖土。

人工造林措施是滇池流域岩溶地区植被恢复的最有效和见效最快的途径，而选择适宜的造林树种是造林成功的前提与关键。经过多年造林实践，云南松、华山松、云南油杉、旱冬瓜、川滇桤木、滇青冈、麻栎、冬樱花、球花石楠、黄连木、三角枫、藏柏、墨西哥柏、滇合欢、刺槐、清香木、火棘、车桑子、马桑、苦刺、金银花、野蔷薇、地石榴23种乔、灌、藤树种是该流域植被恢复的适宜树种，选择2年苗龄容器苗可提高造林保存率和生长量。在造林技术中，小块状整地、充分保留原生植被，深栽留出汇水区，并采取客土、滴灌、覆盖、保水剂等措施，对提高造林保存率及提高林木生长量效果明显，在滇池流域面山造林结果表明第3年造林保存率平均为91.7%。

9.3 干热河谷区林业生态工程

9.3.1 概况

干热河谷的概念最早来源于云南当地所称的“干坝子”。当地农民凡是农事缺水的盆地（云南称坝子）叫干坝子。干热河谷是指地处湿润气候区以热带或亚热带为基带的干热灌丛景观河谷。尽管干热河谷在欧洲阿尔卑斯山区、美国科迪勒拉山区等地也有零星分布，但我国西南地区是世界干热河谷最为集中分布的区域，尤以横断山区中南段最为典型。干热河谷独特的自然环境和气候条件及相对便利的交通条件，自古以来就是各族人们生存繁衍的场所和交通要道。但随着人类活动强度的持续强化，干热河谷地区森林覆盖率不断减小、生物多样性锐减、土地退化、水土流失、土壤肥力下降，地质灾害、气象灾害频发，生态环境问题日益凸显，造成的损失越来越大。

中国科学院青藏高原综合考察队的科学家经过于1981—1984年的4年考察后，按照降雨量和温度的不同将干旱河谷分为三种亚类型：干热河谷、干暖河谷和干温河谷。干热河谷地区最冷月的平均气温大于12℃，最暖月的平均气温为24~28℃，日均温≥10℃的天数大于350天，主要的土壤类型为燥红壤，当地的农业种植为双季稻加甘蔗；干暖河谷地区的热量条件比干热河谷的要稍低，最冷月的平均气温为5~12℃，最暖月的平均气温为20~24℃，日均温≥10℃的天数为251~350天，主要的土壤类型为褐红壤，当地的农业种植为水稻、小麦加甘蔗。干温河谷地区的热量条件比干暖河谷的要更低，最冷月的平均气温为5~10℃，最暖月的平均气温为16~22℃，日均温≥10℃的天数为151~250天，主要土壤类型为褐土，当地的农业种植为水稻、玉米和小麦。

9.3.2　功能

干热河谷区林业生态工程可以加强生态保护和治理，主要依靠天然林保护、退耕还林、公益林管护等大的林业生态工程。森林分类经营和生态补偿机制不断完善，公益林生态补偿标准逐步提高，国家级公益林补偿和管护全覆盖得以实现。实施天然林资源保护、退耕还林等多项生态建设工程，以热带水果种植为主来加快林业产业建设，来实现林业发展“三大”转变，即造林从荒山荒地向道路、水网和四旁用地转变；造林质量从传统数量型向质量效益型转变；从单纯建设林业生态屏障向发展产业、生态并重转变，从而推进当地森林的覆盖面，提高森林覆盖率。金沙江干热河谷四川长江造林局攀枝花分局在金沙江干热河谷进行的试验造林工程已初见成效。位于金沙江畔的三堆子样板林面积为214hm^2，栽种的新银合欢、相思、苦楝等树木已达240多万株。2013年新银合欢树已长到近6m高，胸径达7cm左右。干热河谷植树造林是世界性难题。金沙江干热河谷地表温度可达70~75℃，湿度低，造林工程非常艰巨。

9.3.3　结构

干热河谷地区由于自然条件的限制，造林绿化的难度很大，特别是在土壤贫瘠、土层薄，石砾含量高的荒山荒坡，造林成功的例子不多。干热河谷的生态恢复和重建应在遵循自然规律的前提下，找出干热河谷生态环境演变趋势及其主要因子，建立生态恢复治理的长效机制，推广实施乡土种生物多样性为主体，乔、灌、草（藤）结合的生态防护区、恢复区，与农村社会经济协调、健康发展的可持续致富区，面对不同区域干热河谷区的生态环境恶化状况和自然条件、经营条件，有计划、有步骤地实施退耕还林工程、巩固退耕还林成果建设项目，必须构建多树种、多层次、异龄化的林分结构，乔、灌、草不同的种植模式与不同生态类型的树种搭配种植，形成多功能的模式效应。干热河谷退耕还林建设采用的技术模式，按照效益和结构可分为经济林模式、生态林模式、用材林模式和林草混交立体模式四种模式类型。

（1）经济林模式

该模式适合于干热河谷土壤厚度≥45cm的壤土，坡度在8°~20°之间的坡耕地，考虑到退耕后的生态治理和退耕农户的生计问题，该模式有以下几个特点：①林分以纯林为主，种植密度高，1665~3300株/hm^2，株行距（1~2）m×3m。单作模式便于经营管理，单位面积内产品经济产值高，可规模经营；②该模式的主要经营措施是充分利用干热河谷区光热资源，种植早熟鲜食水果为主，获取较高的经济效益，退耕后农户以退耕政策补助和林果收入维持生计；③林分经营周期长，一般水果经营期达15~30年，干果一个经营期可达20~60年；④土壤要求深厚肥沃的壤土，pH值5.0~7.5中性或中微酸土壤；⑤经营方式以高产出、高投入的规模经营为主。

（2）生态林模式

该模式主要目的在于保持水土、涵养水源、恢复植被、保护金沙江流域区土壤流失，建立生态保护屏障。主要针对：坡度>15°~25°（甚至>25°）、土层厚度<40cm 的金沙沿岸生态脆弱区。模式的共同特点是：①选择主根深、测根发达的阔叶树种和落叶丰富、萌发力强的高大乔木树种，以及抗旱、抗瘠薄、适应较强的乡土树种造林；②单位造林密度高，1667~2500 株/hm^2，针阔混交、乔灌混交比例适中；③高标准营造人工混交工程林为主，种植乔灌、乔草带状混交或块状混交林，同时开展封山育林、封山护林，达到封育促抚，建立树种多样、群落稳定、功能互补、经济效益良好与生态环境健康稳定的治理目标。主要造林树种有滇橄仁、黄荆、金合欢、黄檀、相思类、银合欢、山合欢、山毛豆、余甘子、车桑子、仙人掌、大翼豆、龙须草等。

(3) 用材林模式

该模式主要培育本地的农用材和装饰材，主要是：①赤桉、柠檬桉和旱冬瓜：在金沙江干热河谷海拔 1300~1600m 的燥红壤、褐红壤、红壤地块生长良好。旱冬瓜生长快，生长量和生物量较高，6 年间伐，产木材 80m^3/hm^2，总产值 8.0 万元/hm^2。同时旱冬瓜林分对调节气候、改良土壤物理性质、保持水土等都具有较明显的气候水文生态效应。②云南松：海拔 1500~2600m 的地方均能较好地生长。立地条件一般的地方，可选择人工培育的营养袋苗；工程造林、立地条件好的地方可选择直播造林。云南松适应性强，能耐干旱、瘠薄，保水性能好。20 年主伐，产木材 80m^3/hm^2，总产值 10 万多元。

(4) 林草混交立体模式

该模式以充分利用金沙江河谷的土壤、光照、水资源，选择利用生物群落内各层生物的不同生态特性的共生关系，分层利用营养空间，达到乔木、灌木与草本营造在一起，形成经济功能多样、生态效应稳定的复合混交林分模式。模式乔木经济价值高，作为退耕农户以后长期的经济来源，灌木生长迅速，覆盖度高，成为修复、稳定生态建设的快速树种，草本以牧草为主，以短养长，长短结合，切实巩固退耕还林成果建设。

9.3.4 技术措施

9.3.4.1 立地类型划分

干热河谷的地形因子和气候条件是影响植物生长的主要因子，坡位和坡向为干热河谷立地类型划分的主要依据。地形能对光照、水等基本生态因子实行再分配，不仅反映了气候条件，同时也表现出土壤的厚度及水分条件的不同。阳坡日照时间长，辐射强度大，所获得的辐射总量多于阴坡，使阳坡具有温度高、湿度小、蒸发量大、干热矛盾突出的特点。同时，土壤的物理风化和化学风化都比较强，因而，阳坡土壤干燥、贫瘠、地表温度高。阴坡与之相比，土壤较为潮润，有机质积累多，生长的植物个体高度较高，种类也较丰富。故坡位和坡向能明显地反映金沙江干热河谷不同立地水分条件的差异，能够直观而可靠地表现出干热河谷立地自然分域状况。根据上述立地类型划分的原则和依据，将金沙江干热河谷的立地类型划分为四种类型（表 9-1）。

表 9-1　立地类型表

I-坡上灌丛区	I1-阴坡类型	北坡、西北坡、东坡、东南坡、东北坡
	I2-阳坡类型	南坡、西坡、西南坡
II-坡下草丛区	II1-阴坡类型	北坡、西北坡、东坡、东南坡、东北坡
	II2-阳坡类型	南坡、西坡、西南坡
III-坡足冲积区		
IV-谷底平坝区		

① 坡上灌丛区（Ⅰ）。坡上灌丛区（Ⅰ）是干热界限以下至坡下草丛区（Ⅱ）上限之间的这段区域。海拔高度处于干热区中的最高地带，水分条件亦最好；受人畜破坏也不如坡下频繁和剧烈；植被为次生性旱生灌丛，其中有不少萌生栎类。是干热河谷稀树灌草群落向亚热带针阔叶林的过渡地带。

② 坡下草丛区（Ⅱ）。是坡上灌丛区（Ⅰ）下限至坡足冲积区或谷底平坝区边界之间的区段。此区地表冲刷严重，土壤瘠薄、燥热、受人为干扰破坏程度较大。植被为旱生性中高草丛，灌木稀少，一般以扭黄茅为主。群落季相变化明显：旱季一片黄、雨季一片绿，这是典型的疏灌草丛地带，水湿条件一般不如坡上灌丛区（Ⅰ）。

③ 坡足冲积区（Ⅲ）。干热河谷区森林覆被率低，旱季、雨季分明，降水集中，河谷面山植被稀少，地表径流强烈，受雨水冲刷，大量冲击物被冲至坡足堆积，形成大面积的坡积裙、冲积扇或泥石流滩。例如东川的小江仓房至小江河口段为小江中下游，全长78.8km。在该河段内50余条泥石流沟犬牙交错，泥石流泛滥，形成了庞大的泥石流堆积扇群。此区除有极少量的旱地外，其余大部分为不能耕作的荒地，土壤的石砾多、大孔隙所占比例大、胶体物质少、缺少黏性，土壤通气透水性能好、保水保肥能力差。常见植物有牛角瓜、小桐子、扭黄茅等。

④ 谷底平坝区（Ⅳ）。主要是指金沙江河谷谷底的平坝农田区、四旁地及附近浅丘，它是干热河谷立地条件最好的类型。土壤层厚，质地较细，土壤肥力高，灌溉条件好，是粮食和经济作物主要生产区。但与非干热河谷区相比，年蒸发量却远大于降水量，气候干热，本区生长的树种多为喜热耐旱的树种，主要有：木棉（攀枝花）、滇刺枣、酸角、小桐子、刺球花、凤凰木、赤桉、红椿、番木瓜、番石榴、白头树等。

9.3.4.2 植被恢复造林措施

（1）典型植被恢复措施

① 坡改梯经济林恢复措施。在退化较轻的坡地，经坡改梯后种植经济林（龙眼），株行距4m×5m。林下种植柱花草。完成后，常年进行果树的常规管理，并辅助人工灌溉。主要植被包括龙眼、柱花草、扭黄茅、孔颖草。

② 冲沟内生态林恢复措施。在退化严重的冲沟内，坡度>20°，植被盖度<25%，按4m×5m开坑隙，坑半径50cm，用农家堆肥20kg/隙客土后，沟内种植金合欢、酸角等，林下和林间自然生长杂草，主要草种有扭黄茅等。完成后，靠天然降雨维持植被生长。主

要植被有：金合欢、酸角、假杜鹃、银合欢、扭黄茅、大叶千斤拔、田箐、羽芒菊、叶下珠。

③ 沟头坡面生态林恢复措施。在退化严重的劣坡，即坡度>10°，植被盖度<25%，按4m×5m开坑隙，坑半径50cm，同样用农家堆肥20kg/隙客土后，沟内种植木棉等，种植后坑深约20cm，林下和林间自然生长杂草，主要草种有扭黄茅等。完成后，靠天然降雨维持植被生长。主要植被有：木棉、羊蹄甲、凤凰木、扭黄茅、大叶千斤拔、田箐。

（2）乔、灌、草结合的人工生态恢复模式

① 生态林恢复模式。以分类经营为指导，合理配置林草结构和植被恢复方式。在水土流失和风沙危害严重，15°以上的斜坡陡坡地段、山脊等生态地位重要地区，要全部营造生态林草。配置乔灌草模式，造林以乔木树种银合欢或赤桉为主，在中间带状撒播或穴状点播车桑子、木豆、黄荆。乔灌互相弥补了对方造林成效的不足。成林形成复层林冠，结构稳定，抗性强，能充分发挥森林的生态效益。造林地应加强封育保护，禁止采割践踏，促进林地植被恢复。剑麻栽种在林地周围，2~3年即可形成生物围栏，具有生态效益、机械保护等双重功能。这样，乔、灌、草、生物围栏，即银合欢（赤桉）—车桑子（黄荆、木豆）—山草—剑麻相结合，可营造最佳人工生态恢复模式。

② 经济林生态恢复模式。在15°以下地势平缓、立地条件适宜且不易造成水土流失的地方发展经济林、用材林和薪炭林。在有灌溉条件的地段可发展青枣、石榴、甜橙等经济林果。经济林要适当稀植，各个体间要有良好的通风透光条件和充足的营养生长空间。在中间套种皇竹草、黑麦草、玫瑰茄等。皇竹草、黑麦草饲养牛羊，厩肥施入林地又能促进经济林木的生长发育。形成种植、养殖相结合的最佳经济生态恢复模式。

（3）特殊造林恢复措施

地块相对平整，土层厚度≥40cm以上，且具备水源条件的选择种植经济林，树种以葡萄、龙眼、杧果、台湾青枣、金丝小枣等名、特、优、稀早熟水果为主，种植模式采用复合高效的林农矮秆作物套种模式。

地块坡度≤20°以下的缓坡地，土层厚度≤40cm以下，且不具备水源条件的地块选择种植生态林，树种选择赤桉、柠檬桉、酸豆树、木棉、银合欢、黄檀、印楝、车桑子等，种植模式一般采用乔+灌（如：赤桉+车桑子）。

地块坡度≥25°陡坡地带，土层厚度≤20cm以下，土地质量差，区域性植被相对较好，干旱侵蚀突出，选择造林的林种为生态林，树种选择山合欢、新银合欢、余甘子、云南松、剑麻、车桑子、金合欢等。种植模式采用灌+草（如：新银合欢+剑麻）或乔+灌+草（如：云南松+新银合欢+剑麻）等模式。

地块坡度≥25°以上陡坡地带，土层厚度≤20cm以下，土地质量差，主要以金沙江沿岸一、二层面山和金沙江一级支流的陡坡水土严重流失地区，树种选择余甘子、金合欢、新银山合欢、滇榄仁、车桑子、剑麻等，种植模式采用灌+草（如：金合欢+剑麻）或乔+灌+草（如：滇榄仁+车桑子+剑麻）等模式。

9.3.5 案例分析——攀西干旱干热河谷退化生态系统的恢复与重建对策

(1) 基本特征

攀西地区干旱河谷和干热河谷的气候分别属典型中亚热带和南亚热带干湿季分明的季风气候，金沙江流域即雷波至攀枝花段，因河谷走向与西南暖流方向垂直，焚风效应明显，形成降雨稀少、蒸发强烈的干热河谷。土壤分布有明显地带性，由于气候由北至南逐渐变干变热，土壤呈现由酸至微酸、中性、微碱。在金沙江干热河谷 1000～1300m 以下形成燥红土，而安宁河、雅砻江下游 1000～2000m 地段形成红壤、黄壤。金沙江干热河谷植被在海拔 1300m 以下形成稀疏灌草丛。由于长期适应干热生态环境的结果，大多具有耐热抗旱的旱生形态结构：根系发达、叶面积小、硬质、多刺、被毛或饱含浆汁等。其主要植被种类有：木棉、番木瓜、山黄麻、榄仁树（牛筋树）、罗望子、番石榴、红椿、滇合欢、黄连木、细叶楷、黄杞、木蝴蝶、小桐子、余甘子、车桑子、牛角瓜、羊蹄甲、白花刺、黄茅、芸香草。

(2) 退化现状

金沙江、安宁河及雅砻江流域历史上曾是热带、亚热带常绿阔叶林和落叶混交林带，植被繁茂，近几十年来，人类活动加剧，在人为因素（伐木毁林、开山造田、过度放牧）和自然因素（如火灾、干旱）作用下使该区域森林资源锐减，生态系统功能退化，主要表现在森林结构单一，生物多样性退化；水土流失加剧，土壤退化；草地生产力下降，草场退化；生物物种数量少，珍稀生物物种多；干热河谷延长，河谷变热。

(3) 恢复与重建对策

攀西干旱干热河谷面积巨大，生态环境复杂，气候类型多样，立地条件千差万别，同时该区经济条件和经营条件差，恢复和重建系统时应科学规划，合理布局，把系统恢复与经济目标和生态功能目标相结合，利用生态学和经济学原理，有计划、有步骤、分阶段地恢复与开发，使恢复和重建后系统经济功能和生态功能大，系统稳定，生物物种数量和多样性增加。

① 封山育林。金沙江流域现有 18 万亩灌木草地，有 34 万亩云南松次生林，应合理规划，对坡度大的河谷两岸实行全封育林，对放牧任务重的区域应轮封育林。把封山与造林、抚育相结合。在立地条件差的干热河谷区，先造草本、灌木，在草、灌郁闭后再造乔木，禁止人为破坏。

② 退耕还林还草。攀西干旱干热河谷，有 30 万余亩坡耕地，合理规划，分步骤、分阶段地实施退耕还林，可大大改变该区森林结构。在退耕还林时，应考虑选择经济价值高、适应性强的树种，确保退耕还林不反弹，在干热河谷区主要选择：印度楝、银合欢、杧果、甜橙、巨尾桉、余甘子、桑、石榴、荔枝等经济树种；在干旱河谷主要选择：板栗、核桃、直干桉、南抗杨、花椒、红树莓、枇杷等经济林木；主要草种：黑麦草、紫花苜蓿、百三叶。

③ 荒山造林。攀西干旱干热河谷，现在 40 余万亩宜林荒地，有较大人工造林空间，

通过大面积人工造林，提高林业用地的利用率，增加生物物种数量，提高生物多样性。造林时利用生态学原理，多营造混交林，做到乔、灌、草一起上，深根树种与浅根树种、阳性树种与耐阴树种相搭配。混交方式以带状混交和块状混交为主。在造林技术上积极推广应用：容器育苗、雨季造林、使用抗蒸腾剂和保水剂等技术。

④ 加强森林抚育。通过对现有 34 万亩次生林科学抚育和低效林分改造，提高现有林分质量和立地生物产量，据调查金沙江流域云南松天然林分年生长量仅为 1.5～2.4m^3/hm^2，而且大多数林分是低效林，通过改变造林树种、林冠下造林、抚育间伐等措施改变林分组成，提高林分质量；同时加强病虫害防治，在安宁河流域云南松松毛虫危害严重，应注重生物防治与化学方法相结合。

⑤ 改变耕作方式。采用免耕和少耕、增施有机肥、间作绿肥、生物培肥等措施，改善农耕地理化性质，提高土壤肥力。在河谷流域的二半山区，百姓有“陡坡种植、火烧炼山”的耕作方式，必须禁止。改变山区农民种植结构，增加牧草种植面积，减少农作物比例。

9.4 崩岗区林业生态工程

9.4.1 概况

崩岗通常是指发育在红土丘陵地区冲沟沟头部分经不断地崩塌和陷蚀作用而形成的一种围椅状侵蚀地貌。崩岗的命名具有发生学和形态学方面的双重意义，“崩”是指以崩塌作用为主要的侵蚀方式，“岗”则是指经常发生这种类型侵蚀的原始地貌类型。在国外，此类地形被称为陡脊、壁龛脊、崩坡或围椅状崩坡。崩岗侵蚀是我国南方一种特殊的侵蚀类型，在广东省分布普遍，湘南、赣南及福建、贵州、广西等省（自治区）也较常见。

崩岗作为一种破坏性的系统，冲刷土壤产生水土流失，破坏生态环境，同时也破坏了原有环境的有序性，塑造出一种新的地形地貌。崩岗的危害主要表现在以下几个方面：①产沙量大，泥沙淤塞河道水库，毁坏桥梁等，缩短工程的使用寿命；②产生的泥沙压埋农田，影响粮食生产；③侵蚀切割地形，毁坏土地，加剧了生态环境恶化；④沟内的泥沙常常与山洪汇合形成高含沙水流，对人民生命财产造成危害。崩岗区林业生态工程可以有效地减缓和避免上述灾害的发生。

9.4.2 功能

首先，崩岗区林业生态工程可以减少产流产沙量，防止泥沙淤塞河道水库，增加工程的使用寿命；其次，崩岗区林业生态工程可以有效地调节区域小气候，降低风速、调节温度、提高空气和土壤湿度、减少蒸发量，增强抵御干热风、冰雹、霜冻等自然灾害的能力；第三，崩岗区林业生态工程可以通过减少泥沙量，有效地防止泥沙压埋农田，从而增加作物产量；同时，崩岗区林业生态工程可以有效地防止侵蚀切割地形，毁坏土地，充分发挥森林的生态功能，减少或消除各种自然灾害对工农业生产和生态环境造成的危害，实现社会经济自然环境的可持续发展。

9.4.3 结构

崩岗是红壤区典型的侵蚀最严重、危害最大的土壤侵蚀方式，其本身就是一个复杂的系统。崩岗由崩壁、崩积堆、洪（冲）积扇三部分组成。在崩岗发育的过程中，有些部分会消失，有些部分则会出现。如当崩岗侵蚀越过分水岭时其集水坡面就会消失，崩壁离崩岗口的距离比较近时，水流对崩积体的冲刷还没有形成沟道就已经把泥沙带出崩岗口，但随着崩壁的向前推进，沟道就会慢慢形成。

崩壁是崩岗最主要的组成部分，它是风化壳土体在重力与水的作用下发生倾倒、滑塌等失稳变化而产生的近于垂直的陡壁，由于有崩壁的存在才有重力崩塌过程的继续及崩积堆的产生。

崩积堆是崩壁崩塌后形成的松散堆积体，通常具有较大的休止角，不具有分选性。

洪（冲）积扇是流水作用将崩积堆中较细的物质冲刷、搬运经再沉积后形成的扇状堆积地貌，其顶部物质较粗，整体地势较平缓，具有一定的流水沉积结构。

在崩岗侵蚀地貌中，崩壁、崩积堆、洪（冲）积扇三者自上而下依次排列，它们共同组成崩岗侵蚀地貌系统。

9.4.4 技术措施

根据崩岗侵蚀的特点，应把崩岗作为一个系统来进行综合治理。根据崩岗侵蚀系统中物质与能量运输的特点，可以采取一定的治理措施提高其负反馈机制的作用、减小正反馈机制的作用来使崩岗系统达到稳定状态，从而使崩岗得到有效的治理。

9.4.4.1 崩岗综合防治技术

（1）传统治理崩岗侵蚀技术

我国对崩岗侵蚀的治理技术已进行了一系列探索，总结了一些治理措施，取得一定的治理成效，探索出一套较为完整的包括生物和工程措施的崩岗立体综合治理技术，概括为“上截、下堵、中绿化”。“上截”是在崩岗沟头及其四周修建天沟排水，防止径流冲入崩口；“下堵”是在崩岗沟口修筑谷坊，拦蓄径流泥沙，抬高侵蚀基准面，稳定沟床，防止崩壁底部淘空塌落；“中绿化”是在崩积堆上造林、种草、种经济林（竹）或种农经作物等，以稳定崩积堆的措施。

但这种传统防治措施依然存在一定的不足。“上截、下堵、中绿化”的防治思路未能把崩岗作为一个整体进行系统整治，难以彻底根治崩岗侵蚀的危害。传统的治理方法往往只把崩岗作为灾害来看，缺少从资源的视角来考虑崩岗治理。目前，崩岗整治多属政府行为，政府出资、政府组织、政府实施，缺少社会公众的主动参与。

（2）崩岗综合防治新理念

崩岗防治区划是在崩岗综合调查的基础上，根据崩岗侵蚀的发育状况、侵蚀特点、形成过程以及侵蚀地貌等，并考虑崩岗防治现状与社会经济发展对生态环境的需求，在相应的区域划定有利于崩岗侵蚀治理与水土资源合理利用的单元，为崩岗治理措施的布设提供重要依据。

针对传统崩岗治理方法的不足，提出“治坡、降坡、稳坡”的崩岗侵蚀综合治理新思路。即在崩岗治理的过程中，将崩岗作为一个系统整体，以崩岗口为单元，采取生物、工程等措施分区综合治理沟头集水区、崩塌冲刷区、沟口冲击区等各个子系统，疏导外部能量，治理集水破面，稳定崩壁，固定崩积体，同时在沟道修筑谷坊与拦沙坝，抬高侵蚀基准面，稳定坡脚，全面控制崩岗侵蚀。

9.4.4.2 经济开发型崩岗综合治理

经济开发型崩岗治理即用系统论原理、系统工程的方法，把崩岗分成沟头集水区、崩塌冲刷区、沟口冲积区，分别采取治坡、降坡、稳坡三位一体的措施，用合理、经济、有效的方法与技术，分区实施治理，全面控制崩岗侵蚀，达到转危为安、化害为利的目的。

（1）沟头集水区治理

沟头集水区的治理措施主要包括工程措施和植物措施。工程措施包括斜坡固定工程、护坡工程等，通过实施工程措施增强坡体稳定性。植物措施主要通过种植作物、实施封禁来稳定集水坡面，增加雨水入渗、降低流水对坡面冲刷的作用。

（2）崩塌冲刷区治理

崩塌冲刷区治理原则在于提高沟壁—崩积体负反馈机制作用并减小正反馈机制作用。传统方法是：首先对崩积体进行整治，采用机械或分工的方法降级整地成平台。自上而下开挖宽阶梯水平台地，减小了原有临空面高度，有利于沟头和崩壁的稳定，防止沟壁溯源侵蚀。同时也为水平台地内挖穴配置种植经济类作物提供了条件，为保证这些经济类作物生态群落的稳定性与多样性，可在崩积体较稳定的地表培育果园。

（3）沟口冲积区治理

沟口冲积区的治理主要采取工程措施与农作物措施相结合，提高其与崩积体之间的负反馈机制。工程措施主要是在沟道建立谷坊拦截崩岗内泥沙；农作物措施是在山脚种植树种、草灌以及经济型农作物。这样不仅可以快速覆盖、阻止洪积扇泥沙，更重要的是与沟头集水区的经济林以及崩塌冲刷区的果园开发形成了一套立体式的崩岗系统经济开发型治理模式，三者互为补充、互相依存。

9.4.4.3 生态修复型崩岗治理技术

生态修复是指恢复被损害的生态系统并使之接近被损害前自然状况的管理过程，即重建该系统干扰前的结构与功能及有关的物理、化学和生物学特征的过程。生态修复型崩岗侵蚀治理的思路和目标就是发挥生态自我修复能力，配合人为的预防监督、强化保护，使生产建设与防治水土流失同步，使受损的生态系统恢复或接近被损害前的自然状况、恢复和重新建立一个具有良好结构和功能且具有自我恢复能力的健康的生态系统。

（1）沟头集水区治理

沟头集水区的治理主要包括截、排水沟工程和集水区植被生态恢复工程两部分。其中截、排水沟是集水区重要的防护工程之一，其作用在于拦截坡面径流，防止坡面径流进入崩岗口造成侵蚀。而沟头集水区的生态修复工程则是对崩岗集水区进行生态恢复治理，通过恢复集水区的生态系统功能，增大集水区土壤、植被对水分的吸收，从而减缓集水区径流的产生而加剧崩岗侵蚀。

(2) 崩岗冲刷区治理

崩壁侵蚀是崩岗产沙的重要来源。针对不同崩岗类型，需要使用不同的控制技术，对较陡峭的崩壁，在条件许可时削坡开级，从上到下修成反坡台地（外高里低）或修筑成等高条带，使之成为缓坡、台阶地或缓坡地，同时配套排水工程，减少崩塌，为崩岗的绿化创造条件。

(3) 堆积冲击区治理

崩岗的堆积区是崩塌区侵蚀产生的泥沙堆积在崩岗底部的松散土体。通过二次侵蚀，大量泥沙被输送出崩岗，从而造成危害。而沟头和沟壁崩塌下来的风化壳堆于崖脚，减小了原有临空面高度，利于沟头和沟壁的稳定。控制崩积体的再侵蚀是防止沟壁不断向上坡崩塌的关键。崩积体土体疏松，抗侵蚀力弱，侵蚀沟纵横，立地条件差，特别是土壤养分缺乏且阴湿。

(4) 沟口泥沙控制工程

通过对崩岗沟头集水区、崩塌区和堆积区的综合治理，崩岗的输沙特征发生了明显的变化。在此基础上，可于沟底平缓、基础较好、口小肚大的地段修建谷坊，以拦蓄泥沙、节制山洪、改善沟道立地条件。由于修建谷坊工程量大，须动用大型机械，因此只在关键部位修建谷坊，沟底的治理应以生物措施为主。谷坊按10年一遇24h暴雨标准设计，生态型治理崩岗一般选用土谷坊，设计高度为1~5m。建好谷坊后，可在其上种植香根草等根系较发达的植被，以稳固谷坊。在崩岗沟底种植植物，均需客土，以增加有机质，提高成活率。

9.4.5 案例分析——治理崩岗的一种生物新技术

9.4.5.1 概况

在我国红壤山地的部分地区，由于人为和自然等诸多因素的影响，造成严重的水土流失。经过多年的努力，原地貌未遭严重破坏的水土流失区域采用封山育林、禁牧等自然修复和种草、种树的人工治理，取得了一定成效。而由于人为洗矿和雨水汇流，地表径流冲刷等因素形成的崩岗，采用常规种草种树的方法无法从根本上解决问题，其上种植的草、树在形成固定根之前，常常就已经被雨水冲走。崩岗对生态环境的破坏力十分巨大，会造成山体塌陷、地表生物毁灭、原生地貌变迁、淤泥阻塞等。案例选择福建省长汀县森辉农牧发展有限公司崩岗区开展以生物技术为主的治理措施研究，通过在崩岗区表面种植速生植物，固土护坡，防止雨水冲刷地表，从而快速形成高密度植被，为水土流失治理和生态环境保护提供重要的理论依据和技术支撑。

9.4.5.2 实施地点

在福建省长汀县森辉农牧发展有限公司内崩岗区，于 2013 年 4 月选其中 1 座有代表性的崩岗实施该技术。崩岗面积 40hm^2，土壤为花岗岩侵蚀性红壤，几乎无植被覆盖，由于长期侵蚀，使得表土冲刷殆尽，地表粗砂颗粒含量高，基岩裸露。

9.4.5.3 实施的技术方法

(1) 坡面平整

将崩岗形成的凹凸不平的坡面修整成斜坡平面。以科学的计算方法，确定最佳省工省力的相对平面宽度范围，在此范围内以凹陷最深处为基准，将凸出部位的土壤挖掉，使其形成一个平面，平面的坡度控制在 75°以内，每隔 2m 高度向坡内收进 100m，形成一个台阶。

(2) 装土料网袋护坡

选用 40cm×50cm 的尼龙编织网袋，其网孔直径不大于 0.5cm。将坡面凸出部分所挖下来的土壤作为原料，拌入 1/5~1/4 的猪粪、鸡粪或鸭粪等有机肥料，将混好有机肥料的土壤装入尼龙编织网袋内，八分满，扣紧袋口。随后将网袋靠坡面叠垒，将网袋扁而平地放在坡面底下，袋的底部朝外，袋口处朝内。每一层的袋与袋之间需靠紧，上下层之间的袋子要按缝隙错开，即上层网袋的中间对准下一层两个网袋之间的缝隙。网袋要摆放均匀整齐，形成一个平稳的坡面。护坡基部挖深 50cm，开始叠垒网袋，使崩岗根基部更加稳固。每摆放一层网袋，用尼龙绳的一端将相靠的两袋系在一起，另一端栓在固定桩上，固定桩用直径 5cm、高 120cm 的竹竿，直径 4cm、高 120cm 的木棍和直径 3cm、高 150m 锥管为材料制作。固定桩一端为尖形，另一端为平面，用锤子将固定桩打入坡面内，打桩的间隔为 100cm×100cm，上排桩与下排桩错位 50cm，在护坡基部紧靠网袋打下一排固定桩，每个网袋外侧中部固定一根，旨在稳固护坡根基。

(3) 崩岗治理区植物品种选择与种植技术

品种选择与搭配 根据夏季牧草与冬季牧草间作，草本与木本植物组合，高大植物与矮生植物搭配，禾本科、豆科等多科属的植物混播的原则，选择具有生长速度快、根系发达、生命力旺盛、植被覆盖密度大而广、适应性强、有较强的防冲刷力等特点的品种，主要品种有：宽叶雀稗、百喜草、狗牙根、香根草、苎麻、银合欢、截叶胡枝子、多花木兰、紫花苜蓿、黑麦草、三叶草、大翼豆、扁豆、木豆等。

种植技术 网袋叠垒好后，在其网袋靠外的一面扎孔，孔的深度为 3~5cm，直径 3cm 左右，孔与孔间距为 10cm×20cm，随后将几个品种的种子均匀混合好后播入袋孔中，进行挤压覆土。播种选择无雨天气，每隔 5~7 天喷灌 1 次，播后 1 个月内根据旱情适当进行喷灌。

(4) 排水系统

护坡排水管布置 在叠垒的网袋间放置塑料水管，管长 50cm，直径 3cm。塑料排水管的同一侧分别锯有 5 个小口，小口的深度为排水管直径长度的 1/3，摆放时小口向下，防

止排水管堵塞。排水管摆放间隔为100cm×200cm。

护坡顶部排水　根据崩岗治理坡面顶部的雨水流量，沿着护坡面顶部边缘挖一条排量足够大的排水沟。排水沟相对水平，有落差的地方安装水泥管，水泥管出水口超出落水坡面，落水处建水泥池接水，防止雨水冲击地面形成水坑，避免再次造成水土流失。

护坡底部排水　在护坡根基外侧筑高50cm、宽100cm的护台，护台外侧挖排水沟，排水沟的宽度要能满足护坡雨水排放的流量。

排水沉淀池　根据崩岗区面积，在其下游挖一口规模相适应的水池，将护坡顶部和护坡底部的泥水引流到池子内，泥水在池内沉淀后自行排出。定期清理沉淀池的泥沙。

生态排水沟　在护坡顶部和底部排水沟的沟底和沟外侧种植匍匐矮生的牧草，如狗牙根、百喜草、宽叶雀稗等。播种后用尼龙编网袋覆盖排水沟，沟底用石块分散压住网袋，沟边用土埋住网袋。在沟边扦插杂交狼尾草、皇竹草等，发达的根系形成坚固的沟渠保护网。

由于崩岗面修整得有一定坡度和斜平面，使叠垒在坡上的尼龙袋，受地球引力作用构成整体力学原理，护坡层紧贴坡面形成一体，十分牢固。尼龙网袋将肥料和土壤紧紧裹在袋内，保护表土和肥料不被雨水冲刷流失，从而保证了植物种子的成活率。尼龙袋内的土壤肥力高、保水保肥能力好，为植物的生长提供了充足的养分，使种子能够很快地发芽、生长、扎根，在尼龙网袋还未腐烂化解之前，速生植物的根系已经纵横交错牢牢地扎入了土坡深处，形成茂密的保护层，牢固地维系在土坡之上。这样就可以完全发挥植被的蓄水缓流作用，阻挡住因雨水冲刷而造成的表层土壤流失，从而达到生态治理崩岗的效果。

崩岗治理区快速形成高覆盖率的茂密植被，不仅能有效阻止崩岗的进一步发展，避免了水土流失对农田的破坏和水源的污染，而且极大地增加了生物产量和生物多样性，丰富了水土流失治理区生态系统的种质资源，进一步推动生态系统内动植物群落的发展。只有生物多样性得到保护，整个生态系统才能处于平衡状态。护坡植被起到增加土壤有机质含量、提高土壤肥力、增加土壤微生物含量的作用，改善了土壤的理化性质，促使土壤团粒结构的形成。豆科植被还具有固定土壤中氮素的作用，可为植物生长提供大量的氮素。这一植物系统能够改变地表反射率，进而改变地表温度、湿度，净化空气。使整个生态系统处于平衡状态，为人类提供更加多样化的服务。

本章小结

本章主要介绍了几种南方典型林业生态工程的基本特征，它们分别有各自的功能、结构和技术措施，并在每小节用案例介绍了如何使用不同林业生态工程治理某一区域生态环境。沿海防护林是沿海以防护为主要目的的森林群落，它不仅具有防风固沙、保持水土、涵养水源的功能，对于沿海地区防灾、减灾和维护生态平衡起着独特而不可替代的作用。石漠化会导致水土流失加重、耕地减少、植被覆盖率和土壤涵养水源能力降低、生态环境恶化，给当地人民的生产、生活及经济发展带来了严重的影响。实施石漠化林业工程可使石漠化面积减少，程度减轻，区域林草植被盖度明显增加，生态状况逐步改善，固土保水功能增强，水土流失减少；扶贫攻坚进程加快，可持续发展能力不断增强。干热河谷区林业生态工程可以加强生态保护和治理，主要依靠天然林保护、退耕还林、公益林管护等大的林业生态工程。崩岗是指发育在红土丘陵地区冲沟沟头部分经不断地崩塌和陷蚀作用而形成的一种围椅状侵蚀地貌，实施崩岗区林业生态工程可以有效地减缓和避免灾害的发生。

思考题

1. 什么是沿海防护林？沿海防护林分为哪些类型？各类型有什么特点？
2. 沿海防护林的功能有哪些？
3. 沿海防护林中不同林带结构配置的技术要点有哪些？
4. 我国沿海防护林造林技术措施有哪些？
5. 石漠化地区有哪些特征？石漠化地区林业生态工程的功能有哪些？
6. 石漠化地区林业生态工程结构配置的技术要点有哪些？
7. 我国石漠化地区林业生态工程造林技术措施有哪些？
8. 干热河谷典型的气候特征是什么？干热河谷区林业生态工程的功能有哪些？
9. 干热河谷区林业生态工程结构配置的技术要点有哪些？
10. 我国干热河谷区林业生态工程造林技术措施有哪些？
11. 崩岗现象是指什么？崩岗区林业生态工程的功能有哪些？
12. 崩岗区林业生态工程结构配置的技术要点有哪些？
13. 我国崩岗区林业生态工程造林技术措施有哪些？

本章推荐阅读书目

高智慧. 2013. 沿海防护林造林技术[M]. 杭州：浙江科学技术出版社.

国家林业局防治荒漠化管理中心，国家林业局中南林业调查规划设计院. 2012. 石漠化综合治理模式[M]. 北京：中国林业出版社.

胡培兴，白建华，但新球，等. 2015. 石漠化治理树种选择与模式[M]. 北京：中国林业出版社.

刘刚才，纪中华，方海东，等. 2011. 干热河谷退化生态系统典型恢复模式的生态响应与评价[M]. 北京：科学出版社.

刘刚才. 2011. 干热河谷退化生态系统典型恢复模式的生态响应与评价[M]. 北京：科学出版社.

马焕成. 2001. 干热河谷造林新技术[M]. 昆明：云南科技出版社.

姚小华，任华东，李生，等. 2013. 石漠化植被恢复科学研究[M]. 北京：科学出版社.

本章参考文献

单奇华，张建锋，沈立铭，等. 2012. 沿海生态防护林结构与构建技术[J]. 浙江林业科技，32（1）：58-62.

丁光敏. 2001. 福建省崩岗侵蚀成因及治理模式研究[J]. 水土保持通报，21（5）：10-15.

董晓宁. 2014. 治理崩岗的一种生物新技术[J]. 亚热带水土保持，26（3）：49-50.

国家林业局植树造林司，中国林学会编. 2007. 加强沿海防护林体系建设 构筑沿海地区防灾减灾绿色屏障 全国沿海防护林体系建设学术研讨会论文集[C]. 北京：海洋出版社.

胡海波，张金池，鲁小珍. 2001. 中国沿海防护林体系环境效应的研究[J]. 世界林业研究，14（5）：34-43.

胡培兴，白建华，但新球，等. 2015. 石漠化治理树种选择与模式[M]. 北京：中国林业出版社.

康立新，王迷礼，张纪林，等. 1997. 沿海防护林体系气候、土壤及护堤效应［M]. 北京：中国林业出版社.

马骏，阚丹好，沙敏，等. 2014. 滇池流域石漠化地区植被恢复技术研究[J]. 安徽农业科学，42（33）：11782-11783，11807.

南岭，郭芬芬，王小丹，等. 2011. 云南元谋干热河谷区典型植被恢复模式的水土保持效应[J]. 安徽农业科学，39（9）：5168-5171，5225.

阮伏水. 2003. 福建省崩岗侵蚀与治理模式探讨[J]. 山地学报，21（6）：675-680.

阮光忠，许基金. 2010. 高效益沿海防护林体系建设初探[J]. 中国林业，(9)：39.

王学强，蔡强国. 2007. 崩岗及其治理措施的系统分析[J]. 中国水土保持，(7)：29-32.

吴志峰，李定强，丘世均. 1999. 华南水土流失区崩岗侵蚀地貌系统分析[J]. 水土保持通报，19（5）：24-26.

谢以萍，杨再强. 2004. 攀西干旱干热河谷退化生态系统的恢复与重建对策[J]. 贵州林业科技，32（1）：8-12.

张余田. 2007. 主要林种营造技术 森林营造技术. 北京：中国林业出版社.

赵辉，罗建民. 2006. 湖南崩岗侵蚀成因及综合防治体系探讨[J]. 中国水土保持，(5)：1-31.

赵培仙，孔维喜，何璐. 2014. 金沙江干热河谷退耕还林造林模式及造林技术研究[J]. 陕西林业科技，(5)：29-34.

周诗萍. 2010. 浅谈儋州市沿海防护林建设存在问题及发展对策[J]. 热带林业 38（2）：50-51.

第10章· 林业生态工程项目管理

10.1 林业生态工程项目管理的程序

10.1.1 林业生态工程的特点

林业生态工程与其他工程相比有其自身的特点：第一，它涉及面很广，包括育种、苗木培育、整地、林草栽培、抚育管理等不同生产阶段。第二，林业生态工程涉及的机关单位较多，包括领导机关、调查设计单位、科技咨询单位、施工执行单位、成果经营单位等不同权益和功能单位。第三，林业生态工程的所属形式较多，包括全民、集体、个人等不同所有制形式。第四，林木栽植时直接参与的劳动力范围比较广，种类比较多，有的涉及项目区的全体居民及县、乡全体国家干部职工，如山西省偏关县在万家寨引黄工程处的林业生态工程中，万家寨乡全体群众参与，全县城国家干部职工动员进行林业生态工程会战。劳动力的种类既包括专业劳动力，又包括群众义务劳动力，县、乡国家干部职工的劳动力等。第五，林业生态工程的性质与其他工程有着本质的区别，其他工程大都要求尽快产生直接经济效益，林业生态工程则是维护和改善生态环境条件、增加国家后备资源、增强林业可持续性发展的能力。因而，要搞好林业生态工程，必须协调好各方面的关系，把握好各个生产环节，以取得总体优化的效果为目标。由此可见，林业生态工程实质是一项系统工程，是把森林为主体的植被建设纳入国家基本建设计划，运用系统观点、现代的管理方法和先进的林草培育技术，按国家的基本建设程序和要求进行管理和实施的项目。

10.1.2 项目的基本概念

“项目”这个词，在我们日常工作和生活中并不少见，如建设项目、科研项目、技术推广项目等，它的基本含义是事物分成的门类。但是，在项目管理中“项目”一词则有着更丰富的含义。

(1) 项目是一项投资活动，并要求在规定期限内达到某项规定的目标　项目与投资是分不开的，没有投资就没有项目，但一个项目必须要事先计划，使投资活动始终围绕一个既明确又具体的目标进行。

项目不是笼统的、抽象的，而是十分明确和具体的，有明确的界限和特定的目的。一个项目应当有一个特定的地理位置或明确集中的地区，这是空间界限；一个项目还应当有明确的建设起始年份和完成年限，并具有投资建设、建成投产、获益的顺序，这是时间界限。项目的一般目的是要形成新增固定资产，用以提高生产能力，但每一个具体项目都必须有特定的目标，只有规定了特定的目标才能构成项目。不形成固定资产，但却能提高新增生产能力的投资，也是项目所必需的。项目不仅指为达到某项规定目标的投资方案，而且还包括实施这一方案、取得预期效益的整个投资建设过程。因此，可以把项目看成是一个运用资金以形成新增固定资产和新增生产能力，再由它们在一段时间内提供效益的投资活动。

（2）项目是一种规范和系统的分析和管理方法　作为一个项目，应当合乎逻辑、现实可行、效益明显，为此，项目包含了一套规范的程式与科学的系统分析和管理方法，它们包括规划、可行性研究、初步设计、施工管理、竣工验收与后评价等内容。按照这种项目程式、方法确定的项目，将能保证有效地、节约地使用资金和达到预期效果，能避免出现考虑不周、仓促制定、现场拼凑起来的项目，能排除效益不高或不好的项目，同时，这种程式和方法也为管理人员和计划人员提供了控制项目执行过程的良好准绳。

（3）项目是一个独立的整体，是便于计划、分析、筹资、管理和执行的单位　项目不仅提出了投资方案和预期目标、效益，而且本身就是一个实施单位。规划、可行性研究、初步设计、施工管理、竣工验收与后评价等项目管理内容都要由项目本身承担，因此，项目必须有具体的管理机构和实施项目的责任者，项目必须实行独立的经济核算。没有专门的项目管理机构和实施责任者的项目是不完善的项目，对这种项目，投资者不应给予立项。

到目前为止，关于“什么是项目”还没有一个经典的定义。沃伦·C. 鲍姆和斯托克斯·M. 托尔伯特合著的《开发投资——世界银行的经验教训》一书中，把项目作为“包括投资、政策措施、机构以及其他为在规定期限内达到某项或某系列发展目标所设计的活动在内的独立的整体”。J. 普赖顿·吉廷格在《农业项目的经济分析》一书中，把项目表述为：“项目就是花费一定资金以获取预期收益的活动，并且应当合乎逻辑地成为一个便于计划、筹资和执行的单位。”这些都是不错的定义，反映了项目的含义和实质。不过对于林业工程项目，我们还是试图综合上述的内容给出项目的定义：项目是运用一种规范的系统和方法所确定的在规定期限内达到特定目标的包括投资、政策措施、机构、技术设计等在内的经济活动。

10.1.3　林业生态工程实行项目管理的意义

从总体上来讲，林业生态工程是一项投资大、见效慢，但效益好的系统工程。所需资金除国家投资、自筹资金和银行贷款外，近年来又出现了利用外资的新形式。目前，我国的经济实力还不雄厚，财政还比较困难，能够用于林业生态工程建设的投资很有限，因此，必须用好这些资金，以少的投入换取更高的效益。

经济效果是一切建设项目投资的出发点，也是它的归宿。从我国情况来看，也存在不注意经济效果的历史教训。有些项目由于决策依据不足、决策程序不严、决策方法不当，而导致决策失误，造成项目建设与实施后生产经营中的浪费，给国家带来很大的损失，这方面的教训很多，也很深刻。

我国林业生态工程投资管理中，还存在许多问题：

第一是不能认真做好投资前的准备工作，盲目性大，投资决策和管理人员常常把主要精力放在制订广泛的计划上，而对投资项目了解和分析很肤浅，结果是项目准备不完善，造成投资的低效益，甚至资金的浪费。

第二是分散使用资金对于林业生态建设项目缺乏综合协调，在安排项目投资时，往往按单位分经费搞部门平衡，或经常按地方切块搞平均主义。这种分散使用资金，“撒胡椒面”的做法，使得项目缺乏内在联系，重单项工程，轻综合治理；强调局部利益，忽视整体利益。因建设项目不能综合配套，难以形成综合生产力，出现事与愿违的事例也不在少数。

第三是缺乏科学的决策和管理程序。不少林业生态工程建设项目仓促上马，朝令夕改，甚至一句话就决定了资金的命运；且审批、管理极不完备，往往是先拨款后立项，只投入不回收，不注重经济效益，甚至不了了之，造成人力、物力、财力的极大浪费。

第四是产出计划与投入措施“两张皮”。长期以来，我国林业生态工程建设侧重于生产指标计划，只提出具体的生产指标，甚至如何保证指标的实现，只列出一些原则性的、笼统的措施意见，没有定量的分析，更谈不上定位的安排，实际上是互不相关的“两张皮”。还有些项目是为争投资而提出的，因此，在可行性上很难得出充足的理由。

历史经验表明，在一切失误中，决策失误是最大的损失。实行项目管理是实现项目决策科学化的必需途径。通过项目立项前的认真详细的可行性研究与评估，将是减少决策盲目性、避免投资决策失误的关键环节。在实施的过程中，通过一系列必要的项目管理手段，将能保证项目按设计要求顺利进行，并取得预期的经济效果。因此，实行项目管理，无论是对加强投资宏观管理，还是以提高每一个投资项目的投资效益，都有十分重要的意义和作用。因此，为了搞好林业生态工程建设，必须以改革的精神，认真总结我国经验，借鉴国外先进技术，尽快使林业生态工程项目管理工作走向科学化、程序化和制度化，以保证建设项目选择得当，计划周密、准确，并保持项目管理工作的高效率。

10.1.4　林业生态工程项目管理的程序

林业生态工程项目从提出到实施再到建成产生效益，是一个需要一定时间、一定程序的过程。在这过程中，我们把它分成几个工作阶段，以利于把项目管理好，这几个阶段是相互密切联系并遵循合乎逻辑的前进程序的，只有做好了前一阶段的工作，才能开始项目下一阶段的工作。

林业生态工程项目分为前期工作、实施建设和竣工验收三个阶段，项目机构应按程序进行工作并严格管理。

项目的前期准备工作是指明项目实施前的全部工作，有一套严格的程序：①提交林业生态工程项目规划，这是一个项目的起始工作。②项目规划经批准后进行项目的可行性研究工作。③对项目的可行性研究报告进行论证评估，确认立项。④按批准的可行性研究报告和评估报告进行初步设计，提出投资概算。

项目准备是最重要的项目阶段，通过一系列规范系统的分析、研究决策以保证林业生态工程建设资金用于最有效的地区，最佳的建设方案，达到预期的开发目标和好的投资效果。各级项目机构必须高度重视项目准备工作，这是改变以往先拨款后立项，不注重效益等弊端的强有力手段。

林业生态工程建设项目在完成前期准备工作，并列入国家投资年度计划后，就进入项目实施（施工）管理阶段。林业生态工程建设项目完工后，即进入竣工验收阶段。这时，上一级项目管理机构应对所完成项目逐项进行验收，验收依据是批准的项目可行性研究报告、评估报告和初设文件。验收后应写出竣工验收报告，报告经批准后，表示该项目的建设任务已完成，可转入运营阶段。项目进入运营阶段后，往往不再由项目机构具体管理，而是交给有关部门去管理。因此，项目经竣工验收合格，就可认为其建设已完成和结束，项目阶段也到此终止，项目管理机构的工作也将转向新的建设项目。有时，在项目运营若干年后，还要对实际产生的结果进行事后评价，以确定项目目标是否真正达到，并从项目的实施中吸取教训，供将来进行类似项目时引以为戒，这种事后评价也可看作是项目阶段的延伸。如果这样，项目后评价就成为项目的第四阶段。

10.1.4.1　项目的前期准备

（1）工作程序

林业生态工程建设项目的前期准备工作主要包括林业生态工程规划、项目建议书（大项目一般均有此项）、可行性研究、初步设计等内容，它们不是平行的、同时进行的，而是有着严格的先后顺序，前一项工作是后一项工作的必要条件，没有做好前一项工作就不能进行后一项工作。图 10-1 表示了各项准备工作之间的关系。

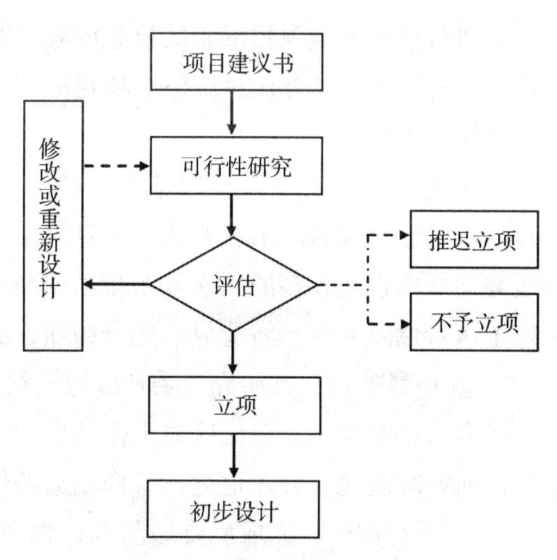

图 10-1　项目准备的工作程序

项目的前期准备开始于林业生态规划，其一般由业务部门提出，经上级（投资者）批准后，再编写项目建议书，项目建设建议书批复后，上级部门下达可行性研究计划任务书。然后，项目提出单位就可以组织力量进行可行性研究，并编写可行性研究报告，并报送上一级单位。投资单位在接到可行性研究报告后应开始论证评估，决定能否立项。评估结果可能出现四种情况：可以立项、需修改或重新设计、推迟立项和不予立项。项目正式成立后，项目的准备工作并没有结束，项目执行单位还需做好项目的初步设计工作。初步设计完成后就等待列入国家的投资计划。一旦列入投资年度计划后，项目即进入了实施建设阶段。

在项目准备阶段的各项工作中，项目评估和立项是由上一级机构（投资机构）组织进行的；项目规划、可行性研究和初步设计则是由项目执行单位负责进行的。

（2）林业生态工程规划

林业生态工程建设项目的产生来自林业生态工程规划，可分长期（10~20 年）、中期（5~10 年）和短期（3~5 年）三种。项目规划的主要内容包括：该项目建设的必要性、项目的地域范围和规模、资源条件、工程任务量和投资额的初步估计、投资效果的初步分析。在项目规划报告中，应该突出说明在这一地区进行该建设的必要性和作用，分析资源潜力，对项目实施后新增生产能力和社会效益进行初步预测。

项目规划报告是一个申报文件。当它经投资单位筛选审批同意后，提出项目规划报告的单位即可着手组织项目的可行性研究。

（3）项目建议书

项目建设书是根据已审批的规划内容，从中提出近期有可实施的项目，进行论证研究后编制而成，一般只是规划的部分内容，有时规划内容少，也可一次全部提出。如项目较小，也可不做项目建议书，由上级部门直接下达可行性研究任务书。项目建议书的内容和编制方法与可行性研究基本相同，只是线条更粗一些，以下就不专门讨论了，如果做此方面工作，可参照可行性研究一节。

（4）项目可行性研究

可行性研究是项目准备的核心内容，其目的是为了从技术、组织管理、社会生态、财务、经济等各有关方面论证整个项目的可行性和合理性。如果可行，还要设计和选择出最佳的实施方案。

① 可行性研究是一项政策性、技术性很强的工作，工作量很大。一般地说，一个项目的可行性研究时间最短要花 3 个月时间，最长则要 2 年或 2 年以上的时间。进行可行性研究的费用也是较多的，通常约相当于整个项目成本的 5%。应该保证这笔费用，因为做好了可行性研究后，将能成倍地节约项目成本或增加项目效益。

② 项目的可行性研究应委托经过资格审定的技术咨询、设计单位或组织有关的技术、经济专家小组承担。他们应对工作结果的可靠性、准确性承担责任。有关主管部门要为可行性研究客观地、公正地进行工作创造条件，任何单位和个人不得干涉或施加影响。

③ 可行性研究完成后要编制可行性研究报告。可行性研究报告一般应包括以下八方面的内容：项目建设的目的根据；建设范围和建设治理规模；资源、经济、社会、技术条件分析；治理技术方案和建设治理内容，各项工程量；建设工期；投资估算；达到的综合效益；项目可行的理由，指出可能存在的风险。

④项目的可行性研究报告经同级政府审定后即可上报上一级的投资批准单位。

（5）项目评估

项目评估是项目准备中的关键环节，是能否立项的重要步骤。项目评估的任务有两个：一是对可行性研究报告的可靠程序作出评价；二是从国家宏观经济角度、全面、系统地检查项目涉及的各个方面，判断其可行性和合理性。

项目评估与可行性研究有着密切的关系：没有项目的可行性研究就没有项目评估；不经过评估，项目可行性研究报告也不能成立，是无效的。

有权批准投资项目的单位在收到上报的可行性研究报告后，应及时进行审查，组织评估工作。通常是组织一个由农业、林业、水保、土壤、经济等专家组成的评估小组，到项目所在地区会同项目可行性研究小组和当地主管部门，着重就项目的技术、财务、经济、组织等方面进行论证，对可行性研究报告进行审查、评估。评估要特别注重项目的总规模、布局和工程设计是否合理，所用技术是否适合当地条件，执行计划的进度是否切实可行，达到预计目标是否可能，投资估算是否正确，有无保证项目有效执行的资金配套能力和组织管理机构等问题。评估小组完成评估工作以后，应对项目提交评估报告和评估意见。评估意见可分同意立项、需修改或重新设计、推迟立项和不同意立项四类。专家评估小组应持客观、公正、科学的态度，对所评估项目的技术可行性和经济合理性负责。

(6) 项目的确立

经过评估，对项目可行性的确认是立项的先决条件。但可行的项目是否能立项，或是否能马上立项，还受当时的财力、物力等因素的限制，国家将按择优的原则审批。

对林业生态建设项目，在评估和决定能否立项时，应遵循的原则：突出开发重点，综合连片建设，投资与效益挂钩。要有独立、健全、有效的项目管理机构，能保证按项目评估报告的要求实施各项管理。评估论证确认可行的项目，经投资决策部门审查批准后正式立项。

(7) 初步设计

林业生态工程建设项目立项以后，项目的前期准备工作还没有结束，项目执行单位还必须根据已批准的可行性研究报告和评估报告，按国家基本建设管理程度，组织编制项目的初步设计文件。尽管可行性研究报告和评估报告的内容已经较为详尽，但对项目的实施仍是很粗的框架，不可能直接用于制定项目的实施计划。初步设计的工作就是解决这一问题的。

初步设计主要包括以下内容：①项目总体设计，包括指导思想、骨干工程规模、设计标准和技术的选定，主要设备的选用，交通、能源、苗木及产、供、销的安排等。②主要建筑物及配套设施的设计以及主要机器设备购置明细表。③主要工程数量和所需苗木、化肥等的数量。④项目投资总概算及技术经济指标分析。⑤项目实施组织设计，包括配套资金筹措、材料设备来源、施工现场布置、主要技术措施及劳力安排等。⑥项目概算包括定额依据和条件、单价和投资分析等。

初步设计是一件技术性极强的细致工作，应委托经过资格审定的设计单位进行编制，并按国家基本建设程序报批。未经审查批准的初步设计，不得列入国家投资建设计划。

初步设计经批准并列入国家投资建设计划后，项目就进入实施阶段。而初步设计是项目实施阶段中制定年度工程计划、安排投资内容和投资额、检查实施进度和质量、落实组织管理、分析评价项目建设经济效益的主要依据。

10.1.4.2 项目实施和竣工验收

（1）项目实施

林业生态工程建设项目完成初设报告，并列入国家投资年度计划后，就进入了项目实施（施工）阶段。项目实施（施工）必须严格按照设计进行施工，加强施工管理，并在具体培育过程中采用科学、合理、先进的栽植、抚育技术措施。

（2）竣工验收

竣工验收是项目的第三个阶段，是在项目完成时全面考核项目建设成效的一项重要工作。做好竣工验收工作，对促进林业生态工程建设项目进一步发挥投资效果，总结建设经验有重要作用。竣工验收实际上是对项目的终期评价，是在项目实施结束后对项目的成绩、经验和教训进行总结评价，并要编写出竣工验收报告。验收后，领取竣工验收证书。竣工项目经验收交接，应办理固定资产交付使用的转账手续，加强固定资产管理。验收中发现遗留问题，应由验收小组提出处理办法，报告上一级有关部门批准，交有关单位执行。

10.2 林业生态工程管理规划

10.2.1 林业生态工程规划概述

林业生态工程是一项涉及面很广，投资人力、物力、财力较多，延续时间较长的大范围的劳动生产活动。对于扩大国家和地区的森林覆盖率、增加森林资源、维护和改善生态环境、促进林业可持续性发展及美化人民生活环境等具有十分重大意义，是一项造福子孙后代的伟大事业。因而在相当程度上具有基本建设工作的性质，特别对于一些规模较大的重点林业生态工程，具有和其他各行各业建设工程一样的性质，必须作为建设工程项目一样来对待，施工以前要完成立项程序，进行全面调查、整体规划、可行性研究、初步设计，施工中认真对待和完成，施工后还必须进行检查验收，进行效益估算和效益评估。

林业生态工程规划是一项基本性工作，其内涵就是查清工程实施区域的自然条件、经济情况和土地情况；根据自然规律和经济规律，在合理安排土地利用的基础上，对宜林荒山、荒地及其他绿化用地进行分析评价，按立地类型安排适宜的林草工程，真正地做到适地适树（草）。通过林业生态工程可以加强林业生产的计划性，克服盲目性，避免不必要的损失浪费。各省（自治区）经验表明：只有真正搞好林业生态工程规划，才能为下一步决策与设计，以及施工提供科学依据。

10.2.1.1 林业生态工程规划的发展与现状

从新中国成立到现在，我国由造林规划走向林业生态工程规划，大体经历了四个阶段。

（1）初创与摸索阶段（1949—1953年）

这一时期我国尚无统一的造林规划规程和办法，专业调查设计队伍也很少。随着造林事业的发展，造林规划逐渐开展起来。1949 年初华北人民政府农业部成立的冀西沙荒造林局，开展造林规划；1950—1951 年东北人民政府调查包括东北西部和内蒙古东部广大风沙危害区，提出了《关于营造东北区西部防护林带的决定》；1951 年由林垦部组织有关院系进行华南橡胶垦殖调查，提出北纬 22°线以南地区种植橡胶种植场的规划；1953 年林业部成立了调查设计局，下设直属营林调查队，并于 1954 年初到陕北地区长城一带进行固沙防护林规划。这些林业调查与规划为以后各省开展营林调查及制定统一全国营林调查方法奠定了一定的基础。

（2）造林规划（1954—1965 年）

1954 年林业部调查设计局发布了《营林调查设计规程试行方案》，为全国开展营林调查设计业务，在技术方法方面打下了基础。1956 年林业部成立了造林设计局，其后各省（自治区）陆续成立了营林调查设计队伍，开始了正规的造林规划。为了把造林规划建立在科学的基础上，特别重视造林规划的基础工作，组织更多的林业研究机关和林业院校，研究宜林地立地条件类型的划分和应用。1958 年聘请苏联专家咨询，进行不同类型试点，开展造林类型区区划，从而进一步为我国的科学造林规划设计奠定了基础，并促进了造林事业的发展。这一时期，在林业部组织和苏联专家协助下，完成了黄土区、铁路固沙区，北方山地以及南方低山区用材林的造林规划，制定了四个相应的造林调查规划工作办法；完成了包兰铁路宁夏回族自治区中卫县沙坡头段铁路防护林的规划和营造；重点对南方山地营造大面积用材林进行了有计划的调查与规划，并在广东、广西、福建、湖南、江西等省（自治区）山地营造了大面积的杉木和马尾松等速生用材林。

（3）停滞阶段（1966—1976 年）

造林调查规划基本陷于停顿状态。

（4）恢复与发展阶段（1977 年至今）

1977 年后，造林规划进入恢复和迅速发展的时期。当年农林部组织北方 13 个省（自治区）调查队的部分人员，在山西省蒲县进行了以造林为重点的山、水、田、林、路综合治理规划。1978 年林业部在山西省偏关县召开了三北防护林规划现场会。1979 年 6 月编发了三北防护林规划办法，同时又制定了黄土区、风沙区造林规划办法，使三北防护林地区的造林规划有了统一的依据。1979 年以后全国开展了以县、乡或村为单位的山、水、田、林、路综合治理的规划。同时，在南方进行了用材林、木本粮油林基地县的造林调查规划。1979—1981 年，根据全国农业区划委员会的统一部署，林业部在全国组织开展了林业区划与规划，1979—1988 年基本完成了县级林业区划，制订了林业发展规划。1984 年，林业部资源司编制了《造林调查规划设计规程（试行）》和山地、沙区、平原区、黄土区、速生丰产林等五个造林调查规划工作方法，同时开展了一些重点林业建设项目的总体规划，除三北防护林体系二期工程规划和总体规划外，还有以县为单位进行的太行山绿化规划、南方亚热带山区建立速生丰产林基地综合考察、宜林地评价和总体规划，以及柴达木盆地宜林地资源考察，长江流域、黄河流域林业发展规划等。这个时期的造林规划的特点是在林业区域的宏观控制下，广泛使用了新技术新手段。例如，在外业调查中普遍使用地形图和航空相片进行调绘、划分小斑、绘制基本图并进行规划，在内业中大多使用了计算器或微型计算机。在造林规划中普遍划分了立地类型，作为造林设计的依据。在南方速生丰产用材林基地规划中，使用了地位指数表，对林地进行评价，预估林地生产力，作为造林设计的重要科学依据。

20 世纪 90 年代后，开始突破造林规划范畴，向乔灌草相结合的林业生态工程规划发展。但林业生态工程规划至今尚无规范，其规划内容往往就是造林规划，不能很好地反映林业生态工程的内涵和实质。实际工作中仍然存在有规划、无可行性研究、不立项、不设计的现象。

10.2.1.2 林业生态工程规划的理论基础

林业生态工程规划主要理论依据是与林草培育（主要是造林）有关知识，如造林学、牧草（或草坪）学、森林生态学、景观生态学和测树学等。实际工作中，需要数学、测量学、遥感及“3S”技术等，这些科技知识在林业生态工程规划中都是重要的手段。为了给林业生态工程规划提供依据，必须调查项目区的自然条件，需要掌握土壤学、植物学、气象学、地质学等方面的知识。同时，尚须具备一些社会经济方面的知识，了解农业、牧业和有关的副业生产知识，还需要有土地利用规划的知识。所以，进行林业生态工程规划，需要多方面的人才，组织各种专业调查研究，如土壤调查、植被调查、立地分类等，编制造林典型设计、地位指数和进行必要的社会经济调查等，供林业生态工程规划应用。实践表明，林业生态工程是一项涉及面广，需要运用多种学科知识的体系。

10.2.1.3 林业生态工程规划的任务、内容和程序

（1）林业生态工程规划的任务

林业生态工程规划的任务，一是制定林业生态工程的总体规划方案，为各级领导部门制定林业发展计划和林业发展决策提供科学依据；二是为进一步立项和开展可行性研究提供依据。具体来讲：

① 查清规划区域内的土地资源和森林资源、森林生长的自然条件和发展林业的社会经济情况。

② 分析规划地区的自然环境与社会经济条件，结合我国国民经济建设和人民生活的需要，对天然林保护和经营管理、可能发展的各类林业生态工程提出规划方案，并计算投资、劳力和效益。

③ 根据实际需要，对与林业生态工程有关的附属项目进行规划，包括灌溉工程、交通道路、防火设施、通讯设备、林场和营林区址的规划等。

④ 确定林业发展目标、林草植被的经营方向，大体安排工程任务，提出保证措施，编制造林规划文件。

（2）林业生态工程规划的内容和深度

林业生态工程规划的内容是根据任务和要求决定的。一般说，其内容主要是：查清土地和森林资源，落实林业生态工程建设用地，搞好土壤、植被、气候、水文地质等专业调

查，编制立地类型（或生境类型），进行各项工程规划，编制规划文件。但是，由于工程种类不同，其内容和深度是不同的。

① 林业生态工程总体规划（或称区域规划）主要为各级领导宏观决策和编制林业生态建设计划提供依据。内容较广泛，规划的年限较长，主要是提出林业生态建设发展远景目标、生态工程类型和发展布局、分期完成的项目及安排、投资与效益概算，并提出总体规划方案和有关图表。

总体规划要求从宏观上对主要指标进行科学的分析论证，因地制宜地进行生产布局，提出关键性措施，规划指标都是宏观性的，并不作具体安排。

② 林业生态工程规划（或单项工程规划）是针对具体的某项工程进行规划，其是在总体规划的指导下进行，是为下一步立项申报做准备。不同类型的林业生态工程，如水土保持林业生态工程规划、天然林保护规划、城市林业生态环境建设规划等，随营造的主体林种或工程构成不同，其内容也有差异。例如三北防护林业生态工程规划要着重调查风沙、水土流失等自然灾害情况，在规划中坚持因地制宜、因害设防，以防护林为主，多林种、多树种结合，乔、灌、草结合，带、网、片结合。而长江中上游林业生态工程，则是以保护天然林、营造水源涵养林为主体进行规划。内容大体包括工程项目构成（相当于林种组成）和布局，各单项工程实施区域的立地类型划分与评价，工程规模，预期安排的树种草种，采用的相关技术及技术支撑，配套设施如机械、路修、管理区等，工程量、工程投资及效益分析。

林业生态工程总体规划指导单项规划，同时单项工程规划是总体规划的基础。总体规划的区域面积大，涉及内容广，一般至少以一个县或一个中流域为单元进行。单项工程的规划面积可大可小，但内容涉及面小。在一个大区域内，多个单项工程规划（面积不一定等同）是一个总体规划的基础资料和重要依据。

（3）林业生态工程规划的工作程序

林业生态工程规划是工程实施的前期工序，按一般工程管理程序，是一个重要的环节，它可估算出工程规模、工程完成年限及投资额等。

一般来说，首先应在当地林业生态环境建设规划（无此项规划的地区可以林业区划为依据）基础上，结合国家经济建设的需要和可能，对项目区进行初步调查研究，提出规划方案，以确定该项工程的规模、范围及有关要求。其次，对工程进行全面调查规划，提出工程规划方案，作为编制林业生态工程项目可行性报告的依据。

10.2.1.4 林业生态工程规划的基本经验

我国林业生态工程建设经历了曲折的发展过程，取得了很大的成绩，也积累了丰富的经验，总结40年来的经验，有几点值得借鉴：①保持造林调查规划队伍的稳定，不断提高技术人员的素质。②推广“工程造林”，坚持按基本建设程序管理林业建设，保证林业生态规划成果的实施。③统一规划，综合治理，在合理安排农、林、牧、副各行业用地的基础上，进行林业生态工程规划。④不断总结经验，改革创新，提高林业生态工程质量。

10.2.2 林业生态工程规划的具体步骤

总体规划与单项工程规划在步骤上是基本相同的，只是调查内容上有所不同。调查规划手段和方法因区域面积大小而不同，大区域范围的规划采用资源卫星资料、大比例尺图件，并进行必要的实地抽样调查资料等。小区域范围内则采用大比例尺图件，并进行全面实地调查。收集资料的粗细程度、内容要求上前者更宏观。

10.2.2.1 基本情况资料的收集

（1）图面资料的收集

图面资料是林业生态工程规划中普遍使用的基本工具，大区域规划（至少县级以上，中流域以上）采用资源卫星资料、小比例尺航空照片（1∶25000～1∶50000）和地形图（1∶50000以上）；小区域规划（县级以下，中流域以下），采用近期大比例尺地形图和航空照片（1∶5000～1∶10000）。此外还应收集区域内已有的土壤、植被分布图，土地利用现状图，林业区划、规划图，水土保持专项规划图等相关图件。

（2）自然条件资料的收集

通过查阅林业生态工程建设项目所在地区（或邻近地区）气象部门、水文单位的实测资料及调查访问其他有关单位，收集所在地区（邻近地区）下列资料：

① 气温：年平均温度，年内各月平均气温，极端最高气温及极端最低气温（出现的年月日）；气温最大年较差，最大日较差，≥10℃的活动积温，无霜期天数；早、晚霜的起始、终止日期，土壤上冻及解冻日期，最大冻土深度，完全融解的日期等。

② 降水：年平均降水量及在年内各月分配情况，年最大降水量（出现年）；最大暴雨强度（mm/min，mm/h，mm/d），≥10℃的积温期间降水量；年平均相对湿度、最大洪峰流量、枯水期最小流量、平均总径流量、平均泥沙含量、土壤侵蚀模数。

③ 土壤成土母质，土壤种类及其分布，土壤厚度及土壤结构、性状等，土壤水分季节性变化情况，地下水深度、水质及利用情况等。

④ 植被天然林与人工林面积、林种、混交方式、密度及生长情况等，果树及经济树种种类、经营情况、产量等，当地主要植被类型及其分布、覆盖度，如包含城市，还应调查城市绿化情况等。

应该特别说明，在进行林业生态工程建设项目规划设计时，必须收集新中国成立以来，特别是近几年来林业生态工程建设项目所在地区的自然区划、农业区划、林业区划以及森林资源清查、土壤普查、城市绿地规划、风景名胜区规划、村镇规划（大村镇）等资料，以便借鉴和利用，这是因为这些资料虽然其各自的主要目的，但都是建立在实际调查研究的基础上，它们从不同角度以不同的侧重点对当地的自然条件做了描述和分析。

（3）社会经济情况资料的调查收集

收集林业生态工程建设项目所属的行政区及其人口、劳力、耕地面积、人均耕地、平均亩产量、总产量、人均粮食、人均收入情况；种植作物种类，农、林、牧在当地经济中所占的比例（重）；农业机械化程度及现有农业机械的种类、数量、总千瓦；群众生活状况、生活用燃料种类、来源；大牲畜及猪、羊头数；群众家庭副业及其生产情况；集体合资办的副业、企业等等凡与规划设计有关的情况。

(4) 资料的整理、检查

以上资料收集完毕后，应进行整理，检查是否有漏缺，对规划有重要参考价值的资料，应补充收集。

10.2.2.2 土地利用现状调查

进行林业生态工程建设项目规划，一方面是为了解决项目区土地的合理利用问题。因此，在规划之前，首先摸清项目区的土地资源及目前的利用情况，以便对“家底”有个全面的掌握，使规划（以及其后的设计）建立在可靠的基础上。

(1) 土地利用现状的调查和统计

① 土地利用现状的调查可按土地类型分类量测、统计。土地类型的划分可根据国家土地利用分类及城市用地分类等标准，根据当地实际情况和规划要求增减。以黄土地区（未涉及城市绿化）为例，土地类型常分为：

(i) 耕地：旱平地、坡式梯田、水平梯田、沟坝地、川台地。

(ii) 林地：有林地（郁闭度≥0.31，还可按林种细分）、灌木林地、疏林地（郁闭度≤0.3）、未成林造林地、苗圃。

(iii) 园地：经济林地（现多单列一项）、果园（现在多单列一项或与经济林合并）。

(iv) 牧业：用地人工草地、天然草地、改良草地。

(v) 水域：河流水面、水库、池塘、滩涂等。

(vi) 居民点及工矿用地：城镇、村庄、独立工矿用地。

(vii) 交通用地：铁路、公路、农村道路等。

(viii) 难利用地：地坎、荒草地以及其他暂难利用地。

② 土地单元的分级土地单元分级的多少依项目区面积的大小来定，县级以上或中流域以上可用大流域（省、自治区、地）→中流域（省、自治区、地、县）小流域（县乡）→小区（或乡），一般不到地块，具体用哪几级根据实际情况确定。县级以下或小流域时，可用流域（或乡）→小区（村）→地块（小班）三级划分方式。地块（小班）是最小的土地单元。小流域林业生态规划，可依据具体情况将项目区划分为若干个小区，每一小区又可划分为若干个地块，小区的边界可以根据明显地形变化线或地物（如侵蚀沟沿线、沟底线、道路、分水岭等）划定，也可以行政区界，如村界划分（便于以后管理)。地块划分应尽可能地连片。地块划分的最小面积根据使用的航片比例尺而定，一般为图面上 $0.5\sim1.0cm^2$。

③ 地类边界的勾绘用目视直接在地形图上调绘，采用航片判读，大流域则利用资源卫星数据（或卫片）进计算机判读，并抽样进行实地校核。小流域应采用1∶5000～1∶10000的地形图或航片，直接实地调绘。

勾绘程序是：(i) 首先勾绘项目区边界线，并实地核对。(ii) 划分小区并勾绘其边界，也应实地核对。当小区界或地块界正好与道路、河流界重合时，小区或地块界可用河流、道路线代替，不再画地块或小区界。(iii) 以小区为一个独立单元，小区内再划土块，并编号，编号可根据有关规定进行（如"II-4"即表示第二小区的第四个地块)。小区和地块编号一般遵循从上到下，从左到右的原则，各地块的利用现状用符号表示。(iv) 将所勾绘的地块逐一记载于地块调查规划登记表现状栏（可根据有关规范制表)。

应当注意：(i) 如果在一很小利用范围内，土地利用很复杂，地块无法分得过细时，可划复合地块，即将两种或两种以上不同利用现状的土地合并时为一个地块，但在地块登记表中应将各不同利用现状分别登记，并在图上按其实际所处位置用相应符号标明，以便分别量算面积。为简便起见，复合地块内不同利用现状最好不要超过3个。(ii) 地块坡度可在地形图上量测，或野外实测，有经验可目视估测。坡耕地的坡度可分为6级（0°~3°、3°~5°、5°~8°、8°~15°、15°~25°、>25°）或根据需要合并；宜林地的坡度也可分为6级［0°~5°（平)、6°~15°（缓)、16°~25°（斜)、26°~35°（陡)、36°~45°（急)、>45°（险）］。(iii) 道路、河流（很窄时）属线性地物，常跨越几个地块以至小区，当其很窄，不便于单独划作地块时，它通过哪个地块，就将通过部分划入哪个地块中。

④ 调查结果的统计计算地块勾绘完毕后，即可进行调查结果的统计计算。首先采用图幅逐级控制进行平差法，量测统计项目区→小区→地块面积。采用GIS可由计算机统计。应注意的：(i) 道路、河流（很窄时）属线性地物，面积可不单独量测，而是折算从地块上扣除出来。(ii) 计算净耕地面积应扣除田边地坎面积。最后，统计列出土地利用现状表（表格形式参照有关规范)，并对底图进行清绘、整饰、绘制成土地利用现状图。

(2) 土地利用现状的分析

土地利用现状是人类在漫长的过程中对土地资源进行持续开发的结果，它不仅反映了土地本身自然的适应性，而且也反映了目前生产力水平对土地改造和利用的能力。土地利用现状是人类社会和自然环境之间通过生产力作用而达到的动态平衡的现时状态，有着复杂而深刻的自然、社会、经济和历史的根源。土地利用现状全理与否，是土地利用规划的基础。只有找到了土地利用的不合理所在，才能具备提出新的利用方式的条件。因此，对土地利用现状的分析是十分必要的，通常对土地利用现状可以从以下几方面进行分析。

① 土地利用类型构成分析：农、林、牧（各部门）土地利用之间比例关系的分析；各部门内部比例关系的分析，如林业用地各林种间用地比例的对比分析。

② 土地利用经济效益的对比分析：即对相同类型的土地不同利用经济效益的分析或不同类型土地同一利用形式下的经济效益的分析。

③ 土地利用现状合理性的分析：一般地说，一个地区土地利用方向决定三个因素：土地资源的适宜性及其限制性（即质量因素)；社会经济方面对土地生产的要求；该地区与周围地区的经济联系。

④ 土地利用现状图的分析：土地利用现状图的分析主要指对现有土地利用形式在布局上是否合理的分析。因此，不要轻易地断言某个地区利用现状合理或者不合理，只有建立在全面、深刻的分析之上的结论，才具说服力，才是后来的规划立论稳靠的依据。通过分析，找出当前土地利用方面存在问题，说明进行规划的必要性及改变这种现状的可能性。

10.2.2.3　土地利用规划

(1) 农、牧规划

根据土地资源评价，将一级和二级土地作为农地；如不能满足要求，则考虑三级或四级土地加工改造后作为农地。牧业用地包括人工草地、天然草地和天然牧场，规划中各有不同要求，根据实际情况确定，特别要注意封禁治理、天然草场（草坡、牧场）改良措施与林业的交叉重叠。农牧业（尤其是农业）在整个项目区的经济结构中占极大比重，所以它们与项目区域土地资源的利用密切联系，脱离农牧而单纯进行林业规划实际上是不现实的。因此，项目区林业生态工程规划设计应对农牧用地只作粗线条规划，即只划出它们的合理用地面积、位置，对于耕作方式、种植作物种类等不做进一步规划。

(2) 林业规划

林业用地规划是林业生态工程规划的核心，应根据前述的基本原理，在综合分析项目区自然、社会条件的基础上，结合项目区目前的主要矛盾及需要，做出规划。如山区、丘陵区水土保持林业生态工程（含具有水土保持功能的天然林和人工林）的面积应占较大比重，一般可达 30%左右。经济林与果园则应根据土地资源评价和市场经济预测确定。为了促进区域经济的发展，有条件的其面积应达到人均 0.07hm^2左右。

林业生态工程规划内容和程序是：①对林业生态工程用地进行立地条件的划分，按地块逐一规划其利用方向。②按土地利用方向统计计算规划后土地利用状况，计算规划前后土地利用状况变化的比率，规划后各类土地面积的百分比及总土地利用率等，并列出土地利用规划表（表的格式按规范）。③根据以上规划结果，按制图标准绘制“土地利用规划图”。目前许多省级以上设计单位多采用计算机绘图。

10.2.2.4　林业生态工程建设项目规划方案编写提纲

本提纲仅供大家参考。具体应用时，可依据不同的建设项目，参照此程序编写相应的提纲，并在此基础上，做出林业生态工程建设项目的规划方案。

(1) 项目区概况

包括地理位置、地理地貌特征、地质与土壤、气候特征、植被情况、水土流失状况和社会经济情况。

(2) 土地资源及利用现状

包括土地资源、土地结构及利用现状分析、存在的问题及解决的对策。

(3) 林业生态工程建设规划方案

① 指导思想与原则

② 建设目标与任务

③ 建设规划包括土地利用规划、各单项工程（或林种）布局、造林种草规划、种苗规划、配套工程规划（农业、牧业、渔业、多种经营）。

(4) 投资估算

(5) 效益分析

(6) 实际规划措施

10.3 林业生态工程可行性研究

可行性研究是林业生态工程建设项目前期准备工作的核心内容和重要环节。项目规划完成后，就要着重于进行认真、负责的可行性研究工作，对项目进行技术经济论证，以确定所提项目的可行性，并作多方案比较，选择最佳方案，指出可能存在的风险，并编制项目可行性研究报告，以此作为项目初设的依据。

10.3.1 行性研究的概念和作用

10.3.1.1 可行性研究的概念

可行性（feasibility），顾名思义是指能够得到或行得通的意思。可行性研究是在具体采取某一行动方案以前，对方案的实施进行能否做得到或是否行得通的研究，也就是回答行与不行的问题。从古至今，人们都在自觉或不自觉地对所采取的行动进行着各种可行性研究，但是可行性研究成为一种科学方法，并自觉地为人们所掌握运用，却是20世纪的事。

作为科学方法的可行性研究，主要用于投资项目决策，即在一个投资项目决定上马以前，先对其实施的可行性及潜在的效果，从技术上、财务上、经济上进行分析、论证和评价，求取优化，以防决策失误，从而保证投资能取得预期效益。20世纪30年代，美国为开发田纳西流域，将此种方法引入开发前期工作，作为项目开发的重要阶段，从而起到了很好的作用。

可行性研究相当于20世纪50年代引入苏联的技术经济论证。但内容、程序和工作深度化方向推进。对林业生态工程建设项目，尤其是利用外资和国家贷款的项目，可行性研究日益受到国家重视。目前，较大项目都相继把可行性研究正式列为前期建设工作的重要内容和基础建设程序的重要组成部分，如1999年国家生态环境建设均采用了可行性研究的方式。

林业生态工程建设项目可行性研究的任务是：根据林业生态工程规划的要求，结合自然和社会经济技术条件，对该项目在技术上、工程上和经济上的先进性和合理性进行全面分析论证，通过多方案比较提出评价意见，为项目决策提供科学依据。通过可行性研究，必须回答：本项目建设是否有必要、在技术上是否可行、推荐的方案是否最优；生态效益与社会效益如何；需要多少资金，如何筹集，建设所需物质资源是否落实；怎样建设和建设时间等。总之，必须回答项目是否可行的所有根本问题。

林业生态工程项目可行性研究的主要特点是：①林业生态工程项目可行性研究的客体是一个区域空间概念，是自然、经济、社会诸要素在一定地域范围内的有机组合体，区域分异性（一个区域内自然条件、生态系统和社会经济技术条件不尽一致）决定了研究客体是区域性项目，而其分析评价则主要是项目区全局性、综合性的生态环境建设问题。②林业生态工程建设项目可行性研究的对象具有系统整体性，它不是一个单面工程，而是一组具备内在联系的复合工程。在工程组合中，既有经营性的，可获得直接经济效益或见效快的项目，如经济林基地建设；又有非经营性的，只能取得生态效益或见效慢，但受益期长、受益面广、影响深远项目，如水源涵养林。③林业生态工程建设项目可行性研究的工作是一项复杂的多层次、多学科、多部门的综合论证工作。④林业生态工程建设项目可行性研究的做法，是用系统思想、辩证观点、实事求是、因地制宜地分析评价。

10.3.1.2 可行性研究的作用

① 作为项目投资决策、编制和审批可行性研究报告的依据。可行性研究是项目投资建设的首要环节，项目投资决策者主要依据可行性研究的成果，决定项目是否应该投资和如何投资。它是项目建设决策的支持文件。在可行性研究中的具体技术经济研究，都要在可行性研究报告中写明，报告作为上报审批项目、编制设计文件、进行建设准备工作的主要依据。

② 作为筹集政府拨款、银行贷款和其他资金来源的依据。世界银行等国际金融组织，都把可行性研究作为申请项目贷款的先决条件。我国的专业银行在接受项目建设贷款时，也首先根据可研报告确认项目具有偿还贷款能力、不担大的风险时，才能同意贷款。政府审批立项、核拨项目建设资金，或由其他来源筹集资金也是如此。

③ 作为项目主管部门对外洽谈合同、签订协议的依据。根据可行性研究报告，项目主管部门可同国内外有关部门或单位签订项目所需的苗木、基础设施等方面供应的协议合同。

④ 作为项目初步设计的主要依据。在可行性研究中，对项目建设规模、技术选择、总体布局等都进行了方案比选和论证，确定了原则，推荐了最佳模式。可行性研究报告经过批准正式下达后，初步设计工作必须据此进行，不能另作方案比选和重新论证。

⑤ 对项目拟实行的新技术，也必须以可行性研究为依据。如引种、经济林改造、天然残次生林改造等必须慎重，经过可行性研究后，证明这些新技术确实可行，方能拟定实施计划，付诸实施。

⑥ 为地区经济发展计划，提供更为详细的资料和依据。林业生态工程项目的可行性研究文件，从技术到经济，从生态到社会的方方面面是否可行做了详细的研究分析，从而也为落实经济发展计划和国民经济计划制定，提供了有关林业的详细资料和依据。

林业生态工程是一项长期建设任务，可行性研究一定要超前进行，并具有一定的储备；要舍得拿力量，舍得拿时间，舍得下工夫。只有未雨绸缪，才能避免临渴掘井；只有扎扎实实地做好可行性研究，才能保证工程项目严格有序地进行，取得良性高效的生态经济效果。

10.3.2 可行性研究的程序

林业生态工程建设项目的可行性研究，应以批准后的项目规划方案为依据，根据项目规划，对该项目在技术、经济、社会和生态各方面是否合理和可行，进行全面的分析论证。

10.3.2.1 可行性研究的程序

可行性研究的工作程序可分为以下六个步骤：

（1）筹划准备

项目建议批准后，项目的主管单位（或业主）即可委托有资质的咨询设计单位进行可行性研究。双方通过签订协议或合同，明确规定研究任务和责任，阐明研究工作的范围、前提条件、速度安排、费用支付办法以及协作方式等。承担可行性研究的单位，在接受任务时，需获得有关项目背景及指标文件，摸清委托者或组织者目标、意见和要求，明确需要研究的内容及通过可行性研究解决的主要问题，制定工作计划。

（2）收集资料

按照工作计划，技术咨询设计单位有步骤地开展工作。由于可行性研究必须在掌握详细资料的基础上才能进行，所以调查收集资料便成为可行性研究的首要工作。调查要以客观实际为基础，需了解和掌握有关的方针、政策、历史、环境、资源条件、社会经济状况以及有关建设项目的信息和技术经济情报等。要通过调查进一步明确项目的必要性和现实性，同时取得确切的与项目有关的各项资料。

（3）分析研究

在收集到一定的资料和数据并加以整理的基础上，根据协议或合同规定的任务要求，按照可行性研究内容，结合项目的具体情况，开展项目规模、技术方案、组织管理、实施进度、资金估算、经济评价、社会效益和生态效益分析等研究工作。研究时要实行多学科协作，可设计几种可供选择的建设方案，进行多次反复的论证比较，从中对比选优。期间涉及有关项目建设和方案选择的重大问题，要与委托或组织单位讨论商定。在分析研究中，常涉及许多决策问题。例如，决定目标和机会，决定资金的筹集与利用，判断方案的优劣，决定长期战略方向和短期战略措施等。这就需要运用专门的决策分析方法，进行正确的估算和判断，以便对所研究的问题做出科学的决定。

（4）编制报告

经认真的技术经济分析论证后，证明项目建设的必要性、技术上可行性和经济上合理性，即可编制提出合乎规格的可行性研究报告，交委托或组织单位作为项目投资决策的依据。

（5）审定报告

委托或组织单位在收到可行性研究报告以后，可邀请有关单位和专家进行评审；根据评审意见，会同可行性研究的承担者对报告修改定稿。

（6）决定选定

修改定稿后的可行性研究报告，由委托或组织单位再行复审，最后做出决策，决定可行或不可行。

10.3.2.2 可行性研究的要求

（1）可行性研究应具有科学性和严肃性

可行性研究是一项政策性、技术性和经济性很强的综合研究工作。它可实现投资建设项目决策科学化，减少和避免投资失误，为此，一定要坚持实事求是，认真按程序进行工作，决不能草率从事。要防止主观臆断和行政干预，切忌事先定好调子、划框框，为“可行”而“研究”，为争投资、争项目取得“通行证”而进行“可行性研究”。可行性研究是一种科学方法，为保证可行性研究的质量，承担单位应保持独立和公正的客观立场。

(2) 可行性研究的广度和深度应达到标准要求

虽然对不同项目的可行性研究内容和深度有侧重和区别，但其基本内容要完整，文件整齐，研究的广度和深度应达到国家规定的标准，以求保证质量，达到可行性研究应起的作用。

(3) 承担可行性研究的单位应具备一定的条件

可行性研究是一项涉及面广、内容深度要求高的技术经济论证工作。为保证其质量，对承担任务的单位应有一定的条件要求，即必须是技术力量雄厚、拥有必要的装备和手段、具有丰富实际经验的专门单位。

对承担林业生态工程建设项目可行性研究的单位，必须通过业务水平及信誉状况的资格审定。未经资格审定的单位，不能承担可行性研究任务。承担可行性研究的单位，要对其工作成果的可靠性、准确性负责。各有关方面要为可行性研究工作的客观性和公正地顺利进行创造条件。承担任务单位的成员应包括林业、水土保持、农业、畜牧、水产、水利、土壤、机械、土木建筑、技术经济以及财会等各方面的专家。

(4) 可行性研究应有必要的经费保障

可行性研究工作量很大，应保证其必要的经费开支。在项目建设建议书经审批同意后，由审批单位发文通知申请单位进行可行性研究，并下拨一定的可行性研究费用。如项目立项，这笔费用列入项目总经费中；如不能立项，其可行性研究费用由审批单位支付。可行性研究的费用标准，应视不同地区、不同项目规模和项目内容，按工作量具体制定不同定额，报国家主管部门审定。在没有制定定额前，可暂按承担单位的实际开支或按项目投资和一定比例计取费用。

(5) 应编制符合规格的可行性研究报告

报告应遵循一定的模式，应有编制单位的总负责人，经济、技术负责人的签字，并对其报告的质量负责。报告上还应有可行性研究承担单位及其负责人、资格审查单位的签章。

10.3.3 可行性研究的内容

林业生态工程建设项目的可行性研究，一般要从技术、财务、经济、组织管理、社会生态等方面去进行。可概括为三大部分：第一部分是基本条件分析，这是项目成立的重要依据。基本条件分析包括自然资源条件、社会经济条件和生态环境状况的分析评价。在此基础上，从林业生态工程的生态环境建设的必要性分析和某些经济产品供需进行预测，说明该项目的必要性和可能性，这是项目可行性研究的前提。第二部分是建设方案设计和技术评价，以及项目实施组织与投资安排，这是可行性研究的技术基础。它决定开发项目在技术上以及组织实施上的可行性。第三部分是项目的效益评价。包括经济效益、社会效益和生态效益评价，这是项目可行性研究的核心部分，是决定项目能否上马的关键。整个可行性研究，就是从这三大方面对林业生态工程项目进行优化研究，并为项目投资决策提供科学依据。

10.3.3.1 项目基本条件

（1）自然资源和自然条件分析评价

自然资源是指在林业生产及其相关领域内可以利用的自然因素、物质、能量的来源，例如，光、热、水、动植物和土地等。林业自然条件是指自然界为林业生产提供的天然环境因素，例如，地形、地理位置、自然灾害、生态环境等，也包括作为林业自然资源的那些自然条件，如森林。林业生态工程建设必须对林业自然资源和自然条件进行分析评价。分析评价的基础是资源调查。分析评价的基本原则是：保护和改善生态环境，发挥资源优势，发展林业商品经济，达到林业资源可持续发展。分析评价的内容包括：

① 土地资源评价。分土地质量评价和土地经济评价。土地质量评价的主要依据是土地生产力的高低，而土地生产力的高低一般通过土地的适宜性和限制性来表现。通过评价，主要解决土地适宜性及各类土地的限制性因素、限制程度、改造的可能性、改造的难易程度、提高土地生产力的措施，以此确定适宜林业生态工程建设方向及布局、项目需要的投资、预期效果。土地经济评价是指运用经济指标对土地所作的评价，目的在于为制定土地利用规划、林业建设布局、土地资源合理开发利用和生态环境提供科学依据。

② 气候资源评价。通过对气候资源的分析，用定量指标对气候与林业的关系予以评价，揭示时空分布规律，说明某特定地域的气候特征，作为研究确定林业发展方向、布局，分析林业生产潜力、合理开发利用气候资源的科学依据。应在分析光能、热量、水分、气候灾害等单项气候因素的基础上，对气候资源进行综合评价。

③ 水资源评价。研究地表水、地下水的数量、质量、分布和变化规律，不同区域、不同时期水资源供需平衡和土壤水分变动以及对林业生态工程建设布局的影响。如灌溉的可能性、土壤水分利用潜力等。

④ 生物资源评价。生物资源包括人工培育及野生的各种植物和动物。分析评价首先要研究其引种、培育的历史和适生的地域范围。其次研究其主要特征、特性，分析其经济性状和生态价值。三要研究其生产现状、生产和加工潜力，评价其未来在生产发展中的位置和能力。四要分析其培育特点以及在当地生产布局的地位与配比关系。通过评价，为林业生态工程的合理布局及建设规模提供依据。

（2）社会经济技术条件评价

不仅要切实做好项目区内部社会经济技术条件的评价，同时要对外部社会经济环境条件进行分析评价和趋势预测。包括：

① 人口、劳力资源条件评价。人口因素是决定林业生产和布局乃至农村产业结构的基本因素，也是研究生态改善的必要性和林产品需求量的重要依据。项目区林业生态工程建设同人口、劳力资源条件紧密相关，一定要强调人口增加与生态资源环境承载能力相互

适应、相互协调。评价人口、劳力资源，既要评价其数量，又要评价其质量、结构组成、分布以及动态变化。

② 林业物质技术条件评价。包括林业技术装备、基础设施和林业现代化水平等。通过研究分析，要对现有水平、利用状况、利用效果进行评价，揭示建设需要与现有状况的矛盾，提出利用的可能性与限制性，为制定建设目标和方案提供依据。

③ 交通运输条件评价。林业生态工程建设所必备的交通运输条件，提出改善交通运输条件的建设项目和配套措施。

④ 经济区位、城镇和工业条件评价。经济区位、大中城市及工业对林业生态工程建设区的影响及城镇对林业的需求。

⑤ 科技发展前景分析评价。对项目区能够利用的各种林业技术、科技设施，能够引进的新技术及其运用的可能性，能够推广应用的先进适用技术，可能达到的规模和效益进行分析和预测，为制定建设目标和方案提供依据。

⑥ 政策因素分析评价。对国家在林业相关的计划、信贷、价格、物资等方面的调整，进行必要的预测和评价。既要看到对林业建设的有利因素，也要对可能出现的不利因素作出充分的估计，并据此研究采取必要的对策和措施。

（3）生态环境的质量评价

在林业建设中，影响林业生态环境的主要问题是水土流失、环境污染问题。因此，必须进行水土流失与水土保持评价，包括与林业生态建设相关的水污染与地面水环境质量评价、大气污染与大气环境质量评价、土壤污染与土壤质量评价等。

10.3.3.2　生态经济型工程的产品供需研究

（1）项目的产品方案研究

对于生态经济型的果园与经济林建设，要从国家定购任务、市场需求、出口创汇等方面考虑需要投资发展哪些产品及其规模；分析研究其成本价格，并从可利用的基本条件论证发展这些产品的可能性。同时，还要进行主要林产品的商品量、上调量预测。

（2）投入物的选择与采供

主要是对建设所需的各种生产资料、苗木、能源、设备在不同时期所能提供的品种、数量、规格、质量以及运输渠道、价格、成本等作实事求是的分析，以保证工程建设项目的顺利进行。通过评价，要提出正确的对策和措施。

10.3.3.3　制定及其技术评价

（1）方案制定

方案是建设的总体部署，是可行性研究的主要内容。方案制定必须经过反复调研，综合分析，审慎提出。未来的建设工作将以方案为重要依据。

① 方案制定的基本原理和原则。林业生态工程建设是一项综合性、区域性、开拓性很强、规模宏大、结构复杂的系统工程。制定林业生态工程方案必须掌握运用指导林业生态工程建设的一些基本原理，包括林业生态经济原理、生产力合理配置原理、生产要素优

化组合原理等。同时，在方案设计中，又必须坚持做到统筹规划，择优建设；因地制宜，发挥优势；综合治理，综合投入；论证先行，科学决策；经营式建设，开放式建设等，力求设计出完善的方案。

② 方案的主要内容。建设项目的种类不同，方案的内容亦随之各有侧重。但就总体来说，应包括的主要内容大体有：指导思想（或开发方针），建设目标，林业生态工程的体系组成、各种工程的布局、工程技术方案选择及相关基础设施建设方案与设备方案选择；经营体制与政策（如生产资料所有权、使用权与经营管理权等）。

③方案制定的基本方法。广泛收集资料，深入分析研究，综合平衡，统一规划，多方案分析论证，对比选优。

（2）林业生态工程建设项目的评价

林业生态工程建设项目方案设计的技术评价，必须以可靠的数据和资料为依据，详细研究和判断项目方案的内容、技术水平和可行性，探讨与项目建设和执行有关的种种技术问题。

①技术评价应达到的要求：结构合理、规模适度。

②技术评价应坚持的标准：首先是先进性，应尽可能采用先进技术；其次是有益性，在给社会带来最佳的生态效益的基础上，能够生产出相应的高产、优质、低耗、安全的经济产品；同时必须具有可行性，方案的实施程序比较简明，条件容易满足，不可克服的限制因素极少。

10.3.3.4　项目实施组织的研究

（1）项目实施及其安排

应按不同子工程项目分别估算项目区的工作量，如良种繁育体系、整地工程、造林种草、科技培育及推广等，并对项目实施进度和施工量作好计划安排。

（2）项目组织管理

项目组织管理是保证项目按既定方案顺利实施，保证最大限度地提高资金利用效率的重要措施，它是为项目实施服务的。一般应与项目的进行程序相适应，根据各项目的大小和项目的进展情况设置。需要配备必要的管理层次，逐层进行指挥和管理，并注意协调好项目机构与项目区其他政府机构的关系。

（3）投资估算和资金筹集

投资是林业生态工程项目的首要条件。在可行性研究阶段，除对各项工程项目进行资金需要量预测外，还应对投资渠道和可能取得的额度进行分析。在分项进行投资估算后，还要计列不可预见费，包括实际不可预见费和价格不可预见费。项目资金的来源主要有项目单位的自筹资金、国拨资金和信贷资金三个方面，必要时还可利用外资，包括政府间信贷、国际金融组织信贷、合资经营、补偿贸易等。选择何种资金筹措方案，应仔细分析。贷款要付利息，研究中应拟定贷款及其偿还方案。

10.3.3.5　综合效益评价

具体分析计算，可详见第十一章。

10.3.4 可行性研究报告的编写和报审

10.3.4.1 可行性研究报告的编写

对林业生态工程建设项目进行认真的可行性研究后，即可编制可行性研究报告。可行性研究报告既要全面、系统，又要精炼、实用。它对项目的科学决策，报请上级主管部门进行项目评审和批准，以至项目实施，都有重要意义。

(1) 可行性研究报告编写的内容

可行性研究报告由承担项目可行性研究的单位编制。然后由项目委托或组织研究单位评审，修改定稿。报告要与项目规模的大小和复杂程度相适应。大的项目报告可长一些，几万字甚至十几万字，小的项目报告的字数可适当减少。无论大项目还是小项目的报告，一般都应包括可行性研究的各项内容，编写时应注意掌握要点。通常可按九大部分加一个附件的格式来编写。

① 项目概要和目标。简要地介绍项目的背景、依据、目标、规模和设计思想，给审阅报告者以简明概括的了解。

② 项目区环境资源条件。介绍项目所处的环境条件，包括地理位置及各项自然资源条件、社会经济技术条件、生态环境状况，从宏观上论述项目成立的理由。

③ 产品方案和供需研究。提出项目区主要产品方案，从社会需求、项目区条件进行论证，阐明为什么要投资发展这些产品。另对所需要的投入物，包括苗木、能源、生产设备等的选择与采供进行必要的分析。

④ 方案制定和技术评价。其是整个项目报告的中心，要求具体细致，切合实际，方向要明确，要进行多方案比较优化，措施要得力，安排要妥贴。要通过分析论证，做好技术评价。

⑤ 项目实施及其安排。根据制定的方案做好项目实施工程量的估算，安排好项目实施进度和施工量。

⑥ 项目组织管理。其是保证项目建设得以顺利实施并取得成功的关键。报告中要妥善处理好可绘制项目组织管理结构图。

⑦ 投资估算与资金筹集。是实现项目的基础。报告中需要分项估算，并列表加以说明。

⑧ 综合效益评价。实行定性和定量分析相结合，分别对项目的经济效益、社会效益和生态效益进行评价，注意数据可靠、符合实际。

⑨ 结论和建议。在三大效益评价的基础上，应综观各方效益，集中做出判断，提出主要的结论性意见，做出对项目的总评价，提出存在的问题及解决问题的建议。

报告除主体外，还需附件加以说明。附件主要有：林业生态工程建设项目布置图；项目可行性研究的各项基础数据；重点子项目的可行性研究报告。

(2) 可行性研究报告编写的要求

在编写可行性研究报告时，必须实事求是，在调查研究的基础上，作多方案比较，按客观实际情况论证和评价，按自然规律、经济规律办事，以保证报告的科学性。编写可行性研究报告，基本内容要完整，数据要齐全，其深度应能满足确定项目投资决策的要求。

且编制单位的总负责人以及经济、技术负责人应在可行性研究报告上签字，并对该报告的质量负责。可行性研究报告的审查主持单位，对审查结论负责。可行性研究报告的审批单位，对审批意见负责。若发现工作中有弄虚作假时，要追究有关负责人的责任。

10.3.4.2 可行性研究报告的报审

承担项目可行性研究的单位提交项目可行性研究报告和有关文件，经委托可行性研究的项目主管单位确认后，项目主管单位即可备文，连同报告向上一级主管部门申请正式立项。上一级主管部门对报来的项目可行性研究报告应及时审查，并组织专家小组进行项目评估。如果认为可行性研究报告有必要修改补充时，应在组织评估前向提交可行性研究报告的单位提出初审意见。对审查单位提出的问题，报告提出单位应与承担可行性研究的技术咨询、设计单位或专家组密切合作，提供必要的资料、情况和数据，并负责做出解释。

10.3.5 林业生态工程建设项目可行性研究报告编制模式

编制可行性研究报告应该有一定的格式。本文提供了林业生态工程建设项目可行性研究报告的一般编制内容和格式，可供编制可行性研究报告时参照采用。

编制模式的第一个格式是封面，接着是扉页和设计单位资质证，然后是前言、目录、正文（9个方面），最后是附件。下面附一模式提纲，供参考。各个建设项目的具体情况不一，在编制分析论证的方案叙述部分时，应灵活掌握。

附：可行性研究报告编制提纲（细目）

封面

林业生态工程建设项目可行性研究报告

项目名称________________________________

项目负责人：姓名________职务、职称________

项目可行性研究承担单位____________

可行性研究总负责人________职务、职称________

经济负责人________________职务、职称________

技术负责人________________职务、职称________

可行性研究负责人资格审查单位________________

资质证明

扉页

前言

目录

1 项目概要和目标

1.1 项目背景与依据

1.1.1 项目来源与依据

1.1.2 项目的优势条件

1.2 项目目标（简述）

1.2.1 产出目标

1.2.2 效益目标

1.2.3 不确定性因素及其风险分析

1.3 项目规模和设计考虑

1.3.1 项目范围和建设规模

1.3.2 项目组成部分

1.3.3 技术选择

1.3.4 时间安排和阶段划分

2 项目区环境资源条件

2.1 自然环境资源

2.1.1 地理位置及其条件

2.1.2 气候资源

2.1.3 土地资源

2.1.4 水资源

2.1.5 生物资源

2.1.6 农村能源和农用矿产资源

2.1.7 旅游资源和其他资源

2.2 社会经济环境资源

2.2.1 人力条件

2.2.2 物力条件

2.2.3 基础设施

2.2.4 原有各业生产情况

2.2.5 农民经济收入

2.3 生态环境状况

2.3.1 生态环境

2.3.2 环境污染及其治理保护

3 产品方案和供需研究

3.1 项目区主要林产品方案

3.1.1 林产品方案内容

3.1.2 产品方案形成及其说明

3.2 主要林产品的商品量预测

3.3 投入物的选择与采供

3.3.1 苗木种子

3.3.2 其他材料

3.3.3 主要生产工具与设备

4 方案制定和技术评价

4.1 方向和目标

4.1.1 战略发展方向

4.1.2 建设目标

4.1.3 实现目标的步骤

4.2 工程布局及评价

4.2.1 生态保护与改造型工程

4.2.2 生态防护型工程

4.2.3 生态经济型工程

4.2.4 农林复合型工程

4.2.5 环境改良型工程

4.3 技术措施及评价

4.4 设备方案选择

4.5 经营体制

4.5.1 所有权

4.5.2 经营形式与层次

4.5.3 横向经济联系与协作

4.5.4 区域开发的管理机构与经营机构

4.6 方案的技术评价

4.6.1 结构评价

4.6.2 规模评价

4.6.3 布局评价

4.6.4 时序评价

4.6.5 技术先进性评价

5 项目实施及其安排

5.1 项目实施工程量估算

5.2 项目实施进度安排

5.3 施工力量安排

6 项目组织管理

6.1 项目的组织方式

6.2 项目管理机构

6.3 项目技术支撑

6.4 项目组织管理结构图

7 投资估算与资金筹集

7.1 投资估算

7.2 资金筹集与来源

7.3 资金运用（项目建设期）

8 综合效益评价

9 结论和建议

附件

1. 林业生态工程建设项目布置图
2. 林业生态工程建设项目可行性研究的基础数据
3. 重点子项目的可行性研究报告

10.4 林业生态工程初步设计

10.4.1 概述

林业生态工程建设项目经可行性研究、评估，同意立项以后，项目前的准备工作还没有结束，项目执行单位还必须根据已批准的可行性研究报告，按国家基本建设管理程序，进行项目所含各项工程的设计。

建设项目设计一般可划分为三个阶段：初步设计阶段—技术设计阶段（目前很多部门不做技术设计，而直接做招标设计，此阶段即为招标设计阶段）—施工图设计阶段。根据项目的不同性质、类别和复杂程度，初步设计和技术设计阶段通常又可合并为一个阶段，称为扩大初步设计阶段，简称初步设计。对于林业生态工程建设项目，若为园林或开发建设项目造林，则其设计工作可根据要求分三个或两个阶段进行，如项目实施招标制，则为三个阶段，即初步设计阶段—招标设计阶段—施工图设计阶段；否则可采用两个阶段，即初步设计阶段—施工图设计阶段。若为一般荒山造林，可将三个阶段合并为一个阶段，即初步设计阶段。合并的初步设计，根据合并情况，确定设计深度，应比分阶段的初步设计更细，三个阶段合一个阶段的，要求能够指导施工。

林业生态工程建设项目的初步设计，是继项目可行性研究报告批复并正式立项后，项目实施前的一个不可缺少的重要工作环节。它是根据批准的可行性研究报告，并利用必要的、准确的设计基础资料，对项目的各项工程进行通盘研究、总体安排和概略计算，以设计说明和设计图、表等形式阐明在指定的地点、时间和投资控制数以内，拟建设工程在技术上的可能性和经济上的合理性，对各项拟建工程做出基本技术、经济规定，并据此编制建设项目总概算。初步设计也是项目实施中编制年度工程计划，安排年度投资内容和投资额，检查项目实施进度和质量，落实组织管理，分析评价项目建设综合效益的主要依据。

为保证初步设计的严肃性、合理性和科学性，初步设计应由正式注册、有资质承担工程设计任务的，且在林业工程设计方面有较丰富经验的设计单位承担。未经国家正式注册、无资质证的设计单位或个人编制的初步设计是无效的。

10.4.1.1 初步设计的基本组成与要求

林业生态工程建设项目一般由若干个单项工程组成，初步设计文件一般应分为两个层次：第一层次，项目初步设计总说明（含总概算书）及总体规划设计图。第二层次，各个单项工程初步或扩大初步设计说明（含综合概算）及设计图。

初步设计文件的要求，经过比选确定设计方案、主要材料（主要是种苗）与设备及有关物资的订货和生产安排、生态工程建设面积和范围、投资内容及其控制数额；据此，进行第二阶段—施工图的设计、项目实施准备。

10.4.1.2　初步设计文件的审批

按现行林业生态工程建设项目管理规定，各项目执行单位编制的初步设计，未经审批不得列入国家基建投资计划。各级管理机构对各项目执行单位报送的初步设计中的投资概算、用工用料等技术经济指标进行汇总审查，不得突破批准执行的可行性研究评估报告核定的有关指标。因特殊原因而有所突破者，必须按规定重新申报审议。初步设计文件经审定批准后，不得擅自修改变更项目内容。

10.4.2　总说明书基本内容

林业生态工程项目不同于一般的工业性项目，其涉及的区域面较大、项目分布较广。各工程项目密切相关，综合地构成区域性、综合性很强的有机整体。因此，其初步设计必须编制总体说明和总体规划设计图，用其明确各分项目、子项目或各单项工程之间的关系，以此指导各项工程的设计。

10.4.2.1　总说明书基本内容

（1）项目简况

用最简练的语言，简要说明林业生态工程建设的依据、性质、建设地点和建设的主要内容及其建设规模等，以对项目总体有一个初步的了解。

（2）基本资料

主要介绍说明反映项目区域的自然、社会、经济状况和条件的基础资料或设计依据。有关区域自然条件的基础资料，一般包括：①反映现有地质、地貌状况的资料。②区域土壤调查资料。③区域内气象资料，内容包括降雨、蒸发、气温、日照等。④水资源及可能涉及的水文与地质方面的资料。以上资料包括文字资料与图纸资料。应注意把已有的林业生态建设项目作为重要的基础资料。

（3）总体设计说明

总体设计说明是初步设计说明书的核心部分。主要包括：

① 设计依据：包括主管部门的有关批文和计划文件，如生态建设规划、可行性研究报告批复文件等；已掌握的基本资料（简要说明其名目），通常包括地形测量资料、土壤资料、工程地质及水文地质资料、气象水文资料、工程设计规范或定额标准资料等方面。

② 项目区自然、社会及经济概况：依据工程可行性研究报告提供的有关资料，在初步设计中进一步详细和具体化，并说明它们和设计的关系。

③ 项目建设指导思想、内容、规模、标准和建设措施。

④ 土地利用一般应包括：（i）项目选址的依据；（ii）农、林、牧、副、渔业用地比

例、面积和位置等；（iii）子项目区的划分及其规模；（iv）各类工程布局及用地方案的设计思路等。

⑤ 主要技术装备、主要设备选型和配置说明：主要设备的名称、型号及数量。

⑥ 种苗、交通、能源、化肥及外部协作配合条件等：主要说明项目区内交通运输条件，工程建设使用种苗、化肥等供应渠道和消耗情况等。

⑦ 生产经营组织管理和劳动定员情况：主要说明项目区所涉及的县、乡人口及劳力情况，根据项目区的生产规模和生产力水平，确定经营管理体制，确定劳动力、技术人员、管理人员及社会服务等各类人员的最佳配置和构成。

⑧ 项目建设顺序和起止期限：根据项目区各类项目的主次关系、轻重缓急和资金投放能力，初步确定各主要建设内容的先后次序和建设起止期限。

⑨ 项目效益分析：通过初步设计，进一步对项目的综合效益进行测算、分析和评价。

⑩ 资金筹措办法：说明项目建设资金来源，各项资金渠道的构成。

10.4.2.2 总体设计图基本内容

（1）基础资料图

这是对林业生态工程建设项目进行总体设计的基础资料图纸，是总体设计的重要依据，一般包括以下几种类型的图纸。

① 项目区土地利用现状图。农、林、牧、水、渔各业用地状况，通常图纸的比例为1：10000~1：100000。特别要注重项目区荒地、滩涂等，可作为林业利用的土地分布。

② 项目区林业资源分布图。森林、经济林、灌草坡等的分布情况，通常图纸的比例为1：10000~1：100000。

③ 区域土壤分布图。绘制各种类型土壤的区域分布情况，并绘制可反映各类土壤特性的说明表、各类型土壤面积统计表。图纸的常见比例为1：50000。

④ 其他图纸。根据不同项目的具体要求确定，如水资源图等。

（2）总体设计图

总体设计图是项目初步设计图纸中最重要的部分，各单项工程必须围绕着总体设计图进行设计。总体设计图通常包括：

① 项目区林业生态工程总体布局。比例为1：10000~1：100000，如涉及城市、工矿区绿化，可单独附大比例尺的建筑物分布及绿化总体设计平面图纸。

② 土地利用总体设计图。主要反映林业生态工程建设后的土地利用状况，并要求在图纸上附土地利用面积分类统计表，常见图纸的比例有1：10000~1：100000。

③ 其他图件。根据不同项目的要求确定，如与林业生态工程有关的水土保持、水利工程布局图等。

10.4.2.3 单项工程说明书及设计图基本内容

林业生态工程项目是一个系统工程，一般含有多个子工程。即单项工程，其都具有自身的特征，可独立成为一个单元。可根据实际需要给出单项工程的说明书、概算书和设计图。它们是对林业生态工程项目初步设计总说明及总体设计图的进一步分类、分项和明细化、具体化；是编制项目总概算书以及进行第二阶段设计—编制施工图或指导施工的依据。

10.4.2.4　设计说明书编写

项目设计说明书一般分为六部分：项目区概况；自然条件；林业生态工程设计［包括总体布局、单项工程设计如造林（种草）地的立地类型划分、小班造林（种草）设计、附属工程设计等］；年度进度安排或施工组织设计；投资概算与效益分析；实施管理措施，附表、附图。

（1）项目区概况

简单叙述项目区的地理位置、经纬度、所属行政区划（省或直辖市或自治区、地域盟、县或旗、乡）、范围、面积；交通运输与通讯条件；各项生产简况及农林牧副关系；林业生态工程建设的基础及历史，林业生态工程建设发展方向，林业生态工程效益，造林种草的经验教训；社会可提供的劳力及分布状况，种子苗木生产运输情况，以及上述条件与林业生态工程建设的关系及对工程运行的影响。

（2）自然条件

项目区的气候条件（年平均气温、1 月平均气温、7 月平均气温、极端最低气温、活动积温和有效积温、大风的次数、风力风向、平均风速、无霜期等）、土壤条件（母质、土类、物理化学性质、微生物情况、土壤利用历史等）、地形（大、中、小地形及特殊地形）、水文（降水量、蒸发量、相对湿度、地下水及含盐量、河流等情况）、病虫害等情况，主要是通过综合分析，找出该地区自然条件的特点与规律，指出在林业生态工程设计中应注意的问题。例如某地区春季干旱多风，雨季集中于 7、8、9 三个月，对春季造林极为不利，设计中应抓住这一主要矛盾，采取抗旱保墒和雨季防涝等相应措施，以保证各项林业生态工程的成功。

项目区的植被情况，主要是林业资源情况，包括森林资源（树种、起源、年龄、组成、面积、生长量、蓄积量）、草地资源、宜林宜牧地资源等。

（3）林业生态工程设计

① 林业生态工程布局在可行性研究的基础上，根据项目区域生态经济分异规律及林业、草业、牧业的发展状况，分析确定林业生态工程布局的指导思想、原则、发展方向、任务等。据此，提出林业生态建设的主体工程及其他各类工程，在个别土石山地区有水资源涵养林业生态工程。在此基础上进行立地类型小区划分，不同的小区确定不同的林业生态工程单项工程。

② 单项林业生态工程的设计分析造林（种草）地立地条件，划分立地条件类型，选择适宜的树种、草种，进行造林种草的设计（典型设计）。造林典型设计是单项工程设计核心部分。如果有城市、工矿区林业生态工程，特别是园林设计，应根据国家有关规范的规定，进行大比例尺平面图设计。一般的林业生态工程中的造林种草的设计（典型设计）主要包括：（i）造林或种草设计图（1∶10000 或 1∶5000 的地形图为底图，在外业调绘的小班上设计，并在设计图上标明小班因子）。（ii）各典型设计图式及说明，包括典型设计所适用的林班、小班号；造林整地时间、年份及季节；整地密度、带间距、带中心距；整地方法、整地规格、整地排列图式及整地图式、整地的具体技术措施、造林密度及株行

距、造林图式、造林方法、混交方法、混交比例、树种组成、种植点、苗木年龄及规格，并说明造林树种的主要生物学特性及造林地、产地条件的主要特点及该典型设计的合理性、可行性。（iii）填写有关表格。

③ 计算工程量对林业生态工程实际发生工程量进行计算，为概算做准备。主要包括：

（i）种苗需要量：先按小班或造林种类型求出各树种草种所需要的量，然后进行累加，所依据的面积一律为纯造林种草地面积。计算中应该注意整地方法、种植点配置及丛植等对种苗用量的影响。最后，把计算出的种苗量再加10%，作为造林时种苗的实际消耗量。

（ii）造林种草工程量：包括整地、挖穴、运苗运种、栽植或播种、浇水等的工程量（材料用量、土方量、机械的台班或台时等）。

（iii）其他附属设施工程量：道路、房建、灌溉、引水、苗圃建设等的工程量（土方量、材料用量等）。

（iv）计算分部工程量：根据上述工程量合计分部工程量，如油松造林工程、红枣造林工程、人工林下种草工程、砌石工程等的工程量。

（v）计算单项工程量：合计分部工程量计算单项工程量，如天然林保护工程、水土保持林工程、果园灌溉工程等。

（vi）项目总工程量：合计单项工程工程量，即为项目总工程量。

（4）施工组织设计及施工进度安排

林业生态工程施工组织设计是确定如何组织施工，包括施工设备、施工场地、人员编制（指专业队伍）、劳力安排、施工程序、施工注意事项等。同时，根据计划任务、工程量安排施工进度，一般为年度进度，一些外资项目要求季度进度或月度进度。

最后是施工设计。第三阶段设计时，应单独进行设计，即施工图设计。因林业生态工程建设期长及林业的特殊性（受气候限制、每年施工条件变动很大），需每年做年度施工设计，在初步设计中只作简单安排。

以造林施工为例，年度造林施工设计的主要任务，就是在充分运用已有造林设计成果的基础上，按照下一年度的林木栽培计划任务量（或按常年平均任务量），选定拟于下一年度进行林木栽培的小班，外业实施复查各小班的状况，若各小班的情况与造林设计完全相符，则应根据近年来积累的林木栽培经验、种苗供应情况及小班的具体情况，对各小班原设计决定做全部或部分必要的修改，然后进行各种统计说明。确实年度施工的种苗需要量、用工量及支付承包费用，计算依据是将要施工的小班面积，一定要保证其精度。若在外业调绘的小班面积精度不能满足要求时，应该实测小班实际造林面积。通常在进行造林施工设计时用罗盘仪导线测量的方法实测小班面积和形状，也有在检查验收时才实测或抽样实测小班面积。需要说明的是用罗盘仪导线测量的误差也比较大，因而在外业调绘的小班面积误差较小时，一般不再实测小班面积。

（5）投资概算与效益分析

① 投资概算：（i）确定人工单价、材料单价、机械台班单价等，计算分部工程单价，再计算单项工程费用，最后汇总为项目总工程费用。（ii）其他费用计算，确定费率。根据建筑工程费用，计算出其他费用。（iii）汇总计算项目总投资。（iv）根据施工进度安

排，计算分期（年度或季度）投资表。

② 效益分析参见下一节。

（6）实施管理

包括行政组织管理、法律管理、技术管理等。

（7）附表和附图

① 附表林业生态工程建设是在原工程造林的基础上发展起来的，迄今为止，全国尚无成套的、统一的设计表格。这里附上造林调查设计全套表格，以供设计者参考(表 10-1 至表 10-11)。

表 10-1　项目设计任务及成果

<table>
<tr><td>项目名称</td><td colspan="9"></td><td colspan="4">批准文号</td><td colspan="2"></td></tr>
<tr><td>项目规模</td><td colspan="4">hm²</td><td colspan="4">建设地点</td><td colspan="7"></td></tr>
<tr><td>权属</td><td colspan="6"></td><td colspan="4">省投资指标</td><td colspan="5">万元（元/hm²）</td></tr>
<tr><td colspan="8">设计建设任务</td><td colspan="8">总投资概算</td></tr>
<tr><td rowspan="2">总任务
(hm²)</td><td colspan="3">树种及比例</td><td colspan="4">树种及比例</td><td rowspan="2">合计(万元)</td><td colspan="7">分项投资</td></tr>
<tr><td>林种</td><td>林种</td><td>林种</td><td>林种</td><td>林种</td><td>林种</td><td>林种</td><td>预整地</td><td>造林</td><td>幼抚</td><td>补植</td><td>苗木费</td><td>设计费</td><td>其他</td></tr>
<tr><td>小班数</td><td>%</td><td>%</td><td>%</td><td>%</td><td>%</td><td>%</td><td>%</td><td></td><td>元/hm²</td><td>元/hm²</td><td>元/hm²</td><td>元/hm²</td><td>元/hm²</td><td>元/hm²</td><td>元/hm²</td></tr>
<tr><td></td><td></td><td></td><td></td><td></td><td></td><td></td><td></td><td></td><td></td><td></td><td></td><td></td><td></td><td></td><td></td></tr>
<tr><td></td><td></td><td></td><td></td><td></td><td></td><td></td><td></td><td></td><td></td><td></td><td></td><td></td><td></td><td></td><td></td></tr>
<tr><td rowspan="2">年进度安排
(hm²)</td><td colspan="2">20 年</td><td colspan="2">20 年</td><td colspan="2">20 年</td><td colspan="2">20 年</td><td colspan="2">20 年</td><td colspan="3">合计</td><td colspan="2">备注</td></tr>
<tr><td colspan="2"></td><td colspan="2"></td><td colspan="2"></td><td colspan="2"></td><td colspan="2"></td><td colspan="3"></td><td colspan="2"></td></tr>
<tr><td>说明</td><td colspan="15"></td></tr>
</table>

表 10-2　工程建设条件

<table>
<tr><td rowspan="2"></td><td rowspan="2">统计单位</td><td rowspan="2">乡镇数</td><td rowspan="2">村庄数</td><td colspan="3">人口及劳动力</td><td colspan="2">人均占有</td><td rowspan="2">人均收入（元）</td><td rowspan="2">主要工副业</td><td rowspan="2">交通条件</td><td rowspan="2">造林期间可提供的劳动力</td><td rowspan="2">其他</td></tr>
<tr><td>总人口</td><td>农业人口</td><td>劳动力数</td><td>耕地（hm²）</td><td>粮食（kg）</td></tr>
<tr><td rowspan="4">社会经济情况</td><td></td><td></td><td></td><td colspan="5"></td><td></td><td></td><td></td><td></td><td></td></tr>
<tr><td></td><td></td><td></td><td colspan="5"></td><td></td><td></td><td></td><td></td><td></td></tr>
<tr><td></td><td></td><td></td><td colspan="5"></td><td></td><td></td><td></td><td></td><td></td></tr>
<tr><td></td><td></td><td></td><td colspan="5"></td><td></td><td></td><td></td><td></td><td></td></tr>
</table>

（续）

土地利用现状（hm^2）	总土地面积	林业用地											
		林业用地合计	天然林		人工林		宜林荒山荒地	苗圃	总面积（hm^2）	农业用地			
			主要树种	面积（hm^2）	主要树种	面积（hm^2）				其中25°以上坡耕地		牧业用地	其他用地
			小计		小计								

自然条件概况及分析	地形地势	气候条件	土壤条件	水源及灌溉条件	自然条件对造林的影响

造林历史及现状	已造幼林的成活、保存情况	主要经验教训	主要造林树种生长情况	当地育苗现状

表 10-3 立地类型划分

类型名称	类型号	立地因子								面积（hm^2）
		地形	地形部分	海拔范围	坡向	土壤条件	植被条件	水源及灌溉条件	其他	小班数
立地类型划分依据										

表 10-4 造林典型设计

设计号	立地类型号	造林设计											面积（hm^2）
		林种	树种	混交方法	造林		造林					幼林抚育设计	班数
					季节	方法	规格（cm）	株行距（m）或密度（株/hm^2）	苗木		方法		
									种类	规格（cm）			

表 10-5 小班造林一览表

林班号及小班号	面积（hm^2）		造林地类型	立地条件类型	造林图式			整地方法及规程	造林方法季节及种苗规格	抚育年限内容及次数	备注
	总面积	纯造林面积			树种组成	密度	配置				

表 10-6　造林（按工序、不包括育苗）年进度及苗木需要量

年度	预整地（hm^2）	造林		幼抚（hm^2）	补植（hm^2）	需苗量			备注
		面积（hm^2）	小班数			树种	苗木种类	数量（万株）	

表 10-7　造林（用工量核算）

造林典型设计号	面积（hm^2）	每公顷用工定额标准						总用工量	其中		备注
		合计	预整地	造林	幼抚	补植	其他		预整地用工量	造林用工量	

表 10-8　预整地、造林年度、劳动力核算

年度	预整地			造林			备注
	需劳动力	可供劳动力数	满足情况	需劳力数	可供劳力数	满足情况	
							全年度需劳力数 $= \dfrac{\text{年进度任务量} \times \text{每公顷用工量}}{\text{计划作业天数}}$

表 10-9　育苗安排及购苗计划

年度	育苗地点	树种	育苗面积（hm^2）						本年度出圃苗木		购苗计划	
			总计	新育			留床		种类	数量（万株）	种类	数量（万株）
				合计	新下种	新移植	合计	其中：移植苗				

表 10-10　全额投资工程造林直接费用概算

造林典型设计号	面积（hm^2）	每公顷单价标准（元）							分项概算（万元）						
		合计	预整地	造林	幼抚	补植	苗木费	其他	合计	预整地	造林	幼抚	补植	苗木费	其他
合计	–	–	–	–	–	–	–								
元/hm^2	–	–	–	–	–	–	–	–							

表 10-11 签字及审批意见

<table>
<tr><td rowspan="4">签 字</td><td colspan="2">设计单位</td><td colspan="2">建设单位</td></tr>
<tr><td rowspan="2">单位名称：</td><td rowspan="3">（公章）</td><td>单位名称：</td><td rowspan="3">（公章）</td></tr>
<tr><td>工程负责人：</td></tr>
<tr><td>设计负责人：</td><td>技术负责人：</td></tr>
<tr><td rowspan="2">审批意见</td><td>地市（或省直林业局）业务主管部门</td><td>省业务主管部门</td><td></td><td></td></tr>
<tr><td>审批人：
年 月 日</td><td>审批人：
年 月 日</td><td>审批人：
年 月 日</td><td>审批人：
年 月 日</td></tr>
</table>

② 附图土地利用现状与规划图、林业生态工程布局图、单项工程设计总图、个别工程或分部工程典型设计图、附属工程设计图等。

10.4.3 总概算书

总概算书是确定林业生态工程项目全部建设费用的文件；是根据各个单项工程和单位工程的综合概算及其他与项目建设有关的费用概算汇总编制而成的。它是项目初步设计文件中的重要组成部分之一，是控制项目总投资和编制项目年度投资计划的重要依据。

10.4.3.1 总概算书的内容与程序

（1）总概算书的内容

总概算书一般应包括编制说明和总概算计算数表。

① 编制说明。包括工程概况、编制依据、投资分析、主要设备数量和规格，以及主要材料用量等内容。

（i）工程概况。扼要说明项目建设依据、项目的构成、主要建设内容和主要工程量、材料用量（如种子苗木、化肥、水泥、木材、钢材）、建设规模、建设标准和建设期限。

（ii）编制说明。项目概算采用的工程定额、概算指标、取费标准和材料预算价格的依据。概算定额标准有国家标准、部颁、省颁（有些地区还有地颁）之分，在编制说明中均应说明。

（iii）投资分析。重点对各类工程投资比例和费用构成进行分析。如果能掌握现有同类型工程的资料，可对两个或几个同类型项目进行分析对比，以说明投资的经济效果。

② 总概算计算数表。是在汇总各类单项工程综合概算书和整个项目其他综合费用概算的基础上编制而成的。其他综合费用包括：勘察设计费、建设单位管理费、项目建设期间必备的办公和生活用具购置费等。

（2）总概算书编制程序

① 首先收集基础资料，包括各种有关定额、概算指标、取费标准、材料、设备预算价格、人工工资标准、施工机械使用费等资料。

② 根据上述资料编制单位估价表和单位估价汇总表。

③ 熟悉设计图纸并计算工程量。

④ 根据工程量和工程单位估价表等计算编制单项工程综合概算书。

⑤ 根据单项工程综合概算书及其他有关综合费用，汇编成总概算书。

10.4.3.2　单项工程概算书

单项工程概算书是在汇总各单位工程概算的基础上编制而成的。单位工程又是由各分部工程组成，分部工程又是由各分项工程所组成。概算计算数表的基本单位一般以分部工程为基础。所谓单项工程，是具有独立的设计文件，竣工后可以独立发挥效益的工程；所谓单位工程，是指具有独立施工条件的工程，是单项工程的组成部分。

本章小结

本章主要介绍了林业生态工程项目管理和规划的主要内容。介绍了项目管理的意义和程序；并介绍了项目规划的具体步骤及如何编写规划方案的提纲；接着介绍了可行性研究的概念、程序和内容，并就如何编写和报审可研报告进行了详细说明，还给出了编制模式供参考；最后就初步设计详细介绍了具体内容、总概算书的编写及列举出了需要的各类表格。

思考题

1. 林业生态工程项目管理的程序有哪些？
2. 项目规划的主要内容有哪些？
3. 林业生态工程项目规划的具体步骤有哪些？
4. 如何编写项目规划方案的提纲？
5. 可行性研究报告的主要内容有哪些？
6. 如何对林业生态工程进行初步设计？

本章参考文献

沈国舫. 2001. 森林培育学[M]. 北京：中国林业出版社.

王礼先. 1995. 水土保持学[M]. 北京：中国林业出版社.

王礼先，王斌瑞，朱金兆，等. 2000. 林业生态工程学（第二版）[M]. 北京：中国林业出版社.

王治国，张云龙，刘徐师，等. 2000. 林业生态工程学：林草植被建设的理论与实践[M]. 北京：中国林业出版社.

第11章·林业生态工程效益评价

森林——生物生态系统的初级生产者，它不仅是人类赖以生存的物质和能量基础，而且具有调节气候、保持水土、防风固沙、涵养水源、美化环境等多种功能。防护林作为一个重要的林种，不管是人工林，还是天然林，它们都在其生长发育过程中，不同程度地反映了森林所具有的各种功能，二者的功能和效益在本质上没有什么区别。但近几十年来，世界范围内出现人口、粮食、能源、自然资源保护以及环境污染等五大国际性问题以后，人们愈来愈深刻地认识到森林与人类生存生活休戚相关的重大意义。因此，对森林的生态效益进行正确的、科学的评价，并以生态效益为依据，反馈指导对森林的经营管理和促进本学科的技术进步，是急需解决的问题，对生态建设具有现实指导意义。

随着社会发展，人们对生态环境的要求越来越高，而经济发展对环境的破坏也日趋严重，如何解决生态环境和经济发展的矛盾成为我国面临的重大问题。国家为解决这一矛盾提出了绿色 GDP 的概念，而林业的生态效益是绿色 GDP 的重要组成部分。对林业生态效益的正确评价不仅是制定经济发展政策的重要参考，也能更加全面地反映林业在国民经济中的地位和作用。

林业生态工程效益目前还没有明确的概念，可参照《中国水利百科全书·水土保持分册》中对水土保持效益的定义，对林业生态工程效益进行初步定义：在水土流失地区为防治水土流失、改善生态环境营造的森林生态系统所获得的生态效益、经济效益和社会效益的总称。林业生态工程效益的评估，是进行林业生态工程规划和建设的参考依据。林业生态工程效益评价是评价水土保持生物措施成效的最重要的组成部分，选择或提出合理的林业生态工程效益计量方法，是科学定量地评价林业生态工程效益的关键。

11.1 林业生态工程效益评价概述

11.1.1 效益评价的内涵

进入21世纪，我国林业生态工程的选定、可行性研究、规划、审核、实施、竣工、检查验收各环节工程都得到了加强和规范。特别是“九五”“十五”期间国家加大投资力度，建设了一大批林业生态工程。“十一五”期间，许多国家级、省级、市级和县级的林业生态工程已经或即将建设期满，这些林业生态工程是否取得了预期效益，都需要通过评价加以确定。

林业生态效益评价有人也称为林业生态效益后评价，主要指对已实施或完成的林业生态工程的综合效益进行系统、客观的分析评价，以确定工程建设体现出的综合效益、综合效益发挥的程度以及后续发挥潜力的大小等。从微观角度看，它是对单个林业生态工程的分析评价；从宏观角度看，它是对整体社会经济活动情况进行的评价和反思。林业生态工程综合效益评价主要包括生态效益、经济效益和社会效益三方面的内容。我国开展林业生态工程效益评价工作的主要目的是：发挥评价工作强大的监督功能，并与林业生态工程前期评价、中期评价结合在一起，形成开放的循环控制系统，建立工程决策、投资、建设、管理等各方面的评价监督机制，从而提高过程管理效率，实现林业生态工程效益最大化；通过效益评价工作，总结工程建设的经验教训，并通过及时有效的信息反馈系统，完善已建林业生态工程，指导在建工程，改进待建工程规划，提高科学决策水平，实现生态系统效益最大化的目的；根据效益评价结果，对其可持续发挥程度进行预测判断，并对完善经济社会系统的管理体系提出合理化建议，实现生态系统与经济系统综合效益最大化。

林业生态效益评价仍然沿用森林生态效益评价，主要是指评价在森林生态系统及其影响范围内，森林对人类社会有益的全部效益。它包括在森林生态系统之中，以木本植物为主体的生物系统，即生命系统提供的效益，以及与这些生命系统相适应的环境系统所提供的效益，生命系统和与其相适应的环境系统在进行种种生态生理作用过程中所形成的高于或大于其组成部分之和的整体效益。

研究森林生态效益的宗旨，是在于探索森林生态效益的客观运动规律，以便得出在森林生态效益范围内的最高整体水平。人们进行森林生态效益计量研究，不是为了确定森林中凝结了多少社会必要劳动时间，即经济学意义上的价值量，而是为了反映森林所产生的综合作用以及为制定林业发展战略目标，进行林业区划和林种布局等提供基础数据。

11.1.2　效益评价的意义

随着社会进步和人们生活水平的普遍提高，对环境的要求越来越高。为了治理、改善被破坏和污染的环境，首先就有一个全面、正确认识环境的问题，因此环境质量评价便提上了议事日程。目前，世界上许多国家根据各国国情制定了环境质量标准，建立了环境评价制度。森林是环境建设的主体，在保护和改善环境方面发挥着巨大作用，对其环境效益进行正确地认识和评价当然是非常必要的。

（1）林业生态建设是环境建设的主体

① 森林具有时空优势。森林是以乔木为主，包括灌木、草本植物以及其他生物在内，密集生长，占有一定的面积，并能显著影响周围环境的生物群落。全世界森林面积 $41.3\times10^6 km^2$，占陆地总面积的 31.7%，比草原、农地面积还要大得多。森林具有发达的空间构造，地上部分可达 20~30m，热带雨林可高达 60~70m；乔木根系深 1~3m，在干旱地区可达 5~30m。森林树种寿命长，比如红松、云杉一般生活 200~300m，我国的银杏可以生活 3000 多年。由于森林具有这些时空上的优势，在影响环境及产生各种效益方面，必然比其他生态系统大得多。

② 森林具有复杂的种类成分和结构。森林中的各种生物种类成分极为复杂，除了各

种乔木、灌木、草本、苔藓、地衣外，还有形形色色的动物，如野生动物、鸟类、昆虫与土壤动物，还有大量微生物，所以森林是物种最丰富的生物群落。同时，森林的层次多，可为各种动植物及微生物提供优越的生存空间，食物链极为复杂，从而形成最稳定的生态系统。

③ 森林具有最大的生物量和生产优势。所有植物生物量约占地球总生物量的99%，而森林又占植物生物量的90%以上。从单位面积来看，森林每公顷生物量约在100～400t之间，相当于农地或草原的20～100倍。就生产力来说，每公顷阔叶林每年生产干物质6～7t，针叶林6t左右，高草草原5t左右，矮草草原1.6t，冻草原还不到0.9t。因此，森林在固定太阳能、生产有机物质和维持生物圈动态平衡中具有极为重要的地位。

正因为森林具有上述种种优势，所以它既是提供木材、能源，提供多种林副产品与生物资源的基地，又能发挥多种生态效益和社会效益，对维持地区和全球生态平衡起着至关重要的作用。

（2）林业生态环境效益评价可以帮助人们加深对森林的认识

人类开发利用森林具有悠久的历史，在远古时期就用木棍猎取动物。钻木取火后，人类发展进入划时代的发展阶段，对森林的利用大大增加。上古时代，人们就已学会用木材建房、造舟车、弓箭等。因此，人类的发展史与森林有着密切关系，森林是人类的母亲和摇篮。不过，人类在利用森林的绝大部分时间里，对森林作用的认识不深，取得木材是他们利用森林的主要目的。正是在这样的认识基础上，对森林的破坏必然十分严重，早在周代人们就开始大规模砍伐森林，当秦始皇统一中国时中原一带已经没有多少森林了，修建阿房宫只好远采蜀山之木。据不完全统计，到1949年中华人民共和国成立时，我国森林覆盖率只有8.6%。

通过环境效益评价，全面认识森林的功能与效益，可以改变人们对森林的认识，使人人都自觉地爱护森林、保护森林，全社会形成一个爱林、护林的风尚。经过计量评价，人们对森林的环境效益就有一个量化的概念，如果生态环境效益超过木材价值许多倍，人们当然就不会舍大取小、一味追求森林的直接效益了。

（3）林业生态环境效益评价是一项基础工作

林业生态环境效益评价环境科学体系的一项基础工作，是环境科学的一项重要内容，主要研究林业生态环境各组成要素及其整体的组成、性质及变化规律，以及对人类生产、生活及生存的影响，目的是为了保护、控制、利用和改造森林环境质量，使之与人类的生存和发展相适应。

林业生态环境效益评价是环境管理工作的重要组成部分，或者说是环境管理工作的基础。通过生态环境效益计量评价，可弄清森林各生态功能在区域环境保护中的性质、作用和地位，以及环境质量发展变化对社会经济发展的影响，为制定环境保护规划方案、拟定地方有关环境保护法规条例提供科学依据。环境影响评价还为解决森林开发利用和环境保护之间的矛盾提供了途径，是贯彻预防为主、强化管理的重要手段。

林业生态环境效益评价还是制定林业建设规划、开展森林经营的重要依据。林业生产的任务不仅是取得林产品，更重要的是发挥其环境保护功能，从某种意义上说林业建设工程就是一项环境保护工程，是环境建设的重要内容之一，因而林业生态环境评价结果对于确定林业发展方向、开展森林经营活动具有重要影响。

11.1.3　外部效益评价概况

林业生态工程不是一个简单的自然生态系统，而是一个人工生态经济系统，在这一系统中生产的所有物质，包括能够进入市场的直接林产品和不能进入市场的“非市场产品”，都包含了人们的劳动，都是以某种资源投入和劳动投入（包括物化劳动和活劳动）而产生的“产品”，不管其形态如何，对社会的作用怎样实现，都是人们的劳动成果，这就奠定了计量林业生态工程生态效益的经济基础。

（1）外部经济效果

林业生态工程建设正是在投入各种资源和劳动而形成的产品，不论是属于直接经济效益的林产品，还是属于间接效益的生态效益，诸如防止土壤侵蚀、涵养水源、调节洪水、减少泥沙流失等，都是通过投入所产生的生态经济效果。而从林业生态工程建设方法上，不论是人工营造、还是封山育林，所形成的林业生态工程都是资源和劳动投入所产生的结果。因此林业生态工程的形成，本身就已经赋予了其某种经济属性，已经属于一种人工生态经济系统，对这一系统生态效益的评价，在国民经济活动中，也就成为一种必需。

林业生态工程具有典型的外部经济性，通过林业生态工程建设，给各有关部门带来了超额的经济效益，而这些超额的经济效益又是无偿的。包括：

① 下游或附近的防护区范围内的农业部门的单位面积产量提高，单位产品的成本降低，从而获得一部分超额利润。

② 使环境具有更大的承载能力，给下游地区的河道整治、交通、航运、水电、水产业以及相关工业部门带来较大的经济收益。

③ 环境有了较大的防灾抗灾能力，工农业、交通运输业、通讯水利等产业部门的损失减少，节约开支，使这些部门实际获得了很大的经济效益。

④ 给农业生产中的其他行业带来实际的经济收入，例如：在黄土高原营造的大面积刺槐林，使这一地区的养蜂业得到了长足的发展，仅山西省吉县，每年的刺槐花蜜收入就达到几十万元。

但是，林业生态工程所发挥的涵养水源、防止土壤侵蚀、调节径流、减少泥沙和洪水危害等多种效能给社会其他产业部门带来的经济效益，并不是通过市场机构提供的，而是林业生态工程经营者在进行林业生态工程生产经营活动带来的，因此，这些效益无疑是一种外部经济效果。

（2）级差地租综合评价

关于林业生态工程生态效能外部效果的经济机制，运用马克思关于级差地租的理论，可以提供一个强有力的理论基础。级差地租是产品的社会生产价格和个别生产价格的差额所形成的一种超额利润。级差地租形成的条件：第一是在资源丰度和环境质量或地理位置不同的地块上各个投资的生产率的差别；第二是在同一地块上技术水平不同的各种投资的生产率的差别。由第一个条件形成的级差地租，马克思称之为级差地租Ⅰ，由第二个条件形成的级差地租，则称之为级差地租Ⅱ。在社会主义制度下，土地私有权消失了，但土地的经营权还是分属于各个国家企业、集体企业或家庭，因而，各地投资的自然条件或各种投资的技术条件的差别同这种土地经营权长期分属于各单位的局面相结合，就必然导致级差地租的形成。既然级差地租是社会主义社会客观存在的一个经济范畴。那么，在社会主义经济中，哪里有级差地租形成的条件，哪里就有级差地租产生。林业生态工程的多种生态效益就使得在两个其他自然条件基本一致的区域，深受生态建设影响的区域和这种影响范围以外的区域，在资源丰度和环境质量上存在差别，当这种差别分别在这两个区域的各个投资的生产率出现差别时，就必然产生出级差地租。

林业生态工程的多种生态效益，不仅能通过提高土地的肥力给农业带来级差地租，而且也能给受其影响的其他国民经济部门带来级差地租，其生态效益使有关的国民经济部门具有资源丰度和环境质量上的某种优势而获得的级差地租，就是林业生态工程生态效益在国民经济中发挥作用的经济形式，这也就是林业生态工程生态效益给国民经济带来的经济效益，计量这些级差地租就是对林业生态工程的生态效益进行经济评价。也就是说，林业生态工程的涵养水源、防止泥沙流失、防止土壤崩塌、防风固沙、改善小气候、保护野生动物等效能。给受益工农业生产部门带来的级差地租，就是这些生态效益带来的经济效益。林业生态工程的这些生态效益在农业生产中是综合地起作用的，因而对这些生态效益也只能用它们综合作用的结果：一定量的级差地租来作综合评价。

(3) 公共财产属性

然而，林业生态工程的这种生态效益不能由市场经济机构提供，我们把具有这些效益的财产、服务称为公共财产。就是说能满足公共需求的财产和服务便是公共财产。这里所说的公共需求必须由公共部门解决。当市场经济机构缺乏有效发挥林业生态工程效能的条件时，就不能充分实现资源的有效分配和确保生态效能的发挥，因此需要公共部门解决。

由于市场经济结构不能有效发挥效能，所以公共财产在市场上的真正价值得不到正确评价。如果把公共财产的供给权委托给某个企业，就不能确保供给社会期望的数量，这是不容质疑的。因为就外部效果而言，市场的经济利益是不能由该企业带来的。从企业的立场出发，决定生产投资不过是把生产的个人所得的产品界限作为考虑对象。这就是所谓个体纯产品与社会纯产品的矛盾现象。

一般来说，外部经济效果投资较大，并由集体企业经手时，投资所带来的个体纯产品往往小于社会纯产品。相反，对外部经济投入的大量资源而言，在正常情况下，资源投入产生的社会费用应从企业产品价值中扣除，这样，社会纯产品往往小于个体纯产品。由此可以发现这样一种倾向，即外部经济效果大的投资，只是由私营企业承担，该投资量比起社会观点所认为的最适水平还低，反之，外部经济效果大的投资则过大。

另外，林业生态工程在其生态效能方面也能看到个体纯产品和社会纯产品的矛盾。也就是说，如果对林业生态工程涵养水源、保护国土和环境保护效能的发挥仅仅期望于林业生态工程所有者的林业经营活动，那么林业生态工程的生态效能完全得不到市场价格体系的保护，所以就会产生个体条件和社会生产条件的不一致；最后，社会对生态效能要求的水平与内容都将成为泡影。这样，国家必须积极进行政策干涉，以确保林业生态工程生态效能的发挥。有必要树立这样的基本态度：把林业生态工程生态效能视为公共财产，而公共财产的供给由国家或者地方公共团体及其他政府机关来承担。就是说必须把林业生态工程看作全社会的财产，并制定和推行与此相应的政策。

为使外部经济内部化，通常的做法是采取财政补贴和征税方法。即对具有外部经济效果的企业给予补贴，使得原来不给企业带来市场经济利益的外部经济效果能为企业带来利益。这样，个体生产条件和社会生产条件就一致了。另外，对带来外部经济作用的企业征税，使过去没算入该企业的外部经济造成的社会费用转化为该企业成本，这样可能使个体生产条件接近社会生产条件。

如何确保林业生态工程生态效能，原理上与上述情况相同，但必须考虑下述办法：把外部效果内部化，即根据市场经济机构，把不能给林业生态工程所有者带来经济利益的各种生态效能的社会效益与林业生态工程所有者的个体利益联系起来，使生态效能的发挥能为林业生态工程建设带来经济利益。补贴是典型的方法，但又并不只限于补贴，此外还要广泛采用贷款、税收等多种辅助措施，这样才符合林业生态工程经营的实际情况。

11.2 林业生态工程效益评价方法

11.2.1 林业生态工程生态效益的评价

11.2.1.1 生态效益

生态效益指改善生态环境的效益。通常包括：

(1) 改善了土壤的理化性质和生物生态环境

在一定深度内（主要在表土层0~30cm），提高了土壤含水量和氮、磷、钾、有机质的含量，促进了团粒结构的形成，增加了土壤孔隙率，减少了土壤容重，提高了田间持水能力和抗御自然灾害（特别是干旱）的能力。

(2) 改善和改良水质

减少小流域和区域的水质污染源（农药、化肥和土壤养分随降雨和径流的流失），改善和改良水质变化。

(3) 增加地面的植被覆盖度

通过实施水土保持林草措施，使得原有林草地面积有所增加。

(4) 改善小气候

在一定小范围内（特别在农田防护林网内），减少了风暴日数，减少了风速风力，改善了地面温度、湿度，减轻了霜冻灾害等。

通过实施水土保持措施后，对局部或较大范围内的生态环境质量的良性改变效应。生态效益的计算，通常分为改善农业生产基本条件，增加林草覆盖，改善人类生存环境，保护和改善生物多样性等效应。

11.2.1.2 生态效益评价指标

(1) 涵养水源指标

林业生态工程具有重要的涵养水源工程。其涵养水源指标包括：

① 截留量（t/hm^2），该指标为降雨过程中由地上植被和活地被物截留的降雨量。

② 土壤（包括死地植被）贮水增加量（t/hm^2），由于林业生态工程的建设，使土壤和死地被物持水量的增加量。

③ 地表径流减少量［$t/(hm^2 \cdot a)$］，由于林业生态工程的建设，一定区域内地表径流的减少量，该指标反映了土壤入渗和渗透能力。

④ 土壤入渗率（mm/h）：该指标反映地表水转化为土壤水或地下径流的能力。

⑤ 洪枯比，反映流域内森林减缓洪峰的能力，即洪水期的水位与枯水期的水位之比。

(2) 水土保持指标

水土保持是林业生态工程的最主要功能之一。其水土保持指标包括：

① 土壤侵蚀模数减少量［$t/(hm^2 \cdot a)$，$m^3/(hm^2 \cdot a)$］，该指标反映减轻土壤侵蚀的能力。

② 土壤营养元素流失减少量（kg/hm^2），该指标主要指氮、磷、钾（包括速效养分和全量）的流失。

③ 减少江河下游河床的淤积量［$m^3/(hm^2 \cdot a)$］，该指标反映林业生态工程减轻水土流失危害的能力。

④ 河渠等坍塌减少量［$m^3/(hm^2 \cdot a)$］，该指标反映林业生态工程（河流防护）的防护工程和减轻水土流失危害的功能。

⑤ 土壤抗冲性，该指标指土壤抵抗径流和风等侵蚀力机械破坏作用的能力，用抗冲指数表示。

⑥ 土壤抗蚀性，该指标指土壤抵抗雨滴打击和径流悬浮的能力，可用水稳定性指数表示。

⑦ 径流系数（%），该指标为年平均地表径流深（mm）与年平均降水量（mm）之比。

⑧ 侵蚀速率（a），该指标为有效土层厚度（mm）与每年侵蚀深度（mm/a）的比值，是反映土壤潜在危险程度的指标。

⑨ 输移比（%），该指标为流域输沙量与侵蚀量之比，其值越大说明森林的水土流失越严重。

(3) 提高土壤肥力指标

由于林业生态工程防止水土流失的功能，可提高土壤肥力。其提高土壤肥力的指标包括：

① 土壤有机质的增加量（kg/hm^2），该指标反映对土壤肥力状况的改善作用。

② 土壤含水量的增加（%，t/hm^2），该指标反映在干旱半干旱地区对土壤蓄水保墒

能力的增强功能。

③ 土壤营养元素的增加量（kg/hm^2），主要反映氮、磷、钾等土壤肥力指标的提高。

④ 土壤容重的降低（%），该指标反映对土壤物理性状的改善功能，容重较低时表明了土壤有良好的物理形状。

⑤ 土壤孔隙度（%），该指标包括毛管孔隙度、非毛管孔隙度和总孔隙度，与土壤容重有密切的关系。

⑥ 土壤团聚体的增加（%），该指标反映对土壤结构的改良效果，土壤团聚体越发达，土壤结构越良好，土壤就有良好的通气、透水和保肥能力。

⑦土壤酶活性的增加，该指标反映土壤的肥力变化，间接反映了植被恢复过程中群落的演替和植被的恢复程度。

⑧ 土壤呼吸强度（CO_2mg/g 土），该指标反映土壤通气透水性能和微生物活动能力的强弱。

⑨ 土壤微生物的增加量（个/g 土），该指标反映对土壤微生物活动能力的增强功能。

⑩ 地下水位的降低（m），林业生态工程一般具有降低地下水位的作用，该指标可反映对湿地或地下水位较高地区土壤的改良效果。

（4）防风护田和固沙指标

防护林带和片林等林业生态工程均具有防风固沙功能。其防风护田和固沙指标包括：

① 农作物增产量［$kg/(hm^2 \cdot a)$］，由于林业生态工程改善小气候、预防病虫害的功能，可增加农作物产量。

② 稳定沙源，避免流沙吞没农田的数量（hm^2/a），该指标反映林业生态工程的防风固沙功能。

③ 对灾害风风速的降低（%）、每年减少灾害日的天数（d/a），防护林带具有直接的防风功能，成片林地也由于增加空气下垫面的粗糙度、增加空气乱流，有利于降低风速。

④ 干热风减少的天数（d/a），由于林业生态工程降低风速、增加空气湿度的功能，可减少旱热风的发生。

⑤ 林带疏透度（%），该指标表示林带疏密程度和透风程度的指标，可用林带纵断面透光空隙总面积与林带纵断面积之比来表示。

（5）调节气候指标

林业生态工程由于具有降低风速、调节气温、增加空气湿度等功能，能明显调节小气候。其调节气候指标包括：

① 蒸散量增加量（t/hm^2），林地的蒸散量对于增加低湿地区的空气湿度具有明显的效果，所以蒸散量增加量是反映林业生态工程调节小气候的重要指标。

② 春秋增温（℃）或无霜期延长天数（d/a），该指标反映林业生态工程调节气温的作用。

③ 高温天气（>35℃）减少的天数（d/a），该指标同样反映了林业生态工程调节气温的作用。

④ 地温上升或下降（℃），林业生态工程不同能调节气温，由于增加地面覆盖，减少太阳直射和阻止地面热辐射，可调节地温。

⑤ 空气相对湿度（%）的增减，该指标反映林业生态工程增加空气湿度的作用。

（6）改善大气质量指标

林业生态工程具有吸收 CO_2、释放 O_2、净化空气、吸收有害气体等功能，能改善大气质量。其改善大气质量指标包括：

① 释放氧气量［$t/(hm^2 \cdot a)$］，该指标反映林业生态工程释放 O_2 的能力。

② 二氧化碳吸收量［$t/(hm^2 \cdot a)$］，该指标反映林业生态工程固放 CO_2 的能力。

③ 对二氧化硫或其他有毒气体的吸收量［$kg/(hm^2 \cdot a)$］，该指标反映林业生态工程吸收有害气体的能力。

④ 滞留灰尘量［$t/(hm^2 \cdot a)$］，该指标反映林木吸附悬浮颗粒物的能力。

⑤ 负离子增加量［$kg/(hm^2 \cdot a)$］，该指标反映林业生态工程释放负离子的能力。

⑥ 杀菌素—芬多精增加量［$kg/(hm^2 \cdot a)$］，该指标反映林业生态工程产生杀菌素等挥发性物质能力。

（7）提高土地自然生产力指标

由于林业生态工程防治水土流失的显著功能，可明显提高土地生产力。其提高土地自然生产力指标包括：

① 总生物量增加值［$t/(hm^2 \cdot a)$］，该指标指林业生态工程自身及其防护范围内生态系统的总生物量增加量。

② 光合生产力提高量［$t/(hm^2 \cdot a)$］，该指标指林业生态工程自身及其防护范围内生态系统光合产物的增加量。

③ 生物量转化率（%），指次级生产力与初级生产力的比值。其中，初级生产力指植物的生物量，次级生产力指转化为动物机体的生物量。

④ 病虫害减少（%），林业生态工程可为病虫害的天敌提供栖息场所，对预防病虫害有重要作用，该指标反映了预防病虫害的能力。

⑤ 害虫天敌的种群数量增加（%），该指标反映了林业生态工程预防虫害的基础功能，主要指鸟类、有益昆虫等。

⑥ 生物多样性增加，该指标包括植物、野生动物、鸟类等种类的组成成分和数量的变化。

（8）森林分布均衡度（E）

$$E = 1 - \frac{\sum_{i=1}^{n} |A - B_i|}{n \times A} \tag{11-1}$$

式中：A——总覆盖率；

B_i——第 i 个统计小区的覆盖率。

当 $E=1$ 时，表明森林分布最均匀，最有利于环境功能的提高；当 $E=0$ 时，表明森林分布最不均匀，最不利于环境能力的提高。

11.2.2　林业生态工程经济效益的评价

经济效益（economic benefit）分直接经济效益和间接经济效益。

11.2.2.1　直接经济效益

林业生态工程直接产生的产品及其相应的产值。如林地、活立木、灌木增产枝条、经济林增产果品、种草增产饲草等。各类产品未经加工转化时的产量和产值，都是直接经济效益。

11.2.2.2　间接经济效益

上述各类产品，经加工转化后，提高了的产值为间接经济效益。如：果品加工成饮料、果酱、果脯，枝条加工成筐、篮、工艺品、纤维板，饲草养畜后的畜产品等。

实施水土保持措施后为社会带来的物质财富或对项目区或国民经济所创出的物质财富，它含有物质数量增加（增产）和社会价值增加（增收）。

经济效益计算时，通常分为直接经济效益（有实物产出的效应）和间接经济效益。前者指粮食、果品、牧草等种植业的原产品（初级产品）等增加的效益，后者指初级产品加工转化后所衍生的效益。

11.2.3　林业生态工程社会效益的评价

社会效益是林业生态环境效益的一部分，由于它比生态效益更难以在货币尺度上加以定量评价，因而人们对其认识也不统一，无论社会功能子项目的设立，还是相关指标的选择，都有待进一步研究。这里，应用张建国等的观点，将社会效益分成以下几个方面：

（1）社会进步指数

林业生态工程的社会效益对社会进步的影响，通常并不是直接和决定性的因素，有些影响往往很少而不易察觉，具有间接和隐藏的特点。社会进步是一个复杂而内涵丰富的概念，可用社会进步系数表示，它是以下五个反映社会进步的主要指标的连乘积。

$$I = E \times L \times W \times B \times J \tag{11-2}$$

式中：E——人均受教育年数（a）；

L——人均期望寿命（a）；

W——人口城镇化比重（%）；

B——计划生育率（%）；

J——劳动人口就业率（%）。

（2）增加就业人口数

指评价区内以森林资源为基础的一切相关从业人员。

（3）健康水平提高

可由地方病患者减少人数乘上一个调整系数（一般为 0.2~0.4，表明林业生态工程的社会效益作用）来反映。

(4) 精神满足程度

可通过对人们观感抽样调查，来反映森林景观改善的美学价值。

(5) 生活质量的改善

可由人均居住面积变化来反映。

(6) 社会结构优化

① 区域产业结构变化，由第一、二、三产业结构比例来反映；

② 区域农业结构变化，由农、林、牧、副、渔各业的比例来反映；

③ 区域消费结构变化：可由恩格尔系数反映。

(7) 犯罪率减少

应当指出，在具体计量评价时，有些指标作用微弱甚至根本就没有意义。可舍之不计量；有些指标不够详细或没有设立，则应酌情补充。总之，应按评价的具体目的、要求，当地的林情和社会经济特点，对以上指标加以适当的增减取舍。

11.2.4 林业生态工程综合效益评价

11.2.4.1 评价内容

林业生态工程综合效益评价是一项极为复杂的系统工程。它涉及面广、评价的内容多。并且不同类型林业生态工程综合效益也具有不同特征（表 11-1）。但总体来看，林业生态工程综合效益评价主要包括效益监测、效益评价指标和指标体系的建立、效益评价方法、手段和技术等多个方面。

表 11-1 主要林业生态工程类型综合效益特征

类 型	分布区域	生态经济效益	效益周期	实 例
防护林生态工程	生态环境脆弱带	宏观调节气候，发挥间接经济效益	长	三北防护林体系建设工程
水源涵养林生态工程	水土易流失区域	保持水土，稳定农田生态系统	长	长江中上游防护林体系建设工程
海岸防护林生态工程	大陆—海洋交替带	保护动植物资源，直接或间接经济效益的产生	长	华南红树林生态工程
农用林生态工程	农作区	生态和经济效益并重	中	华北农桐间作工程
绿化林生态工程	居住区	净化空气，美化环境，经济效益处于次要地位	长中短	城镇或城市绿化林
经济林生态工程	低山丘陵、农田、村落	经济效益处于主导地位	中短	热带地区橡胶间作茶树

注：引自彭培好博士论文《林业生态工程效益评价的软系统方法论及其应用》，2003。

11.2.4.2　评价方法

(1) 水文生态效益

林业生态工程通过森林生态系统中不同层次对降水的截留、蒸散、吸渗作用，减弱了地表径流速度，增加了土壤拦蓄量，同时改善了土壤结构和物理性质，提高了土壤的抗冲、抗蚀性能。加之植物的根系作用，综合表现为涵养水源、保土减沙和改善水质等效益。

① 植被冠层截留降水。分别在各种林分的内外选择有代表性的标准木和空地作为长期观测对象。在所取得的标准木和林外空地放置雨量槽或雨量筒，测定每次降雨雨量、降雨强度和降雨过程。林冠截留量 I 近似地表达为：

$$I=P_{林内}-P_{林外}$$

式中：$P_{林内}$——林内降雨量；

$P_{林外}$——林外降雨量。

② 枯枝落叶层水文生态作用。包括枯枝落叶层蓄积动态（在林分内设置标准地. 沿对角线机械分布样方，收集其上枯落物。烘干后测得现存蓄积量，并随时间变化测定其分解率和分解量)，枯落物抗冲试验研究（水槽法）以及枯枝落叶层阻延径流速度的相关方法。

③ 林地土壤入渗。括土壤水分运动参数的测定、野外入渗过程的测定（如单环水头法、双环入渗法)，室内入渗过程的测定及土壤饱和导水率的测定。

④ 坡面径流与泥沙。根据观测地区植被的典型性和实验的对比性。选择实验标准地，布设坡面径流小区，观测每次产流产沙量和过程，分析计算场暴雨坡面产流产沙量，并和对比小区进行比较。

⑤ 小流域径流与泥沙。在实验小流域的出口断面设置各种量水堰（槽)，布设自记水位计记录每次降雨产流过程，并配合使用流速仪法、浮标法和体积法进行流量测验。

泥沙取样有自动和人工两种方法。通常是间隔一定的时间或水位进行取样，然后过滤、烘干、称重，求其泥沙含量，进而推算场暴雨输沙总量和过程。

⑥ 水质效应。目前，在欧洲各国关于森林与水质的关系研究较少，国内的研究多集中于河沙含量的研究，而在森林对水化学性质影响方面的研究处于摸索阶段。关于林业生态工程对水质效应目前大多数采用定位取样分析实验的方法，按国家颁布标准进行水样分析。分析内容一般包括：pH 值、电导率、游离 CO_2、侵蚀性 CO_2、Ca^{2+}、Mg^{2+}、K^+、Na^+、Cl^-、$SO_4{}^{2-}$、$CO_3{}^{2-}$、$HSO_3{}^-$、$NH_2{}^-$、$NO_2{}^-$、$NO_3{}^-$、FE^{3+}、P_2O_5、Si、离子总量、矿化度、总硬度、化学耗养量、泥沙含量和级配等。

(2) 涵养水源效益

国内外研究的方法有两种：一是森林区域水量平衡方法；二是根据森林土壤的蓄水力和森林区域的径流量计算森林涵养水源量。

① 根据水量平衡法计算森林涵养水源总量

森林年水源涵养量=森林年总降水量-森林年总蒸散量

森林年总降水量=区域年降水量×区域森林覆盖率

森林年总蒸散量=森林年总降水量×70%

② 根据森林土壤的蓄水力和区域径流量计算森林涵养水源量

森林涵养水源量=林冠截流的降水量+枯枝落叶层的降水容量+森林土壤的降水储量

森林土壤的降水储量=森林地域面积×土壤深度×非毛管孔隙度

(3) 土壤改良效益

林业生态工程具有明显的改良土壤效益。主要表现在以下几个方面：

① 对土壤理化性质的改良作用。采用土壤剖面调查和土样化验的方法。先挖土壤剖面，进行土壤调查，填写土壤剖面调查记录表，并按要求采土样。然后则是土壤物理性质和化学性质的测定。

土壤物理性质的测定：包括土壤密度、孔隙度、土壤质地、水稳定性团粒结构。具体的测定可参照《土壤理比分析》（中国科学院南京土壤研究所，上海科技出版社，1978）和《土壤农业化学常规分析方法》（中国土壤学会农业化学专业委员会，科学出版社，1983）。

土壤化学性质的测定：包括全N、全P、全K、有机质、水解氮、氨态氮、速效磷、缓效钾、速效钾、$CaCO_3$、pH值。微量元素包括锰、铜、锌、铁、硼、钼。具体的测定方法、步骤可依据上述两本土壤物理性质测定的参考书的方法。

② 土壤抗蚀抗冲。根据不同类型防护林的分布，在实验区步设若干研究样地。在样地内分成0~20cm、20~40cm、40~60cm三个层次采集土壤剖面。样品带回室内，风干备用。同时，在现场测定有关土壤物理和力学性质。

土壤抗蚀性测定：通过测定土壤团聚体在静水中的分散速度，以比较土壤的抗蚀性能大小，并用水稳性指数“K”表示。有机质含量较高的土壤，其水稳性指数较高，抗蚀性较强，反之则小。

土壤抗冲性测定：用一定坡度、一定雨强下，冲刷1g土所需的时间来表示土壤抗冲性能的强弱，即用As（Anti-scourability）表示。As值越大，土壤的抗冲性越强。

③ 土壤抗剪作用。土壤抗剪作用的研究目前一般采用应变控制式三轴剪切仪。

试验原理：采用应变控制式三轴剪切仪，选用固结不排水方法剪切。选用0.5kg/cm、1.0kg/cm、1.5kg/cm、2.0kg/cm 24级周围压力，测算出最大主应力差（$\delta_1-\delta_2$），根据库仑—摩尔强度理论，用图解法求出C、φ值。即通过试验测绘一组极限应力圆，并作这组圆的公切线，得试样的极限抗剪包线。该线于核轴的夹角内摩擦角为，在纵轴上的截距为凝聚力C。

试验方法：采用承筒按预定的初始体积密度和含根率制备试样，然后使试样静置一定时间。试验时将试样装在压力室内。试样体积$96cm^3$。对试验施加各项平等的周围压力。按规定的速率对试样施加附加的轴向压力，使试样受剪，直至剪破。在剪切过程中同时测记试样的轴向压缩量，计算出相应的轴向应变δ_2，并绘制在该周压δ_3作用下的主应力差［（$\delta_1-\delta_2$）/2］与轴向应变δ_2的关系曲线，以该曲线上峰值作为该级周压δ_3作用下的极限应力圆的直径。

④ 防护林根系固土作用。国外关于林木根系固土作用的研究已经有几十年的历史。早期的研究多借用农业上研究作物抗风倒的研究方法，即侧向或垂直向上整体拉拔，对树木整体的侧向抗拉力或垂直抗拔力进行计算的参数，然后进行整体评价。与此同时，为了克服野外实地测定易受的多方限制，一些学者借助于室内实验，研制了各种模型，以从理论上对根系的固土作用加以解释。

就野外实地测定来说，目前尚无系统的测定方法。在吸取国外对根系固土研究中的经验的基础上，提出我国现有条件下研究林木根系固土作用的方法。

林木根系对土体的固持作用从根本上讲就是要将土体网络固定，使其不发生滑动或移动。如果在有林生长的斜坡上，根系分布范围内的土体发生移（滑）动，那么横穿滑动面的根系必然受力，对滑动体产生拉力。这种拉力的方向正好于土体滑动的方向相反，所以是抗滑力的组成部分，有利于保持斜坡上土体的稳定。

土体的滑动是一种剪切（过程）。用原位直接剪切法测定林木根系的固土作用（同样条件下测定无植物生长的空闲地—对照点土体的抗剪强度）是符合实际的。对于乔木根系，由于牵引设备的限制，尚不能用剪切的方法研究其固土作用，因此可以采用单根抽拉法，即平行于坡面进行抽拉，找出每一个根的抗拉力（即对土体的固持力）。从理论上讲，某一面积所有单根抗抽拉力之和就是该面积上根系总的固持力。

（4）改善小气候效益

在各类防护林林种中，对于小气候的改善效益，则当选农田防护林和水土保持林。

对于农田林网气候效益的研究，我国和国外的学者曾有过许多论著。其中研究方法最多的是从林带背风面（也包括迎风面）不同树高倍数处的各类气象因子与旷野的比较，而且大多数是从单因子着手。

水土保持林体系小气候效益则主要体现在水土保持林体系对区域小气候的影响上。包括太阳辐射、气温、湿度、风速、风向、气压、云量、日照状况、土壤温度、树体温度和土壤湿度等方面。

小气候效益研究首先是选择不同的典型天气（包括晴天、多云和阴天等）进行小气候观测，同时空旷地进行对比，进而计算各防护林体系的小气候效益。

各气象要素的观测方法同气象站气象要素的观测。

（5）农田防护林对农田农作物的增产效益

计算农田防护林农作物增产率的公式：

$$r = \frac{s - s_0}{s_0} \times 100\%$$

式中：r——相对增产或减产率，正值为增产率，负值为减产率；

s——有林带保护农田（简称网格农田）的平均单位面积产量，简称网格产量；

s_0——无林带保护农田（对照农田）的平均单位面积产量，简称对照产量。

S 的测算方法：根据网格农田面积的大小，选出几十个或更多些样方。样方的布设在网格中间部位大体上是平均分配，在林带附近设密些。根据实测记录绘出林网作物产量等值线平面图，再根据此图按不同产量的面积进行加权平均，求出平均产量。计算公式：

$$S = \frac{1}{A}\sum_{i=1}^{n} \frac{1}{2}(S_i + S_{i+1}) \times A_{i,i+1}$$

式中：S_i，S_{i+1}——分别表示某一网格相邻两条等产量线的数值；

$\frac{1}{2}$（S_i+S_{i+1}）——代表两条带间的平均产量；

$A_{i,i+1}$——代表这两条线之间的面积（m^2）；

A——代表整个网格农田的面积。

（6）国外评价方法种类

国外比较有代表性的林业生态工程综合效益评价方法有以下几种：

① 政策性评估。是森林主管部门根据经验对所辖区内的森林做出最佳判断而赋予的价值，其典型的方法有美国的阿特奎逊法和德国的普罗丹法。

② 生产性评估。是从生产者的角度出发，森林游憩的价值至少应该等于开发、经营和管理游憩区投入的成本，其典型方法有：直接成本法和平均成本法。

③ 消费性评估。从消费者的角度出发，森林游憩的价值至少应该等于游客游憩时的花费，其典型方法：游憩消费法。

④ 替代性评估。以“其他经营活动”的收益作为森林游憩的价值，其典型方法有机会成本法和市场价值法。

⑤ 间接性评估。根据游客支出的费用资料求出“游憩商品”的消费者剩余，并以消费者剩余作为森林的游憩价值，其典型方法有旅行费用法。

⑥ 直接性评估。直接询问游客或公众对“游憩商品”的自愿支付价格，其典型方法有条件价值法（随机评估法）。

⑦ 旅行费用法和条件价值法。是目前世界上最流行的两种森林游憩经济价值评估方法。但旅游费用法（TCM）只能评价森林游憩的利用价值。

⑧ 随机评估法（条件评估法）（CVM）。既可评价森林游憩的利用价值又可评价它的非利用价值。

（7）林业生态工程经济效益

系统地评价林业生态工程的经济效益，不仅对国家的国民经济宏观决策，而且对地区的区域性国民经济发展技术具有十分重要的意义。这方面的研究工作，既是一项具有主要理论价值的基础性研究工作，也是一项具有深刻实践意义的应用性研究工作。

经济效益的统计量一般有以下四种：

① 净现值。是从总量的角度反映林业生态工程防护林建设从整地造林到评价年限整个周期经济效益的大小。它是将各年所发生的各项现金的收入与支出，统一折算为现值。也就是将从整地造林到评价年限不同年份的投资、费用和效益的值，以标准贴现率折算为基准年的收入现值总和与费用现值总和，二者之差即为净现值，用公式表达如下：

$$NPV = \sum_{i=1}^{n} \frac{B_t}{(1+e)^t} - \sum_{i=1}^{n} \frac{C_t}{(1+e)^t}$$

式中：NPV——净现值指标；

B_t——第 t 年的收入；

C_t——第 t 年的费用；

e——标准贴现率；

n——评价年限。

净现值指标可以使人一目了然地知道林业生态工程建设从整地造林到评价年份为止的整个周期经济效益的大小，同时也考虑了资金的时间基准和土地的机会成本等因素的影响，因此，能够比较真实客观地反映林业生态工程效益的好坏。

② 内部收益率。也叫内部报酬率，是衡量林业生态工程经济效益最重要的指标。就其内涵而言，是指能收益与费用的现值代数和为零的特定贴现率。它反映从整体造林到评价年限时投资的回收的年平均利润率，也就是投资林业生态工程项目的实际盈利率，是用来比较林业生态工程盈利水平的一种相对衡量指标。这一指标着眼于资金利用的好坏，也就是投入的资金每年能回收多少（利润率）。

内部收益率的计算，一般是在试算的基础上，再用线形插值法公式求出精确收益率。其公式为：

$$IRR = e_1 + \frac{NPV_1(e_1 - e_2)}{NPV_1 - NPV_2}$$

式中：IRR——内部收益率；

e_1——略低的贴现率值；

e_2——略高的贴现率值；

NPV_1——用低贴现率计算的净现值；

NPV_2——用高贴现率计算的净现值。

③ 现值回收期。就是用投资费用现值总额与利润现值总额计算的投资回收期。它表明林业生态工程建设的投入，从每年获得的利润中收回来的年限，它着眼于尽早收回投资，但在时间上只算至按现值将投入本金收回为止，本金收回后的情况不再考虑。

其具体计算方法，就是将一次或几次的投资金额和各年的盈利额，用贴现法统一折算为基准年的现值，当投资费用现值总额等于利润现值总额时，其年限即为现值回收期。因此，现值回收期的计算式必须满足以下的要求：

$$\sum_{i=1}^{n} \frac{B_t}{(1+e)^t} = \sum_{i=1}^{n} \frac{C_t}{(1+e)^t}$$

式中：B_t——第 t 年的收益（现金流入量）；

C_t——第 t 年的费用（现金流出量）；

e——标准贴现率；

n——评价年限；

$(1+e)^t$——贴现系数。

根据上述等式，现值回收期可用列表法求解得到。

④ 益本比。也叫利润成本比，这一指标反映林业生态工程建设评价年限内的收入现值总和与现值费用总和的比率。它对于政府有关林业生态工程建设尤为重要。因为国家建设林业生态工程往往是从社会、经济、生态各方面的发展需要而投资的，这就需要从整个国民经济的角度去进行评价，而益本比恰恰能反映这方面的内容。益本比的计算公式为：

$$\frac{B}{C}=\sum_{i=1}^{n}\frac{B_t}{(1+e)^t}\Big/\sum_{i=1}^{n}\frac{C_t}{(1+e)^t}$$

式中：B——收入现值总和；

C——费用现值总和。

如果其比值大于1，说明林业生态工程建设收入大于费用，有利可得；反之则亏损。

林业生态工程经济效益的评价，涉及林学、生态学、气象学、土壤学、造林学、技术经济学、地学、系统工程等许多学科。其中常用的方法有：

① 采用相关分析法，判断林业生态工程建设对当地经济发展的作用。相关分析主要包括两个方面：一是林业生态工程建设与复合农业的相关分析；二是林业内部各林种与林业产值的相关分析。

② 运用农村快速评估法（RRA）和参与评估法（PRA）获取调查资料，参与层次分析法对心态调查结果进行分析，从林业生态工程建设经营者的角度考察其经济效益。

③ 运用林木资源核算法以林木资源再生产过程为主要对象进行全面核算，系统地反映林木资源产业的经济运行过程、经济联系和经济规律，从而有助于从总体上全面评价林业经济效益。

④ 运用投入产出技术编制营林生产过程中的各种投入与产出之间的内在联系并加以分析，以揭示营林投入与营林产出之间的内在规律性，并对营林生产进行预测和优化。

⑤ 参与可行性研究法。

11.3 林业生态工程综合效益评价指标体系

森林系统及其评价指标系统是一个复杂的软系统，森林利用的目的是保障森林综合效益的永续和扩大，要使环境资源得到持续稳定发展，不仅要求林业产业自身持续稳定发展，而且还要为整个人类社会和经济的持续发展创造条件，因此选择评价指标和评价标准时，既要能体现森林本身的发生、发展规律，还要体现其对生态、经济、社会环境的保护、增益和调节功能，同时为政府确定整个林业产业在国民经济中的作用和地位、制定林业发展规划与宏观决策等提供科学依据和准确数据信息，因此评价指标必须有典型性、代表性和系统性。

国外林业生态工程综合效益评价指标体系多参照森林持续利用的标准与指标体系。自从1992年联合国环境与发展大会后，对森林持续利用的标准与指标体系已展开了国际性广泛的研讨和协调行动，一些国家制定了国家级标准与指标，少数国家如丹麦已经开展了示范区的实验性研究。目前，国际上主要的森林可持续经营指标与标准有：①1991年国际热带木材组织（ITTO）针对热带天然林可持续经营提出国家级5个标准、27个指标，森林经营单位级6个标准、23个指标；②1993年蒙特利尔行动纲要提出了温带与北方森林保护与可持续经营63个指标，其中包括森林生态、经济以及社会效益的保持与加强指标；③1994年赫尔辛基行动通过了一个含6个标准、27个指标的标准体系，并将它作为欧盟国家在联合国环境与发展委员会指导下的有一定约束性的框架文件；④1995年亚马逊行动针对拉丁美洲亚马逊热带雨林国家提出了森林可持续经营指标体系，分3个方面，即国家水平的41个指标，经营单位水平的23个指标，为全球服务水平的7个指标；⑤1996年国际林业研究中心在调查研究的基础上，为热带森林可持续经营试验示范项目提出了一个标准与指标体系，共包括33个指标，有较强的实用性。另外，还有政府间森林工作组（IWCF）、印度—英联邦活动、森林管理委员会（FSC）、森林和可持续发展的世界委员会（WSFSD）、国际林业研究中心（CIFOR）在1994年12月开展了森林可持续经营的国际对话，组织了在加拿大、印度尼西亚、巴西和非洲的森林可持续经营标准与指标的实施示范。近东地区1996年10月15日至17日在开罗举行的“近东可持续森林管理标准和指标专家会议”确定了一套适合本地区的标准和指标，并已经逐渐开始应用。

11.3.1 评价指标体系建立的原则和方法

11.3.1.1 评价指标建立的原则

（1）系统性。评价指标和标准不仅要反映森林的发生发展规律，而且还要反映对区域功能的促进，即森林系统与环境、社会经济系统的整体性和协调性。

（2）独立性。各评价指标和相应标准应相互独立。

（3）可比性。指评价指标和标准应有明确的内涵和可度量性。

（4）真实性。指评价指标能反映事物的本质特征。

（5）实用性。指评价指标应操作简便，评价方法易于掌握。

11.3.1.2 指标体系建立的方法

森林效益评价指标系统属于复杂软系统范畴，要多种方法相结合才能比较客观地进行评价，常用的系统分析评价方法有软系统方法（SSM）、综合集成法（SIM）、定性中的广义归纳法和系统工程（SE）等，结合森林效益评价指标体系，每一种分析评价方法有其优缺点：①SSM法是一个已感知的期待改善问题的开始，未包括问题的发现与形成这一前期阶段。且SSM目标在于探索与改进问题，其变革现实部分比较笼统。②SIM法也如此，但它难以掌握解决问题的“度”，其研究结论通常缺乏量的规定与可操作性；然而能得到有针对性的对策或行动方案，使SSM中笼统的变革部分具体又可操作，对剩下的难于结构化的问题也可用SSM法改进。③SE工程偏于硬系统，解决良性结构问题。因此，只有把SSM、SIM、SE和定性研究四种方法有机结合起来，逻辑上才完善，也才能覆盖各种系统。其次，这些方法本身的特点是互补的，因定性研究长于发现问题，提出问题和开发概念，SSM法有可能使整个问题或其部分结构化后成为目标明确的优良结构系统，从而用SE求得问题的解决；再由定性研究→SSM→SIM→SE，定量研究色彩越来越浓，对专家经验体系的利用越来越弱，因此，在进行森林效益评价时应该把 SSM、SIM、定性研究和 SE 四种方法有机融合起来，形成软系统归纳集成法（SSMII），作为评价指标体系建立的方法和软件支撑。SSMII 的逻辑程序由四个相互关联部分组成。

（1）任务目标分析阶段

接受了解决目标不明确，结构模糊的复杂软系统问题后，要通过对系统的环境、功能、组成要素、结构与运行、输入与输出、历史与现状等进行调研与分析，来构想问题情境，挑选专家与样本（或典型）。基本上采用广义归纳方法，以专家会议或咨询形式，形成对研究问题明白的、公认的表述形式系统（以后可以再修正）。通过结构化分析分别转入第二或第四步。

（2）用 SSM 处理不良结构问题使其科学化阶段

在问题系统更新以后，或者再用 SSM 改进问题提法，或者再作结构化分析并分别转入第三或第四步。

（3）用 SIM 处理半结构化问题

尽管对这种问题的全部不一定能把握，但总可以找到供行动决策的（当时当地）相对满意方案。

（4）用 SE 处理不良结构问题

一般可求得这部分问题的最优解。

要说明的是第二、三、四步都需要对解决问题的认识与行动方案，要通过数据模拟结果的效益评价与风险（或可靠性）分析，并通过专家组的审议，满意后才能付诸行动，否则要返回重新用 SSM 定义问题或者再进行更基础的抽象归纳，以修正原问题系统。

11.3.1.3 评价指标的筛选与权重确定方法

评价指标筛选是根据 K. J. 法、Delphi 法、会内会外法。用专家咨询表的定量信息和定性信息进行统计分析，如果有 1/3 以上的专家认为某项指标一般或不重要，该指标即被淘汰，此外，对于权重很小的指标并入相近指标中。经过四轮专家咨询，直到 70%以上的专家认同，才列入指标体系，形成评价指标。

评价指标权重确定方法主要有 Delphi 法、AHP 法、AHP-Delphi 法、把握度—梯度法和最大熵—最大方差法。首先请专家填写三种咨询表格。第一种咨询表请专家对每一待定指标按很重要、重要、一般、不重要四个等级填写；第二种表请专家直接综合该指标的权重（对紧上指标）；第三种由专家按递阶层次结构对每一个上级指标，按其所辖的下级指标两两比较其重要程度，用 5 等 9 级法得出判断矩阵。

课题组尽量利用已积累的各评价单元的各选定指标的观测数据，得出单元评价数据矩阵 $Xn \times m$。同时课题组的专家们对各评价单元给出模糊评价判断矩阵 R。

在设计生态林业工程效益评价指标体系咨询表时，实际上是要求专家们按四大防护林分别填写咨询表与分类整理单元评价数据矩阵 X。

对第一种与第二种咨询表以 Delphi 法处理（进行三轮），必要时也可按会内会外法加快处理。前者用以确定一条指标是否被淘汰。后者可得出要保留的第 j 指标的权重为 DWj，

DWj 可能与地区分类有关。

对第二种咨询表以三种群组 AHP 法处理，即①对数最小二乘意义下的群组 AHP 法；②AHP-Delphi 组合法；③把握度、梯度特征向量法。此三种方法求得的指标权重，往往仍有差异，故需由课题组使用会内会外法将三者综合为指标的 AHP 权。

对专家们给出的评价单元意见表，处理后得出单元模糊评价矩阵 Ri。使用 Fuzzy 单纯形调优远算以求各指标的模糊权重 FWj，($j=1, 2, ..., m$)。

对观测统计得出的 n 个单元，m 个指标数据矩阵 X，我们仍首先使用主成分法来求出第一成分各分量，即从 X（或经过规范化）求得其相关系统矩阵 R，再求出其特征值与相应特征向量（应归一化）。这第一主成分的分量表示为 PWj，($j=1, 2, ..., m$)。

使用主成分法虽有上段指出的问题，但由它求得的各主成分，实际提供了森林评价体系中 B 级与 A 级指标（已有综合性）的设置是否与观测数据相协调的信息。如果专家们（通过会内会外法）认为两者是协调的，还应把各主成分向量适当加权综合为 PWj（主成分权向量）。如果专家们认为两者很不协调，而原设定的递阶层次结构指标（主要是 B 层）也合理，我们则使用上段的最大熵—最大方差法来求出各指标权重，记为 $HPWj$，($j=1, 2, ..., m$)。

上述四类权重估计，Delphi 权与 AHP 权主要基于专家群体的经验，主成分权取决于观测数据的科学性，Fuzzy 权则与专家及观测值均有关，课题组在仔细分析四种权之间的异同（采用 K. J 法开会讨论）后，认定了其间差异可以接受，并规定第 j（基原）指标权重 $Wj=0.5DWj+0.25AWj+0.25PWj$（或 $HPWj$）。

当然加权系数 0.5、0.25、0.25 也可由会内会外法作其他选择。上述方法确定各指标权重后，采用由下层逐级向上合成。

11.3.2　效益评价指标体系建立

通过搜集国内外防护林效益研究方面的文献，认真分析蒙特利尔行动纲要、赫尔辛基行动、亚马逊行动、国际热带木材组织等的标准和指标，国内“长江中上游防护林体系生态经济效益评价技术研究”“黄土高原水土保持林体系综合效益研究”等文献，结合四大防护林体系的环境背景特征及我国防护林建设的目的和区域社会经济状况，尽可能多地搜集评价指标，采取宁多勿缺的原则，并按生态、经济、社会三大效益作为标准，形成第一轮评价指标（图 11-1）。

据此，邀请相关专家学者 18 人，召开咨询会。通过会内法，根据专家建议，将相应指标纳入森林生态系统，使之更加完善。会外请专家填咨询表，对指标框架和各级指标的构成进行表态，按“赞成、基本合理、需修改、不恰当”四项，同时对指标的重要性进行表态，按“很重要（4）、重要（3）、一般（2）、次要（1）和无法表态（0）”填写咨询表格。

通过会内专家对指标的评判和专家咨询表统计分析，若专家赞成某项指标的人数大于 60%时，该指标作为保留指标；对于补充指标，在会上提出，请专家表态，若 60%以上的

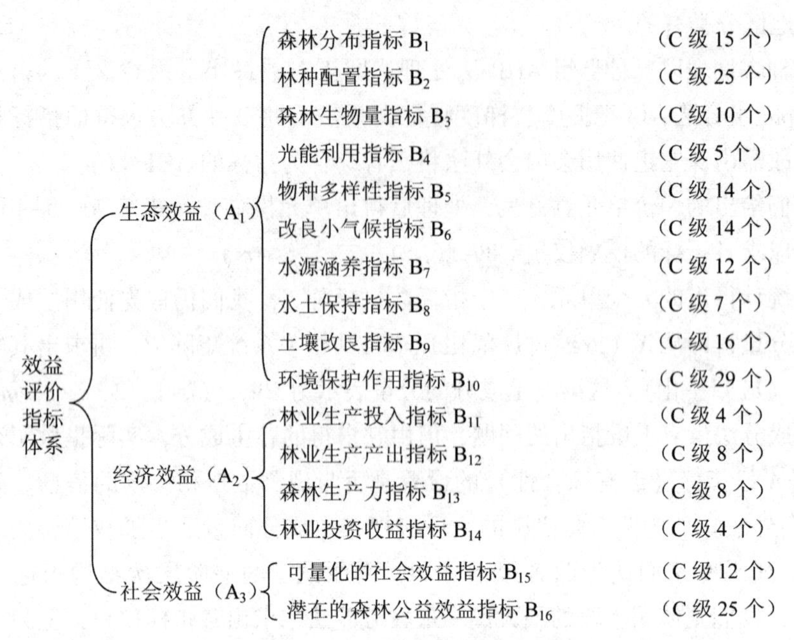

图 11-1 第一轮评价指标体系框架

注：引自彭培好博士论文《林业生态工程效益评价的软系统方法论及其应用》，2003。

人赞成增补的，作为保留指标，由此把课题组整理提出的指标进行调整和归并，并构成第二轮评价指标体系（图 11-2）。

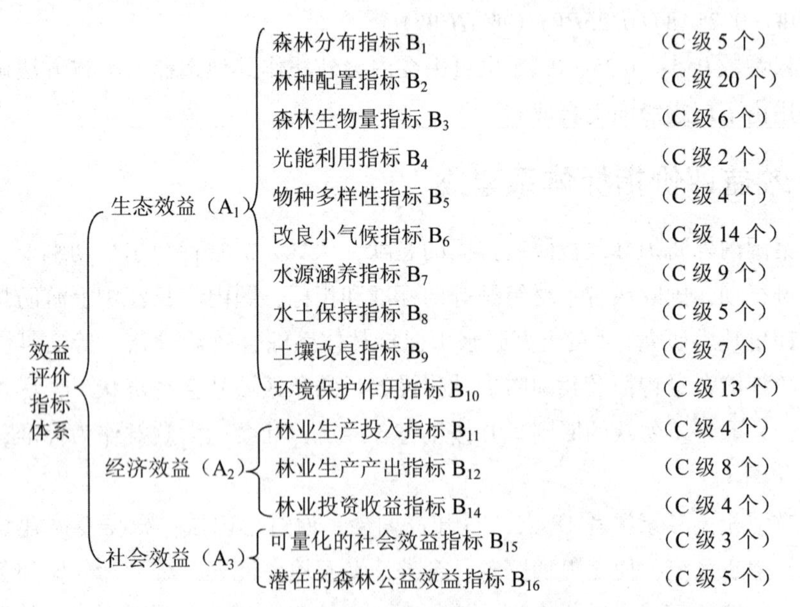

图 11-2 第二轮评价指标体系框架

注：引自彭培好博士论文《林业生态工程效益评价的软系统方法论及其应用》，2003。

对第二轮评价指标，仍邀请相关方面的专家 18 人，运用头脑风暴法和会内会外法对指标框架和各级指标进行归并、补充和重要性表态，经统计、分析、整理，凡评价指标有

70%以上的专家赞成的，均作为保留指标，同时课题组成员又根据专家的定性和定量信息对指标的重要性和权重进行分析，由此构成第三轮评价指标体系（图 11-3）。

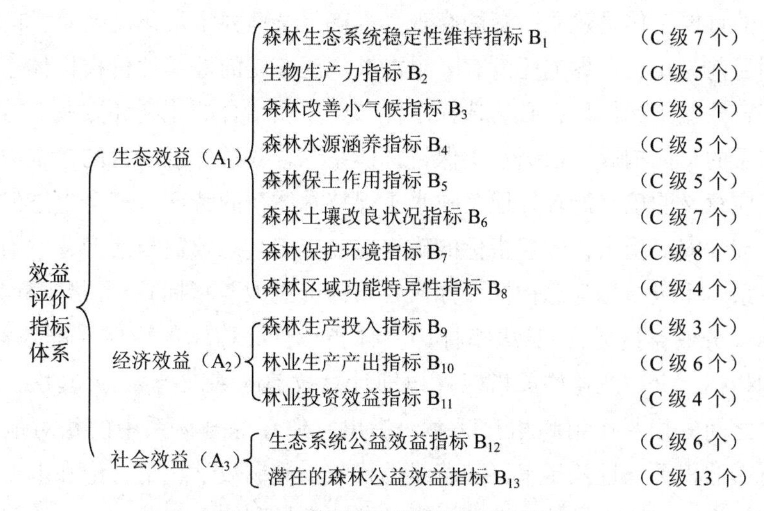

图 11-3 第三轮评价指标体系框架

注：引自彭培好博士论文《林业生态工程效益评价的软系统方法论及其应用》，2003。

以第三轮评价指标为基础，根据我国四大生态林业工程建设状况，各区的生态、经济特点，按照 SSMII 法的要求，在我国三北、太行、沿海、长江四大片，各邀请 11~12 名专家和高层管理人员，请他们对全国和各区的指标进行重要性表态和指标两两比较。最终确定效益评价指标体系。

对于通过上述方法确定删除的指标，课题组采用会内会外法再次确定是否保留。由此，B 级指标保持 13 个不变，C 级指标由 81 个压缩为 51 个，由此形成第四轮评价指标体系（图 11-4）。

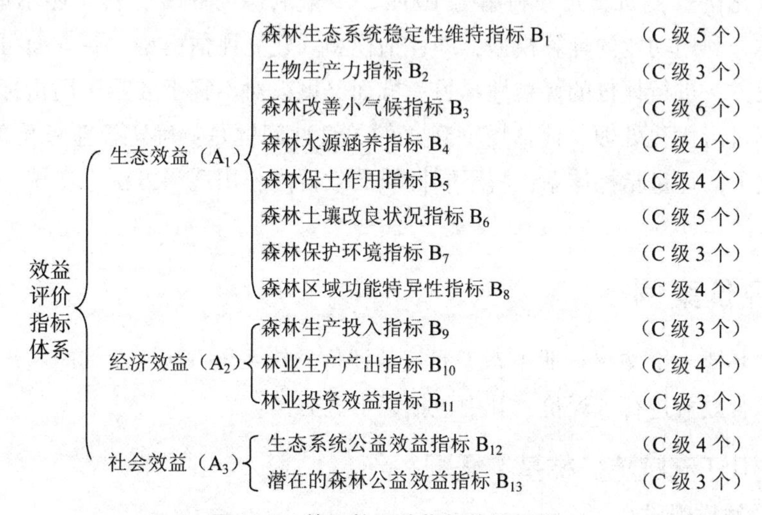

图 11-4 第四轮评价指标体系框架

注：引自彭培好博士论文《林业生态工程效益评价的软系统方法论及其应用》，2003。

11.3.3 综合效益评价指标的确定

效益评价的首要工作是建立一套能客观、准确、全面并定量化反映效益的评价指标或指标体系。到目前为止，世界上还没有一个能被广泛接受的效益评价指标体系。要成功地提出一整套综合效益指标体系，必须选择定性与定量相结合的原则和方法。首先由专家组群研究指标体系的具体构成。依据水土保持林体系综合效益评价的目的，选取各项评价指标。评价指标应意义明确，能较好地反映水土保持林体系的特征，符合生态经济理论和系统分析原理。周学安等指出，效益指标的确定应对应于其总效益与诸多分效益，可以由四级指标组成体系。Ⅰ级指标为总指标，称聚合指标（总效益指标）；Ⅱ级指标为分类指标，又称性质指标（分效益指标）；Ⅲ级指标为具体指标，又称体现指标（准效益指标）；Ⅳ级指标为结构指标，又称效益构成指标（也即计算效益的基础指标）。其次，分析指标体系中各项要素之间的相互作用和相互联系，提出它们在综合体系中的相对地位和相对影响，也就是所占的权重。近几年来，随着线性代数、模糊数学、集合论和电子计算机的应用，人们确定权重的方法正在从定性和主观判断向定量和客观判断的方向逐步发展。目前常用的方法有：专家评估法（特尔菲法）、频数统计分析法、等效益替代法、指标值法、因子分析法、相对系数法、模糊逆方程法和层次分析法等。最后，在不同层次上，综合成具有横向维、竖向维和指标维的三维综合效益指标体系。

11.3.4 综合效益评估模型的建立

评估模型建立的主要程序是：第一，应对林分进行详尽的可利用功能的调查，即了解该片森林可被利用的功能种类；第二，研究估测每种可利用功能可能达到利用的程度，是利用得很充分，还是只限于一般性利用，或是利用水平暂时还不理想；第三，给不同的利用程度确定量化比重，如设充分利用为100%，一般利用为50%，暂时还不理想为20%；第四，设计林分利用功能的计算模型，即评估模型。建立评估模型，一方面可以进一步验证用指标比较方法进行评价的优越性；另一方面又可以对不宜于或难于用指标比较方法进行评价的方案进行优化处理。评估模型建立的关键性问题是：确定效益评价的统一尺度；确定在此尺度下的计量指标体系；将不同性质的效益内容用适当方法，在统一尺度中加以衡量。

11.3.5 评价案例

彭培好在其博士论文《林业生态工程效益评价的软系统方法论及其应用》中，对川江流域防护林综合效益进行了评价，其中包括以下五方面：

11.3.5.1 川江流域防护林基本概况

（1）林分结构组成

川江流域的防护林的建设自1985年启动实施，截至2000年，历经10多个年头，现有防护林285.6万hm^2，其中幼林、中林、近熟林、成熟林、过林分别占44.80%、

40.47%、4.77%、9.41%、0.55%。可见川江防护林是以建设于“八五”和“九五”期间的幼林与中林为主的人工林。

主要造林树种为马尾松、柏木、云南松、栎类、冷杉、华山松等六种，分别占31.11%、30.53%、10.51%、6.43%、3.02%、3.72%。其余22个树种总面积仅390669.7hm^2，仅占防护林总面积的13.68%。

（2）投入—产出概况

工程总投资91.55亿元，平均每公顷资金投入约为3205元（每亩213.7元）。通过长防林工程建设，到2000年川江的森林覆盖率提高17%，生物多样性指数达到7.64，干燥度为88.27%。每公顷防护林生物量为31.27t，年调蓄水效益平均为0.366t/hm^2，蓄水容量达到414t/hm^2，林区土壤侵蚀面积减少62.2%，每公顷保土效益为18.07t，森林土壤总孔隙度为46.63%，有机质含量达4.8%，平均每公顷木材产值565.71元，可固定CO_2量为45.73t。

11.3.5.2　川江流域防护林综合效益总体评价

长防林一期工程（川江部分），从1985年启动历经“七五”“八五”“九五”三个五年计划，在表11-2给出了1985—2010年川江防护林的面积、资金投入、每公顷综合效益指数和平均综合效益。由表11-2可见，川江部分防护林综合效益，2000年时约为1985年的7倍，到2010年时达到9.66倍；林分每公顷平均效益，2000年时虽仅为1985年的76.14%，但到2010年时达到119.32%。这一结果反映出：随着新造工程林的成长，防护林的林分质量逐步提高，效益亦在稳步提升。

表11-2　江川防护林（一期）综合效益（彭培好，2003）

年　度	防护林面积（$\times10^4hm^2$）	综合产出总分（$\times10^4$分）	每公顷平均效益	一期工程面积变化指数	总分	每公顷效益相对指数
1985	35.27	1018.70	54.40	100.00	100.00	100.00
1990	42.06	2409.40	57.20	119.30	126.00	105.00
1995	155.06	6446.80	41.42	441.30	337.00	76.14
2000	285.61	13333.70	46.86	809.80	698.00	86.14
2005	285.61	17322.40	60.65	809.80*	902.80	111.49
2010	285.61	18539.90	64.91	809.80*	966.30	119.32

11.3.5.3　川江流域防护林主要林分类型的综合效益分析

川江流域防护林（一期工程）的主要林分类型由桉树和柏木等28种树木构成，分析每一林分类型的面积、每公顷效益、总分与贡献（该树种对川江综合效益的贡献，表11-3）。总分贡献与平均效益用直方图（图11-5）表示。由图可见，两者很不匹配，表明川江流域防护林的树种结构不够合理，尚待优化。

表 11-3 江川防护林林分效益分析（彭培好，2003）

树 种	每公顷效益	综合效益总分	面积（hm^2）	贡献	贡献排名	每公顷效益排名
桉 树	37.43	41189.71	1100.4	0.0308	20	24
柏 木	12.88	37396979.65	872068.81	27.9423	1	20
刺 槐	57.62	35634.83	618.40	0.0266	22	6
枫 杨	31.34	670.79	21.40	0.0005	26	28
高山松	58.28	209451.02	3593.60	0.1565	17	5
国外松	39.21	777041.56	19813.00	0.5806	14	21
华山松	50.24	3573015.02	70858.10	2.6697	8	12
桦 木	54.32	2028331.51	37334.20	1.5155	10	8
冷 杉	65.72	7538197.63	114690.20	5.6324	5	3
栎 类	52.83	9706073.68	183715.38	7.2524	4	9
柳 杉	47.03	38474.55	818.00	0.0287	21	17
落叶松	36.43	22529.91	618.40	0.0168	25	25
马尾松	39.17	34800090.80	888402.22	26.0019	2	22
桤 木	50.37	412607.96	81793.22	3.0788	7	13
千 丈	52.07	10.41	0.20	0.0000	28	10
青 冈	69.21	2080348.33	30057.00	1.5544	9	2
软 阔	57.12	6068773.14	106232.73	4.5345	6	6
杉 木	38.09	1947681.65	51125.30	1.4553	11	23
湿地松	49.62	76717.99	1546.10	0.0573	19	14
杨 树	48.37	177710.71	3673.50	0.1328	18	15
意 杨	43.36	22844.52	526.80	0.0171	24	18
硬 阔	48.10	1763538.29	36658.80	1.3171	12	16
油 杉	43.19	26851.48	621.60	0.0201	23	19
油 松	34.91	1149819.20	32935.70	0.8591	13	27
云南松	64.93	19492964.16	300197.30	14.5648	3	4
云 杉	51.76	438557.09	8471.90	0.3277	15	11
杂木林	35.58	310875.28	8483.54	0.2256	16	26
樟 树	70.58	283.43	4.00	0.0002	27	1
合 计	46.859	133836566.30	2855980.00	100.0000		

也可看出，贡献最大的树种（前八名）依次为柏木（27.9%）、马尾松（26%）、云南松（14.6%）、栎类（7.2%）、冷杉（5.6%）、软阔（4.5%）、桤木（3%）、华山松（2.7%），共占91.5%。基本上与这八种树的造林面积所占比例91.66%相当。按单位面积（公顷）平均效益看，效益最高的树种依次为樟树、青冈、冷杉、云南松、高山松、刺槐、栎类、桦木、云杉、华山松、桤木、湿地松、杨树、硬阔、柳杉等16种。这16个树种的每公顷森林综合效益都高于川江防护林的平均（每公顷森林）综合效益。16个树种中，

仅云南松、栎类、华山松、桤木的造林面积与贡献同时进入前八名，而造林面积最大的柏木与马尾松的平均综合效益排在第 21 与第 22 名。表明柏林和马尾松林的林分质量较差，需要进一步抚育，并进行林分结构调整。

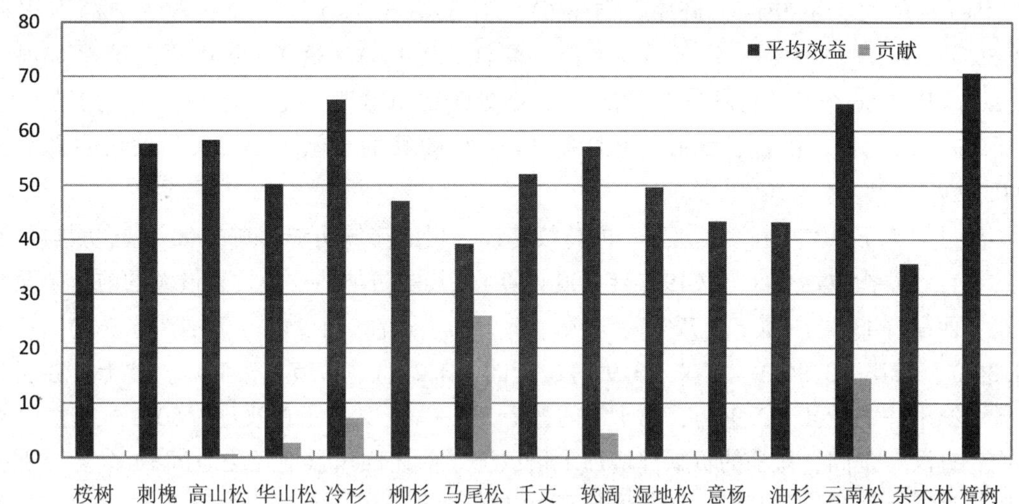

图 11-5 江川防护林林分平均效益及其贡献比例（彭培好，2003）

11.3.5.4 川江流域各支流防护林综合效益分析

分析得知，对川江流域一期防护林综合效益的贡献由大到小依次为金沙江（21.33%）、嘉陵江（19.32%）、长江上游干流（18.07%）、渠江（16.21%）、涪江（14.73%）、沱江（10.32%）。平均效益如以川江总体为基准，也以金沙江流域最高，达 135.80；沱江次之，为 106.6；涪江为 95.05；其余各流域均在 90～92 之间，差异不大。资金投入产出比以长江上干流最好，其次为沱江、涪江、嘉陵江、金沙江，最差的为渠江（表 11-4）。

表 11-4 全流域和各流域长防林工程效益表（彭培好，2003）

流域名	森林面积	资金投入	平均效益值		产出总分值		投入产出比
	(hm^2)	$\times 10^4$元	分	%	$\times 10^4$分	%	分/$\times 10^4$元
长江干流	573353.00	50625.25	42.18	90.02	21418.7	18.07	477.77
沱　江	276614.90	85552.20	49.99	106.69	1383.08	10.33	167.54
涪　江	442589.10	128065.24	95.05	95.05	1917.38	14.73	153.94
嘉陵江	601309.51	177278.18	91.76	91.76	2585.51	19.32	145.85
渠　江	513405.40	226111.74	90.18	90.18	2169.63	16.21	95.95
金沙江	448707.90	250836.97	135.80	135.80	2855.37	21.33	113.83
川　江	2855979.80	915469.58	100.00	100.00	13383.65	100.00	146.19

11.3.5.5 川江流域各县防护林综合效益分析

68 个县在 1985—2010 年期间防护林一期工程的综合效益总产出分，以及它们对同期川江流域防护林总效益的贡献进行评分。

在长防工程启动初的1985年，川江流域防护林综合效益主要集中在12个县，从大到小依次为（括号内为贡献百分比）：西昌（11%）、冕宁（8.6%）、会东（8.46%）、通江（7.4%）、茂县（6.9%）、旺苍（5.6%）、开县（5.3%）、仁和区（5.1%）、丰都（3.5%）、奉节（3.3%）、广元（3.1%）、綦江（3.1%），这12个县共占了总效益的62.8%。其余56个县的贡献只占372%，其中处于四川盆地丘陵区的45个县的贡献均远低于1%，而简阳、内江、武胜、开江等14个丘陵县的贡献更小，累计值仅占总效益的0.72%。

经过“七五”“八五”“九五”的持续建设，川江流域防护林在2000年已初具规模，总的综合效益指数达698（以1985年100计算），其中防护林效益贡献最大的前十个县依次是：西昌（43%）、冕宁（72%）、会东（4.9%）、通江（4.2%）、茂县（5.3%）、广元（4.3%）、旺苍（3.9%）、宣汉（3.9%）、剑阁（3.2%）、奉节（3.4%）。这十个县再加上排名第十一的开县（2.9%），第十二的盐亭（2.8%）共占了总效益的50.2%，这12个县中，宣汉、剑阁、盐亭的贡献都增加1倍以上。前述四川盆地丘陵地区14个县（除去武胜、岳池、西昌）的贡献一般都增加了10倍，对川江部分总产出的贡献由1985年时的0.72%，急剧增加到2000年的6.88%。

上述趋势到2010年时，更为明显，长防一期工程林的效益在总量增加为966.3（以1985年为100）的同时，效益贡献更为均匀。贡献超过3%的县只有9个，依次是冕宁（6.1%）、茂县（43%）、广元（4.1%）、通江（4.1%）、会东（4.1）、宣汉（3.9%）、旺苍（3.6%）、剑阁（3.5%）、西昌（3.5%），再加上贡献排名10~12位的奉节、盐亭和巴中，这12个县的贡献为45.39%，比1985年下降17.4个百分点。

本章小结

本章介绍了林业生态工程效益的概念、林业生态工程效益评价指标体系的建立和林业生态工程效益评价方法。林业生态工程效益目前还没有统一的概念，本章仅根据水土保持效益的概念进行初步定义。林业生态工程效益包括生态效益、社会效益和经济效益，生态效益指水源涵养、对土壤、水文和水质、小气候的改善程度，社会效益指社会进步指数、生活质量的改善等反映社会发展的情况，经济效益包括直接经济效益和间接经济效益。林业生态工程效益评价指标体系根据生态效益、经济效益和生态效益分别确定，并用彭培好博士论文中的川江流域防护林体系实例对林业生态工程效益进行了分析。

思考题

1. 什么是生态工程？什么是林业生态工程？
2. 森林具有哪些生态功能？
3. 我国目前实施的林业生态工程有哪些？各有哪些特点？
4. 林业生态工程包括哪些具体类型？各种类型的林业生态工程分别承担什么生态功能？
5. 什么叫水源涵养作用？

6. 应从哪些方面考虑山丘区林业生态工程的配置模式？
7. 森林培育应包括的技术体系？
8. 干旱地区林业生态工程建设的限制性因素是什么？关键性解决技术有哪些？
9. 集水系统主要有哪些类型？微区域集水系统的结构和功能有什么特点？

本章推荐阅读书目

孙立达，朱金兆. 1995. 水土保持林体系综合效益研究与评价[M]. 北京：中国科学技术出版社.

王礼先，解明曙. 1997. 山地防护林水土保持水文生态效益及其信息系统研究[M]. 北京：中国林业出版社.

本章参考文献

付昆，赵志伟. 2005. 论林业生态工程生态效益的经济计量[J]. 甘肃农业，(5)：14.

雷孝章，王金锡，彭培好，等. 1999. 中国生态林业工程效益评价指标体系[J]. 自然资源学报，14(2)：175-182.

刘勇，支玲，邢红. 2007. 林业生态工程综合效益后评价工作研究进展[J]. 世界林业研究，20 (6)：1-5.

彭培好. 2004. 林业生态工程效益评价的软系统方法论及其应用[D]. 中国博士学位论文全文数据库，07.

沈慧，姜凤岐. 1999. 水土保持林效益评价研究综述[J]. 应用生态学报，10 (4)：492-496.

张建国（森林效益与福建省林业基地建设课题组）. 1994. 林业经营综合效益评价研究[J]. 林业资源管理，(4)：70-73.

图书在版编目(CIP)数据

林业生态工程学/王克勤，涂璟主编. —北京：中国林业出版社，2017.10（2020.5 重印）

ISBN 978-7-5038-9330-8

Ⅰ.①林…　Ⅱ.①王…　②涂…　Ⅲ.①林业-生态工程-研究　Ⅳ.①S718.5

中国版本图书馆 CIP 数据核字(2017)第 259064 号

中国林业出版社·生态保护出版中心

策划编辑：刘家玲

责任编辑：刘家玲　甄美子

出版　中国林业出版社（100009　北京市西城区德内大街刘海胡同 7 号）

http://www.forestry.gov.cn/lycb.html　电话：（010）83143519　83143616

发行　中国林业出版社

印刷　中农印务有限公司

版次　2018 年 1 月第 1 版

印次　2020 年 5 月第 2 次

开本　787mm×1092mm　1/16

印张　18.5

字数　460 千字

定价　56.00 元
